气象信息综合分析处理系统第四版(MICAPS4.0)客户端使用指南

高 嵩 任延洋 李开元
豆京华 于连庆 贺雅楠 编著

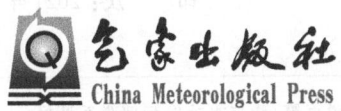

内容简介

本书是MICAPS4.0系统客户端操作使用及配置文件说明，分为八章。书中不仅包含客户端的基本介绍，如界面布局、安装目录结构、常用地图操作等内容外，还结合天气个例介绍了模式剖面、模式时序图、模式探空等高级功能模块。本书详细介绍了所有功能模块对应的配置文件，还着重介绍了集合预报工具箱的使用方式以及所使用的数据类型说明。此外，也对MICAPS4.0的专业版——精细化预报订正平台的基本使用方式以及常用配置文件做了介绍。

本书可供MICAPS4.0客户端使用用户及平台管理员参考，也可在MICAPS4.0平台教学以及日常预报操作使用。

图书在版编目(CIP)数据

气象信息综合分析处理系统第四版(MICAPS4.0)客户端使用指南/高嵩等编著. ——北京：气象出版社，2017.1(2021.8重印)
ISBN 978-7-5029-6515-0

Ⅰ.①气… Ⅱ.①高… Ⅲ.①气象服务-数据分析-应用软件-指南
Ⅳ.①P455-39

中国版本图书馆CIP数据核字(2016)第325190号

气象信息综合分析处理系统第四版(MICAPS4.0)客户端使用指南
高　嵩　等 编著

出版发行：气象出版社	
地　　址：北京市海淀区中关村南大街46号	邮政编码：100081
电　　话：010-68407112(总编室)　010-68408042(发行部)	
网　　址：http://www.qxcbs.com	E-mail：qxcbs@cma.gov.cn
责任编辑：李太宇　崔晓军　隋珂珂	终　　审：邵俊年
责任校对：王丽梅	责任技编：赵相宁
封面制作：博雅思企划	
封面设计：高　影　高　蒙	
印　　刷：北京建宏印刷有限公司	
开　　本：787 mm×1092 mm　1/16	印　　张：18.25
字　　数：467千字	
版　　次：2017年1月第1版	印　　次：2021年8月第3次印刷
定　　价：80.00元	

本书如存在文字不清、漏印以及缺页、倒页、脱页等，请与本社发行部联系调换

序 一

自 1997 年发布第一版，MICAPS 至今已经完成了四个版本的演变。纵观 MICAPS 每一次的版本更迭，都与预报业务的发展以及数据需求的增长密不可分：MICAPS1 实现了天气分析和预报制作从纸面向计算机的转变，MICAPS2 实现了气象信息处理功能组件化，MICAPS3 实现了专业化预报制作支持。经过近 20 年发展，MICAPS 已经成为中国气象局各级业务部门的核心业务系统，并在民航、海洋、水利等部门以及亚洲、非洲 10 多个国家应用。

近几年，"大数据""云计算""数据挖掘""机器学习"等现代化信息技术正在给海量工业数据带来前所未有的增值应用，现代化信息技术助力"智能制造"催生了工业化的又一次升级。而气象海量数据的广泛应用、数值模式预报产品的释用技术不断成熟、精细化预报业务的深入发展也逐渐成为气象现代化发展过程中最显著的特征。

在此背景下，2013 年中国气象局启动了第四代 MICAPS 的研发，由国家气象中心牵头，联合高校、国家级和部分省级气象业务部门，共同组建研发团队。MICAPS4 在气象预报分析基础上注入更多更新的技术元素，设计为先进、高效、智能、便捷、开放的天气预报业务综合应用系统。

研发团队历经两年多的辛勤努力，汇聚多方智慧，MICAPS4.0 于 2016 年 5 月正式发布。总而言之，新一代的 MICAPS 有着"新、大、智、捷"特点——"新"在采用了"低耦合、高聚合"的系统架构以及"面向服务"的设计思路，使得系统的扩展性和开放性显著提升；"大"在利用了先进的大数据处理技术，提升了海量气象数据的处理及访问效率；"智"在集成了多种现代化的客观分析与预报方法，提高数值预报、集合预报等高分辨率数据处理、分析和应用能力；"捷"在引入了扁平化设计思路的同时，对用户行为习惯做了大量分析，在界面、操作等方面，提供更为便捷的数据检索和交互。

时值 MICAPS4 在全国气象业务中推广应用之际，由 MICAPS4 核心开发人员组织编写的《气象信息综合分析处理系统第四版(MICAPS4.0)客户端使用指南》一书的出版非常及时。本书不仅对于各级气象预报技术人员学习使用 MICAPS4 有很好的指导性,而且也可作为中国气象局气象干部培训学院组织 MICAPS4 客户端培训的基础教材。希望读者在阅读本书内容之后,能对 MICAPS4 系统有较为系统的认识,以提高 MICAPS4 的应用水平。

"长风破浪会有时,直挂云帆济沧海"。期望 MICAPS 系统在中国气象局各级领导、用户、研发人员的共同努力下不断发展,为实现气象现代化做出卓越的贡献!

毕宝贵

2016 年 12 月 29 日

毕宝贵,理学博士、正研级高级工程师,现任国家气象中心主任。

序 二

气象信息综合分析处理系统（Meteorological Information Comprehensive Analysis and Process System，英文缩写 MICAPS）是中国气象局气象预报业务中最重要的支撑平台。1996 年发布的第一个版本（MICAPS1.0）实现了天气预报作业从基于纸质的手工绘制分析向基于计算机人机交互分析的天气预报制作的革命性转变，此后又推出了 MICAPS 第二版和第三版，使得预报员能够在短时间内分析气象实况资料和数值分析预报产品，通过人机交互制作各类天气监测和预报产品。其中，以 MICAPS 系统为核心的"现代化人机交互气象信息处理和天气预报制作系统"荣获 2011 年国家科技进步奖二等奖。

近几年来，随着气象观测手段的不断发展，数值模式预报的精细化水平不断提升，气象数据已经进入了"大数据"时代。第一，如何快速处理和融合不同类型的复杂海量数据成为 MICAPS 系统需要优先解决的问题。第二，中国气象局气象预报业务发展规划要求到 2020 年建成"预报预测精准、核心技术先进、业务平台智能、人才队伍强大、业务管理科学"的现代气象预报业务体系，推进气象预报业务向无缝隙、精准化、智慧型方向发展。作为气象预报业务的核心平台，如何提升自身的智能化水平、集成各级气象预报部门的现代化预报成果也是需要重点考虑的问题。第三，随着全国综合气象信息共享平台（CIMISS）的全面业务化，按照中国气象局信息化发展思路，以 CIMISS 系统为核心的国省统一数据环境将作为业务应用的唯一数据来源和支撑，MICAPS 预报平台及各专业版本需要对原有的数据采集与传输进行改造。

基于以上考虑，三年前，国家气象中心联合国家气象信息中心、清华大学等多家单位决定共同研发 MICAPS 系统第四版。经过三年的努力，2016 年 6 月正式发布了 MICAPS4.0。MICAPS 4.0 将先进信息技术与现代天气预报技术紧密结合，利用大数据存储及应用技术，将客户端与 CIMISS 数据环境进行紧密的结合，提升了高时空分辨观测、预报数据的应用效率；利用现代化 IT 技术，极大地提升了基础数据的显示效果；利用"扁平化"设计思路，完善了平台的交互操作以及数据综合展示能力，增强了平台使用的便捷性；通过现代化的编程思路和松耦合的底层框架构建，提升了平台的稳定性，建立了先进、高效、智能、便捷、开放的现代天气业务预报平台，将为现代天气预报业务提供更好的支撑。

目前，MICAPS4.0已在中央气象台和部分省气象台得到了较好的应用与推广，基于MICAPS4.0框架开发的多个专业版本也取得了关键性的成果。

未来，开发组将继续推进MICAPS4平台的精细化、智能化水平，加大平台的开放力度，基于统一的数据环境，搭建"众智众创"的开发平台。

章国材

2017年1月2日

章国材，研究员，前中国气象局预测减灾司司长，前国家气象中心主任。

前 言

欢迎使用气象信息综合分析处理系统（MICAPS，Meteorology Information Comprehensive Analysis Process System）第四版客户端平台（以下简称 MICAPS4.0）。

MICAPS4.0 客户端于 2016 年 6 月正式向全国发布，第四版主要关注于现代预报技术方法与现代信息技术的结合。新版本在界面组织、人机交互、综合图配置方式等方面沿袭了 MICAPS3.0 版的风格。MICAPS4.0 重新定义了"黑、白"两种主题、提升了数据显示效率、使用"扁平化"的设计思路，重新梳理了图层的属性修改窗口、提升了数据统计和分析效率、增加了数据"显示样式"自定义的灵活性，具体表现为：通过引入分布式数据环境的支持，解决了海量数据的快速并发访问效率问题；通过对底层渲染引擎的升级改造以及并行计算框架的支持，提供高分辨数据的高效显示，矢量数据的动画显示以及数据高效并行计算功能；通过与 OGC 标准的对接，实现了标准地理信息数据、WMTS 服务的接入；通过对界面的梳理整合，提供了"扁平化"的界面设计方式，提升了数据属性的操作效率。同时，MICAPS4.0 平台对现代化的预报方法也进行了功能支撑：增加了集合预报数据的显示、完善了模式数据的累加、平均、距平计算、多模式融合、模式 TLOGP 等功能；增加"脚本解析器"，提升对于 Python 脚本的直接支持，可支持预报算法的直接接入；基于 MICAPS4.0 基础版的"精细化预报订正平台"目前已支持国家级、省级的精细化格点预报订正业务流程。

本手册重点介绍 MICAPS4.0 客户端的功能使用。全书分为 8 章：第 1 章对平台的安装、部署方式进行介绍，同时包括 MICAPS4.0 安装的目录组织结构、客户端窗口界面基本布局方式、数据来源介绍等，由高嵩负责编写；第 2 章着重介绍平台的基本操作，包括基础地图的属性控制、图层管理操作、专题图及动画制作以及平台的快捷键功能，由高嵩负责编写；第 3 章介绍各类数据的属性及操作方式，由任延洋负责编写；第 4 章重点介绍高级功能操作，包括模式变化曲线、模式剖面、单点时间序列图等工具，由李开元、豆京华负责编写；第 5 章介绍本地化设置相关文件的修改,包括本地地理信息数据的导入、MICAPS3.0相关配置文件的移植等,由任延洋、高嵩负责编写;第6章介绍集合预报功能,由于连庆负责编写。第7章介绍精细化预报订正平台,由贺雅楠负责编写。第8章介绍常见问题及异常处理,由高嵩负责编写。

  本书在编写过程中还得到了省级气象台预报员、中国气象局气象干部培训学院老师等各个领域专家的热心帮助,其中湖北省气象台祝赢对文档初稿提供了许多建设性意见,中国气象局气象干部培训学院的牛宁老师帮忙审阅并修改了本书1~3章内容,熊秋芬老师审阅并修改了本书4~6章内容,中国气象局气象干部培训学院河北分院的李开元老师除帮助编写第4章内容外,还编写了全部"示例介绍"内容。在这里对以上各位专家表示最真诚的感谢。

作者

2016年11月

目 录

序一
序二
前言
第1章 系统安装与初始化 ……………………………………………………… (1)
  1.1 安装环境 ……………………………………………………………………… (1)
  1.2 系统安装、升级及卸载 ……………………………………………………… (1)
  1.3 安装目录及文件介绍 ………………………………………………………… (2)
  1.4 窗口布局介绍 ………………………………………………………………… (6)
  1.5 数据源(Samba MDFS SAV) ……………………………………………… (16)
第2章 客户端基本操作 ………………………………………………………… (18)
  2.1 地图及地理信息 ……………………………………………………………… (18)
  2.2 图层管理 ……………………………………………………………………… (29)
第3章 交互与数据操作 ………………………………………………………… (40)
  3.1 交互操作 ……………………………………………………………………… (40)
  3.2 站点资料 ……………………………………………………………………… (48)
  3.3 格点资料 ……………………………………………………………………… (67)
  3.4 $T\text{-}\ln p$ 图 …………………………………………………………………… (74)
  3.5 卫星资料 ……………………………………………………………………… (88)
  3.6 雷达基数据与预报产品 ……………………………………………………… (98)
  3.7 传真图 ………………………………………………………………………… (101)
  3.8 AMDAR(Aircraft Meteorological Data Relay,飞机气象资料) ………… (102)
  3.9 闪电定位 ……………………………………………………………………… (103)
  3.10 GPS(水汽资料数据) ……………………………………………………… (104)
第4章 高级功能与交互操作 …………………………………………………… (106)
  4.1 站点资料分析 ………………………………………………………………… (106)
  4.2 雨量累加 ……………………………………………………………………… (113)
  4.3 格点资料分析 ………………………………………………………………… (115)
  4.4 球面距离计算 ………………………………………………………………… (134)
  4.5 会商支持 ……………………………………………………………………… (135)
第5章 系统配置与本地化 ……………………………………………………… (136)
  5.1 系统框架配置 ………………………………………………………………… (136)

5.2	基础地图部分	(141)
5.3	数据源	(145)
5.4	文件读取及存储	(146)
5.5	交互工具箱	(157)
5.6	基本功能配置本地化	(163)

第6章 集合预报 (190)

6.1	简介	(190)
6.2	主要功能列表	(190)
6.3	集合预报功能配置与基本操作	(191)
6.4	集合预报产品制作和交互设置	(197)

第7章 精细化预报订正平台 (207)

7.1	相关配置文件介绍	(207)
7.2	系统初始配置	(212)
7.3	窗口布局介绍	(214)
7.4	编辑格点产品	(217)
7.5	大城市6小时精细化预报	(224)
7.6	精细化城镇预报制作	(230)

第8章 常见问题 (235)

8.1	如何修改默认站点及站点列表	(235)
8.2	程序第一次启动,显示 $T\text{-}\ln p$(时序图、剖面)时,提示错误	(235)
8.3	远程登录机器时,启动 MICAPS4.0 报异常	(236)

附录1	MICAPS 反馈群	(237)
附录2	本机支持 OPENGL 版本查看方法	(238)
附录3	MICAPS 文件说明	(239)
A3.1	第1类数据格式:地面全要素填图数据	(239)
A3.2	第2类数据格式:高空全要素填图	(240)
A3.3	第3类数据格式:通用填图和离散点等值线	(241)
A3.4	第4类数据格式:格点数据	(242)
A3.5	第5类数据格式:TLOGP 和站点剖面图数据	(243)
A3.6	第6类数据格式:传真图	(244)
A3.7	第7类数据格式:台风路径数据	(245)
A3.8	第8类数据格式:城市站点预报数据	(246)
A3.9	第9类数据格式:地图线条数据	(246)
A3.10	扩展第9类数据格式(地理信息)	(247)
A3.11	第10类数据格式:综合图定义(不可再次定义为综合图)	(248)
A3.12	第11类数据格式:格点矢量数据	(249)
A3.13	第12类数据格式:单点雷达图像(PPI)	(250)
A3.14	第13类数据格式:图像数据(云图、雷达拼图、地形图)	(250)
A3.15	扩展第13类数据格式:经纬度网格图像数据	(250)

A3.16	第 14 类数据格式:编辑图像的图元数据(交互操作结果数据)	(251)
A3.17	第 15 类数据格式:调色板数据	(254)
A3.18	第 16 类数据格式:预报站点数据	(255)
A3.19	第 17 类数据格式:站点文字信息数据	(255)
A3.20	第 18 类数据格式:格点数据剖面图	(257)
A3.21	第 19 类数据格式:MICAPS 系统命令行参数	(258)
A3.22	第 31 类资料(AMDAR 资料)	(258)
A3.23	第 32 类数据(一维图数据格式)	(259)
A3.24	第 33 类数据(一维图数据格式)	(260)
A3.25	第 34 类数据(多要素填图)	(260)
A3.26	第 41 类数据格式:闪电定位数据	(261)
A3.27	第 42 类数据格式:GPS 数据	(262)
A3.28	第 82 类数据格式:自动生成多幅图片	(263)
A3.29	第 111 类数据(邮票图)	(264)
A3.30	第 779 类数据(饼图)	(264)
A3.31	第 780 类数据(风玫瑰图)	(265)
A3.32	第 781 类数据(散点图)	(265)
A3.33	雷达拼图数据(中国气象局武汉暴雨研究所)	(266)
A3.34	风廓线数据	(268)
A3.35	历史资料追加使用的文本数据格式	(268)
A3.36	用于调入特殊功能模块设置的数据类型	(269)
A3.37	特别说明	(269)

附录 4 集合预报数据环境处理配置 (270)

附录 5 MICAPS 集合预报数据格式 (278)

第1章 系统安装与初始化

1.1 安装环境

软件环境：

MICAPS4.0客户端支持Windows XP/7/8/10 32位及64位操作系统，推荐使用Windows7操作系统。运行环境：.Net Framework 4.0或以上版本支持，部分Window7及以上版本已包含了.Net Fraework4.0版本，因此不需要再安装。

硬件环境：

硬盘：500G及以上

显卡：支持OPENGL版本2.2（最低）及3.3以上（推荐）CPU：Core i5及以上，双核及以上

显示器：推荐24寸，显示分辨率1600×900以上

注：OPENGL版本查看方式请看附件2

1.2 系统安装、升级及卸载

安装方法：MICAPS4.0为绿色软件，解压缩后执行MICAPS.exe程序即可使用。

升级方法：MICAPS4.0提供功能模块的网络在线升级，升级会将本地功能模块更新到服务器的最新版本，且升级不会影响本地配置文件。使用此功能的客户端需要可以连接外网。升级方法为：点击菜单项的按钮图标，从下拉菜单中选择"检查更新…"项，随后客户端会进行更新检验，如检验到新版本，窗口会如图1.2-1所示。

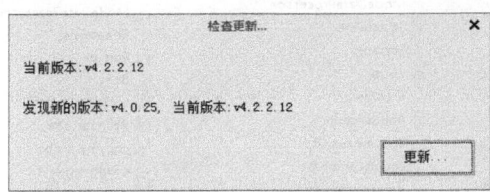

图1.2-1 检查更新

点击"更新"后弹出"自动更新"对话框，点击"开始更新"，则MICAPS4.0更新开始，更新完成后，重启MICAPS4.0则本次更新生效（图1.2-2）。

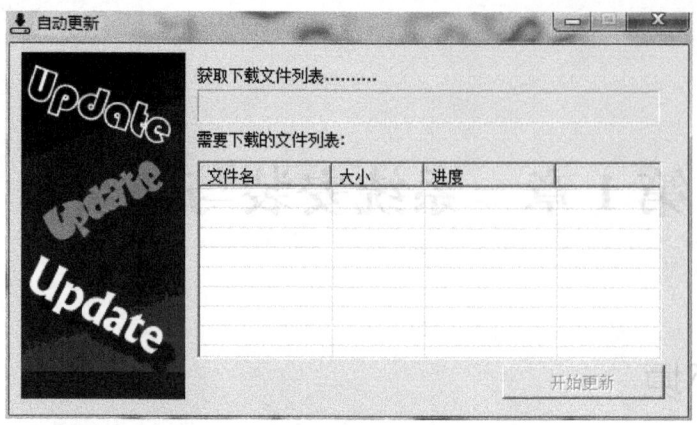

图 1.2-2 自动更新

1.3 安装目录及文件介绍

MICAPS4.0 安装完成以后,安装路径下的目录及文件结构如图 1.3-1 所示(文件夹名称可能会有所不同)。

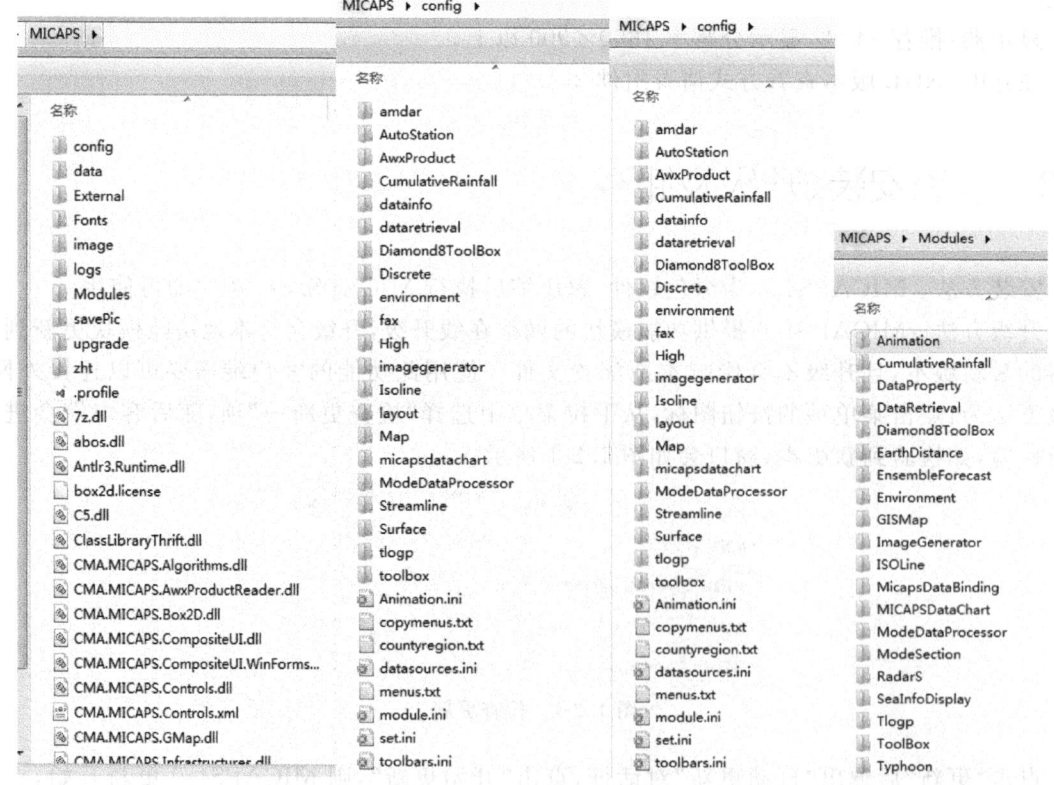

图 1.3-1 安装目录及文件结构

1.3.1 安装目录下文件介绍(按文件名排序)

1)help.chm:帮助文档,可在MICAPS4.0客户端中使用"F1"键唤出;
2)MICAPS.exe.config:系统默认使用配置文件,采用XML语法存储,相关内容说明:
<appSettings>
　....
　客户端相关配置
　....
　<add key="appName" value="MICAPS4.0" /> 客户端窗口标题(用户可修改)
　<add key="CassandraPrefix" value="mdfs" /> 分布式数据环境变量
　<!——Cassandra集群配置——>
　<add key="ClusterNumber" value="10" />Cassandra集群个数
　<add key="ClusterPort" value="9170" />Cassandra集群端口
　<!——Cassandra集群IP地址——>(建议系统管理员统一修改)
　.....IP地址配置
　<add key="cacheNumber" value="1" />
</appSettings>
<startup>
　<supportedRuntime version="v4.0" sku=".NETFramework,Version=v4.0" />运行环境:.NETFramework 4.0(不能修改)
</startup>
3)NLOG.config:日志信息配置文件,默认不需要修改。

1.3.2 安装目录下文件夹介绍(按文件名顺序)

1)config目录:该目录主要用来存放系统及模块配置信息,目录结构如图1.3-2所示:
cimiss.ini文件:连接CIMISS-MUSIC接口所需的用户及登录、端口信息,该信息可与省信息中心联系获取。
countyregion.txt文件:MICAPS4.0县行政边界配置文件,在离散点数据做行政区填充时使用。
datasources.ini文件:MICAPS4.0数据源配置文件,用于配置MICAPS4.0显示的数据来源,当MICAPS4.0中的综合图中配置的路径为相对路径时,则尝试遍历使用该配置文件中的配置源作为前缀拼接完整文件名。该文件内容为:
[mdfs]
path=mdfs:///
[samba]
path=z:/data/
[samba2]
path=z:/diamond/
[sav]

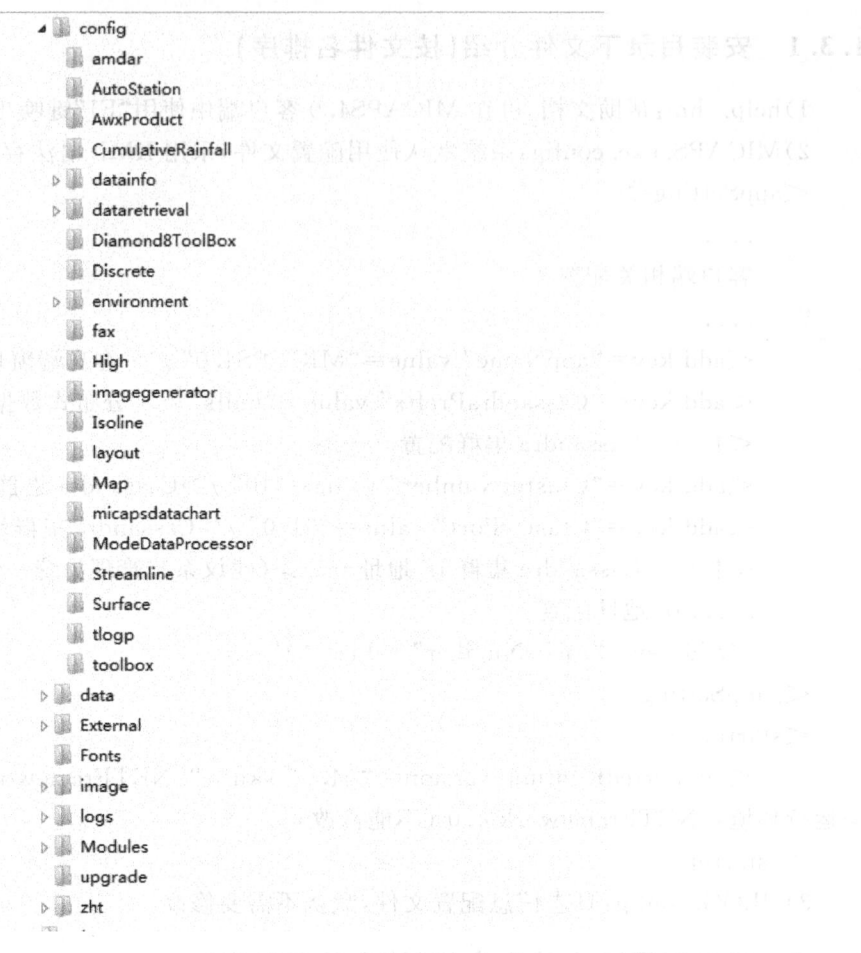

图 1.3-2 config 目录

path=y:/daily/

用户可编辑该配置文件。其中"[]"中的内容可为任意字符串，path 为关键字，"="后的内容为数据源路径，"[]"与"path=…"成对出现。具体内容可参考 1.5 节。

menus.txt 文件：MICAPS4.0 的菜单配置文件，用于配置 MICAPS4.0 菜单栏目的显示内容。该文件格式与 MICAPS3.0 相同，可将 MICAPS3.0 中已经配置好的综合图复制过来使用，MICAPS4.0 的菜单项支持综合图文件、MICAPS 标准格式文件以及可执行文件。

module.ini 文件：MICAPS4.0 的模块配置文件，用于配置 MICAPS4.0 模块是否加载、是否随系统启动；配置模块所在程序集的相对路径、模块类的命名空间以及所支持的文件类型。具体配置方式可参考第 5 章。

set.ini 文件：MICAPS4.0 客户端全局配置文件，用于配置系统默认使用主题，默认站点编号，后台出图参数等。具体配置方式及说明可参考第 5 章。

toolbars.ini 文件：MICAPS4.0 客户端工具栏配置文件，用于部署自定义应用程序。具体配置方式及说明可参考第 5 章。

workspace.json 文件：MICAPS4.0 支持用户对数据的默认属性进行保存，workspace 记录了所有用户自定义的属性参数，该文件使用 json 格式进行存储。

layout 子目录：用于存放用户自定义的界面工具栏布局结果。

Map 子目录：MICAPS4.0 客户端地图配置目录，用于配置地图投影方式及投影参数。projections.ini 文件存储投影信息，全部投影参数使用 proj4[①] 标准字符串配置。map.ini 用于配置基础地理信息。具体配置方式及说明可参考第 5 章。

datainfo 子目录：MICAPS4.0 元数据配置目录，用来配置 samba 数据源[②]下各类数据的元信息，包括数据描述、观测数据时间、观测间隔、预报数据起报时间及预报时效、高空层数据对应层次目录信息等内容。该信息用于在客户端中对数据进行按时间跳转、图层对齐、利用时间轴跳转文件使用。具体配置方式及说明可参考第 5 章。

2) data 目录：MICAPS4.0 中辅助数据目录，用于存放 MICAPS4.0 平台中各个模块使用的共有数据信息，目录结构如图 1.3-3 所示。

图 1.3-3 data 目录

changelog.txt 文件：日志文件。用于存放更新日志，在 MICAPS4.0 平台中菜单下的"关于…"项中使用。

ModeDataDictionary.txt 文件：字典文件，当使用 mdfs 数据源时，用来将该数据源中模式数据中的物理量由英文单词转换为中文描述。

Stations.dat：站点信息文件，用于存放全国基本预报站点信息。

Grib2Table 子目录：用于存放 Grib2 文件中对应的要素表信息。

---

① 使用广泛的 GIS 开源投影工具，用于地图经纬度坐标与平面坐标的转换。使用自定义的字符串设置地理坐标系和地图投影参数。

② Samba 数据源介绍参见 1.5 节。

meshes 子目录:用于存放地图数据生成的临时二进制文件,MICAPS4.0 客户端将标准的地理信息文件按照投影方式预处理成渲染速度更快的二进制文件,以提高地理信息数据的显示效率。MICAPS4.0 安装目录下 config\map\map.ini 文件中配置参数使用的部分地理信息来源于此。

Palettes 子目录:用于存放所有的调色板文件,MICAPS4.0 客户端中的卫星、等值线填色显示、离散点分级填色显示等使用的调色板均存储在该目录下。系统默认提供"黑、白"两种主题下的调色板,因此在该目录下也存在"Dark、Light"两个子目录。具体配置方式及说明可参考第 5 章。

Shapefiles 子目录:用于存放基础地理信息数据文件。该目录下有 MICAPS3.0 定义的二进制地图文件,也有标准的 shapefile 文件,MICAPS4.0 安装目录下 config\map\map.ini 文件中配置参数使用的具体地理信息来源于此。

Styles 子目录:用于存放所有的"样式"文件。在 MICAPS4.0 平台中,"样式"文件决定了数据的显示方式,不同的数据文件在内存中按照"格点""站点""栅格"3 种方式存储,而不同数据的显示方式则由"样式"文件来控制。MICAPS4.0 平台为每一类数据默认提供"黑、白"两种主题下的显示样式。具体配置方式及说明可参考第 5 章。

3)Fonts 目录:用于存放 MICAPS4.0 平台中使用到的字体文件。

4)image 目录:用于存放 MICAPS4.0 平台中使用到的图标文件,包括出图设置中使用到的系统 logo(legends\logo.png)以及图例中使用到的图片文件。

5)logs 目录:用于存放系统的日志文件,日志文件的命名方式为平台启动日期.log。

6)Modules 目录:用于存放功能模块。

7)savePic 目录:用于存放"会商支持"→"生成图片"功能中存储的截屏图片。

8)upgrade 目录:用于存放系统自动升级所需文件。

9)zht 目录:用于存放综合图文件,该目录组织方式与 MICAPS3.0 完全相同,可将 MICAPS3.0 配置好的综合图完整移植过来使用。

1.4 窗口布局介绍

MICAPS4.0 客户端界面如图 1.4-1 所示。
下面对每一部分进行逐一介绍

1.4.1 标题栏

MICAPS4.0 界面的顶部为标题栏,标题栏内容可通过系统配置文件(micaps.exe.config)进行自定义。

1.4.2 菜单栏

标题栏下方为菜单栏,MICAPS4.0 中的菜单栏作用与 MICAPS3.0 版本基本相同,包括系统设置、地图参数设置、综合图加载、MICAPS 数据快捷调阅及系统帮助。菜单的前三项,即文件、视图和地图是基本菜单项,用户无法修改,其他菜单项为综合图菜单,用户可以通过综

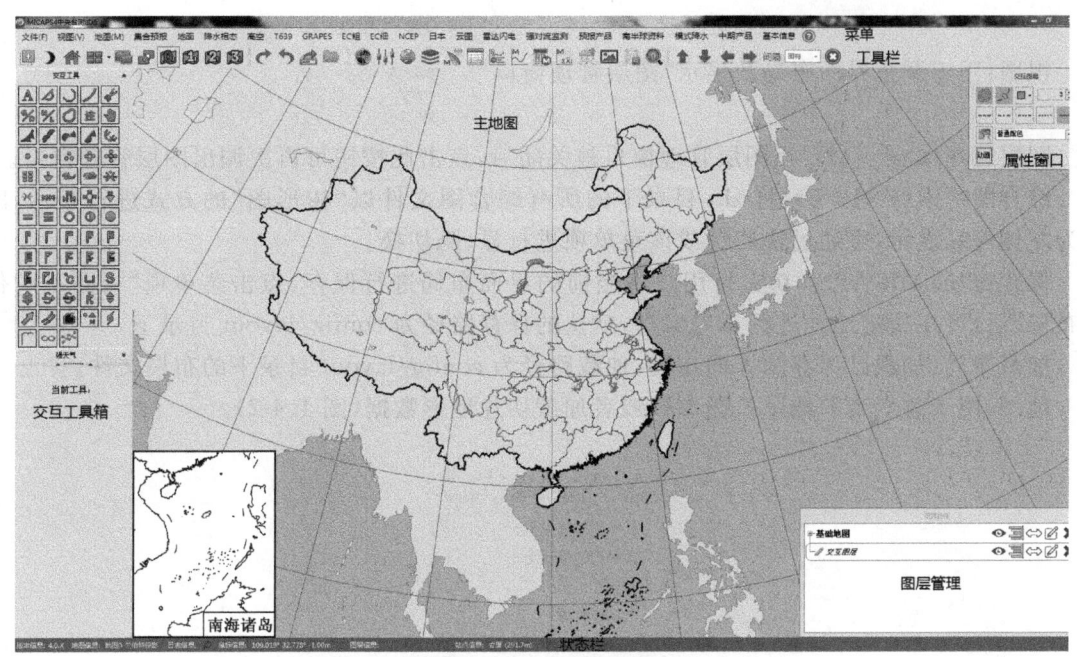

图 1.4-1　MICAPS4.0 客户端界面

合图配置文件(\config\menus.txt)进行自定义配置。

1)基本菜单项

基本菜单包括菜单的前三项,即文件、视图和地图,分别包含以下子菜单项。

文件：

打开(Ctrl+O):打开文件。单击该菜单项,出现"打开文件对话框",用户可以选择指定文件名后系统将打开该文件(必须是符合系统要求的文件格式)。在 MICAPS4.0 中,用户可以通过修改 config\set.ini 配置文件下的"default.openfilepath"项,指定默认"打开文件对话框"的初始位置。

清空所有图层(Alt+C):清除当前加载的所有图层(编辑状态的交互层除外)。

新建交互图层:新建一个交互图层并使该图层处于"编辑"状态,此时 MICAPS4.0 左侧会弹出交互工具窗口。

保存当前交互图层(Ctrl+S):保存当前处于编辑状态的交互层结果,如果当前图层是交互符号图层,则保存为 MICAPS 第 14 类格式数据(格式见附录1),如果当前编辑图层为城市预报,将自动保存为第 8 类数据格式(格式见附录1)。

保存所有交互图层(Ctrl+Shift+S):如果用户在同一幅地图中同时打开了多个交互图层,保存时希望将多个交互图层的结果统一保存到一个交互文件中,可以使用该功能。

保存图像:当前屏幕显示区域保存成图片文件,文件格式可以为:PNG、GIF(静态)、JPG 和 BMP,保存方式和位置可自行选择。

打印:将当前屏幕区域内的信息直接打印出来。此功能需要连接打印机。

打印预览:可以在屏幕上预览打印信息。此功能需要连接打印机或者虚拟打印机。

退出:退出系统,退出系统时,不再提示确认。

视图：用于调整界面布局及显示"图层管理窗口"。

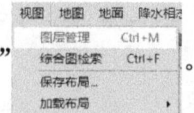

图层管理（Ctrl+M）：当图层管理窗口被关闭后，点击此按钮可再次调出图层管理窗口。

综合图检索（Ctrl+F）：将 zht 目录下的所有综合图文件以"树形图"的方式进行显示，默认为左侧停靠显示，可通过快捷键或该菜单项进行显、隐切换。

保存布局：MICAPS4.0 支持用户将当前的界面布局进行保存，点击菜单项"视图"→"保存布局"后，可在指定地址进行布局保存，默认的保存路径为 config/layout 目录下。

加载布局：加载已保存的界面布局，加载路径为 config/layout 目录下的布局文件。

地图：用于改变当前地图投影参数或者加载切片地形数据（图1.4-2）。

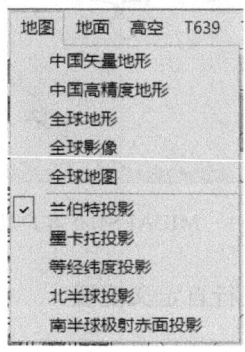

图1.4-2 地图菜单

中国矢量地形：等值线填充方式显示中国区域范围内的地形，单击图层可以修改图层颜色属性，如图1.4-3所示。

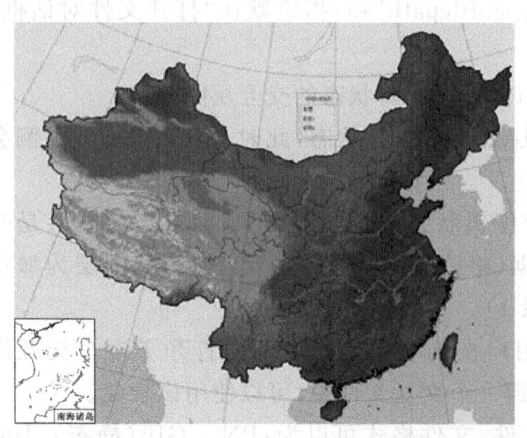 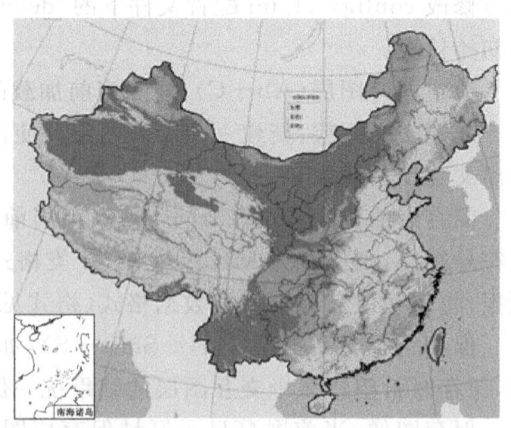

图1.4-3 中国矢量地形图

中国高精度地形：范围为（70°—140°E，0°—60°N）内的切片高精度地图，该地图只能在"墨卡托投影下"显示，显示效果如图1.4-4所示。

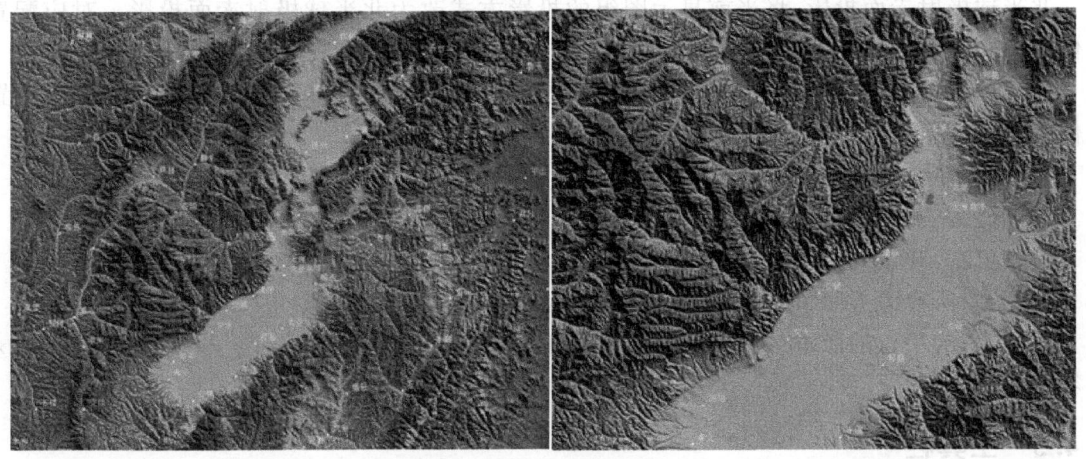

图 1.4-4　中国高精度地形

全球地形、全球影像：调用国家测绘局"天地图"地图 API 接口[①]，显示中国范围内的切片地图，只能在"等经纬度"投影下显示。建议"全球地形图"在"白背景"主题下使用，"全球影像"在"黑背景"下使用。如图 1.4-5 所示。

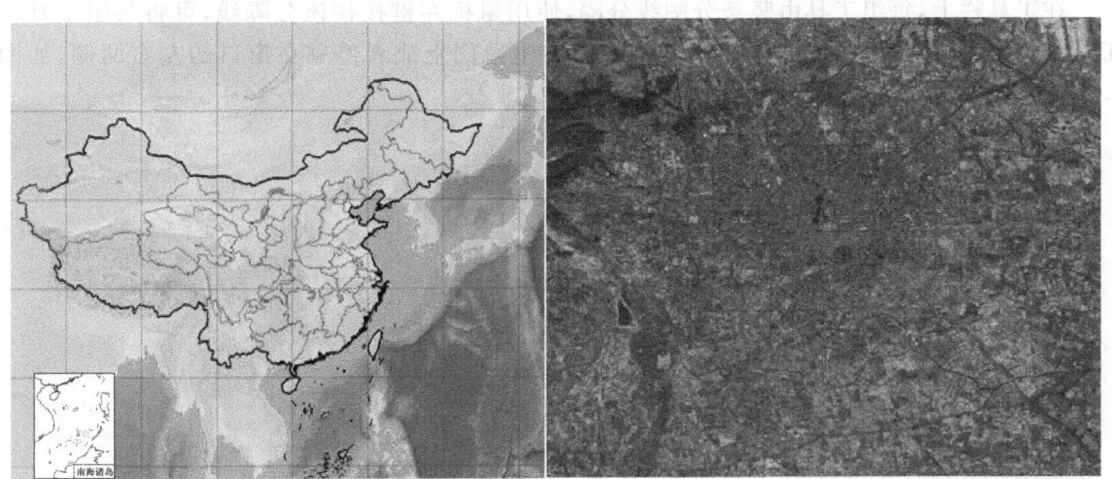

图 1.4-5　全球地形(左)、影像(右)图

麦卡托投影：将当前显示图组的投影方式改为麦卡托投影。对应配置文件为 config/map/projections.ini 文件中的[1002]项。

兰伯特投影：系统默认显示图组的投影方式，用来将当前显示图组的投影方式改为兰伯特投影。对应配置文件为 config/map/projections.ini 文件中的[1001]项。

等经纬度投影：将当前显示图组的投影方式改为等经纬度投影。对应配置文件为 config/map/projections.ini 文件中的[1005]项。

---

① 需要连接外网

北半球极射赤面投影:将当前显示图组的投影方式改为北半球极射赤面投影。对应配置文件为 config/map/projections.ini 文件中的[1003]项。

南半球极射赤面投影:将当前显示图组的投影方式改为南半球极射赤面投影。对应配置文件为 config/map/projections.ini 文件中的[1004]项。

帮助：系统的帮助信息。

帮助(F1):弹出"帮助"文档,对应为 MICAPS4.0 安装目录下 help.chm 文件。

检查更新:弹出"更新"窗口,具体使用方式请参考 1.2 节。

致谢:向所有为 MICAPS4.0 做出贡献的人员致敬!

关于:当前平台的版本信息,以及当前信息的更新记录,记录内容与 data\changelog.txt 内容相关。

1.4.3 工具栏

MICAPS4.0 中,工具栏位于菜单栏的下方,用于提供系统工具以及部分高级功能模块调用,如下图所示。

在工具栏上,每组工具由竖条分割线分隔,使用鼠标左键按住该分隔线,可将每组工具从工具栏位置上"拖拽"出来,并将该组工具悬浮在主地图上或者停靠在窗口的左右两侧,如图 1.4-6 所示。

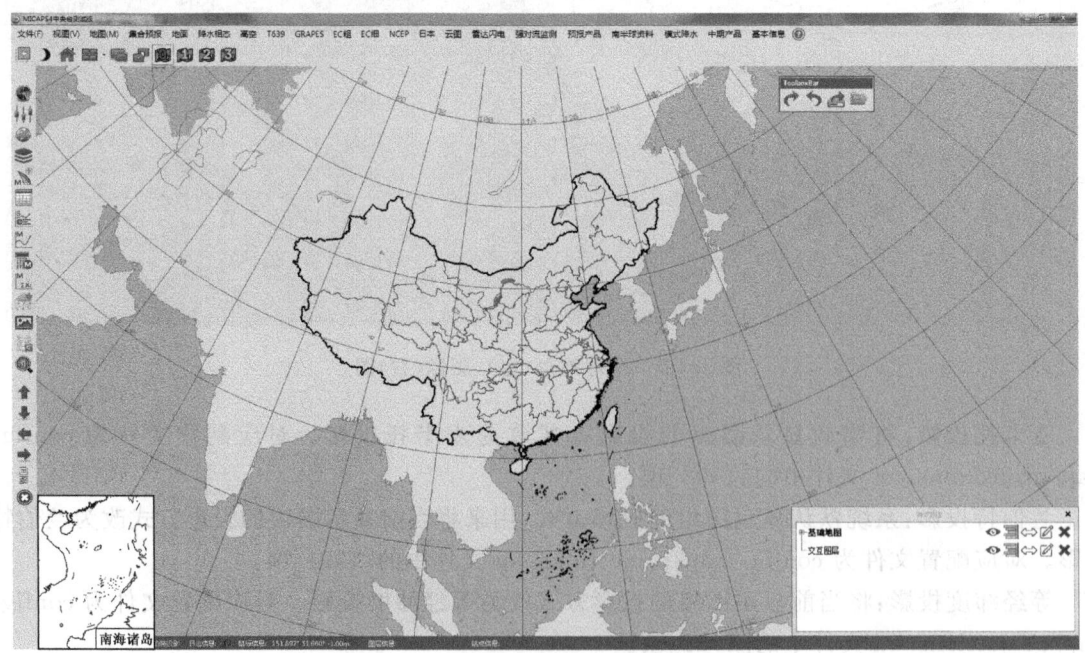

图 1.4-6　MICAPS4.0 自定义窗口布局

在修改完界面布局后,可通过菜单项"视图"下的"保存界面样式"进行保存。

在 config/set.ini 中有一个配置项 ,savelayout,表示是否在 MI-CAPS4.0 客户端关闭时记录最后的布局状态,当该项置为 true 时,每次打开 MICAPS4.0 均保留上次关闭时的布局。

工具栏可以自由扩展,通过修改 config/toolbars.ini 配置文件,添加自定义的应用程序,具体修改说明请参考第 5 章。

系统工具类主要包括:新建交互图层、"黑白"主题切换、恢复默认视图、设置分屏、浮动地图、鼠标联动、切换至地图 0、切换至地图 1、切换至地图 2、切换至地图 3、撤消、恢复、另存为、打开(图 1.4-7)。

功能模块类包括:单站雷达、集合预报、球面距离计算、模式剖面、模式探空、表格、站点一维图、模式时间曲线、模式计算、模式平均、累积降水、出图工具、参数检索、数据源检索。该部分功能按钮由模块添加,只能通过删除模块去掉。该部分功能的详细介绍请参考第 4 章。

图层翻页工具包括:所有图层上翻、下翻、前翻、后翻、间隔(默认固有)、清空所有图层、时间轴。该部分功能的详细介绍请参考第 2 章。

系统工具类按钮介绍:

(1)新建交互图层(Alt+N):新建一个交互图层,并将该图层置于编辑状态。

(2)"黑白主题"切换:切换黑色/白色主题。切换当前综合图的背景颜色,有黑背景、白背景两种可切换。切换背景的同时,如果有打开的工具窗口,工具窗口背景也会跟随主题切换颜色。

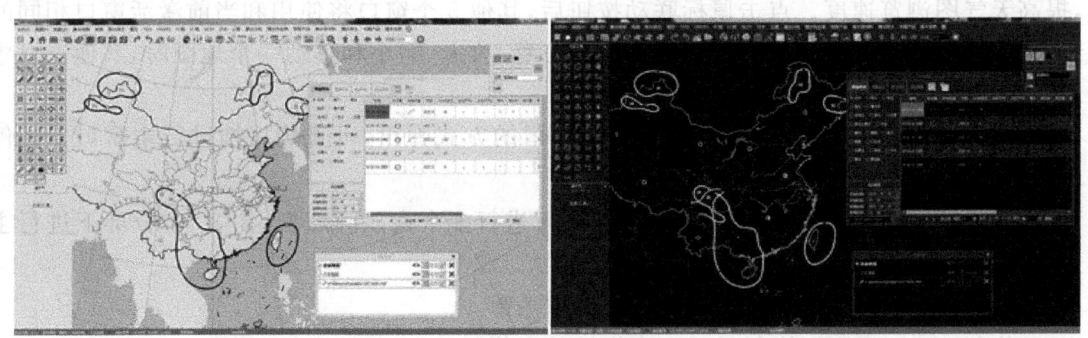

图 1.4-7 MICAPS4.0 黑、白主题

(3)恢复默认视图(Ctrl+H):切换到默认视图模式。

(4)设置分屏:目前有"分屏 2×2"、"分屏 3×1"两种分屏模式,"恢复单屏"即切换到单屏模式。如图 1.4-8 所示。

分屏 3×1:会分成如图的一个主图,三个副图,点击 选择对应分屏编号,主地图显示相应地图,剩余 3 个地图显示分屏。在 MICAPS4.0 主界面状态栏中的地图信息部分会显示当前激活地图对应的编号信息。

分屏 2×2:会将当前主视图平均分成上下左右四幅地图(图 1.4-9)。

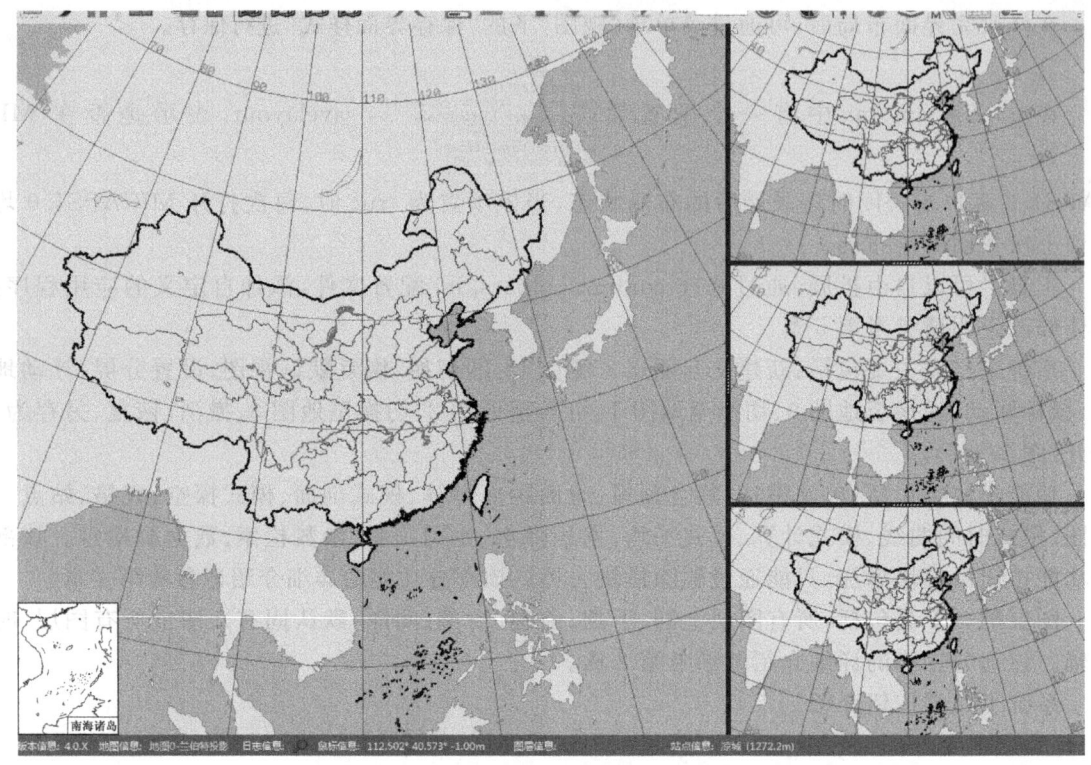

图 1.4-8 分屏 3×1

(5)鼠标联动🖱:在使用多分屏时使用鼠标联动按钮,方便多分屏显示图象之间的对比分析,提高天气图浏览速度。点击鼠标联动按钮后,其他3个窗口将使用和当前激活窗口相同的投影方式和显示范围,同时显示当前鼠标所在位置,放大、缩小和移动一个地图时,其他窗口中的地图也相应放大、缩小或移动。

(6)弹出窗口⬚:将当前激活窗口以活动窗口的方式弹出,可直接拖拽进行主窗口上的停靠或者其他屏幕上显示,如图1.4-10所示。

(7)切换地图1/2/3/4 ⬚⬚⬚⬚:在单屏下进行多个窗口间切换,在3×1分屏下进行主屏地图切换。

(8)撤销(Ctrl+Z)↶:交互操作中单步操作撤销。

(9)恢复(Ctrl+R)↷:恢复最后一个撤销的操作。

(10)另存为⬚:将当前处于编辑状态的交互图层快速保存,可以通过事先定义好的模板自动生成保存文件名及扩展名。如图1.4-11所示。

功能布局如图1.4-11所示,"起报日期"由当前机器的系统时间决定,业务种类、预报时刻备选项以及预报时效备选项可自定义,具体定义方式请参考第5章。当选择完业务种类、预报时刻、预报时效后,系统会自动拼成"输出路径",点击"确定"即可保存。

(11)打开(Ctrl+O)⬚:弹出"打开文件"对话框,默认打开文件的路径可在config/set.ini配置文件中设置,具体设置方式请参考1.4.2节"打开"菜单项说明。

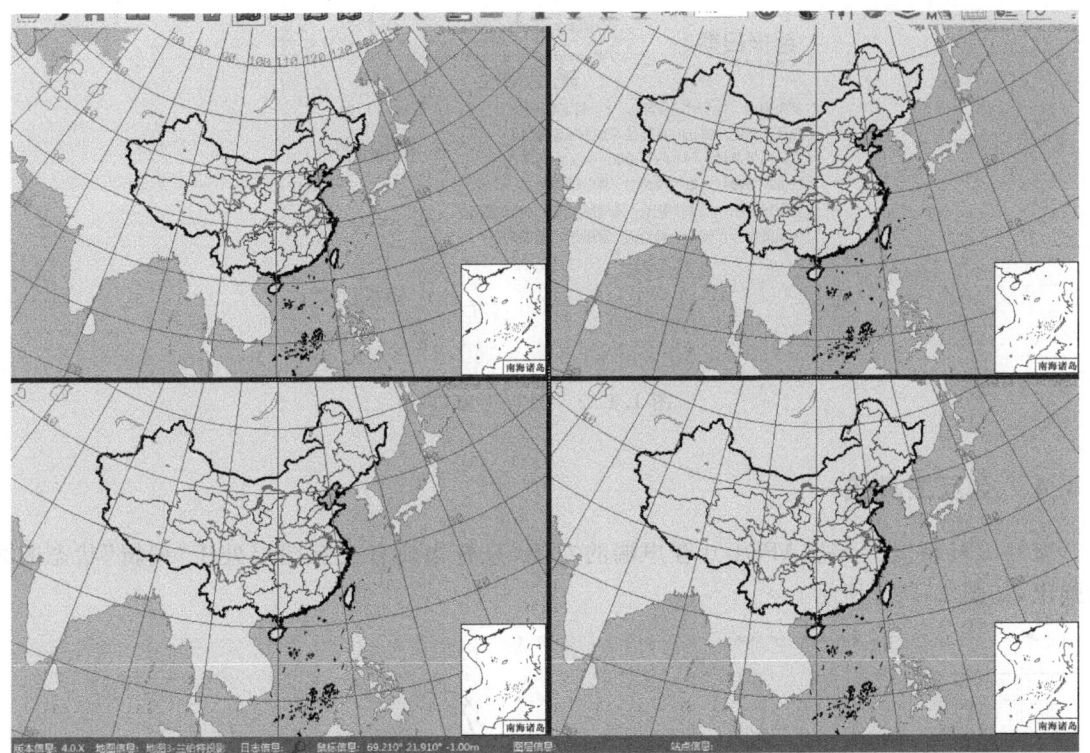

图 1.4-9 分屏 2×2

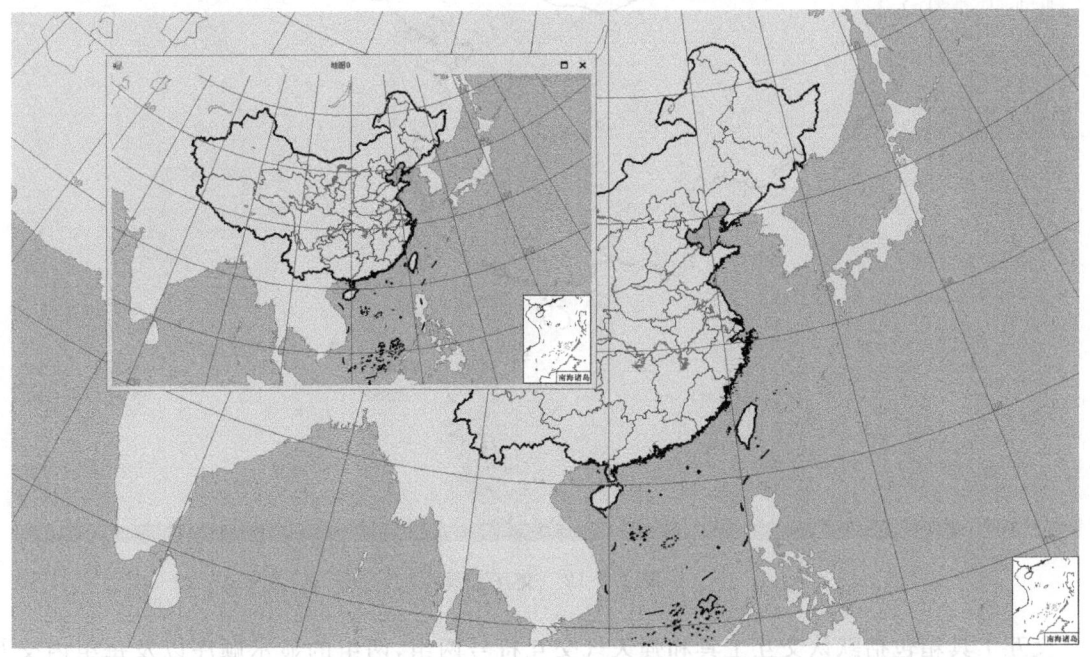

图 1.4-10 窗口弹出显示

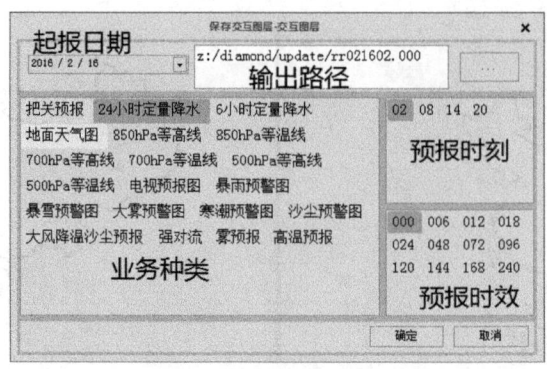

图 1.4-11 另存为窗口

1.4.4 交互工具箱

交互工具箱位于 MICAPS4.0 客户端的左侧,只有当前有交互图层处于"编辑"状态时才会弹出,如图 1.4-12 所示。

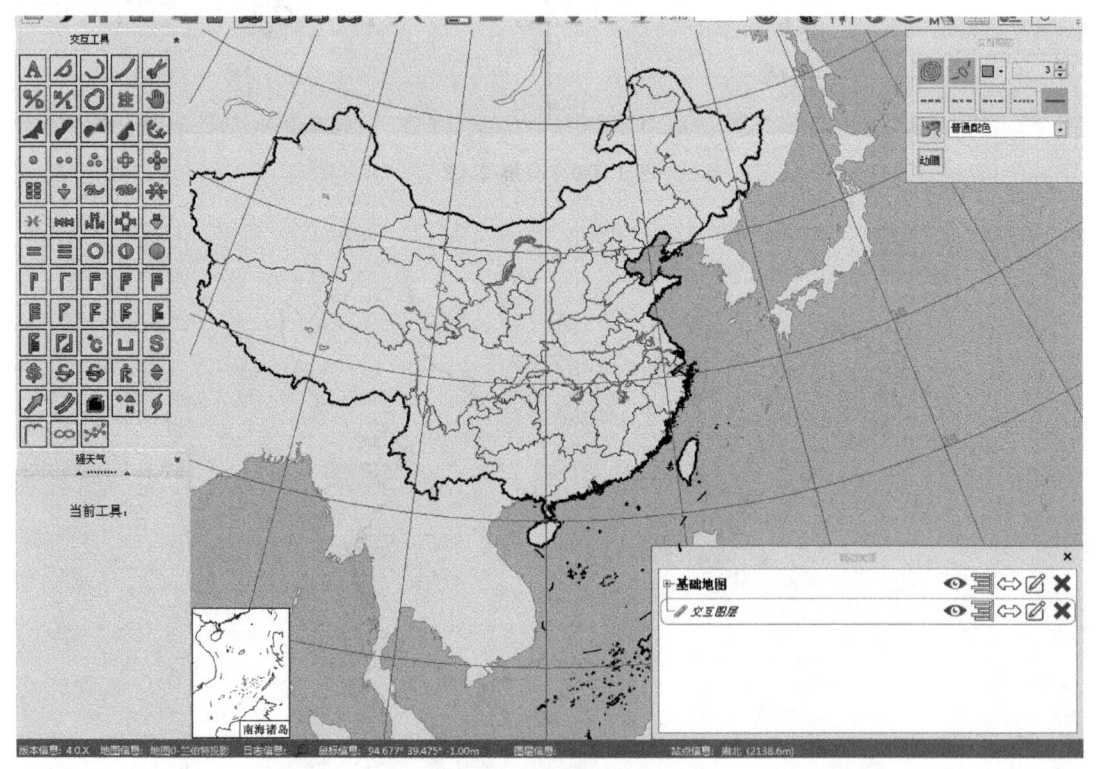

图 1.4-12 交互工具

交互工具箱包括默认交互工具和强天气交互符号两组,两组的显示顺序以及每组内交互符号的顺序均可以通过配置文件进行修改,具体修改方式请参考第 5 章。

个别交互工具带属性窗口,具体使用方式请参考第 3 章。

1.4.5 图层管理窗口

图层管理窗口是位于主窗口的一个顶层窗口，默认处于打开状态，图层管理窗口关闭后，可以通过选择菜单"视图"→"图层管理"菜单项重新显示，也可以通过快捷键"Ctrl+M"显示。如图1.4-13所示。

图1.4-13　图层管理

默认显示基础地理信息和一个处于交互状态的交互图层（该图层均无法被删去），加载新文件时则会在图层管理列表中增加一个新图层。

在显示设置窗口中，每个图层包含显示或隐藏、自动对齐、翻页、查看文本方式数据和删去按钮。

👁 鼠标单击控制图层隐藏显示，具体功能请参考第2章。

☰ 时间对齐按钮，当同时有多个模式预报图层存在时，选择其中一个预报图层的对齐按钮后，所有其他模式预报图层将与当前选择图层的起报时间和时效相同，该功能需与datainfo配合。具体功能请参考第2章。

⇔ 翻页按钮，是一个使用鼠标左右点击会有不同功能，左键打开前一个文件，或者前翻图层，点击右键后方图层或者打开后一个文件。具体功能请参考第2章。

✎ 显示图层对应文件内的数据内容或路径信息。具体功能请参考第2章。

✖ 删去当前图层。

图层控制：

单击普通数据图层名称打开该图层对应的属性窗口，同时被激活的图层名称在图层属性窗口以斜体显示，右键单击关闭属性窗口。如图1.4-14所示。

图1.4-14　图层控制

双击交互图层会使得这个图层进入编辑状态，同时图层对应的属性窗口及交互工具箱也会被激活。右键单击关闭图层属性窗口，取消编辑状态。右键双击清空交互层交互符号内容。

1.4.6 属性窗口

各个图层属性的唤出方式为"单击图层"，关闭属性窗口的方式为"鼠标右键单击图层"。

基本上所有的MICAPS4.0中加载的图层都带有自己的属性，通过属性窗口可以调整数据的显示方式，也可以进行统计、分析计算等操作，MICAPS4.0采用"扁平化"的方式从新梳理了各个图层的属性窗口，同时，属性窗口的位置也从原来的左侧侧边栏调整到了右上角的浮动窗口，如下图"地面填图"数据的属性显示（图1.4-15）。

MICAPS4.0中的数据属性按照功能进行了分组，不同的分组被安排在不同的tab页中，

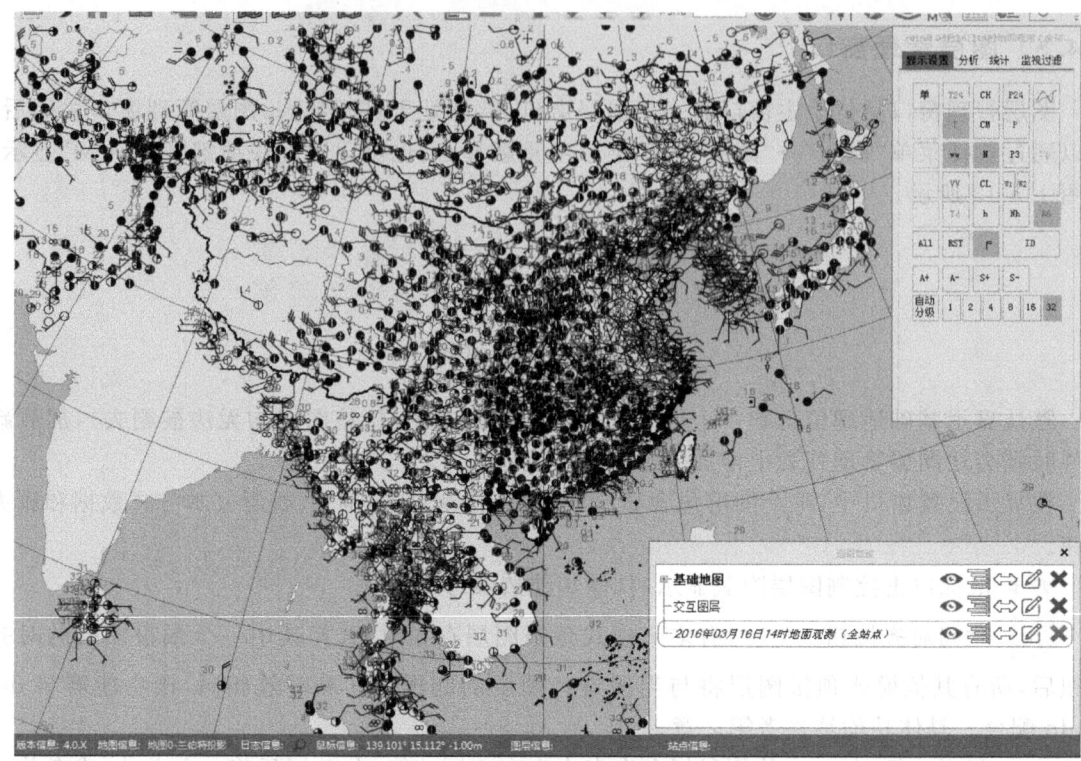

图 1.4-15 "地面填图"属性窗口

具体的各类数据属性说明请参考第 3 章。

1.4.7 主视图窗口

与之前的版本一样,MICAPS4.0 的主视图窗口也为数据的主要显示区域,主地图显示区域可以进行单屏、多分屏间切换,每个地图都包含独立的图层管理。MICAPS4.0 中的地图漫游方式为:非交互编辑状态下鼠标左键按下以及任意时刻鼠标滚轮按下、在交互绘制线条符号时,同时按住键盘 Shift 键+鼠标左键或鼠标中键按下漫游地图;地图放大操作方式为:双击鼠标左键或滚轮向上滚动,或鼠标右键拉框;地图缩小操作方式为:双击鼠标右键或滚轮向下滚动。在任意状态下,单击工具栏 按钮均可以恢复地图初始状态。主地图的其他操作方式请参考第 2 章。

1.5 数据源(Samba MDFS SAV)

在 1.3.2 节介绍 config\datasources.ini 文件时,曾介绍过该文件主要用于配置 MI-CAPS4.0 客户端所使用的"数据源"信息,在之前的版本中,MICAPS 客户端所对应的数据来源比较单一,通常都是通过共享本地文件夹所使用的数据,数据一般存储在一个单一的"数据服务器"中,但随着观测种类和预报技术的提升,这种单一数据服务器提供全部数据服务的方式已经不能满足大数据量、高并发访问、高速检索及传输文件的使用需求。在 MICAPS4.0 系统中,引入了"分布式高速缓存"服务器的概念,也就是用多台分布式数据存储来解决气象海量数据的高并发高速访问所带来的问题,并将这个"分布式高速缓存"称为 MDFS 服务。

MICAPS4.0 现在使用的数据环境如图 1.5-1 所示,MICAPS4.0 目前支持包括"共享文件夹"、"MDFS"在内的多种数据环境。

如图 1.5-1 所示,MICAPS4.0 默认的数据源配置文件(config/datasources.ini)中使用了 4 个数据源,其中 mdfs 即为前面提到的"分布式数据缓存",该数据集群搭建在 CIMISS 系统之上,接上之后自动完成数据格式处理及存储处理,MICAPS4.0 可直接访问使用(访问配置方式请参考 1.3.1 节 MICAPS.exe.config 文件说明。

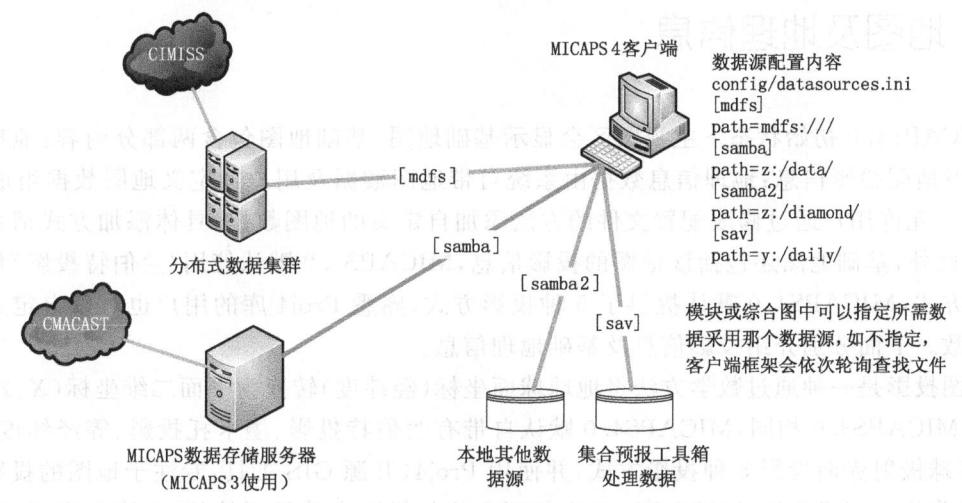

图 1.5-1　MICAPS4.0 数据源

samba(名字可换)为 MICAPS3.0 传统数据源,使用"共享文件夹"方式提供数据访问,MICAPS4.0 对这种数据访问方式进行了兼容。

Samba2(名字可换)为本地其他数据源,path 指定数据源路径。

Sav(名称不可换)为"集合预报工具箱"软件所使用的集合预报数据,MICAPS4.0 对该部分数据进行了部分兼容,可通过 MICAPS4.0 集合预报功能模块进行加载显示。

MICAPS4.0 允许用户添加自定义数据源,目前只支持本地文件或"共享文件夹"方式的数据源,在 config/datasources.ini 配置文件中添加一个 section 即可,section 名称可自定义,如下所示:

[myownsource]
path=X:/ARealFolder/

path 为关键字,后面的路径最后需要增加一个斜线"/"。

第 2 章 客户端基本操作

2.1 地图及地理信息

MICAPS4.0 初始状态下主视图区会显示基础地图，基础地图包含两部分内容：地理信息数据以及地图投影信息；地理信息数据由系统自带地图数据及用户自定义地图数据组成（MICAPS4.0 允许用户通过修改配置文件的方法添加自定义的地图数据，具体添加方式请参考第 5 章）。此外，基础地图还包括该地图的投影信息，MICAPS4.0 默认使用"兰伯特投影"作为初始投影方式，MICAPS4.0 默认提供了 5 种投影方式，熟悉 Proj4 库的用户也可以自定义新的投影参数。下面分别介绍投影信息及基础地理信息。

地图投影是一种通过数学方法将地球球面坐标（经纬度）转换为平面二维坐标（X、Y）的操作。与 MICAPS3.0 相同，MICAPS4.0 默认自带有兰伯特投影、墨卡托投影、等经纬度投影、南/北半球极射赤面投影 5 种投影方式，并使用 Proj4（开源 GIS 工具，专注于地图的投影表示及转换）作为底层投影库，MICAPS4.0 中投影方法与投影参数是开放的，允许用户通过 Proj4 支持的描述字符串自定义投影，配置文件路径为 config/Map/projections.ini（具体配置方式请参考第 5 章）。当前地图的投影信息可在状态栏"地图信息 地图0-兰伯特投影 "位置查看。

各种地图投影方式的切换方法在"地图"菜单项下，系统默认的地图投影方式可在 config\Map\map.ini 配置文件中修改，该配置文件中设置了 MICAPS4.0 客户端启动时地图的状态，包括投影方式、放大系数、显示中心位置，在 MICAPS4.0 使用过程中可随时使用工具栏上的"重置地图" 或快捷键 Ctrl+H 将地图复位。

2.1.1 基础地理信息

单击图层管理窗口中的"基础地图"图层后会弹出基础地图相关的属性窗口，包括地图数据的显、隐设置以及显示样式设置，以及单省显示设置。

MICAPS4.0 客户端默认会加载陆地轮廓线、亚洲陆地填充、湖泊河流、中国国界、省界、市界、县界等数据，且默认状态下市界、县界不显示，用户可以将"图层管理"中"基础地图"节点展开，对每一层数据进行显示、隐藏设置，如图 2.1-1 所示。

MICAPS4.0 支持本地数据直接加载显示，目前支持 shp 格式的多边形以及点数据、MICAPS3.0 二进制地图数据，以及 MICAPS 扩展第 9 类数据（数据说明请参考附录 1）。添加方式为修改 config/Map/map.ini 配置文件，具体修改方法请参考第 5 章。

单击"基础地图"图层后弹出对应的属性窗口，如下图 2.1-2 所示。

图层属性分为 2 组："外观属性"和"单省显示"。外观属性用于调整所有已加载线条类数

第 2 章 客户端基本操作

图 2.1-1 默认加载基础地理信息图层

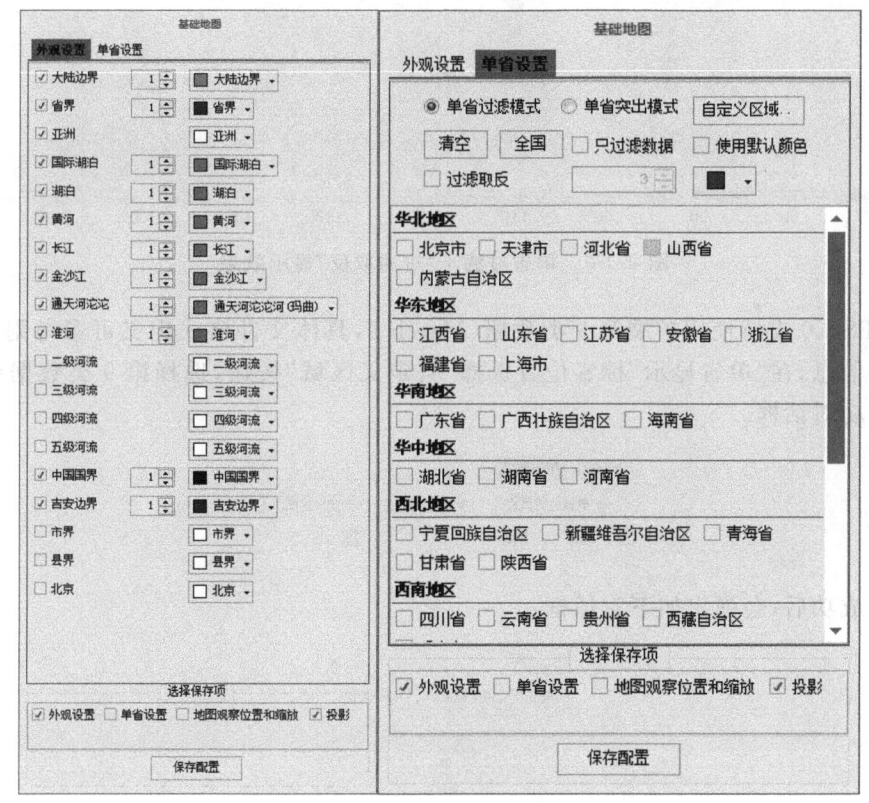

图 2.1-2 基础地图图层属性

据的显示样式和显示状态,包括线色及线宽。单省显示用于对部分省份进行单独显示或者凸出显示。在"单省过滤"模式下,将单个或多个省份进行拼接后显示,选择"只过滤数据"后,只对显示的数据进行过滤显示,地图仍显示其他省份;选择"过滤取反"后,会将过滤的内容进行反向选择,包括数据以及地图信息,效果如图 2.1-3 所示;在单省凸出模式下,可以使得选中的省份高亮显示。两种模式均可以选择"全国"也可以选择多个省份进行拼接,省份按照地区进行划分,方便省份的查找。用户可以选择省份过滤的底色以及高亮显示的边界颜色,在这两种情况下,均需要先选择颜色,再选择相应的省份。如要从过滤显示模式或高亮模式恢复至初始状态,则选择"清空"即可。

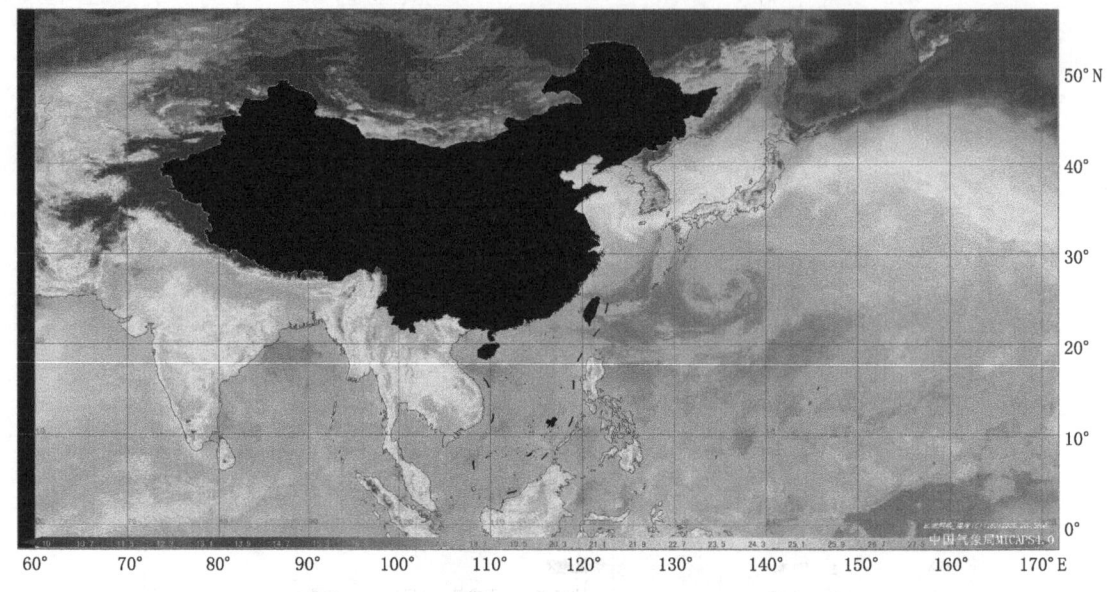

图 2.1-3 单省过滤+"过滤取反"显示效果

MICAPS4.0 支持使用扩展第 9 类数据(March 9,具体文件格式定义可参考附录 3)作为自定义边界信息,在"单省显示"标签位置选择"自定义区域"按钮,选择第 9 类数据后,会弹出是否加载成功对话框。

当加载成功后,会弹出如下对话框:

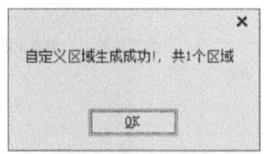

并在下方的"自定义区域中"增加一个选项,如 所示,单击进行选择即可。在"自定义区域"中显示的名称为扩展第 9 类数据中文件头部的内容,而非文件名名称。

第 1 章介绍 MICAPS4.0 安装文件目录时介绍过"data\meshes\"文件夹——该文件

夹为快速加载地图数据使用,该目录下包含 3 个子目录:"borders"中的 mesh 文件主要被用来做"单省凸出显示","masks"文件夹中的 mesh 文件主要被用来做"单省过滤显示",该文件夹下还配有一个 masks.ini 配置文件,用来对各个单省显示的边界进行颜色设置和分组。当用户自定义区域制作成功后,会在该配置文件的末尾自动添加一项,如

[自定义区域]
000=70,70,70,255 所示。

MICAPS4.0 基础地理信息数据还包括"地形"数据,在 MICAPS4.0 中移植了 MICAPS3.0 的矢量地形,同时提供了除灰度调色板以外的另外二种调色板方式。另外,MICAPS4.0 也支持标准切片地图服务(WMTS[①]),增加了对 3 种切片高精度地形/影像图的支持,具体使用方式可参考 1.4.2 节。

2.1.2 添加自定义地图示例

叠加显示本区域(市、县、区)边界以辅助确定天气影响区域,或者制作本区域的预报图形是预报业务中经常遇到的两个问题。对于省级气象台这个问题不难,MICAPS4.0 中"单省显示"功能就能实现,但是对于地、市级以及县级气象台来说,需费一番周折才能实现。下面以河北省保定市为例,结合 MICAPS4.0 中的相关文件和设置,具体说明自定义区域显示问题。

无论是启动时显示保定市边界,还是按照保定市边界裁剪,最关键的是需要区域边界的经纬度信息。

步骤一　边界经纬度信息的获取

用户可以通过国土局等途径获得高精度的边界信息,这些信息虽然精确但有可能与系统自带的地理信息不一致(MICAPS4.0 自带基础地理信息为 2008 年版),导致绘制的边界"参差不齐"。

在 MICAPS4.0 中有两个途径可以获得保定市边界信息——

(1)\config\countyregion.txt 中获取(MICAPS3.0 中在\modual\basemap\basemapdata\下)

从这里获取保定市的边界信息唯一需要的是耐心,因为这里面是按照县来存储的,文件中县界的存储方式为顺时针。要找的只是保定市的边界,则需要对图 2.1-4 中所示的边上的 12 个县的边界拼接。

开始选择涞水和涿州交界点为起点(找到两个县边界中共有的点),从涿州边界中开始复制,到涿州与高碑店共有的点为止,再从高碑店边界中截取……如此往复,最后到涞水截止到起点。共计得到了 1011 个点(其中首尾相同)。新建文本文件,按照顺时针方向存储这 1011 个点的经纬度信息。

通过 countyregion 文件找到的 1011 个点——
114.412666　　38.701370
114.395782　　38.697498
114.385902　　38.694176
……

[①] WMTS:切片地图服务,是一种采用预定义图块方法发布数字地图服务的标准化解决方案。百度地图即采用此种地图服务。MICAPS4.0 使用的是自定义的服务以及"天地图"提供的切片地图服务。

114.430687   38.691742
114.418297   38.697086
114.412666   38.701370

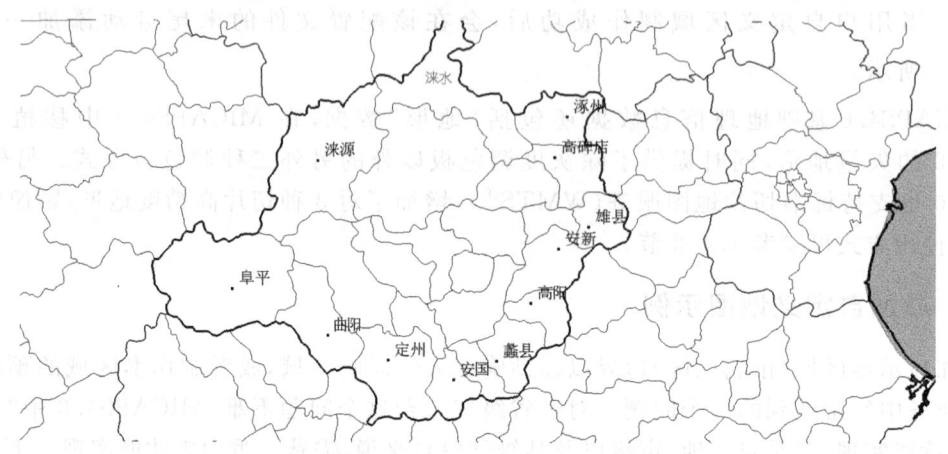

图 2.1-4　需要从中截取边界信息的保定市周边 12 个县

(2) \data\shapefiles\City.shp 中获取

相较于方法 1,方法 2 有两个明显优势：

* 不用再从 12 个县里面去费力寻找。

* 由于 countyregion.txt 文件中的地理信息陈旧,不能完全与 MICAPS4.0 中省界、市界、县界吻合（因为 MICAPS4.0 中显示省、市、县界读取的就是\data\shapefiles*.shp 文件的信息）。

但是此方法需借助外部工具进行操作,比如 Golden sufer 等,推荐大家使用 MeteoInfo1.0。具体操作如下——

①切换语言为中文

②工具栏点击"添加图层" 按钮,弹出窗口选择"其他文件夹",再点击"打开地图文件",弹出文件选择对话框,先择\data\shapefiles\City.shp,点击打开。

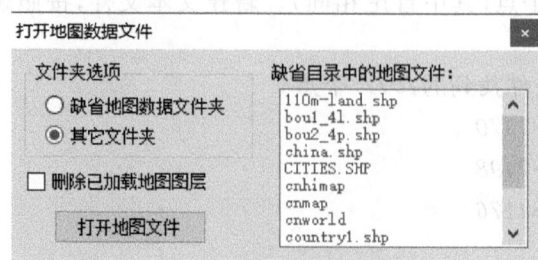

③图层出现 city.shp,主界面显示国内市级边界。

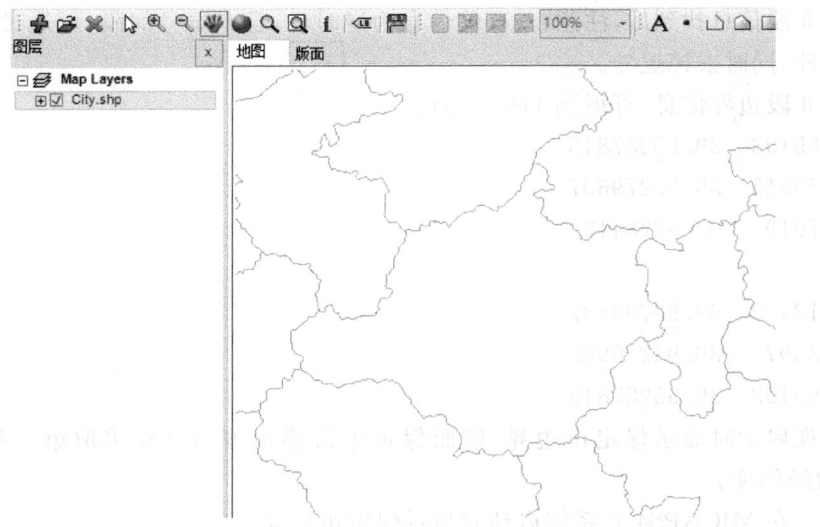

④保定市的边界被存成了9段，点击工具栏"图元属性" ![i] ，点击对应边界即可获取属性，主要是Index。

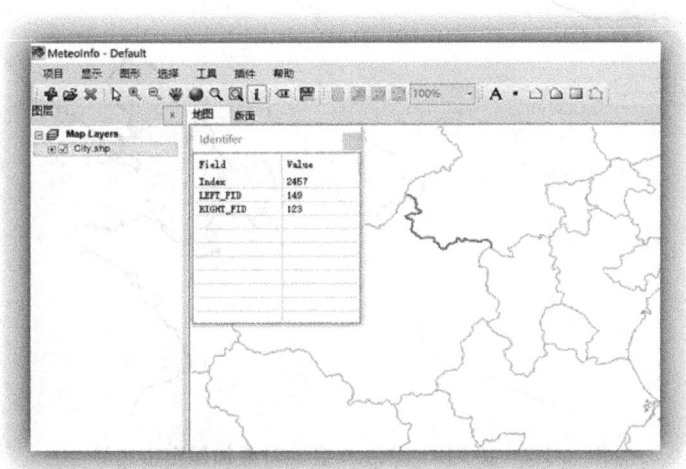

⑤点击工具→输出地图数据，选择对应图层的相应Index图元，导出为ASCII码文件。

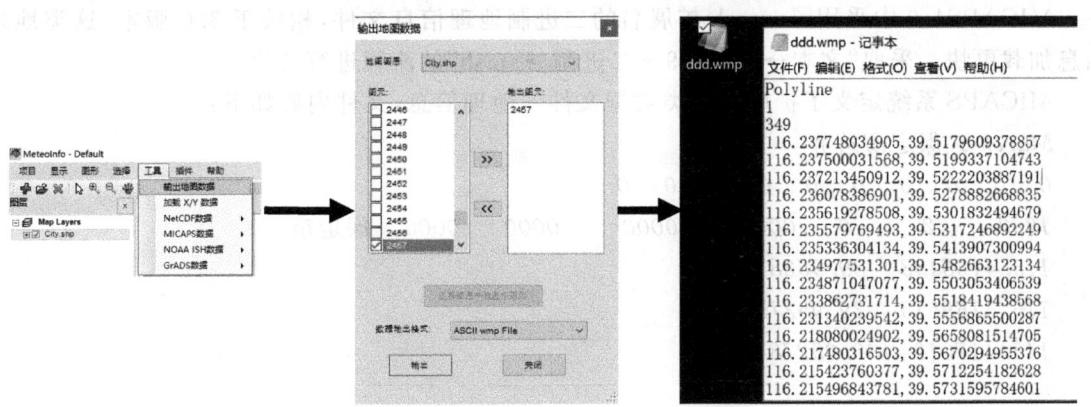

⑥所有 9 段信息找到后,注意:其存储信息为逆时针,且有逗号间隔,可通过 EXCEL 等工具转为顺时针,同时去掉逗号。

⑦拼接 9 段边界信息,可得到 1793 个点。

115.4165193   39.95287845
115.4169515   39.95279697
115.417019   39.95278412
……
115.4112472   39.93798582
115.4135971   39.94279992
115.4165193   39.95287845

以下实现启动时显示保定市边界,按照保定市边界裁剪的操作采取第 2 种方法获得的 1793 个点的经纬度。

步骤二 在 MICAPS4.0 系统启动时显示保定市边界

效果如图 2.1-5 所示(以白背景下设置为例,黑背景类似)。

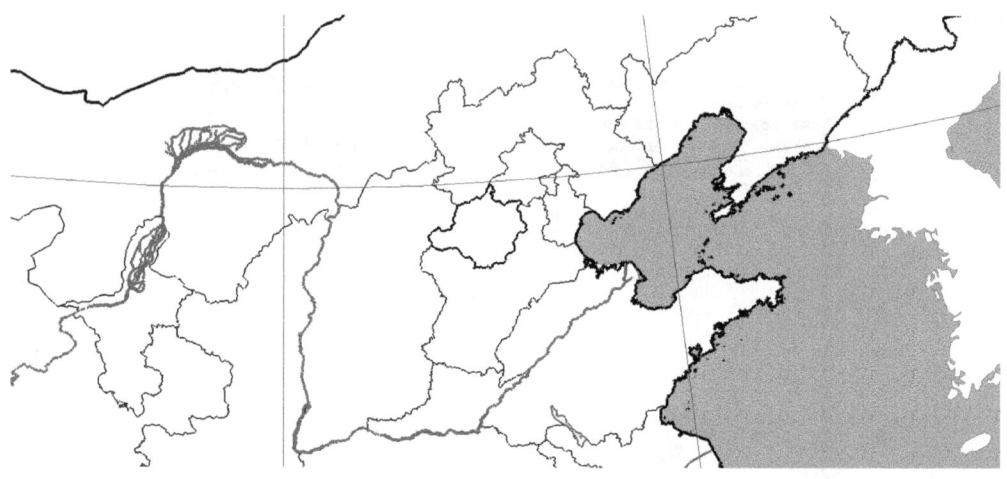

图 2.1-5 在 MICAPS4.0 启动时叠加保定市边界

(1)将边界信息转换为 MICAPS 需要的格式

MICAPS4.0 中采用了.mesh 扩展名的二进制地理信息文件,相较于 3.0 版本,这类地理信息加载更快。采取"文本→march 9→二进制→mesh"的流程进行转换。

MICAPS 系统定义了扩展第 9 类数据文件——地理信息,文件内容如下:

March 9 保定市边界
0 0 0 0 0 0 0 0 0 0
1793   2   0   0000   0000   0000   0000   保定市
115.4165193   39.95287845
115.4169515   39.95279697
115.417019   39.95278412
……

115.4112472   39.93798582
115.4135971   39.94279992
115.4165193   39.95287845

第三行 1793 即为点个数；2 为省界；0 为不闭合标识符。保存成文本文件"保定市 40.txt"。

利用 MICAPS3.0 中带有的 map2bin.exe 工具,将"保定市 40.txt"转换为 MICAPS 需要的二进制的"保定市 40_B.txt"。

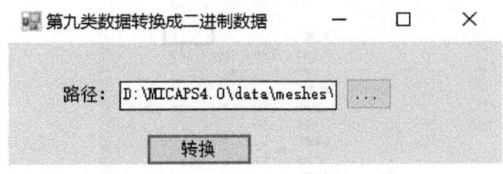

(2)在地图配置文件中加载

修改\config\Map\map.ini

在文件末尾添加

#————————define layer 保定————————

[map.layer.city_BaoD]

name=保定

geometry=Unknown

file=data\meshes\保定市 40_B.txt

style=map\baoding

hidden=false

保存后,再次打开 MICAPS4.0,系统会在\data\meshes\maps\1001\下新建一个 city_BaoD 文件夹,里面存放的 city_BaoD_0.mesh 文件即是加载到系统中的直接文件。

此时窗口中便叠加了保定市边界。如果想更换显示的线型、颜色、粗细,可以去\data\styles\Light\map\baoding.xml 中修改。

步骤三　在 MICAPS4.0 系统中按照保定市边界裁剪

制作形如下图所示的降水落区。

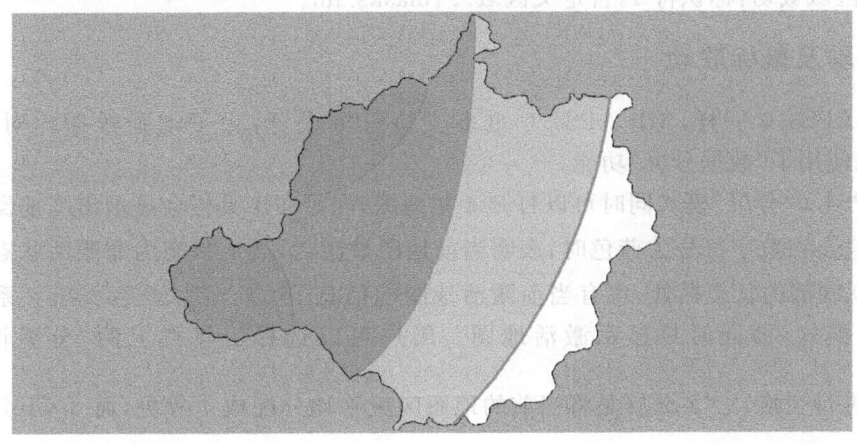

(1) 将上文的"保定市 40.txt"中第三行第三个数字改为 1,其余不变,保存为"保定市 41.txt"
March 9 保定市边界
0 0 0 0 0 0 0 0 0 0
1793 2 1 0000 0000 0000   0000   保定市
(2) 选中"基础地图"图层,点击"自定义区域.."按钮

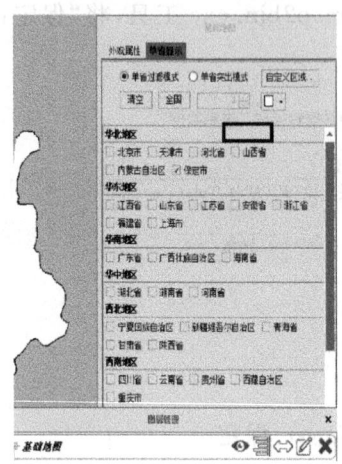

弹出对话框,选择"保定市 41.txt"文件,点击打开。系统提示成功之后,在\data\meshes\masks\目录下生成了用于裁剪的"保定市.mesh"。

系统会在"单省显示"最下方出现"自定义区域"—"保定市"。在绘制完降水落区并填色后,即可勾选此项,达到预期效果。

可以修改\data\meshes\masks\masks.ini 将最后的"自定义区域"删去,将保定市的裁切配置剪切到华北区域最后。

综上所述——
实现区域边界信息显示和自定义区域裁切的基本思路是:
区域边界信息的获取:顺时针,文本,扩展第 9 类。
信息转换为 MICAPS 需要的二进制格式:_B.txt,mesh。
在配置文件中设定启动加载:标识符 0,map.ini。
自定义区域裁切:标识符 1,自定义区域..,masks.ini。

2.1.3 分屏及鼠标联动

同 MICAPS3.0 一样,MICAPS4.0 也多支持分屏设置,为了增强数据比对效果,MI-CAPS4.0 也使用了"数据分屏"功能。

MICAPS4.0"分屏"模式同时可以打开 4 幅地图,同时在工具栏会显示出当前激活地图信息:当数字符号为蓝色时,表明当前地图被激活,其他状态为非激活状态,此外,在 MICAPS4.0 底部的状态栏处,也有当前激活地图的信息。系统默认状态为"单屏"模式,即同时只显示激活地图。用户可以选择工具栏上的"分屏设置"按钮

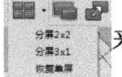

来进行切换,2×2 分屏是将当前的地图区域平均分配成 4 等分,而 3×1 分屏是指将

地图分成"1 主 3 副"的方式进行分屏,如图 2.1-6 所示。

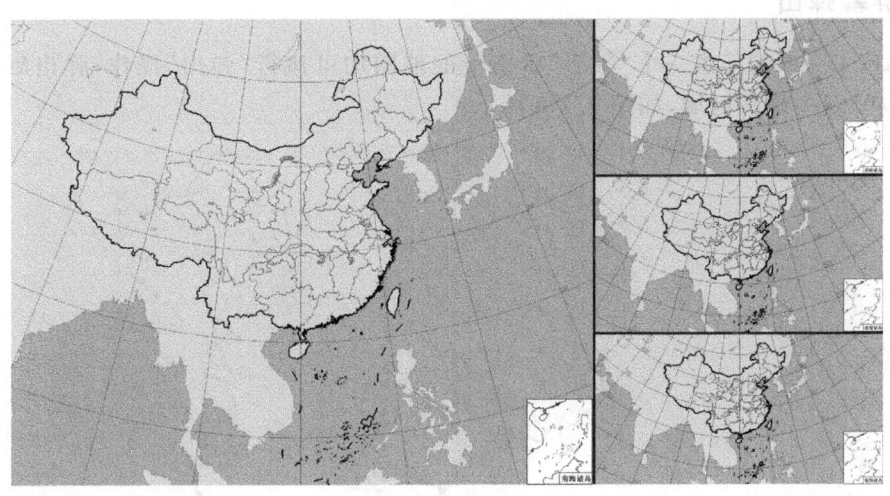

图 2.1-6 3×1 分屏方式

在 3×1 分屏模式下,点击工具栏上的地图编号 ![0] ![1] ![2] ![3],可将对应地图放置到"主"地图的位置,默认状态下是"0"号地图在主地图位置。

在分屏状态下,每一屏中的地图均有单独的图层管理方式,当切换不同地图时,"图层管理"窗口中的图层内容会自动切换到当前屏地图的图层信息。

在分屏状态下,用户可以操作所有分屏窗口进行"鼠标联动",点击工具栏 按钮,即可进入"鼠标联动"状态,进入该状态下,所有分屏的投影方式、放大系数以及视图中心位置均保持一致,同时使得 4 个分屏的放大、缩小、漫游操作保持同步。处于"鼠标联动"状态下的地图状态,如图 2.1-7 所示。

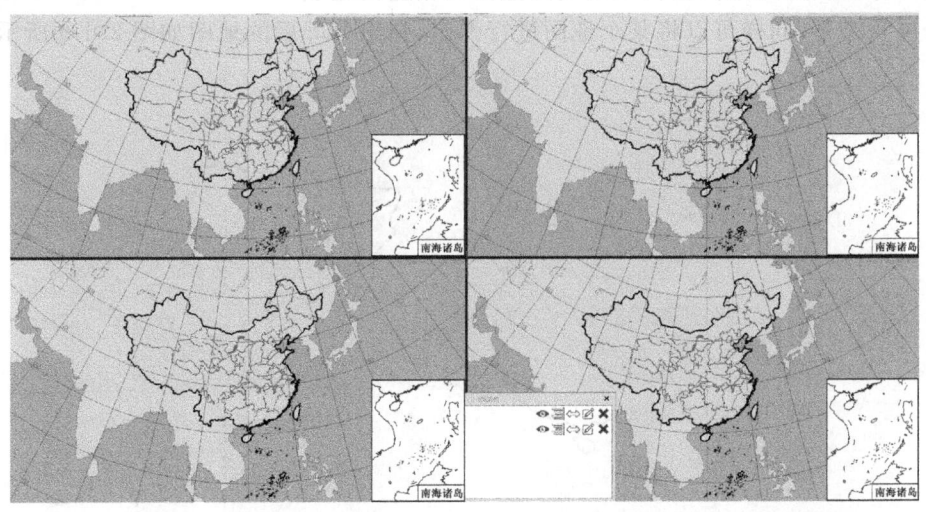

图 2.1-7 鼠标联动状态下的 2×2 分屏显示

"+"表示当前鼠标所在位置,在联动状态下可操作任意一个地图,其他 3 个分屏地图均会执行相同操作。

2.1.4 屏幕弹出

MICAPS4.0中的任意一个"激活"状态下的地图均可执行"弹出"操作,弹出后的地图只保留"标题栏"及主地图区域,如图2.1-8所示。

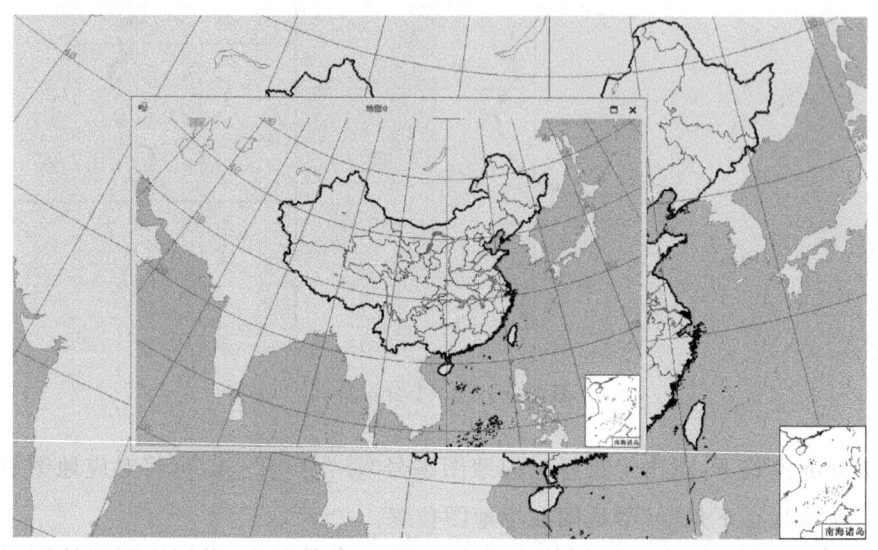

图 2.1-8　地图弹出状态

若需要弹出某幅地图,需要先将该地图处于"激活"状态,如 所示,"2"号地图处于激活状态,此时点击 按键,可将"2"号窗口弹出。

弹出的地图标题显示当前的地图编号,如图2.1-8所示。弹出的窗口可以被拖拽到任何一个位置,当关闭该分屏时,会自动恢复到主窗口相应位置上。

在分屏状态下,同样可以将某个地图进行弹出,弹出分屏后的地图如图2.1-9所示。

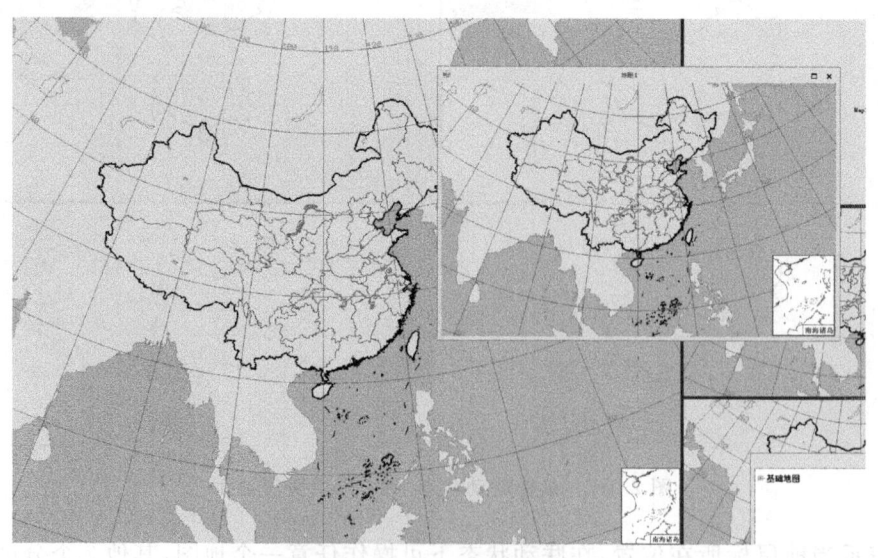

图 2.1-9　分屏状态下弹出

注：在单屏模式下，弹出窗口后进行地图切换，可在状态栏处 地图信息： 地图0-兰伯特投影 查询当前具体激活图层信息。

2.2 图层管理

在 MICAPS4.0 中仍然使用"图层"来对显示数据进行组织管理，而"图层管理"控件可以对已加载的图层进行统一操作，图层管理窗口如图 2.2-1 所示。

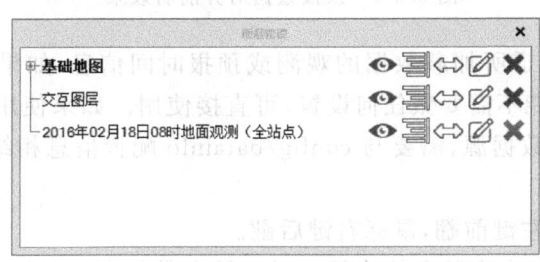

图 2.2-1　图层管理窗口

"图层管理"窗口是位于主窗口的一个顶层窗口，该窗口可以在多个屏幕间任意调整位置。默认处于打开状态，图层管理窗口关闭后，可以通过选择菜单"视图→图层管理"菜单项操作重新显示，也可以通过快捷键"Ctrl+M"显示。

默认显示基础地理信息和一个处于交互状态的交互图层（该图层无法被删去），加载新文件时则会图层列表中增加一个新图层。

2.2.1 图层管理操作

在显示设置窗口中，每个图层包含显示或隐藏、时间对齐、翻页、查看数据内容表格和删去按钮。其中，基础地图和随系统启动的"交互图层"无法删除，其图层状态为灰色的✖。

👁：图层显示隐藏

☰：图层按照时间对齐，当选择某一个图层上的该按钮以后，其他图层的时间会自动向该图层对齐。观测数据按照观测时间对齐，预报数据按照预报时间（起报时间+预报时效）对齐。观测类数据对齐效果如图 2.2-2 所示。

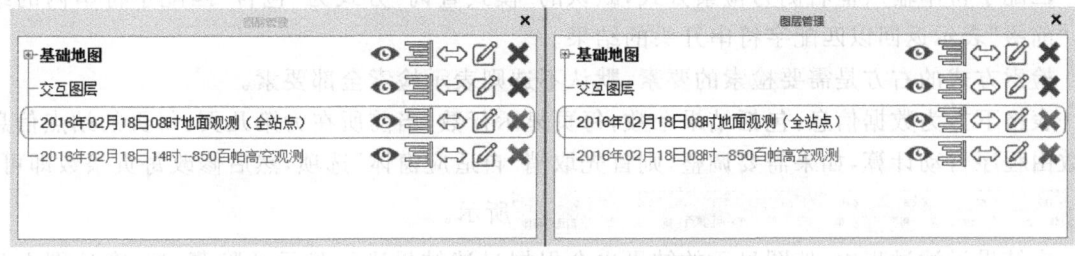

图 2.2-2　观测数据对齐前后效果

预报类数据对齐效果如图 2.2-3 所示。

图 2.2-3 预报数据对齐前后效果

时间对齐功能需要知道所加载数据的观测或预报时间信息，如果使用的是 mdfs 数据源（请参考第 1 章），则该功能不需要做任何设置，可直接使用。如果使用的是共享文件夹（请参考第 1 章）或者本地其他数据源，需要与 config/datainfo 配置信息相结合，具体 datainfo 介绍请参考第 5 章。

⇔：前后翻页。鼠标左键前翻，鼠标右键后翻。

✎：表格方式显示文件内容及文件路径。对于站点数据，显示站点要素信息，并且可以根据要素内容进行简单的站点过滤，如图 2.2-4 所示。

图 2.2-4 站点数据内容显示

选择✎按钮后，会在 MICAPS4.0 主地图下方显示如图 2.2-4 所示表格，表格最上方左侧为过滤及查询功能，右侧显示文件绝对路径信息。

站点信息以表格方式组织，表格的"行"为各个站点，"列"为各个要素，站点显示顺序与文件组织内容顺序一致。

搜索栏如  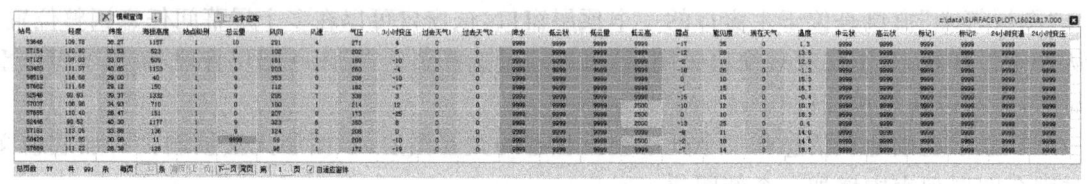 所示，最左侧的文本框为用户所输入的匹配字符串，如果不选最右侧的"全字匹配"，表示返回结果只"包含"所检索的信息，而全字匹配则指返回与检索内容"完全相等"的结果。

匹配字符串输入框右侧为检索方式，默认的"模式查询"方式为"包含"匹配字符串内的结果，"前缀"表示返回以匹配字符串开头的结果。

检索方式的右方是需要检索的要素，默认不选则表示检索全部要素。

表格下方为数据信息，包括结果个数，每页显示行数，当前所在为第几页，每页的站点信息条数由程序自动计算，如果需要调整，则首先取消"自适应窗体"选项，然后修改每页条数即可，如 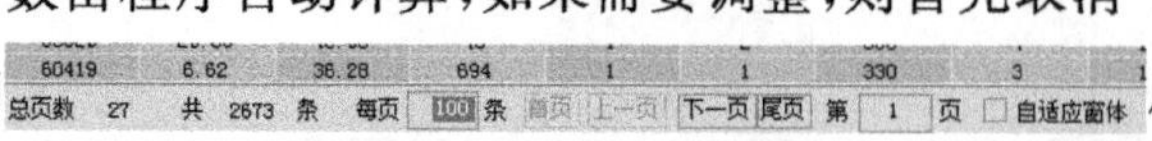 所示。

在结果过滤过程中，地图显示的结果也会根据过滤结果进行显示及隐藏，如：在地图上显示站号为"545"开头的所有站点信息，设置及结果如图 2.2-5 所示。

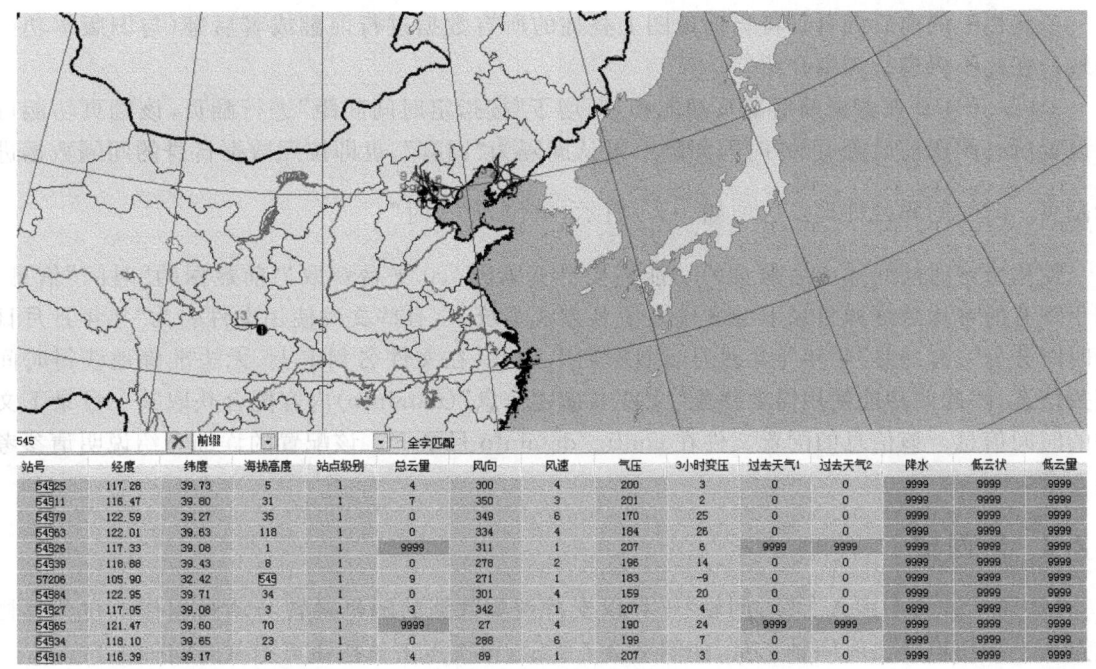

图 2.2-5 站点过滤功能

在站点信息中,无效数字部分用灰色显示。

格点类数据显示格点描述

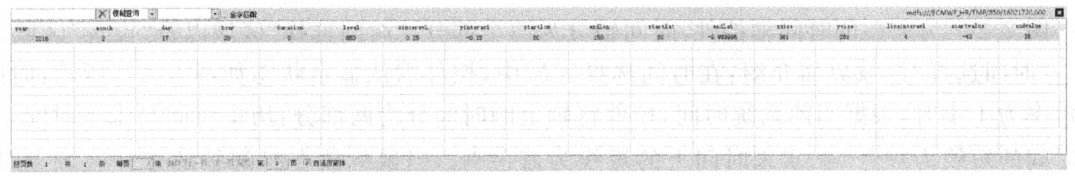

❌:删除图层。基础地理信息图层及初始的交互图层无法删除。

2.2.2 数据翻页

MICAPS 客户端中,用户对于"数据"操作中经常用到的功能就是根据数据的时间或文件名先后顺序进行前后翻页。但在 MICAPS4.0 平台中,也有一些图层无法进行翻页操作,包括"基础地图"图层、系统启动时加载的"交互图层"、目前正处于"编辑状态" 的交互图层以及处于"隐藏" 状态的图层。

在 2.2.1 节中已经介绍过,MICAPS4.0 的"图层管理"中 工具支持对数据的前后翻页,此外,MICAPS4.0 在工具栏上也支持对全部图层进行前后、上下翻页以及时间跳转(图 2.2-6)。

图 2.2-6 数据翻页控件

工具栏上的前后翻页可将当前地图上叠加的所有数据进行前翻或者后翻（与旧版本功能一致），在此不再进行详细介绍。

MICAPS4.0 在数据前后翻页功能中，新增了"按指定时间间距"进行翻页，该翻页功能可以设置所有图层前后翻页的"时间间隔"，默认间隔为"固有"，也即按照数据自身的间隔数据进行翻页。时间间隔控件提供选项如 所示，单位为"小时"。

使用指定时间间隔前后翻页的功能需要 MICAPS4.0 平台获取当前数据的"时间"信息，由于现有的本地数据源目录下的文件名命名方式不统一，有些文件使用文件名为"年年月月日日时时分分"、有些是"年年年年月月日日时时"，因此，在文件名判定上，无法准确地获得时间相关信息，因此此功能使用需要搭配"文件夹描述信息"（datainfo）内容配合获取某一目录下文件的时间信息。该信息的配置文件在 config/datainfo 目录下。该配置的详细介绍说明请参考第 5 章。

2.2.3　时间轴

MICAPS4.0 中引入了"时间轴"工具以支持观测数据的随机跳转与动画制作。在工具栏上点击 按钮以唤出时间轴工具，如图 2.2-7 所示，再次点击该按钮可隐藏时间轴工具。

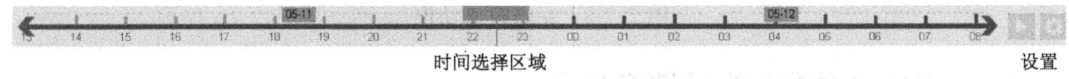

图 2.2-7　MICAPS4.0 时间轴

图 2.2-7 为完整的时间轴控件，时间轴分为两个部分："时间选择"区域以及"设置"区域。

"时间选择"区域界面介绍：在时间选择区域中，控件默认显示状态如图 2.2-7 所示：时间分辨率为 1 小时，根据当前系统时间，控件将轴上的时间分为两部分：历史时间与未来时间，历史时间的短线为灰色 ，未来时间上的短线为蓝色 。当鼠标放在时间轴的选择区域上时，会在鼠标所在位置增加一条红色的竖线，并在竖线的上方显示鼠标所在位置对应的时间 。在水平轴的上方会显示"月－日"信息，且在每日 09 时以红色竖虚线标识。

时间分辨率调整：时间轴控件的分辨率可通过鼠标滚轮进行调整，鼠标向上滚轮可减小时间间隔，最小间隔为 5 min；鼠标向下滚轮可增加时间间隔，最大间隔为 1 h。

时间点选择：在指定的时间位置点击鼠标左键，可将所有已加载数据按照时间进行跳转。点击时间后会在时间轴上出现一个"游标" ，当该时间点上有数据存在时，游标为黄色，当该点无数据加载时，游标颜色为灰色 。

拖动时间轴：按住键盘 Ctrl 键的同时鼠标左键拖拽（或者按住鼠标中键进行拖拽），可对时间轴进行拖动，此时时间轴颜色为绿色，如图 2.2-8 所示。

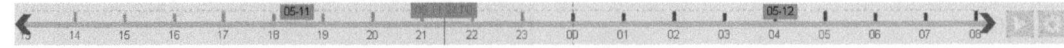

图 2.2-8　拖动时间轴

动画功能：在时间轴上拖拽鼠标右键以选中一个时间段，随后点击设置区的播放 按钮即可开始进行动画。4.0 版本只支持对观测数据进行动画播放，如果有多个观测数据图层，系统会自动计算最小步长进行播放,确保所有图层的数据均可被访问得到。如果需要循环动画,可在设置面板中选中"循环动画"选项。

动画输出:如果需要将动画结果进行输出,可在设置面板中设置每一帧之间的间隔时间,然后选择"输出动画"即可。

设置面板:该面板主要用来对动画和显示进行设置。"输出动画速度"用于调整动画图片中每一帧的时间间隔,也用来调整时间轴动画播放时不同数据加载时的间歇期。"手动间隔"用于手动设置动画时的数据间隔选取,当设置"手动间隔"后,时间轴在动画时,不再按照数据本身时间间隔进行跳转动画。"设置当前时间"可快速定位时间轴中间位置的时间,默认的时间轴时间与当前系统时间保持一致,但是当需要调阅历史数据时,可以通过"设置当前时间"进行快速调整。"UTC"时间用于设置当前动画的数据是否使用的是"世界时",由于时间轴控件对于数据文件的时间信息获取从文件名中计算,但部分数据(如卫星观测数据、雷达探测数据)文件名使用的是世界时,这样在动画时会与当前系统时间不一致,选择"UTC"时间后时间轴控件会自动在原有数据名时间基础上加 8 小时。"循环动画",当前动画是否循环播放。"时间提示":当在时间轴上移动鼠标时,是否出现红色竖线。"添加图层信息":输出 GIF 图中,右上角是否包含图层描述及图层时间信息。

2.2.4 图片生成与保存

MICAPS4.0 提供更快捷的方式保存当前地图上显示的内容,因此,MICAPS4.0 提供了"专题图制作模式",允许用户通过"所见即所得"的方式制作专题图。

(1)当前工作区截图

MICAPS4.0 下使用快捷键"Ctrl+C"保存当前地图的截屏信息,该信息直接保存在内存图像"剪切板"中,可直接通过"Ctrl+V"的方式粘贴出来使用,如图 2.2-9 所示。

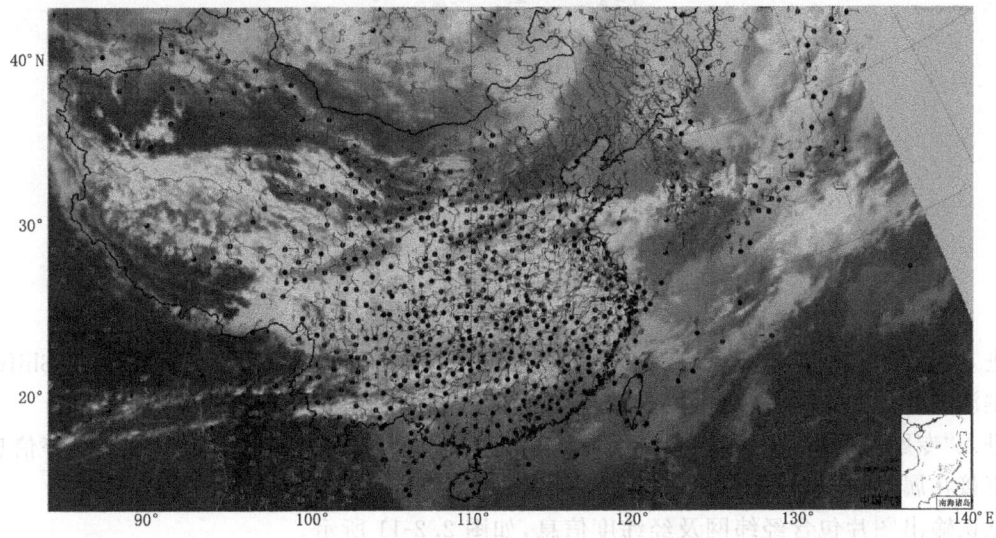

图 2.2-9 MCIAPS4 截屏

默认的保存信息包括图片边框颜色及宽度、版权所有者信息及文字属性、边框上的经纬度标注信息、图层描述信息，输出图片的尺寸大小以及是否需要以"传真图"方式保存为"黑白"颜色结果（仅限后台出图使用）。

上述配置文件存储位置为 config/set.ini 配置文件中的 imageshot 项。

（2）出图设置

MICAPS4.0 支持通过"所见即所得"的方式进行专题图的制作，点击工具栏"专题图设置" 按钮进入"专题图制作模式"，进入该模式后会弹出专题图属性设置窗口，如图 2.2-10 所示。

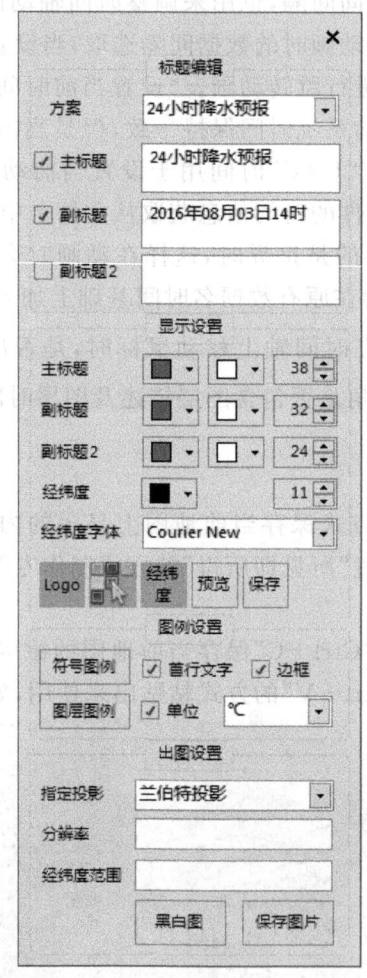

图 2.2-10 专题图属性设置窗口

进入"专题图制作"模式后，鼠标左键不能拖动漫游地图，只能通过鼠标中键或 Shift＋鼠标左键漫游地图。同时，用户可以直接拖拽地图上的主副标题、LOGO 等信息。

进入"专题图制作"模式后，系统会默认显示"主标题"与"副标题"、系统 LOGO 等信息，用户可直接在属性设置窗口中进行设置，包括标题内容及颜色信息。

默认输出图片包含经纬网及经纬度信息，如图 2.2-11 所示。

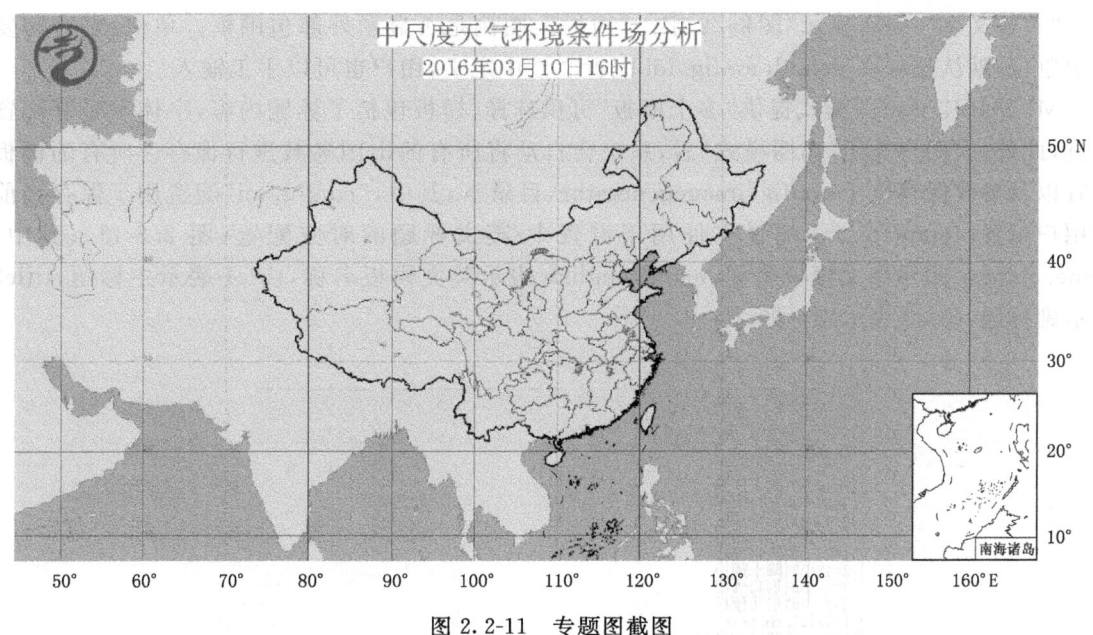

图 2.2-11 专题图截图

用户通过该属性界面可设置边界的经纬度颜色及字体大小。可分别设置"图例符号显隐",LOGO 图标显隐设置,支持鼠标拖动专题图标题、LOGO 等信息,图片预览(安装打印驱动的环境下调用)以及图片输出、保存等功能。

"图例"包含图层图例以及符号图例两种。其中,"符号图例"目前只支持部分交互符号:交互工具里的冷锋、暖锋、静止锋、锢囚锋,强天气工具里的暖锋、静止锋、过去暖锋、锢囚锋、冷锋、过去冷锋、湿轴、干舌、显著湿区、850 hPa 与 500 hPa 温度大值区、地面标识流线、地面大风速带、地面槽线或切变线、地面干线、地面辐合线、地面暖脊、地面显著降温区、地面冷槽、急流核、高空分流区。如下图所示。

图层图例则表示图层中的颜色条对应图例,如图 2.2-12 所示。

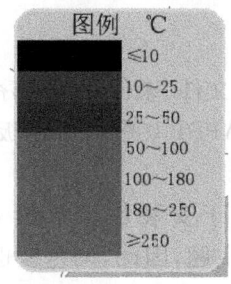

图 2.2-12 图层图例

"首行文字":是否显示"图例"2字。"边框":图例是否显示外部包围框。单位:是否需要显示单位,默认选项在 defaultconfig.ini 配置文件中定义,用户也可以手工输入。

MICAPS4.0 出图模式提供"多个模板"可供选择,模板包括了标题内容,字体字号等配置信息,此外,当用户关闭"出图模式"后,系统会自动将所有的出图参数进行保存。所有的模板配置以及参数保存位于 config\imagegenerator\ 目录下,其中,"config.ini"配置用于保存当前的用户配置;template.ini 配置文件用于设置中/英文标题的对应配置(图 2.2-13);其中,name.chinese 表示中文模板名称,name.english 表示英文模板名称,title1 表示主标题,title2 表示副标题,title3 表示副标题2。

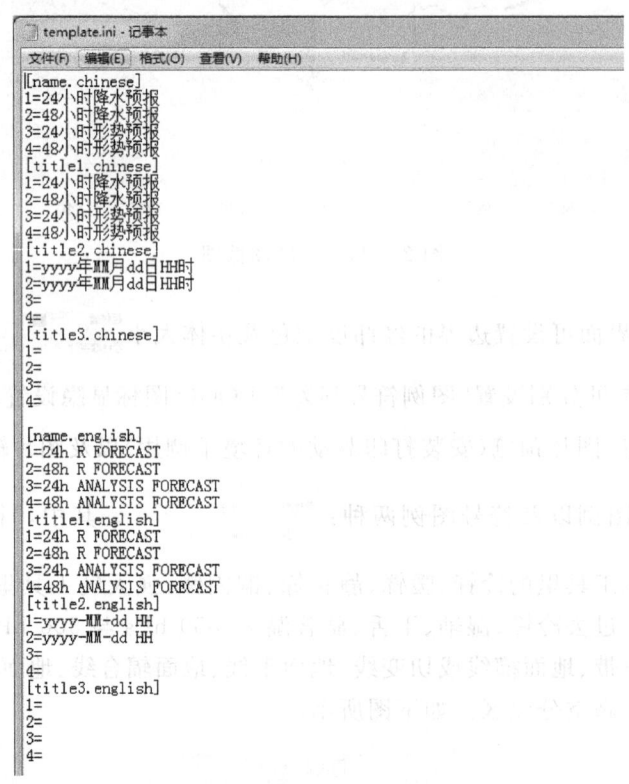

图 2.2-13　template.ini 配置文件

defaultconfig.ini 用于配置默认的模板设置,如图 2.2-14 所示。

2.2.5　调色板使用

MICAPS4.0 平台中使用"调色板文件"来保存颜色序列,在个别情况下,某一颜色会对应一个数值或一个数值范围,因此 MICAPS4.0 中的调色板文件定义也会根据不同情况进行分别设置。

MICAPS4.0 中的调色板文件位于安装目录下的 data\palettes\ 子目录下,由于 MICAPS4.0 中默认使用了"黑/白"两种主题,因此,调色板也对应放在"Dark"及"Light"目录下。

目前 MICAPS4.0 中在等值线填色、离散点分级颜色设置、卫星云图调色板设置中可以选

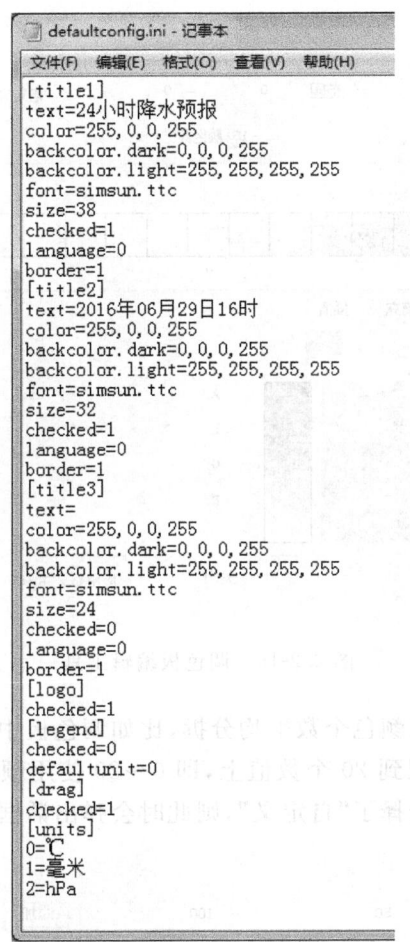

图 2.2-14 defaultconfig.ini 配置文件

择调色板文件,如 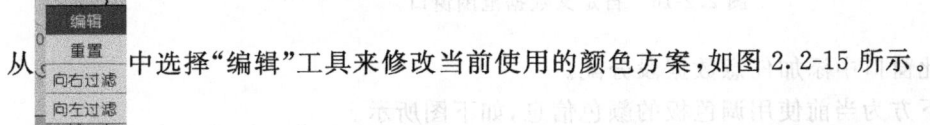 所示,用户可直接通过下拉菜单来选择不同的颜色方案,如果现有调色板中没有合适的颜色方案,用户可以在地图下方的颜色条上点击鼠标右键后从 中选择"编辑"工具来修改当前使用的颜色方案,如图 2.2-15 所示。

MICAPS4.0 的调色板编辑器主要用于对于现有数据的颜色使用方案进行调整,对于已有的分析结果不会有任何的影响,即使用"调色板编辑工具"只会改变数据的显示效果,不会修改数据的分析行为。

"调色板编辑"窗口最上侧依次为:

当前使用的调色板名称

"历史":对调色板的所有修改进行"撤销"、"重做"。

"范围":指定调色板对应的值范围,该项可手工填入数值,当输入数值后,在右侧可以选择"自定义"颜色与值的分配,或者是平均分配。

点击"范围"按钮后会将"颜色值"进行应用,若后面复选框中选择了"平均分配",则当前调

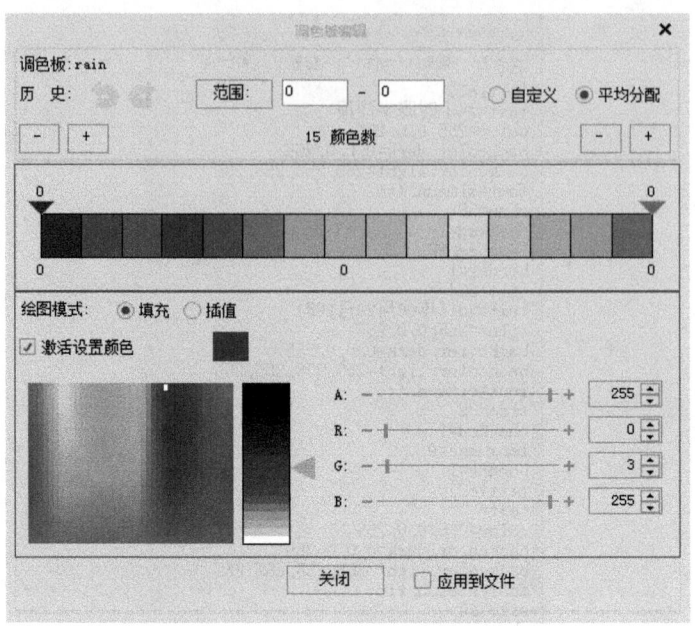

图 2.2-15　调色板编辑工具

色板中输入的最大最小值会被颜色个数平均分拆,比如调色板中包含 5 个颜色,值范围为 0～100,则每个颜色会被平均分配到 20 个数值上,即 0～20 使用颜色 1,20～40 使用颜色 2…以此类推。如果后面复选框中选择了"自定义",则此时会弹出话框(图 2.2-16)。

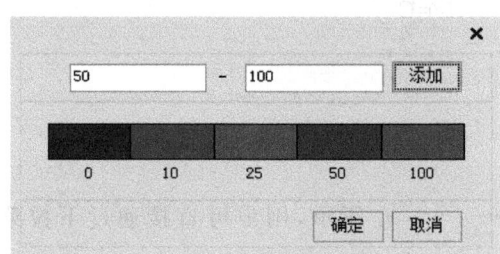

图 2.2-16　自定义数据范围窗口

用户可以在此窗口中添加任意数据段分配。

在数据范围下方为当前使用调色板的颜色信息,如下图所示。

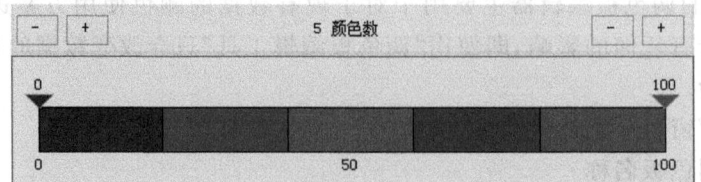

该部分提示了当前颜色的个数以及下方的颜色对应值的分配,在颜色两端分别有两个"＋－"符号,表明用户可以在最左侧或最右侧分别添加/删除一个颜色块,该项操作不会影响值范围。

颜色条中的每一个颜色均可以进行自定义调整：调整方式有两种：即后图所示：

绘图模式：◉填充 ○插值　填充方式：选择某一颜色后直接在颜色条某一颜色块上单击鼠标左键，即可修改当前色块颜色，或者通过鼠标左键拖拽的方式在颜色块上进行拖拽，则可以修改相邻的颜色块。插值方式：在颜色条的某一起始位置开始，拖拽鼠标左键，在目标位置抬起鼠标左键，则鼠标滑过的区域颜色会根据鼠标滑动的起始位置与终止位置进行自动渐变。

第 3 章 交互与数据操作

3.1 交互操作

3.1.1 新建交互图层

系统第一地图(地图 0)默认载有一个交互图层。其他地图视窗新建交互符号：点击菜单栏"文件"→"新建交互图层"；或者点击工具栏最左侧的 新建交互图层按钮。

默认载有或者用户创建的交互图层，双击图层使之处于编辑从状态 ，左侧浮动窗口出现交互工具列表及工具属性区，才能绘制、添加、修改交互符号。

3.1.2 交互符号操作

MICAPS4.0 中的所有交互操作均可通过工具栏上的 按钮进行单步撤销/重做操作，也可以使用 Ctrl＋Z、Ctrl＋R 快捷键实现(图 3.1-1)。

基本交互工具

点符号(图 3.1-1 中黄色所选)：点击选择点符号工具，地图上单击鼠标左键或右键，新建一个点符号，点符号一般都带有符号颜色和大小属性设置，当选择符号以后，可通过下方属性 修改符号颜色和大小。

:高低中心标识：左键 G、右键 D。

:冷暖中心标识：左键 N，右键 L。

:天气现象点符号。

:风向杆符号，绘制风向杆符号时，在地图上单击鼠标左键确定绘制基点，应沿风矢方向拉动鼠标(如要绘制北风，应沿基点向南拉动鼠标)，鼠标指针右下角会显示绘制的角度及风向(北风为 0°)和单词缩写标识。

台风定位符号：左键单击可直接在地图上进行绘制，右键单击可在弹出框中输入经纬度以精确定位。

线条符号(图 3.1-1 中绿色所选)：鼠标左键单击选择点，点之间通过线连接，有角度的线

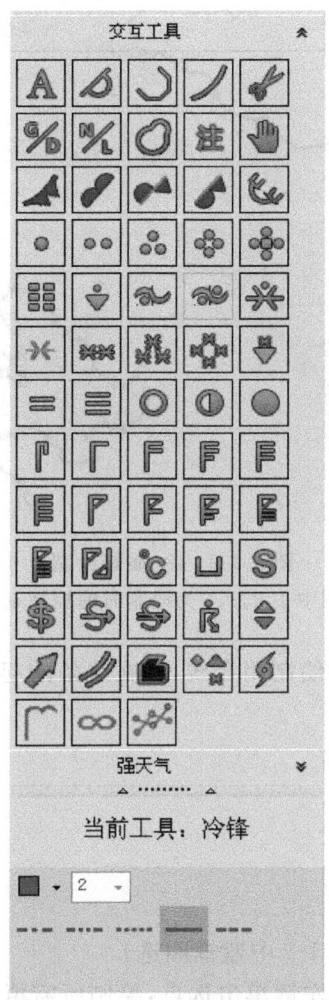

图 3.1-1 交互工具

会自动圆滑,点击鼠标右键结束线条绘制,有角度的线会自动平滑处理。

在绘制线条过程中,可以使用鼠标中键进行地图漫游,也可以按住键盘上的 Shift 键,同时使用鼠标左键进行地图漫游。

所有线条符号都带有线型、线宽、颜色属性设置:　　　　　,但锋面类线条不能改变颜色及线型。

要注意冷锋、暖锋、锢囚锋线条绘制方向,锋面突出标识(冷锋的蓝色三角与暖锋的红色半圆)出现在绘制方向的左侧,如图 3.1-2 所示。

可通过　　工具对线条形状进行调整,另外,MICAPS4.0 中增加了　　按钮,可对线条的"控制点"进行形状修改,使用该按钮修改线条时,会自动显示当前线条的控制点位置　　　　,可直接通过鼠标左键拖动控制点调整线条形状,也可以在控制点中间"增加"出一个新的控制点进行形状调整。

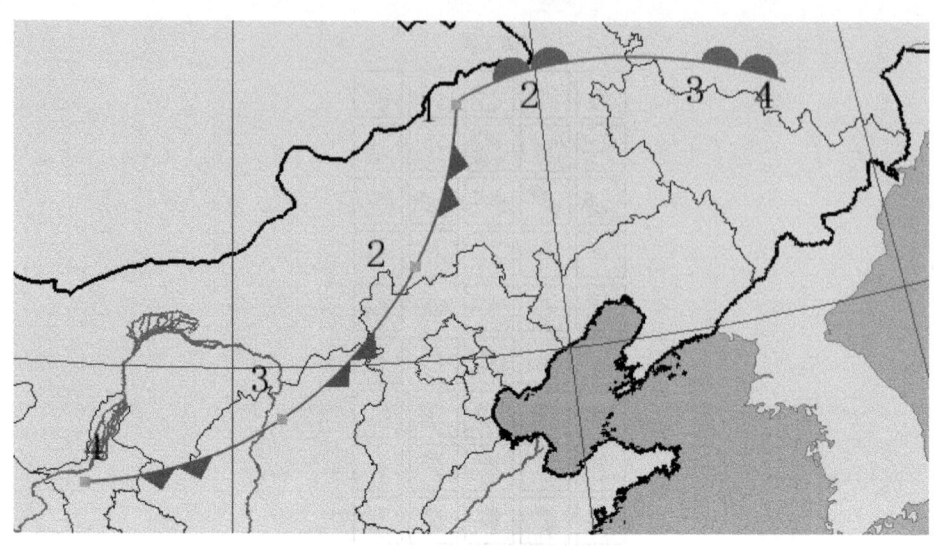

图 3.1-2 冷、暖锋绘制
（图中 1,2,3,4 为绘制时的控制点）

闭合线：在 MICAPS4.0 中绘制闭合线,会在线条的起点和终点位置增加一个圆点,如图 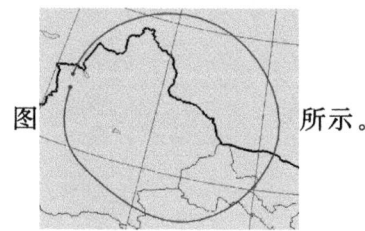 所示。

图像填充及气象填充区（图 3.1-1 中蓝框圈选）

选中该工具后,在地图上鼠标左键单击选点,绘制所需填充范围,右键结束,如图 3.1-3 所示。图中折线会被自动平滑,但结束点与起始点之间会被直线连接,应尽量使起始点与结束点所示接近。

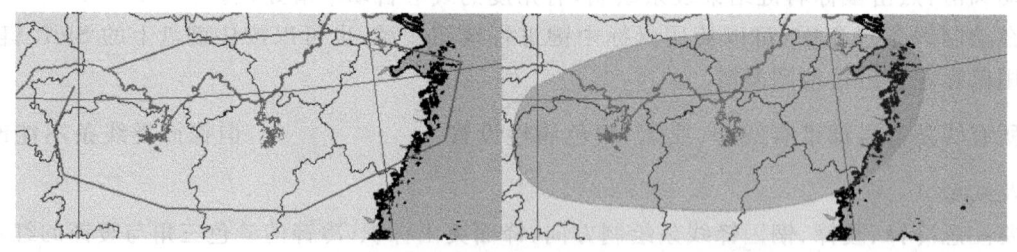

图 3.1-3 图形填充区（左侧编辑状态,右侧填充效果）

操作工具（图 3.1-1 中红色圈选）：

线值标注 A ：可对闭合线、等值线增加或修改标注。

文字标注 ：直接点击需要标注的位置,弹出输入框,输入信息进行标注,如果需要背景色,请在按住 Ctrl 键不放的情况下,使用鼠标点击需要标注的位置。

漫游，在地图区域按住鼠标左键拖动地图。

移动或删除符号：鼠标左键移动符号，右键删除符号。当修改文字标注时，除可删除移动符号外，还可以通过按下键盘 Shift 键的同时滚动滑轮，对字符大小进行调整。通过按下键盘 Ctrl 键的同时滚动滑轮，可对字符的旋转角度进行调整。

工具按钮属性：选择使用工具时，工具栏下方会显示工具属性，并且可以通过修改属性，控制工具绘制状态。

交互工具-线条符号属性：可以修改颜色、线条宽度、线条样式，点击下拉菜单可以通过颜色控件改变颜色，可以选择 1—5 级线宽，线条样式可以选择点划线、双点划线、点线、实线、虚线。

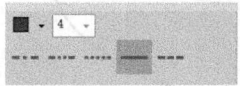

交互工具-点符号属性：可以修改颜色、点符号的大小。

点击颜色下拉菜单弹出颜色控件选择颜色，通过滑动滑动条调整点符号大小。

3.1.3　交互工具与预报图形制作

在所需显示降水落区的地区上绘制闭合线（交互工具箱中的图标"○"），用"A"分别给闭合线进行标值，标值后进行填色（填色按钮在图层属性框内"   "），降水落区就绘制成功了，如图 3.1-4 所示。

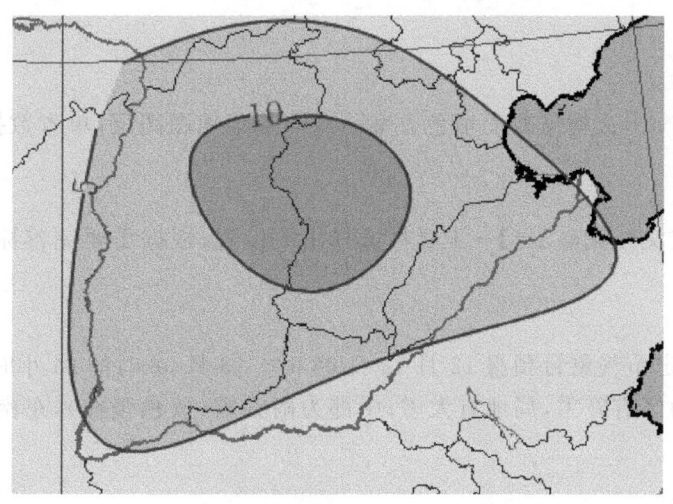

图 3.1-4　降水落区

交互工具使用示例

降水量预报图（降水落区图）是天气预报和气象服务中常用的图形之一，下面以绘制保定市 24 小时预报降水落区为例进行说明。

示例：保定市 24 小时降水落区预报图

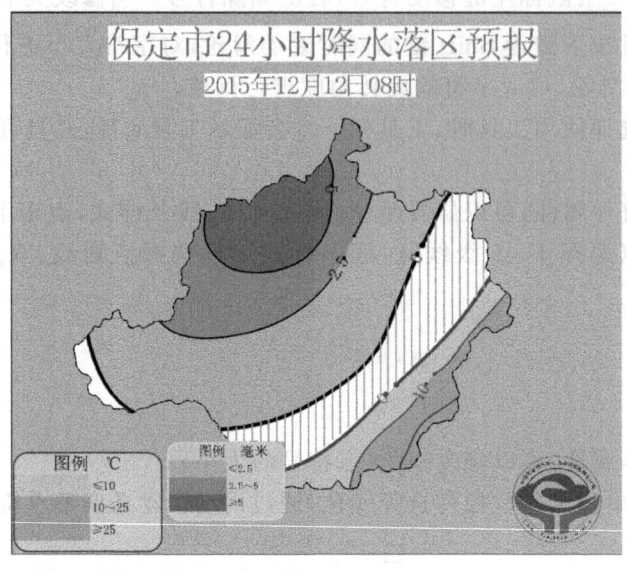

绘图步骤

新建一个交互图层 → 左键双击交互图层，使之处于编辑状态→在左侧交互工具栏中选择 工具，依照预报结论在地图上落区边界闭合线→选择修改线值标注 A 工具，给所绘制的闭合线赋值（0,10,25,50…） 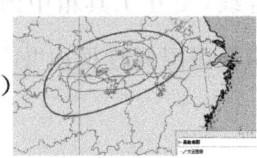 →在交互图层属性设置窗口，选择"等值线填色"，选择需要的填色方案→双击基础地图图层，单省数据显示选择保定市【具体方法参见自定义区域显示！】→工具栏选择出图设置，根据需要完善标题等信息【出图设置】→保存图片

例图分析

图中信息为保定市气象台预报 12 月 12 日 08 时—13 日 08 时的 24 小时降水落区，受冷空气影响，保定西部山区有降雪，局地有大雪；中部为雨夹雪（蓝色竖线），东南部气温较高，有小到中雨。

使用技巧

A."大圈套小圈"：在利用闭合线工具绘制降水等级时，无先后顺序，建议从最外围"大圈"也就是晴雨分界线（0 或 0.1 mm）开始绘制，其范围内再绘制 10、25 mm 等值线。注意：线条之间不能交叉重叠！

B. 绘制闭合线的终点应尽量接近起点，否则填充的颜色会以起点和终点的连线为界，造成图像不佳；

C. 例图中只有一个落区，闭合线的赋值只要从小变大即可；如果降水分片，比如东北地区冷涡降水和西南地区静止锋降水，则两个落区的赋值应该一致，否则会出现等值线填色错误。

D. 出图设置可以根据本地需要，将常用标题等信息写入配置文件。

E. 关于雨雪相态转换及雨夹雪的画法：这里提出一种解决方案——

新建第一个交互图层，在其上绘制降水 0,10,25,50…落区，并按照 24 小时降水方案填色；

新建第二个交互图层，用 图像填充区域和气象填充区域，属性设置为

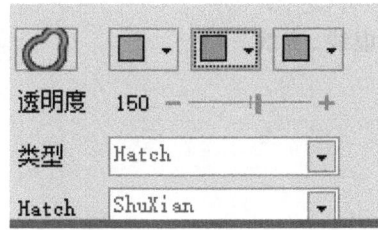

在降水落区一侧与降水边界平行绘制雨夹雪区域；

新建第三个交互图层，按照 0,2.5,5,10…的等级绘制降雪落区，按照 24 小时降雪填色方案填色；

其余操作相同，只是系统只会叠加一类相态落区的图例，用户可根据实际影响选择添加哪类图例（或者将惯用图例保存，导出落区图后，在会商 PPT 中叠加显示）。

3.1.4　强天气潜势分析工具箱

强天气工具箱，界面如图 3.1-5 所示。

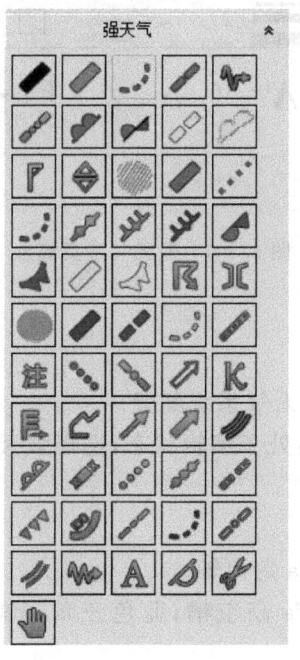

图 3.1-5　强天气交互工具箱

提供交互的符号有按颜色、线型、线宽设定好的线条符号,也有根据层次变化设定固定颜色、线型、线宽的线条符号。设定好线条属性的符号也可根据需要改变线型、线宽、线色。提供的交互操作有:符号的创建、删除、移动等,线条符号的添加、删除、移动和修改等,以及各种操作的撤销。所有符号的操作都是在交互层中进行的。

强天气工具属性:可以设置当前选择工具的属性,可以设置的属性包括:层次、层标注、线条样式、线条宽度、线条颜色、字体颜色、字体大小,如图 3.1-6 所示。

层次:下拉菜单可以选择 200、500、700、850、925、1000 hPa 六个层次。

层标注:点击左键勾选是否选择层标注,如果勾选将在线条或符号上标注层次数字。

线条样式:下拉菜单可以选择点线、双点划线、点划线、虚线、实线。

线条宽度:下拉菜单可以选择 1—9 个等级的线条宽度。

线条颜色:点击之后弹出颜色控件,选择颜色。

字体大小:下拉菜单可以选择 10~26 磅的字体大小的显示数值或文字。

字体颜色:点击之后弹出颜色控件,选择颜色。

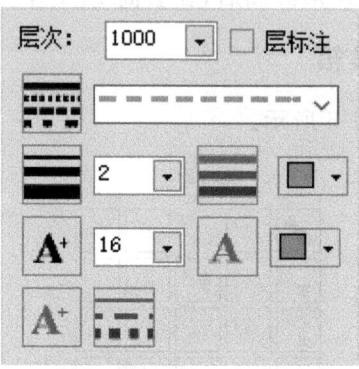

图 3.1-6　强天气工具属性

强天气预报工具箱使用示例
高、低空系统配置
示例:2014 年 9 月 28 日 08 时天气系统配置
绘图步骤:新建交互图层,双击处于编辑状态,选择强天气工具箱,按照层次自上而下逐层分析天气系统、要素场。

例图说明
- 200 hPa:紫色箭头,200 hPa 急流轴。
- 500 hPa:棕色实线,500 hPa 高空槽;蓝色三角,500 hPa 温度槽;黑色实线,500 hPa 584 和 588 dagpm 等值线
- 700 hPa:山西南部双线,700 hPa 切变线;细绿色断线,$T-T_d<4$ ℃区域。
- 850 hPa:河南、重庆双线,低涡切变;单线箭头,大风速带;粗绿色断线,$T-T_d<4$ ℃

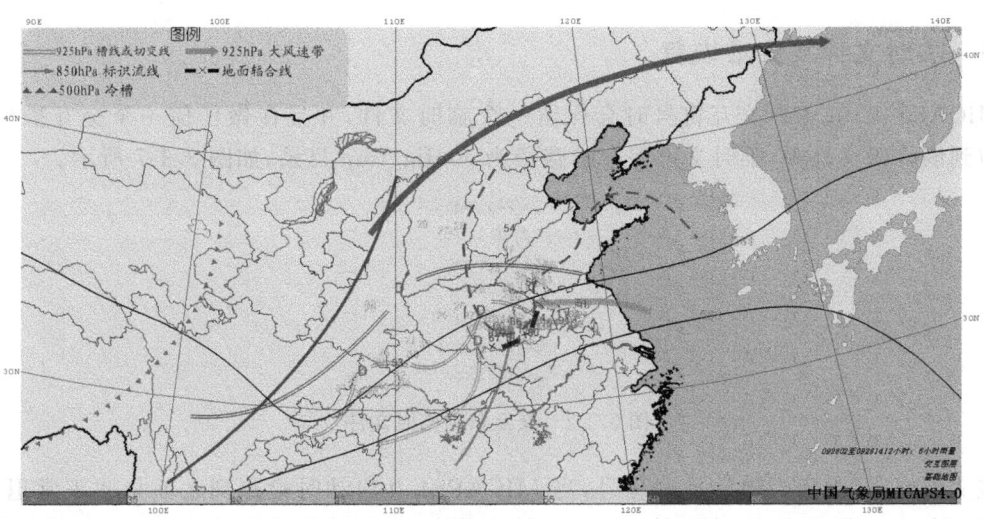

区域。
- 925 hPa：灰色双线，低涡；灰色粗箭头，超低空急流。
- 地面：黑色断 x 线，辐合线。
- 填值：2014 年 9 月 28 日 02—14 时降水量（大于 25 mm）。

例图分析

①9 月 27 日青藏高原低压槽缓慢东移，槽区的冷平流（冷槽落后于高度槽）使得高空槽继续加深，槽前的正涡度平流使得低层减压，形成西南涡。

②西南涡在副热带高压外沿切变线向东北方向移动。28 日 08 时，西南涡移动到河南西北部，850—700 hPa 处在西南涡的东南象限，水汽达到饱和；超低空东风急流核达到 20 m/s，将黄海地区水汽输送到皖北豫西，急流核前有明显的风速切变，水汽在切变线附近辐合抬升。

③地面辐合线和超低空东风急流的动力作用共同触发了不稳定能量，产生明显的对流性降水，地面最大单站降水 139 mm/(12 h)。

④皖北豫西一带处在 200 hPa 急流入口区左侧，为强对流的发展提供了有利的高空辐散条件。

使用技巧

A. 强天气工具箱的主要用途有：强天气潜势分析（中分析）、高低空天气系统配置和天气概念模型的建立。

B. 天气的产生是不同尺度、不同层次的天气系统综合作用的结果，利用强天气工具箱可以将不同条件叠加显示在一张图上，对于降水落区和不同系统的对应关系分析（预报）有很大帮助。

C. 强天气潜势分析（中分析）的分析规范应当统一，可参见国家气象中心的《中尺度天气分析业务技术规范（修订稿）》(2013 年 3 月），《强天气预报培训手册》（熊秋芬等）或《天气预报技术与方法》（姚学祥）中的相关内容。建议实际业务中只选择对本地有指导意义的热力、动力、水汽条件进行综合分析。

D. 保存的图片应该利用"出图设置"显示图例。

3.1.5 临时文件及灾难恢复

MICAPS4.0 在绘制交互符号时会保留一个临时文件，并且在做任何一个交互操作时都会保留到该临时文件中，临时文件保存的路径为 config/tmp 目录，如图 3.1-7 所示。

```
m14_7440.dat
m14_7980.dat
m14_8136.dat
m14_8144.dat
m14_8356.dat
m14_10908.dat
m14_13836.dat
```

图 3.1-7 交互数据临时文件

该文件以 m14 开头随后是进程号，当 MICAPS4.0 启动时检测到之前是非正常退出时，会提示用户选择最近的临时文件，临时文件中增加进程号是为了确保当同时有多个 MICAPS4.0 客户端正在被使用，每个 MICAPS4.0 进程都保存独立的临时文件。

3.2 站点资料

3.2.1 地面填图

在"图层管理窗口"上单击图层名称以打开地面填图数据的显示窗口，如图 3.2-1 所示，地面填图的属性窗口包括"显示设置""分析""统计""监视过滤"四个 TAB 页面。地面填图数据默认显示温度、现在天气、总云量、6 小时降水、风这几个要素。

3.2.1.1 显示设置

要素显示：单击"显示设置"TAB 页，即可进行地面填图各个要素的显示/隐藏切换设置。地面填图要素显隐设置按钮按照填图位置排列，可通过点击各个要素名称的按钮切换要素显示/隐藏状态（图 3.2-1）。

要素的字体大小可以通过点击"A＋""A－"按钮来调整。要素符号的大小通过点击"S＋""S－"按钮来调整。

单要素显示："单"点击后可以在单一要素显示与多要素显示之间进行切换。

显/隐全部："All"点击显/隐全部按钮，地图将显示/隐藏全部要素。

重置：点击"RST"按钮，使要素显示按照系统配置文件设置的方式显示。

分级和自动分级显示：该功能结合 data\stations.dat 站点文件进行分级。可通过单击鼠标左键以显示对应级别的站点，如图 3.2-1 所示，分别支持 1、2、4、8、16、32 不同级别。"自动分级"则根据当前地图放大系数自动显/隐站点。

更改要素颜色：在"要素名称"按钮上单击鼠标右键，选择设置要素显示颜色（图 3.2-2）。

三线图：鼠标点击右上角"三线图按钮"显示站点三线图，系统默认首选站点为北京站（54511）（首选可通过 set.ini 配置文件修改），也可直接在地图上左键单击鼠标来拾取站点，在

第 3 章 交互与数据操作

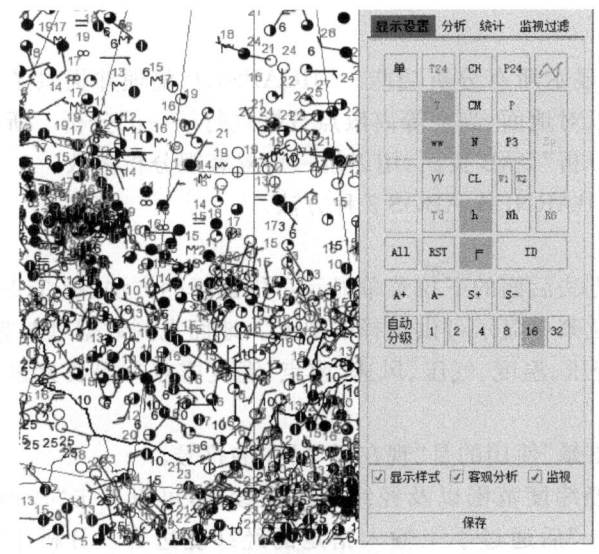 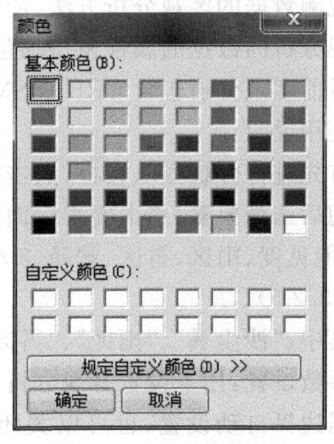

图 3.2-1 地面填图例图　　　　　　图 3.2-2 更改要素颜色

三线图窗口区可以设定起止时间、间隔时间、要素的显示，以及要素的颜色设置（图 3.2-3）。

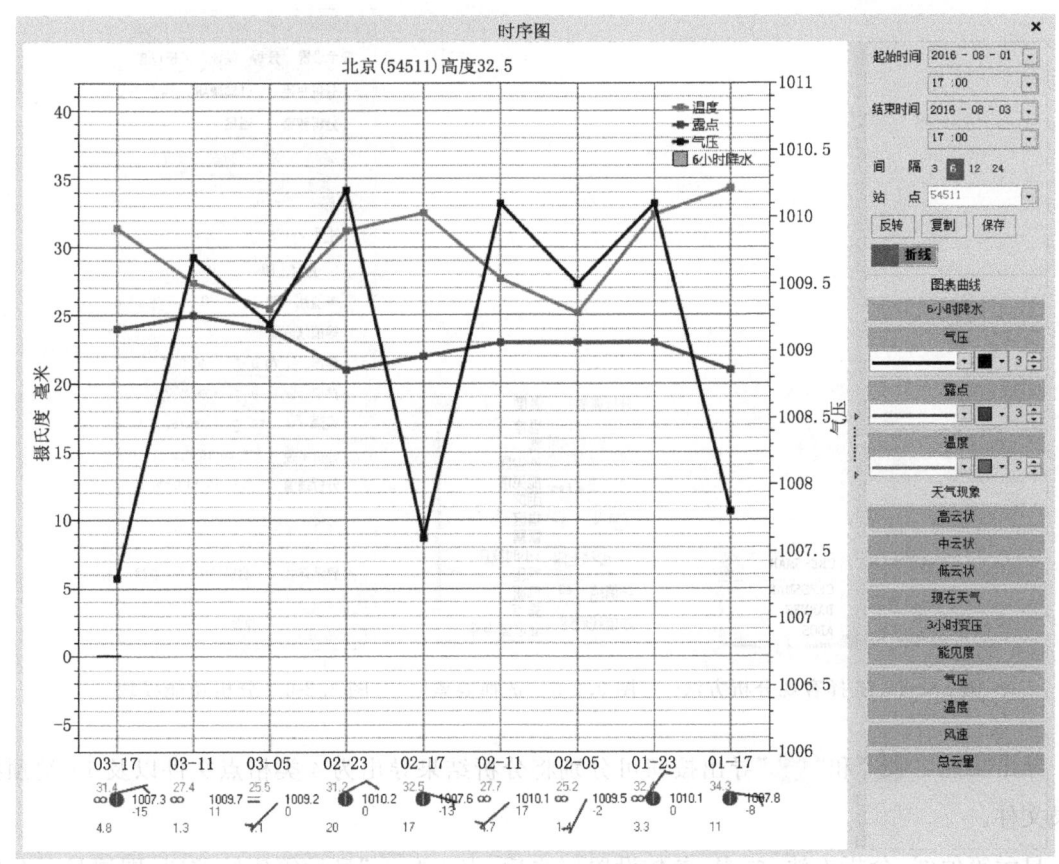

图 3.2-3 三线图

3.2.1.2 分析

点击属性窗口上的"分析"TAB页,显示所有分析功能。MICAPS4.0整理并提供了多种站点观测数据的客观分析方法,使得可以对地面、高空等离散点数据进行统一的分析。所有支持客观分析的数据的属性窗口均包含"分析"TAB页面,用以统一设置客观分析参数。

目前客观分析包含CREASSMAN、BARNES、ABOS 3种方法。

使用说明:

首先进行分析方法选择:点击分析方法后面的下拉菜单显示可供选择的方法(图3.2-4)。

随后选择要素:点击要素后面的下拉菜单显示可供选择的要素。地面观测数据可对雾、沙尘暴、能见度、雨区、雪区、雷暴、3小时变压、温度、气压、风速、露点、温度露点差等要素进行分析(图3.2-5)。

其中,"沙尘暴"、"雨区"、"雪区"、"雷暴"使用的是"现在天气"中的符号。

参数设置:用于设置客观分析中的经纬度范围以及经纬度间隔参数,可以点击"Auto"根据数据边界自动设置,也可以关闭"Auto"后通过手工输入指定的经纬度边界。分析半径为CRESSMAN算法中递归计算时所用参数,该参数并非经纬度距离,而是格点个数,各个半径之间以逗号分隔。分析线值为生成等值线的设置。系统默认的参数设置在config/surface/surface.ini文件中,[analyse]项下(图3.2-6)。

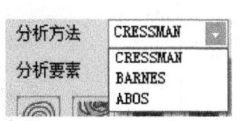

图3.2-4 选择客观分析方法　　图3.2-5 选择要素　　图3.2-6 分析功能模块

导出功能:"▣"和"▣"导出按钮可分别将分析结果导出为4类格点文件以及14类预报结果文件。

显示等值线:分析方法、要素、参数设置好之后,点击"◉"显示等值线按钮,图层显示分析结果。等值线颜色可以通过 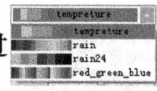 下拉菜单进行修改,后面的数值表示等值线的宽度(图 3.2-7)。

等值线填充:单击" "可对等值线填充,用户可选"Red_Green_Blue""Tempreture" "rain"以及"rain24"四种填充方式,用户可通过 config/surface/surface.ini 配置文件 fill.palette=tempreture,rain,rain24,red_green_blue 进行修改(图 3.2-8),具体修改方式可参考第 5 章。

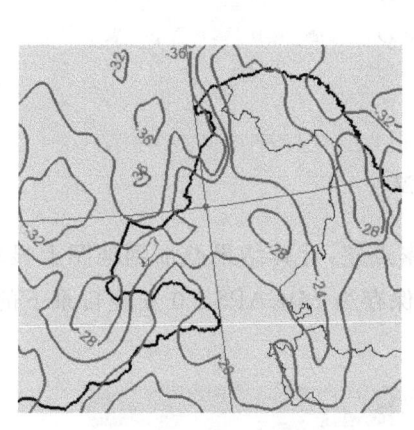
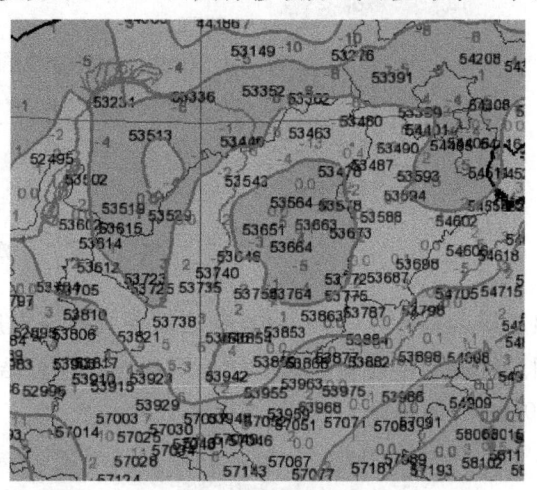

图 3.2-7　显示等值线　　　　　　　图 3.2-8　填充显示

调色板:点击调色板下拉菜单,可以选择调色板。鼠标右键点击屏幕下方显示的色标条,点击"编辑"按钮可以编辑修改调色板(图 3.2-9)。具体使用方式请参考第 2 章。

计算比湿:点击左下角的 Q 按钮,计算比湿并增加一个 MICAPS 第三类数据图层。计算结果保存为 MICAPS4.0 安装目录下的 Q.000 文件(图 3.2-10)。

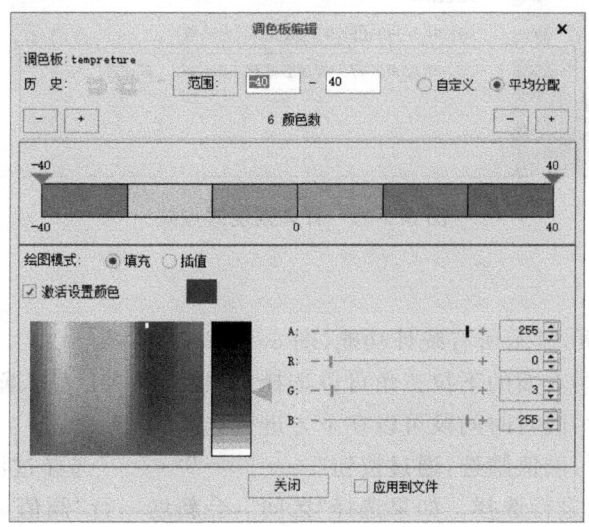

图 3.2-9　填充显示

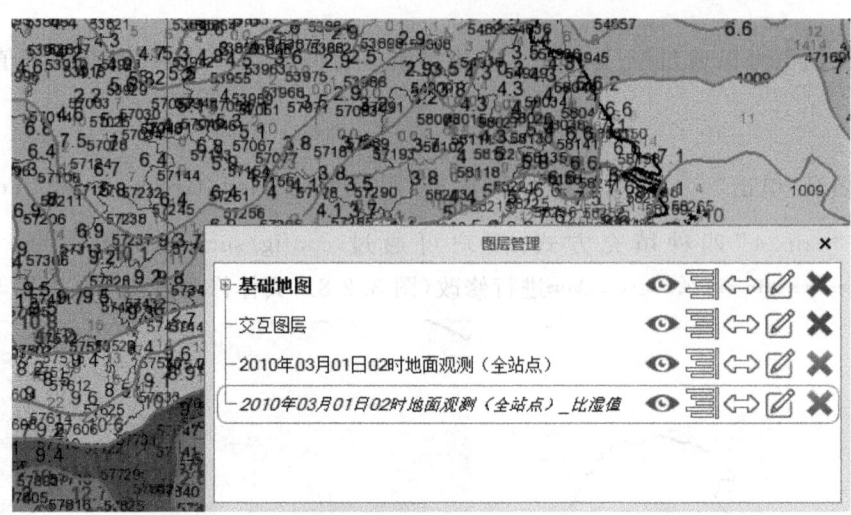

图 3.2-10　计算比湿

温度露点差计算：点击 T-TD 按钮之后系统计算温度露点差，计算结果叠加到地图上显示，同时在图层管理图层列表中新增加一个图层。计算结果保存为 MICAPS4.0 安装目录下的 T－Td.000 文件(图 3.2-11)。

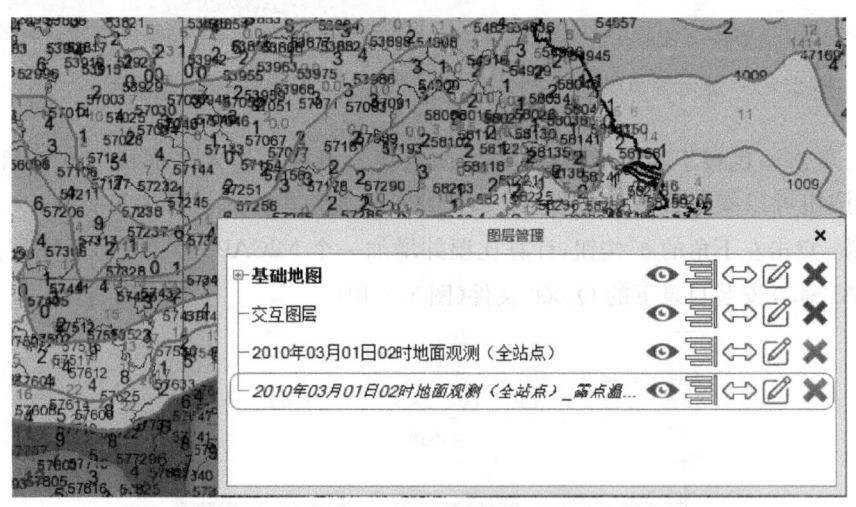

图 3.2-11　计算温度露点差

3.2.1.3　统计

点击"统计"TAB 页，显示所有统计功能(图 3.2-12)。

变化场：点击变化场右面的下拉三角可以选择对温度、降水、气压、露点温度等要素进行指定时间段内的变化显示，同时时间段可以在下方进行选择。

统计值：对要素进行阈值筛选，通过按钮">=""=""<="选择过滤方式，阀值可以手动填写或者单击下拉三角进行选择。如果选择"区间"，会新增一行"阀值 2"，结果会显示出该要素在"阈值"与"阈值 2"范围之间的值。

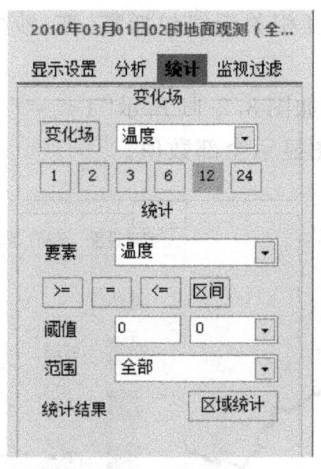

图 3.2-12 统计

省界、区域统计:可以通过"范围"下拉框,来选择具体省份的站点。点击"区域统计"计算统计结果。用户也可以通过鼠标左键连续点击在地图上绘制一个选择区域,统计指定区域内

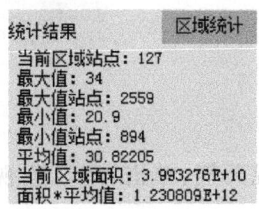

的站点。统计后的结果会在面板最下方进行显示,如右图所示。

3.2.1.4 监视过滤

监视过滤功能用于让 MICAPS4.0 平台对第一类数据进行自动更新加载,并可将对超过阈值的要素进行过滤或者闪烁显示。可以设置区域、刷新时间,并可以导出文件(图 3.2-13)。

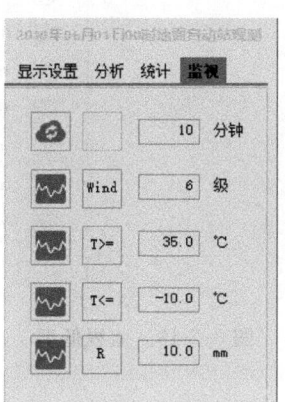

图 3.2-13 监视工具

参数设置:风、最高温度、最低温度、6 小时降水的阀值都可以手动设置,鼠标点击数据输入框之后,直接输入设定的数值即可。

要素说明:"Wind"(风速)、"T>="(气温高于某一值)、"T<="(气温低于某一值)、"R"(降水,单位为 mm)、"W"(强天气显示雷暴、冰雹等现在天气代码为 17、27、29、87—99,过去天

气代码为 9 的天气)、"VV"(能见度相关天气包括雾、霾、沙尘暴等现在天气代码为 9、30—35 的天气)。

鼠标左键点击一次要素按钮,如图 3.2-14 所示"T<=",则显示该要素满足阈值条件的要素,再次单击该要素按钮,则在地图显示全部数值。

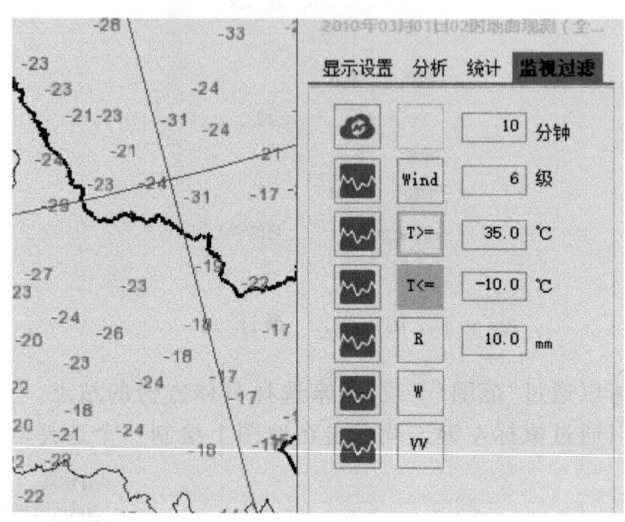

图 3.2-14 温度

监视天气:单击"〰"监视按钮,对超过阀值的要素进行监视,监视状态下符合规则的要素会通过闪烁进行提示。监视状态下,用户可以通过"☁"后面的数值来设定自动加载数据的时间间隔,如果设置为 0,则表示马上开始更新数据(图 3.2-15)。

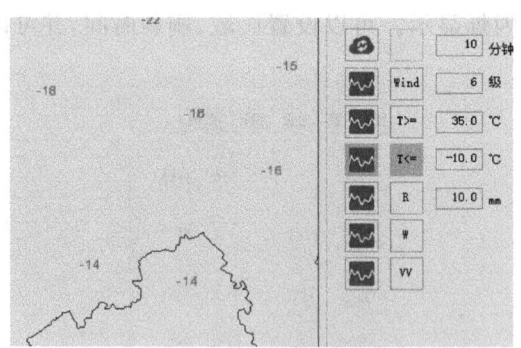

图 3.2-15 监视低温

3.2.1.5 保存配置

保存配置:对显示设置调整后的样式、分析值、线宽、调色板以及监视值等进行保存,勾选"☑ 显示样式 ☑ 客观分析 ☑ 监视"属性框下方所要保存的项,点击"保存"按钮进行保存,下一次打开该类数据时,默认显示为保存的配置。

保存配置只保存当前路径下数据的显示规则,不会对其他路径下相同类型数据的显示属性造成影响。

3.2.2 自动站观测

单击自动站数据图层以弹出数据属性对话框,自动站数据属性包含"显示设置""分析""统计""监视"4 组 TAB 页。

3.2.2.1 显示设置

显示要素:默认显示温度、站点、6 小时降水、风及能见度。

要素显示:单击"要素名称"按钮,图层显示对应要素,再次点击"要素名称"按钮取消显示。

修改字体,符号大小:要素的字体大小可以通过点击"A+""A−"按钮来调整。"S+""S−"按钮用来调整要素符号的大小(图 3.2-16)。

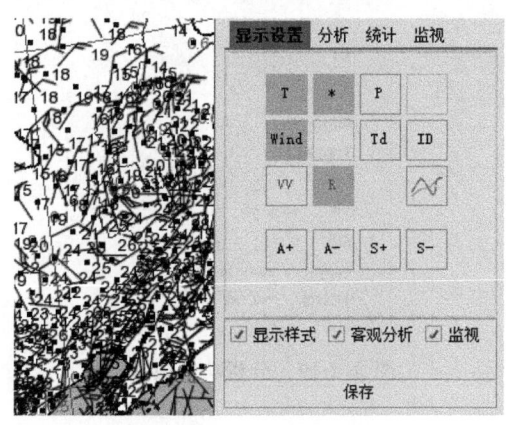

图 3.2-16 自动站数据

3.2.2.2 分 析

包含 CREASSMAN、BARNES、ABOS 3 种分析方法。

选择方法:点击分析方法后面的下拉菜单显示可供选择的方法(图 3.2-17)。

图 3.2-17 选择方法

包含对温度、降水、气压、风速、露点、相对湿度等数据的分析功能。

选择要素:点击要素后面的下拉菜单显示可供选择的要素(图 3.2-18)。

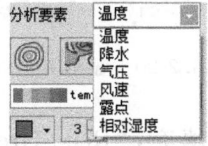

图 3.2-18 选择要素

参数设置:用于设置客观分析中的经纬度范围以及经纬度间隔参数,可以点击"Auto"根据数据边界自动设置,也可以关闭"Auto"后通过手工输入指定的经纬度边界。分析半径为 CRESSMAN 算法中递归计算时所用参数,该参数并非经纬度距离,而是格点个数,各个半径之间以逗号分隔。分析线值为生成等值线的设置。系统默认的参数设置在 config/AutoStation/AutoStation.ini 文件中,[analyse]项下(图 3.2-19)。

注:由于自动站数据站点较多,因此进行客观分析时耗时较长。

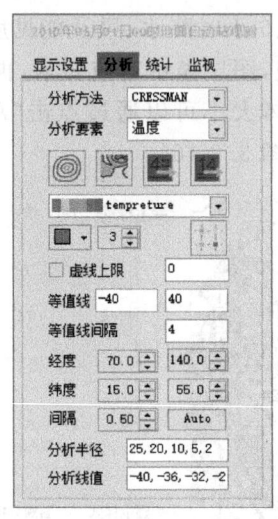

图 3.2-19 分析功能模块

导出功能:"▦"和"▦"导出按钮可分别将分析结果导出为 4 类格点文件和 14 类预报结果文件。

显示等值线:要素、参数设置好之后,点击"◎"显示等值线按钮,图层显示分析结果。等值线颜色可以通过后面的下拉菜单进行修改,同时可以修改等值线宽(图 3.2-20)。

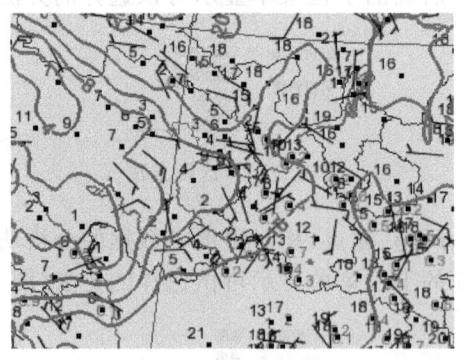

图 3.2-20 显示等值线

等值线填充:单击"▦"等值线填充,"Red_Green_Blue""Tempreture""rain"以及"rain24"四种填充方式可选。等值线填充方式可在 config\AutoStation\AutoStation.ini 文件 fill.palette=tempreture,rain,rain24,red_green_blue 中进行配置(图 3.2-21)。

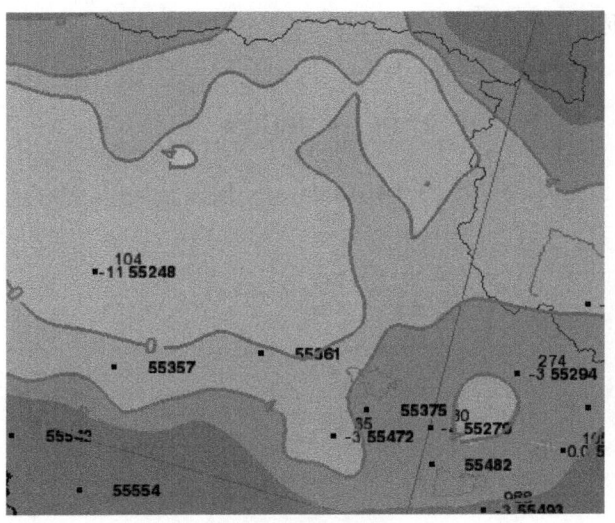

图 3.2-21 填充显示

调色板：点击调色板下拉菜单，可以选择调色板。点击"编辑"按钮可以编辑修改调色板（图 3.2-22）。具体使用方式请参考第 2 章。

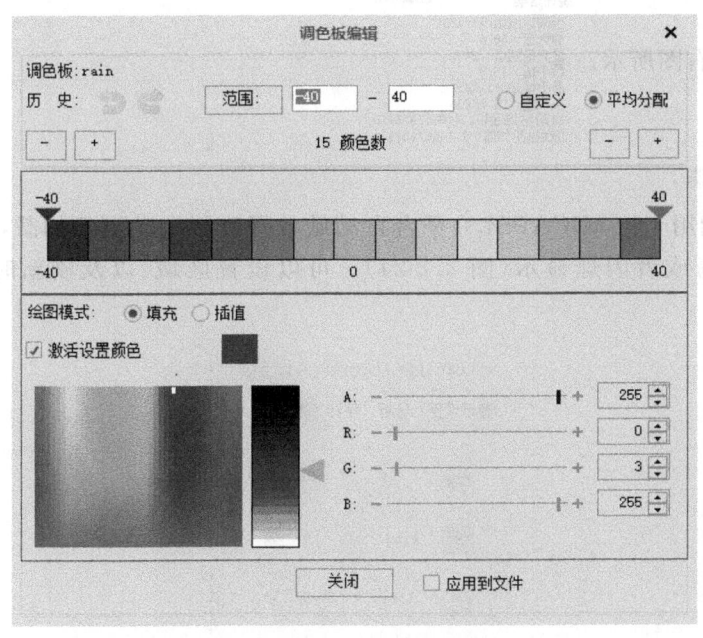

图 3.2-22 填充显示

3.2.2.3 统计

变化场：点击变化场后面的下拉三角可以选择对温度、降水、气压、露点温度等要素进行指定间隔内的要素变化场计算。

统计值：对要素进行阀值筛选，通过按钮">=""=""<="选择关系式，阀值可以手动填写或者单击下拉三角进行选择。如果选择区间，会新增一行"阀值 2"，结果会显示出该要素在

"阈值"与"阈值2"范围之间的值(图3.2-23)。

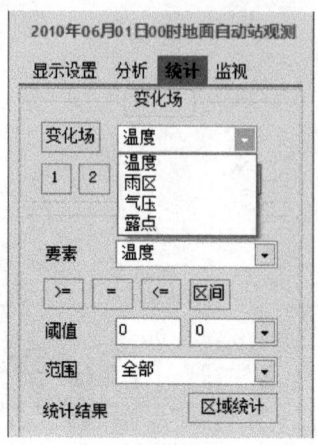

图 3.2-23 统计

省界、区域统计：可以通过"范围"下拉框，来选择具体省份的站点。点击"区域统计"计算统计结果，同时可以使用鼠标在地图选择区域，统计区域内的站点。统计后的结果会在面板最下方进行显示，如右图所示。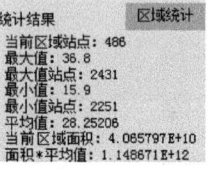

3.2.2.4 监视过滤

监视过滤功能用于让MICAPS4.0平台自动站数据进行自动更新加载，并可将对超过阈值的要素进行过滤或者闪烁显示(图3.2-24)。可以设置区域、以及刷新时间，并可以导出文件。

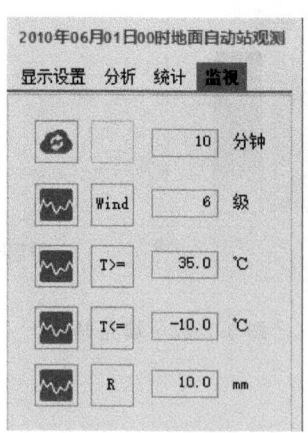

图 3.2-24 监视工具

参数设置：风、最高温度，最低温度，降水量的阀值都可以手动设置，鼠标点击数值之后，直接输入设定的数值即可(图3.2-25)。

"Wind"(风速)、"T>="(温度高于某一值)、"T<="(温度低于某一值)、"R"(降水,单位为毫米)、"W"(强天气显示雷暴、冰雹等现在天气代码为17、27、29、87-99,过去天气代码为9的天气)、"VV"(能见度相关天气包括雾、霾、沙尘暴等现在天气代码为9、30-35的天气)。

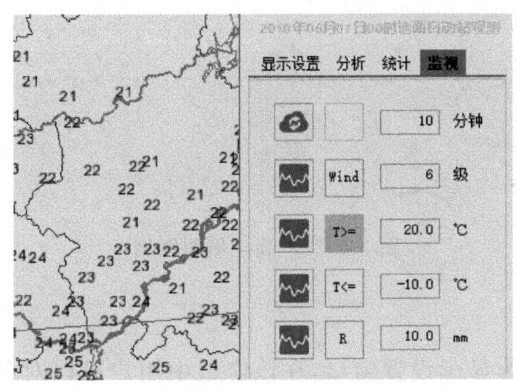

图 3.2-25　温度

监视天气:单击" "监视按钮,对超过阀值的要素进行监视,显示颜色的动态变化来表示正在监视,可以设置自动更新,更新时间,通过" "后面的数值来设定,如果设置为0,则表示马上开始更新数据(图 3.2-26)。

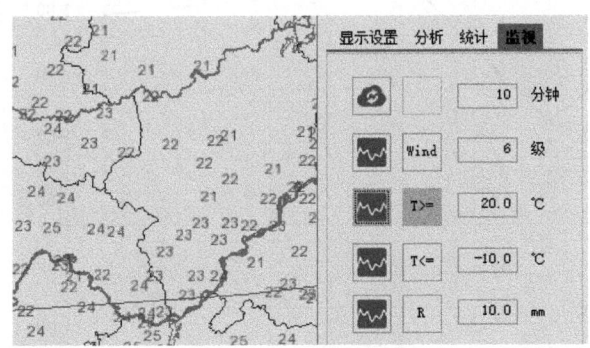

图 3.2-26　监视高温

3.2.2.5　保存配置

保存配置:对显示设置调整后的样式、分析值、线宽、调色板以及监视值等,勾选" 显示样式 客观分析 监视"属性框下方所要保存的项,点击" 保存 "按钮进行保存,下一次打开该类数据时,默认显示为保存的配置。

保存配置只保存当前路径下数据的显示规则,不会对其他路径下相同类型数据的显示属性造成影响。

3.2.3　高空观测

单击高空填图数据图层以弹出数据属性对话框,包含"显示设置"以及"分析"两组 TAB

页。图层属性设置界面如图 3.2-27 所示。

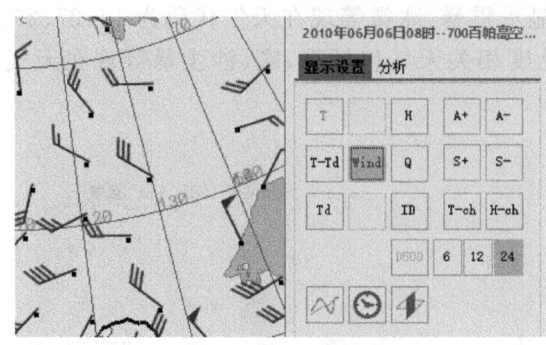

图 3.2-27　高空填图图例

3.2.3.1　显示设置

属性窗口弹出后默认为显示设置窗口,在该窗口中用户可以对各要素的显示与隐藏进行设置、计算变温变高的显示,同时提供单站要素的时间序列(图 3.2-28)。

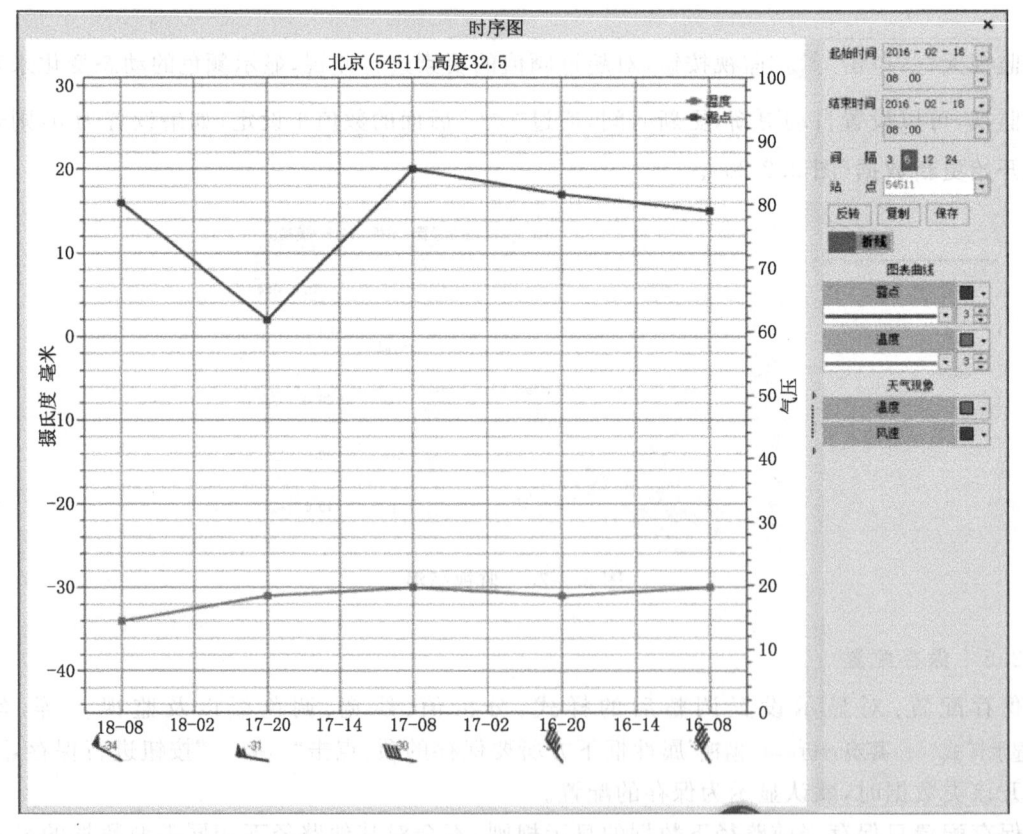

图 3.2-28　时序图

显示要素:单击"要素名称"可在主界面显示对应的要素,再次点击隐藏对应的要素,要素显示的字体可以通过"A+""A-"调整,"S+""S-"调整符号的大小。在要素按钮上点击鼠标右键,可对该要素的显示颜色进行设置。

500 hPa 温度差：单击击"D500"按钮，地图显示当前层次与 500 hPa 层次的温度差值结果，再次点击取消显示。该功能只局限于 700 hPa 与 850 hPa 高空观测数据使用。

变高、变温：单击"T-ch"变温按钮显示变温信息，默认显示 24 小时之内变温。单击"H-ch"变高按钮显示高度变化信息，默认显示 24 小时变高，用户可手动选择 6、12 和 24 小时 3 种时间间隔。

时间序列图：左键单击"〜"按钮，打开时间序列图。

默认站点为北京站（可通过 set.ini 配置文件修改），站点通过手动在地图上拾取，用户可以指定起止时间、间隔时间、要素的显隐以及要素的颜色设置

3.2.3.2 分 析

包含对站点高空填图高度、温度、温度露点差、露点、风速、相对湿度、12 小时变高、24 小时变高、12 小时变温、24 小时变温等要素的客观分析功能。

选择要素：点击要素后面的下拉菜单显示可供选择的要素（图 3.2-29）。

参数设置：用于设置客观分析中的经纬度范围以及经纬度间隔参数，可以点击"Auto"根据数据边界自动设置，也可以关闭"Auto"后通过手工输入指定的经纬度边界。分析半径为 CRESSMAN 算法中递归计算时所用参数，该参数并非经纬度距离，而是格点个数，各个半径之间以逗号分隔。分析线值为生成等值线的设置。系统默认的参数设置在 config/high/high.ini 文件中，[analyse]项下（图 3.2-30）。

导出功能："▇"和"▇"导出按钮可分别将分析结果导出为 4 类格点文件以及 14 类 MICAPS 格式数据。

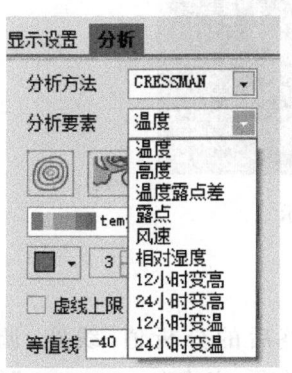

图 3.2-29 选择要素

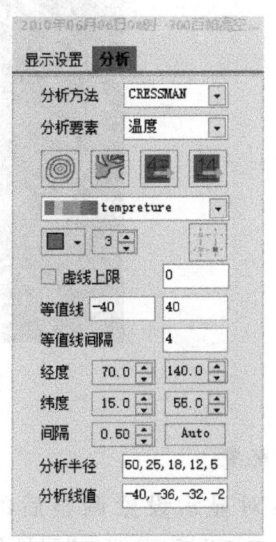

图 3.2-30 分析功能模块

显示等值线：分析方法、要素、参数设置好之后，点击"◎"显示等值线按钮，图层显示分析结果。等值线颜色可以通过右面的下拉菜单 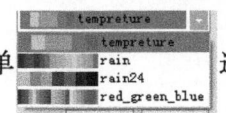 进行修改，3 表示默认的等值线宽度（图 3.3-31）。

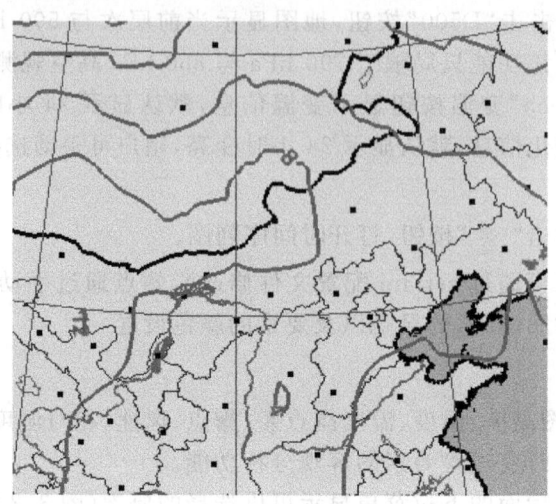

图 3.2-31　等值线

等值线填充：单击"![icon]"进行等值线填充，填色方案有"Red_Green_Blue""Tempreture""rain"以及"rain24"4 种可选，用户可修改 config\High\high.ini 配置文件以修改填充调色板配置（图 3.2-32）。

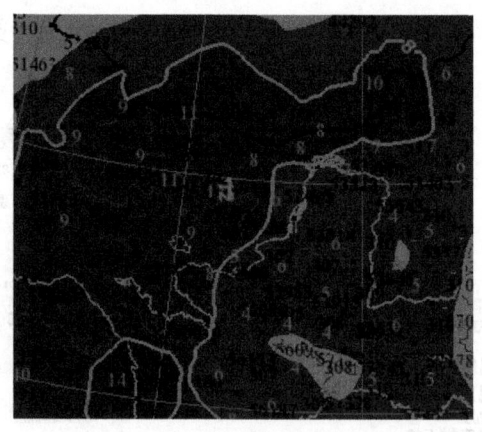

图 3.2-32　填充显示

3.2.3.3　保存配置

保存配置：对显示设置调整后的样式，分析调整后的分析值、线宽、调色板等，勾选"☑显示样式　☑客观分析　☑监视"属性框下方所要保存的项，点击"　保存　"按钮进行保存，下一次打开该类数据时，默认显示为保存的配置。

保存配置只保存当前路径下数据的显示规则，不会对其他路径下相同类型数据的显示属性造成影响。

3.2.4　离散点数据

单击离散点数据图层以弹出数据属性对话框，包含"显示设置""分析""统计""监视"4 组

TAB页(图3.2-33)。

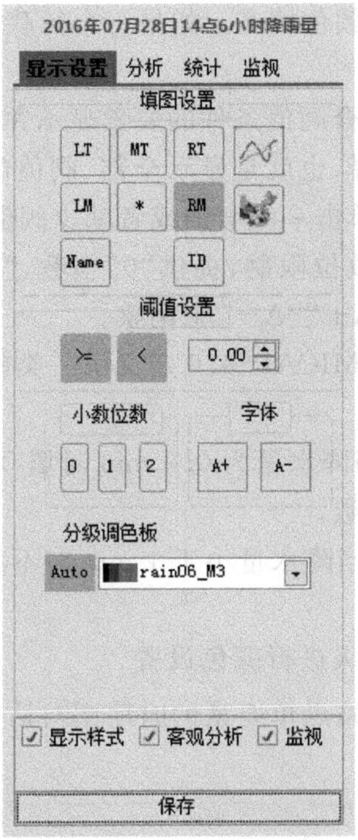

图 3.2-33 离散点数据属性窗口

3.2.4.1 显示设置

填图设置:提供站点信息(站点符号、站名、站点 ID)的显/隐设置以及单要素的显示位置设置:提供 5 个位置按钮"LT"左上、"MT"中上、"RT"右上、"LM"左中、"RM"右中,单击对应的按钮,要素显示在对应位置,再次单击隐藏显示。其中,"﹡"号表示站点位置标记,当离散点数据进行分级显示  以后,站点颜色也会进行分级显示,如图 3.2-34 所示。

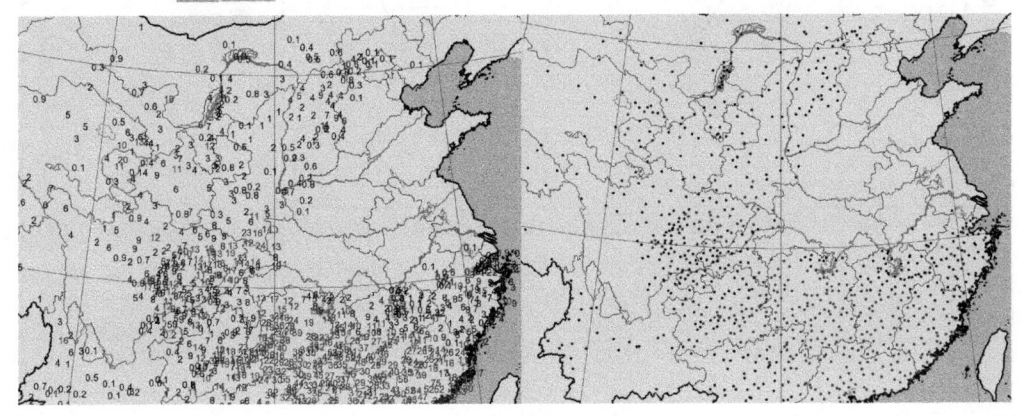

图 3.2-34 颜色自动分级

区域填充:点击"▣"区域填充按钮,根据要素的颜色分级结果对行政区(县界,配置文件:config/countyregion.txt)进行颜色填充。如果一个行政区域内有多个站点,则按照文件中最后一个站点的数据进行填色。

阈值设置:可以设置筛选出符合阀值条件的要素显示在图层上。

默认">=""<"按钮全都选择,也就是显示全部,阀值的数值可以手动填写,也可通过鼠标单击上/下三角,来增加/减少,单击一次增加或者减少阀值0.1。

可以对显示的要素数值做小数位限制,提供"0"整数、"1"1位小数、"2"两位小数3种选项,要素数值字体大小可以通过"A+""A-"来调整。

特殊层数据设置与填图显示:MICAPS4.0定义了三类特殊的第3类数据格式,分别以层次为-1、-2和-3表示。

-1 表示填6小时降水量。当降水量为0.0 mm时填T,当降水量为0.1……0.9时填一位小数,当降水量大于1时只填整数。

-2 表示填24小时降水量。当降水量小于1 mm时不填,不小于1 mm时只填整数。

-3 表示填温度。只填整数。

分级调色板:可以对要素各分级进行颜色设置。

时序图:单击"∿"按钮,打开站点单要素的时序图对话框,该时序图同样可通过地图点击进行选站操作(图3.2-35)。

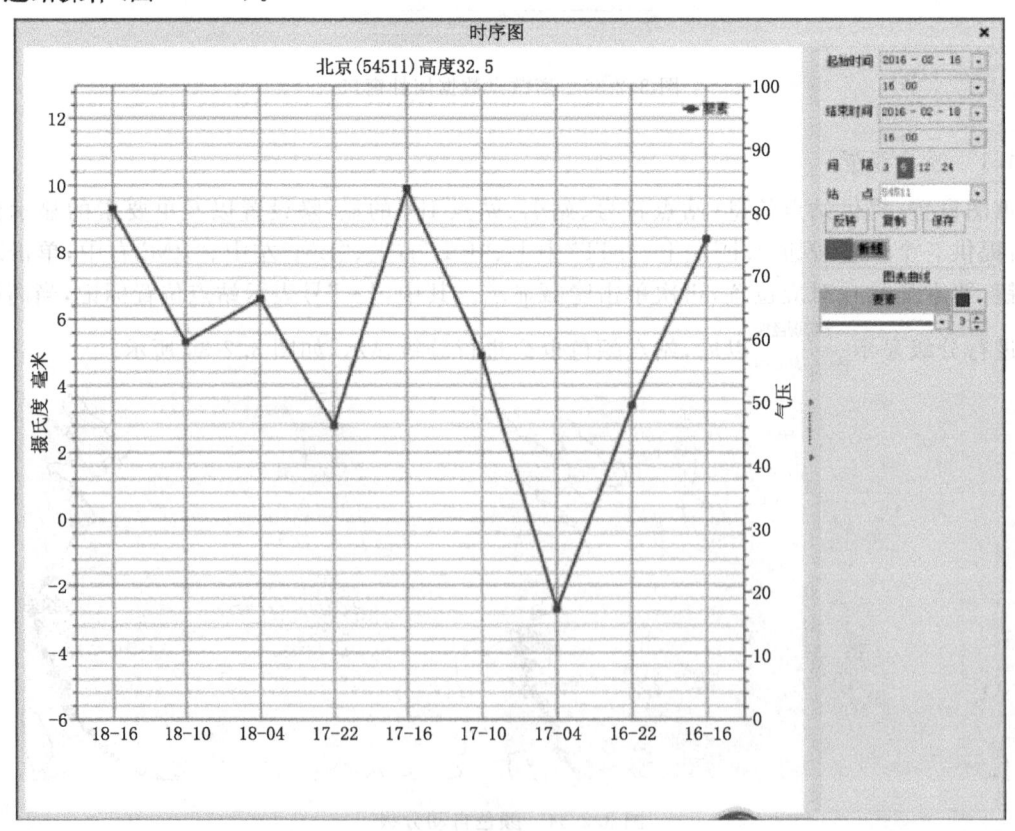

图3.2-35 时序图

3.2.4.2 分　析

提供对离散点当前要素的客观分析功能(图 3.2-36)。

分析包含 CREASSMAN、BARNES、ABOS 3 种方法。

使用说明

分析方法选择:点击分析方法后面的下拉菜单显示可供选择的方法(图 3.2-37)。

参数设置:用于设置客观分析中的经纬度范围以及经纬度间隔参数,可以点击"Auto"根据数据边界自动设置,也可以关闭"Auto"后通过手工输入指定的经纬度边界。分析半径为 CRESSMAN 算法中递归计算时所用参数,该参数并非经纬度距离,而是格点个数,各个半径之间以逗号分隔。分析线值为生成等值线的设置。系统默认的参数设置在 config/discrete/discrete.ini 文件中,[analyse]项下。

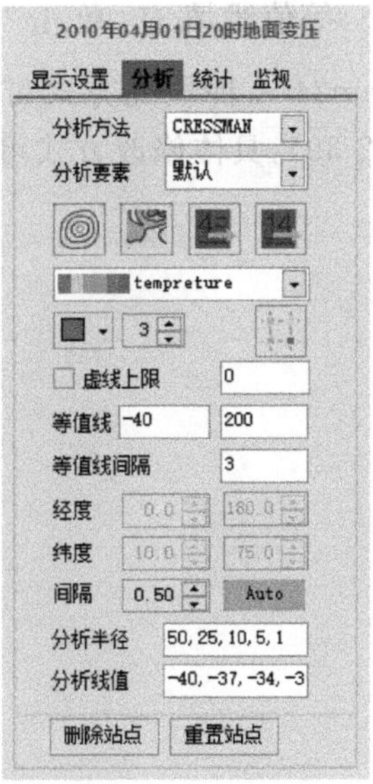

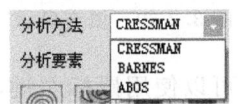

图 3.2-36　分析功能模块

图 3.2-37　客观分析方法

显示等值线:分析方法、要素、参数设置好之后,点击" "显示等值线按钮,图层显示分析结果。等值线颜色可以通过后面的下拉菜单进行修改,后面的数值表示等值线的宽度(图 3.2-38)。

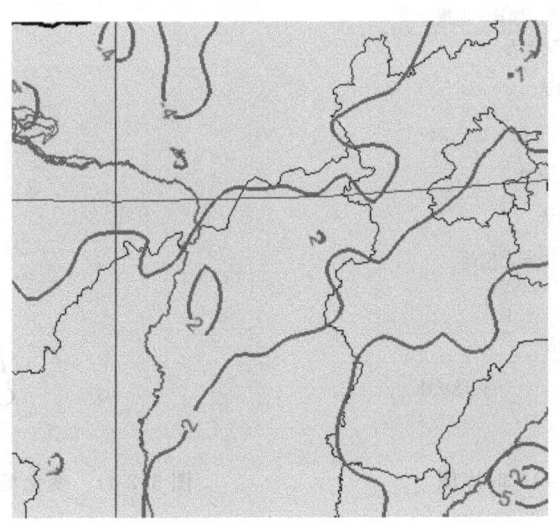

图 3.2-38　分析图示例

导出功能:" "和" "导出按钮可分别将分析结果导出为 4 类文件和 14 类 MICAPS 文件。

等值线填充：单击" "等值线填充，"Red_Green_Blue""Tempreture""rain"以及"rain24"4种填充方式可选，用户可通过config\Discrete\discrete.ini配置文件进行修改（图3.2-39），具体修改方式可参考第5章。

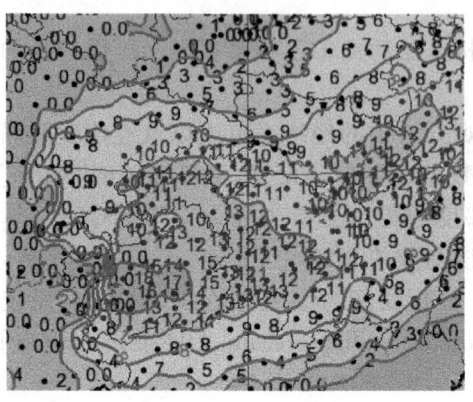

图3.2-39 填充显示

删除站点：单击"删除站点"按钮，可以使用鼠标左键，在地图上单击删除不需要的站点信息。删除站点信息之后如果点击"显示设置"的显示站点要素，删除的信息站点会以一个红点来标注位置。

3.2.4.3 统　计

提供数据要素的变化场显示和数据统计（图3.2-40）。

变化场：点击变化场后可对当前要素进行指定时间段内的变化值计算（图3.2-41）。

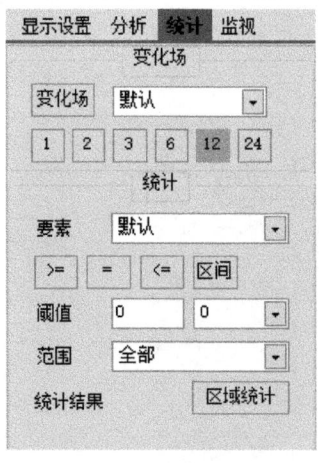

图3.2-40 时序图

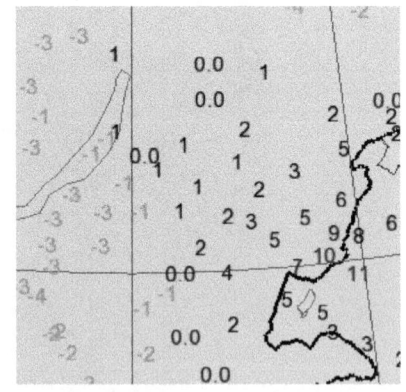

图3.2-41 变化场示例

统计值：对要素进行阈值筛选，通过按钮"＞=""="" ＜="选择关系式，阈值可以手动填写或者单击下拉三角进行选择。如果选择区间，会新增一行"阀值2"，结果会显示出该要素在"阈值"与"阈值2"范围之间的值。

3.2.4.4 监　视

监视过滤功能用于让MICAPS4.0平台对第3类离散点数据进行自动更新加载，并可将对超过阈值的要素进行过滤或者闪烁显示。可以设置区域、刷新时间,并可以导出文件(图3.2-42)。

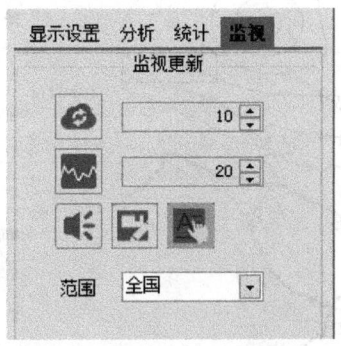

图 3.2-42 监视示例

自动更新:时间可手动设置数值,或单击上/下三角进行调整,,如果设置为 0,则表示马上开始更新数据。

启动监视:对超过阈值的站点进行监视,阀值可手动设置,或者单击上/下三角进行调整,监视范围通过下拉菜单可以选择全国或者具体省份。可选择关闭或者开启报警声音。点击" "可以输出监视文本(输出为第 3 类数据)。选择" "显示非监视信息,默认为"选中"状态,即不满足监视条件的信息也被显示出来,如果关闭该项,则只显示满足条件的站点信息。

3.2.4.5 保存配置

保存配置:对显示设置调整后的样式,分析调整后的分析值、线宽、调色板以及监视内的监视值与自动更新时间等,勾选"☑ 显示样式 ☑ 客观分析 ☑ 监视"属性框下方所要保存的项,点击" 保存 "按钮进行保存,下一次打开该类数据时,默认显示为保存的配置。

保存配置只保存当前路径下数据的显示规则,不会对其他路径下相同类型数据的显示属性造成影响。

3.3 格点资料

3.3.1 第 4 类格点(标量场数据)

提供格点标量场数据的显示设置以及分析统计方法。单击格点数据图层即可弹出数据属性对话框,包含"显示设置"以及"分析统计"两组(图 3.3-1)。

3.3.1.1 显示设置

等值线:单击" "等值线按钮进行等值线显示;当点击"分段标注"按钮后,等值线标值会动态的将等值线进行分段,并在分段处显示线值;等值线的颜色可以通过"线条颜色"的下拉复选框进行选择。线条粗细可以在"1~5"中进行设置。

线型设置:" "依次是虚线、点划线、双点划线、点线和实线 5 种格式,单

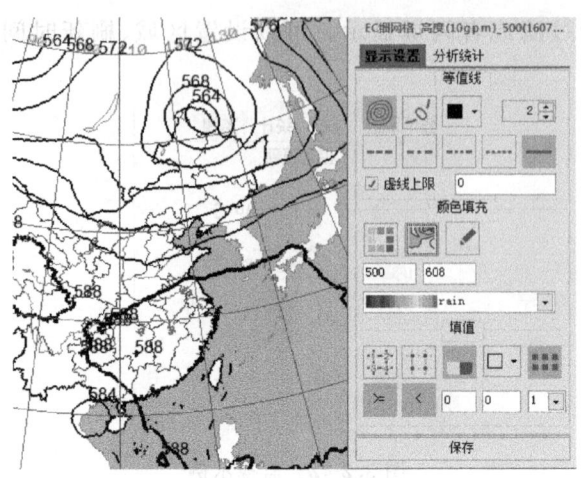

图 3.3-1 等值线

击进行选择。

颜色填充分组:单击" "对等值线进行颜色填充,相应的色标会自动进行显示;单击" "色标显示按钮,可以切换色标的显示隐藏状态。

填色起始、终止值可以手动填写修改。注:这里是对等值线分析结果进行填色的设置,与等值线分析设置无关。如图 3.3-2 所示。

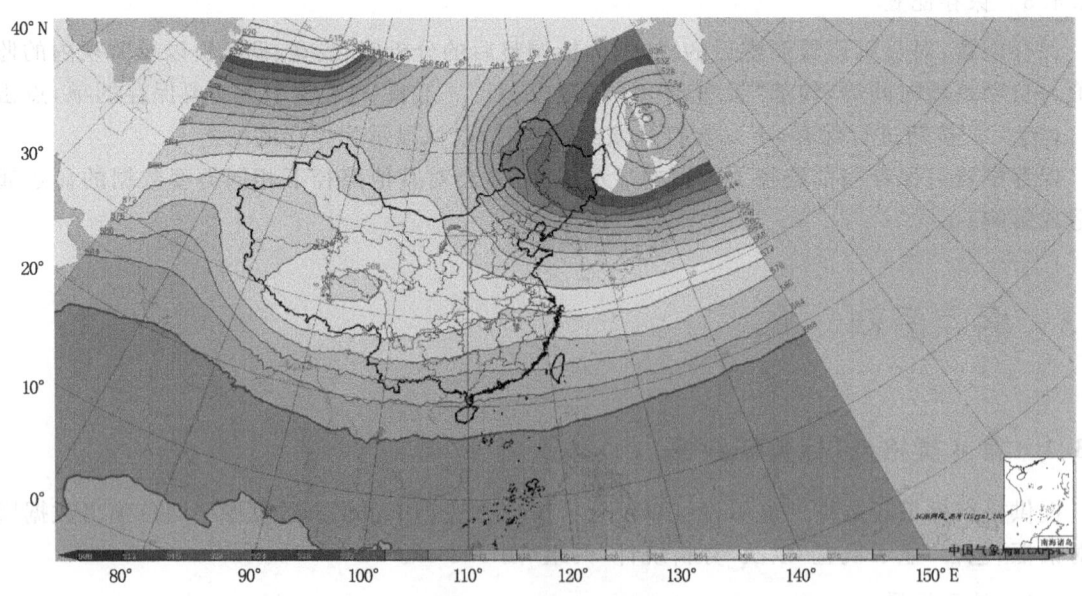

图 3.3-2 等值线分段填色显示

如图 3.3-2 所示,部分分析出来的等值线未做填色,但仍保留等值线分析结果。

点击"▦"按照栅格方式①进行显示填充(图 3.3-3)。

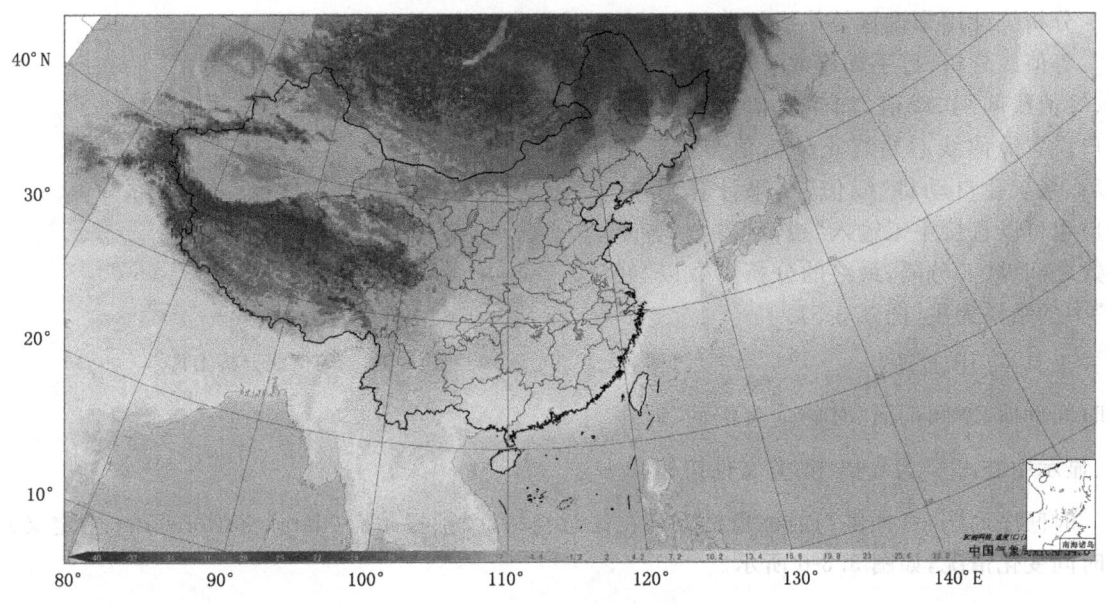

图 3.3-3　栅格填充示例

填值分组:"▦":显示格点值;"▦"显示格点;"▦"分级显示:按照调色板中指定的颜色对格点值进行颜色分级显示。

自动抽稀:M4 中默认对于所有的格点数据均进行自动抽稀处理,数值或者格点会随地图放大/缩小加密或者抽稀显示。点击▦按钮可关闭自动抽稀功能,同时可以选择▦中的下拉框控制固定的抽稀数目。

格点值过滤:▦ ▦ ▦可手动填写格点填值阈值进行过滤。随后可以设置 0—3 位格点的小数位数(图 3.3-4)。

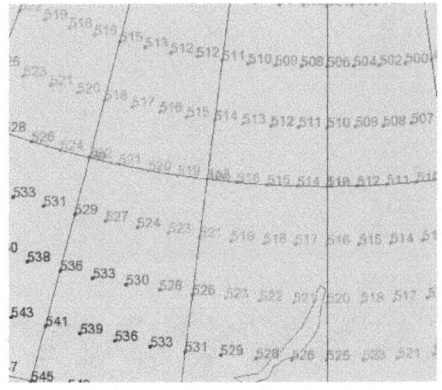

图 3.3-4　格点值分级显示

---

① 栅格显示:通过将一个点数值与一个颜色对应,并最终用"位图"的方式将格点场绘制出来。

3.3.1.2 分析统计

分析统计用来设置等值线的分析行为，同时提供时序、等值线导出等工具。

等值线分析：可手动修改等值线的起始值、等值线间隔、线值、加粗线值。其中，当用户设置等值线起始终止分析值与分析间隔后，系统会自动将"线值"结果计算出来。用户也可以直接手工输入"线值"参数，各个参数之间以","分隔，最终的分析参数以"线值"中的结果为主（图 3.3-5）。

工具：可用工具" "依次是时间剖面、空间剖面、时间垂直剖面、时序图、显示中心， 为导出 14 类文件按钮。

图 3.3-5 等值线分析工具

时间序列图：可提供当前标量格点场在任意经纬度/预报站点（data\Stations.dat 中定义）的时间变化情况，如图 3.3-6 所示。

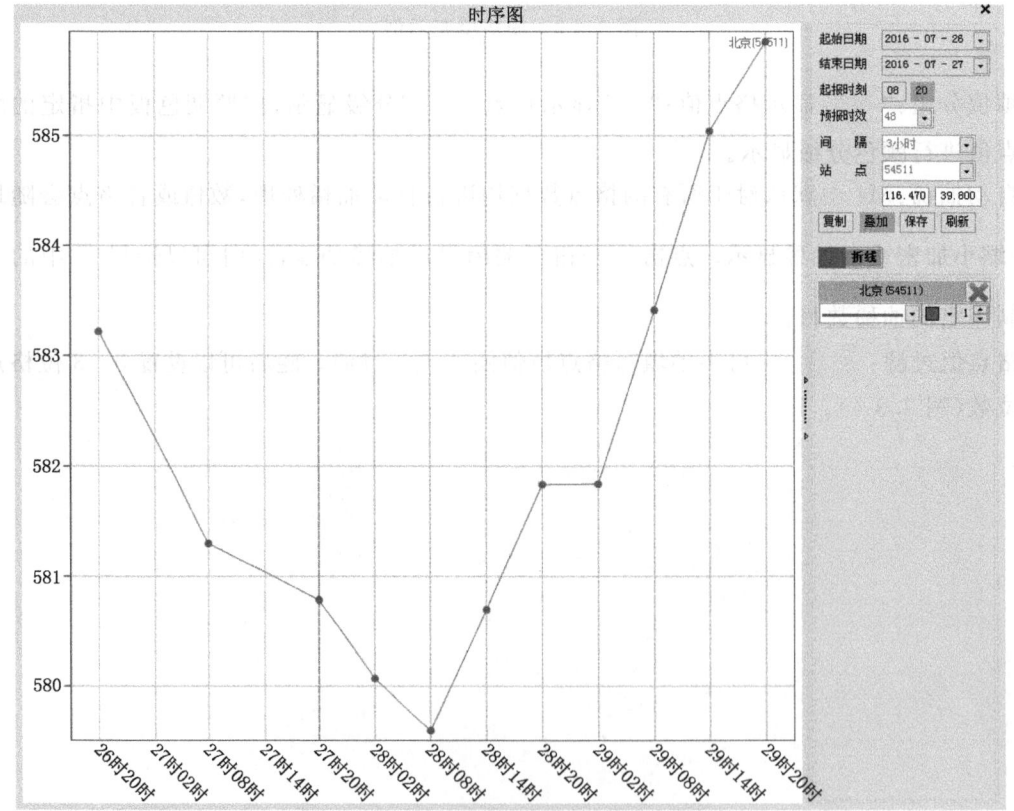

图 3.3-6 模式时间序列图

用户可以指定起始和结束起报时间范围：最新预报时间之前使用分析场，之后使用预报场。随后可以选择起报时间、预报时效和预报间隔，预报时效和间隔均基于最新起报时间的预报时效,如图 3.3-6 所示:最新预报数据为 23 日 20 时,起报数据时间段选择为 3 月 22 日至 3 月 23 日,预报时效选择 48 小时,预报间隔 3 小时,选择则结果如图 3.3-6 所示。

3.3.1.3　保存配置

保存配置:对显示设置调整后的样式、分析统计调整后的等值线起始值、等值线间隔以及加粗线值等,点击"　保存　"按钮进行保存,下一次打开该类数据时,默认显示为保存的配置。

保存配置只保存当前路径下数据的显示规则,不会对其他路径下相同类型数据的显示属性造成影响。

3.3.2　流线数据(矢量格点)

提供格点标量场数据的显示设置以及分析统计方法。单击流线数据图层即可弹出数据属性对话框,如图 3.3-7 所示。

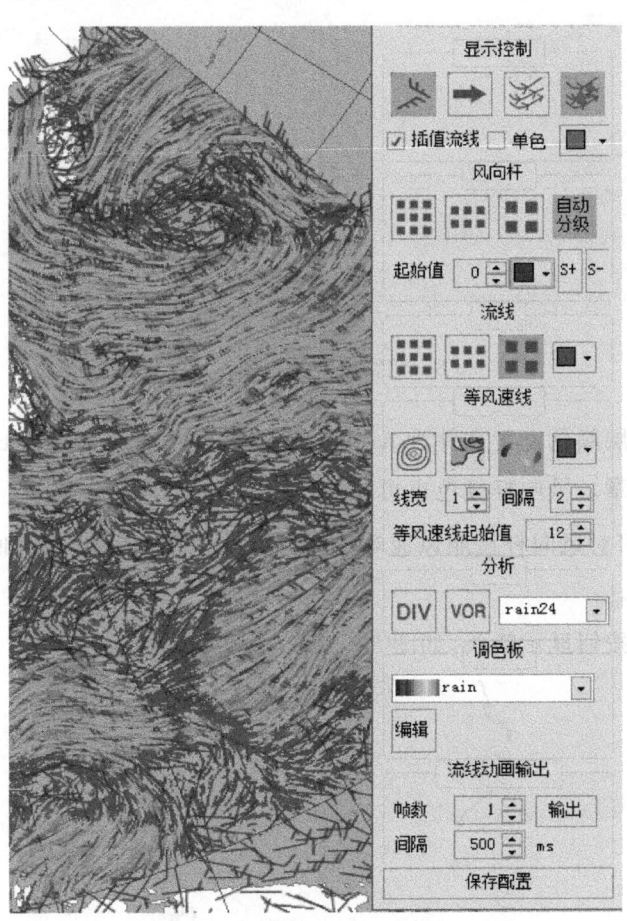

图 3.3-7　分析统计工具

3.3.2.1 显示控制

风向杆：点击"✈"风向杆按钮，可以对风向杆进行显/隐切换；默认状态下，风向杆可根据当前地图放大比例进行自动抽稀计算，如果用户希望手工修改抽稀方式，则可在 ▦ ▦ ▦ （高密度、中密度、低密度）3 种密度中进行选择。默认的风向杆颜色与高度层相关：不同的层次高度其颜色显示不同，如图 3.3-8 所示。

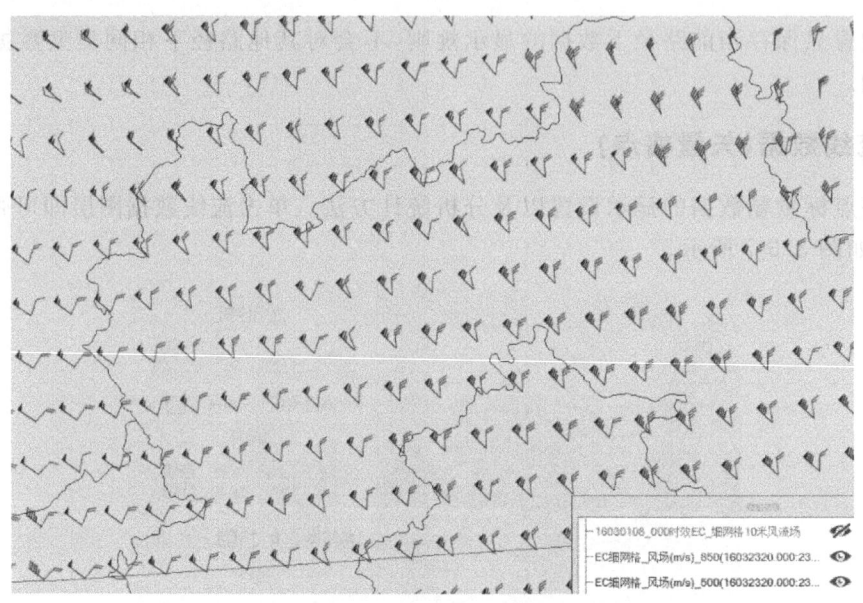

图 3.3-8 流线数据风向杆的分层显示

默认的风向杆分层颜色设置文件为 data\palettes\light(dark)\layercolor.xml 文件，具体设置方式可参考第 5 章。风向杆颜色也可通过下拉复选框 ▮ 选择。

MICAPS4.0 中可对风向杆按照风速等级进行过滤 起始值 3 ，设置后地图上只显示风速阈值以上级别的风向杆。

箭头：点击"➡"按钮显示箭头，如图 3.3-9 所示。

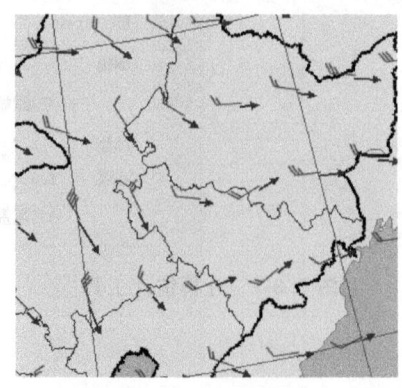

图 3.3-9 风向杆和箭头

流线：点击"▨"按钮显示静态流线；流线有"▦ ▦ ▦"高密度、中密度、低密度3种密度可选，并且可通过下拉复选框选择流线的颜色（图3.3-10）。

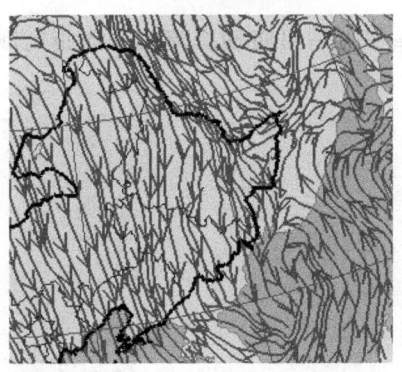

图 3.3-10　静态流线

等风速线：点击"◎"等风速线按钮，根据风速进行等值线分析及显示，线条颜色可通过下拉菜单选择。等风速线可以通过点击"▨"按钮进行填充显示，也可以根据等值线值进行不同颜色显示。

线条宽度、等风速线分析间隔、等风速线起始值可通过点击上/下箭头调整。如图3.3-11所示。

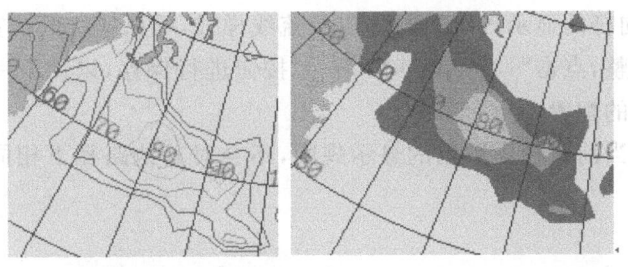

图 3.3-11　等风速线和的等风速线填色

散度：点击"DIV"散度按钮，显示散度填充。点击"VOR"涡度按钮，显示涡度填充（图3.3-12）。

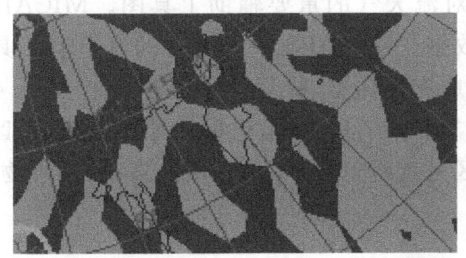

图 3.3-12　涡度（左）散度（右）图

动态流线:点击"🖼"动态流线按钮,地图上动态显示流线,默认显示非插值动态流线,该流线密度会随地图放大而减小。点击 ☑插值流线 选项后,动态流线密度会保持不变。动态流线默认以彩色方式显示,选择 □单色 ■ ▾ 后可将动态流线按照指定颜色进行显示(图3.3-13)。

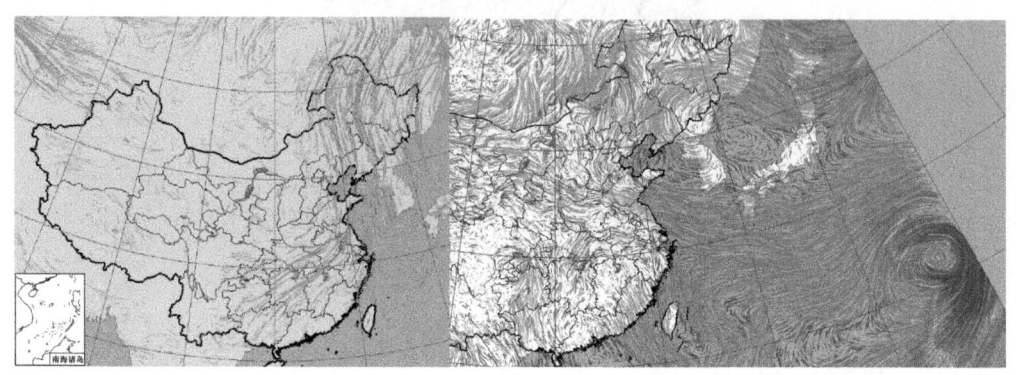

图 3.3-13 非差值与插值动态流线

流线动画输出:在显示动态流线的情况下,可以把叠加动态流线的 MICAPS4.0 地图输出为 GIF 动画文件。设置好总的动画帧数和每帧动画的间隔时间,点击"输出"按钮,就可以输出流线动画。默认保存为 GIF 格式的文件。

3.3.2.2 保存配置

保存配置:对风向杆的显示等级、样式,以及流线样式,等风速线的线宽、样式,等风速填色调色板等进行的调整,点击" 保存配置 "按钮进行保存,以便下一次打开该类数据时默认显示方式为保存的配置。

保存配置只保存当前路径下数据的显示规则,不会对其他路径下相同类型数据的显示属性造成影响。

3.4 $T\text{-}\ln p$ 图

温度对数压力图又称埃玛图(Emagram:Energy-per-unit-mass diagram),是中国预报员广泛使用的用来判断大气层结[①]稳定度、预报强对流天气的重要辅助工具图。MICAPS 第 5 类数据中按照站点、层次记录各探空站的探测数据。MICAPS 系统带有的 $T\text{-}\ln p$ 工具,不但可以实现温度对数压力图解的直观显示,还能完成交互探空、物理量导出等操作(图 3.4-1)。

打开一个 MICAPS 第 5 类数据即可弹出 $T\text{-}\ln p$ 工具界面,包含工具栏、主显示区、风矢端图、大气热力参数查询 4 个部分,其中主显示区可查看对数压力图、层结资料、垂直物理量分析 3 个子区,界面样式如图 3.4-1。

---

① 层结:大气中温度、湿度等要素随高度的分布,即大气的层次结构。

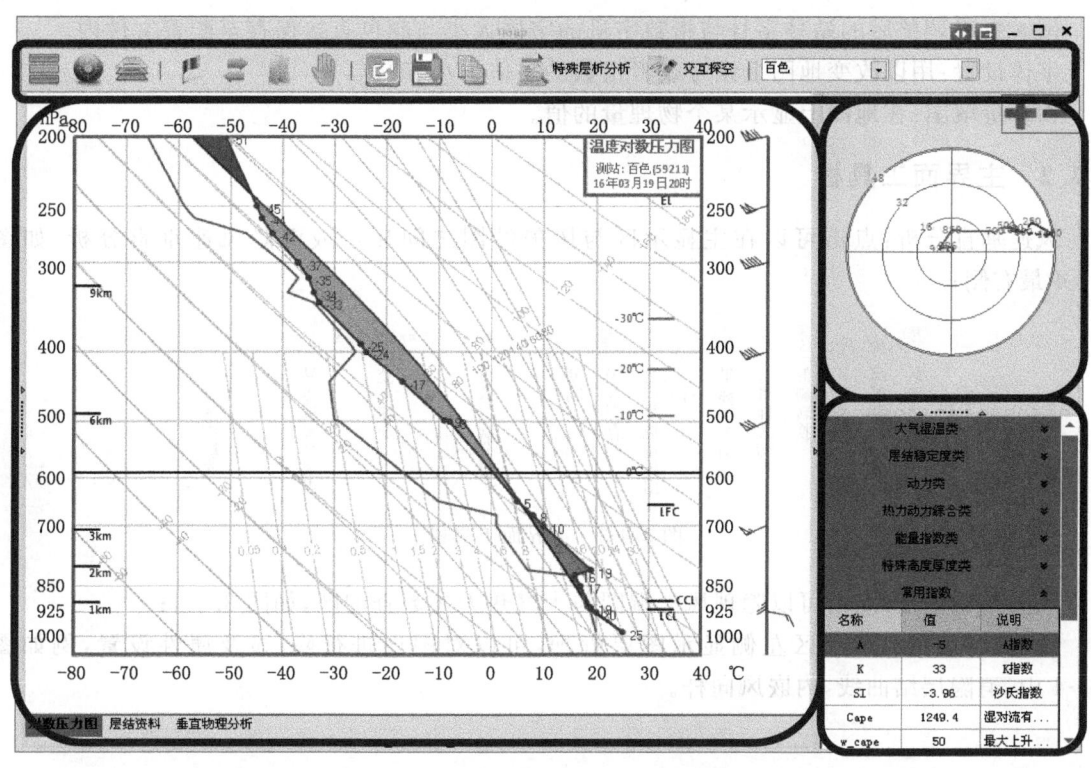

图 3.4-1　T-$\ln p$ 工具属性窗口

3.4.1　T-$\ln p$ 工具属性

打开第 5 类数据后，弹出 T-$\ln p$ 工具属性窗口，如图 3.4-2。

显示TlogP窗口：可以点击显示或消隐 T-$\ln p$ 图主界面。

显示站号：在地图上的站点标识旁显示或消隐站号。

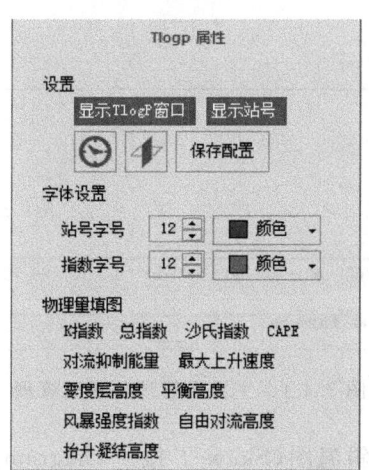

图 3.4-2　T-$\ln p$ 工具属性窗口

保存配置：将调整后的站号字号与指数字号的字体大小与颜色直接保存至配置文件内。

字体设置：用以改变地图上站号或者指数的字体大小、颜色。

物理量填图：在地图上显示某个物理量的值。

3.4.2 主界面工具栏

风速垂直分析：点击可以在主显示区与风矢端图之间显示或消隐风速垂直分析，如图3.4-4 最右侧；

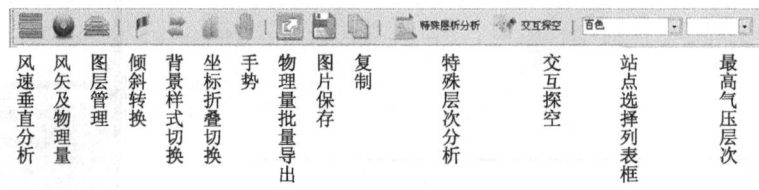

图 3.4-3 主界面工具栏

风矢及物理量：点击可以隐现风矢端图与大气热力参数查询区，如图3.4-4；

图层管理：在主显示区左侧显示图层管理，可以对图层进行隐/显及属性设置，例如图3.4-4 中，消隐层结曲线，内嵌风向杆。

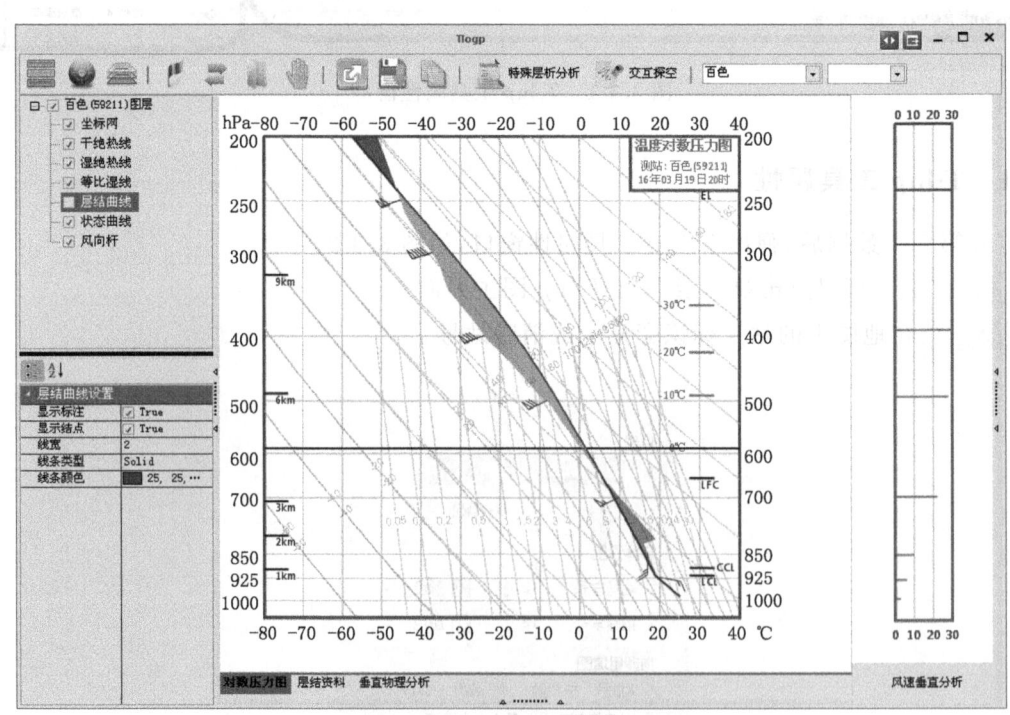

图 3.4-4 主界面管理与图层管理

倾斜转换：美国等国家采用斜温图（Skew-T lg-p Diagram）进行辅助分析，其坐标走向与埃玛图存在差异。点击"倾斜转换"可以将坐标变换为斜温图样式，如图3.4-4；

背景样式切换：黑白背景切换，如图3.4-5。

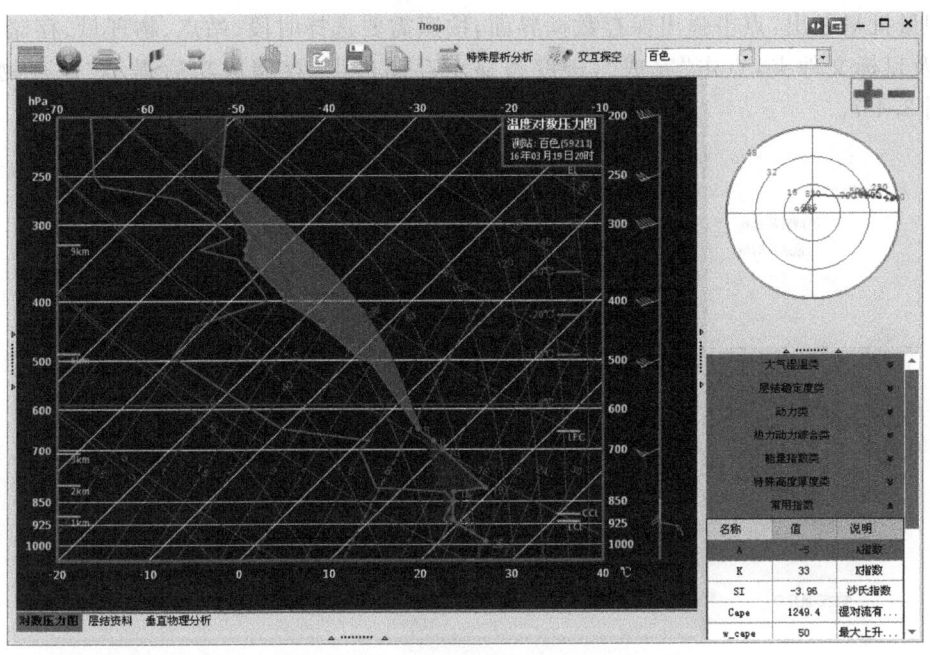

图 3.4-5 黑背景下的斜温图样式

坐标折叠切换：默认探空分析最高到 200 hPa，实际资料中可能存在 200 hPa 以上的数据，点击坐标折叠，可将 200 hPa 以上的层结曲线在主显示区左下方显示，此时层次使用左侧坐标。

手势：选择该功能后，鼠标移至主显示区，会显示当前坐标点的气压、温度、高度、比湿、位温与假相当位温，如图 3.4-6 所示。

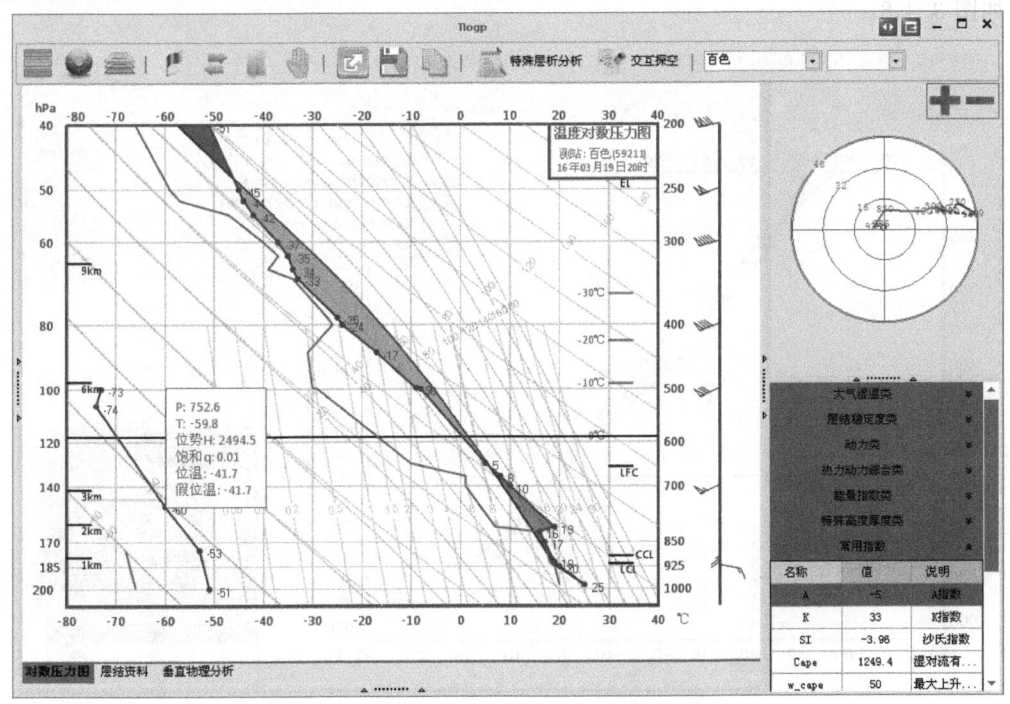

图 3.4-6 坐标折叠后添加手势效果

物理量批量导出：点击弹出保存数据界面，按照需要选择时段、站点、物理量、存储方式（文件类型）及目标文件夹，点击"完成"，进度条显示存储进度，存储成功后提示"保存物理量成功"，如图3.4-7。

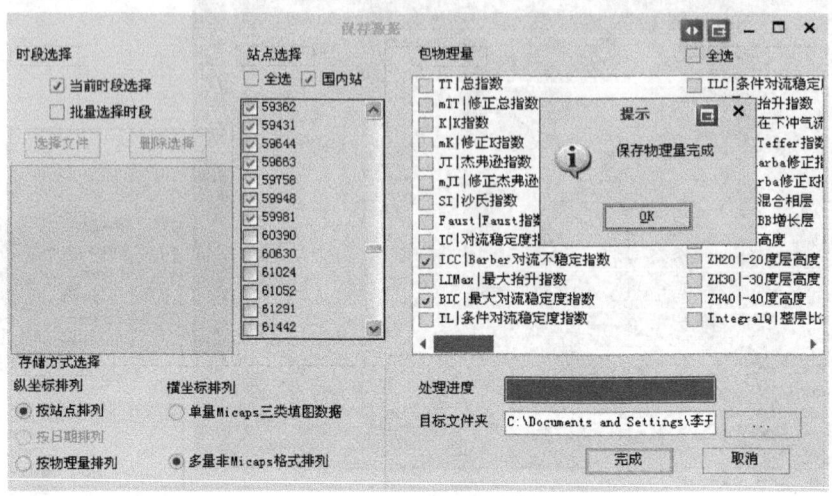

图3.4-7　物理量批量导出示例

图片保存：实现对当前主显示区图形的保存。

复制：点击按钮或者键盘操作Ctrl+C，即可复制图像到剪切板。

特殊层次分析：可以选择需要分析的特殊层次类型，包括湿层、不稳定层、下沉有效位能（600 hPa开始）、下沉有效位能（最小位温层开始）、冰相层及逆温层；再次点击对应层次即可消隐，如图3.4-8。

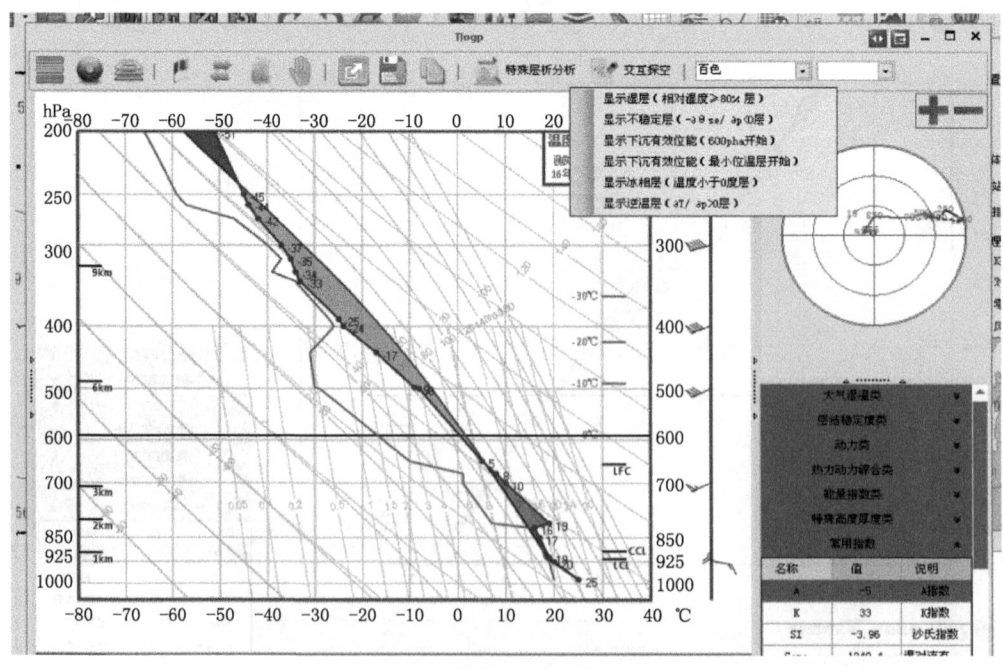

图3.4-8　特殊层次显示与消隐

交互探空:参见 3.4.2.4 节。

站点选择列表框:通过下拉列表框选择站点站号,也可通过在地图上点击所需站点符号进行选择切换。

最高气压层次:设定当前主显示区纵坐标的最高层次。

3.4.2.1 主显示区

A. 温度对数压力图

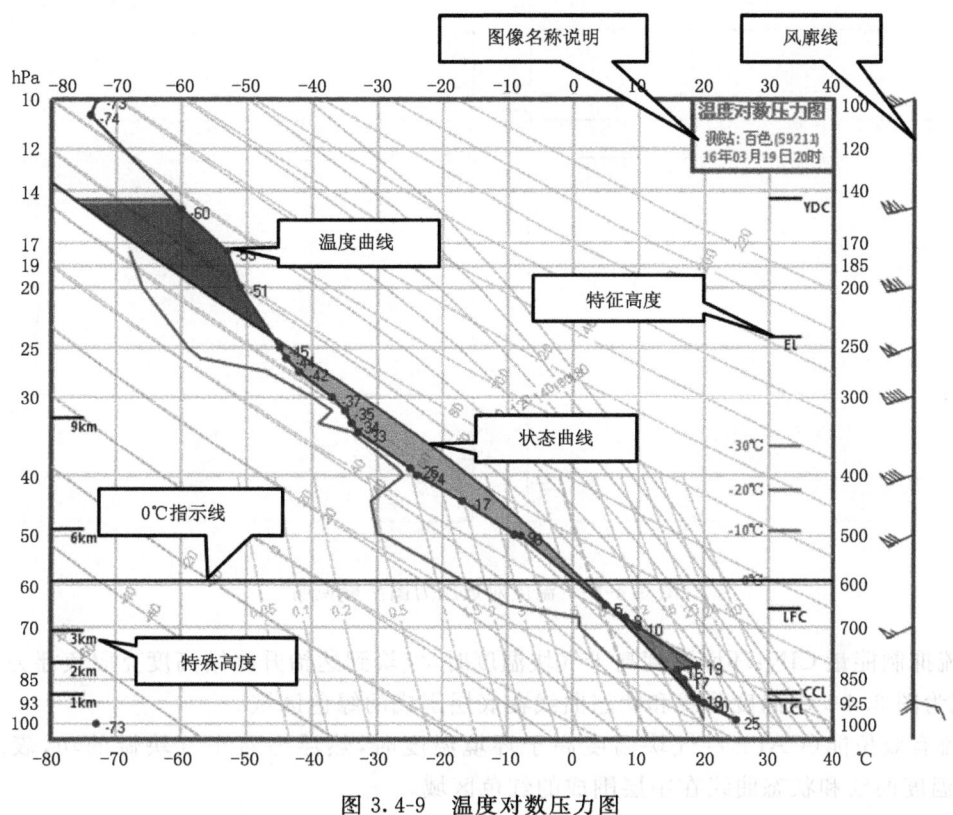

图 3.4-9 温度对数压力图

坐标说明:包括 5 条基本线条

横坐标为温度,等间距。为了使纵坐标与真实大气高度成比例,纵坐标为气压的对数($\ln p$),如图 3.4-10a。

自左上方至右下方最倾斜的曲线为干绝热线(也称等位温线、等熵线),是气块干绝热变化时的状态曲线,线上标注的数值为位温值,如图 3.4-10b 中红色虚线;

图 3.4-10c 中橙色所示为不可逆过程的湿绝热线(也称等相当位温线、等假相当位温线、等假湿球位温线),线上标注的数值为假相当位温;图 3.4-10d 中的集中在底部的绿色虚线为等饱和比湿线,线上标注为饱和比湿值,单位为 g/kg。

曲线及区域:图 3.4-9 中蓝色曲线为温度曲线,绿色的为露点曲线,温度曲线和露点曲线统称为层结曲线。

红色的为状态曲线,也称过程曲线,即地面抬升的小气块温度变化的曲线,一般情况下气块先沿干绝热线上升,与过地面露点的等饱和比湿线相交后(达到饱和),再沿湿绝热线上升。

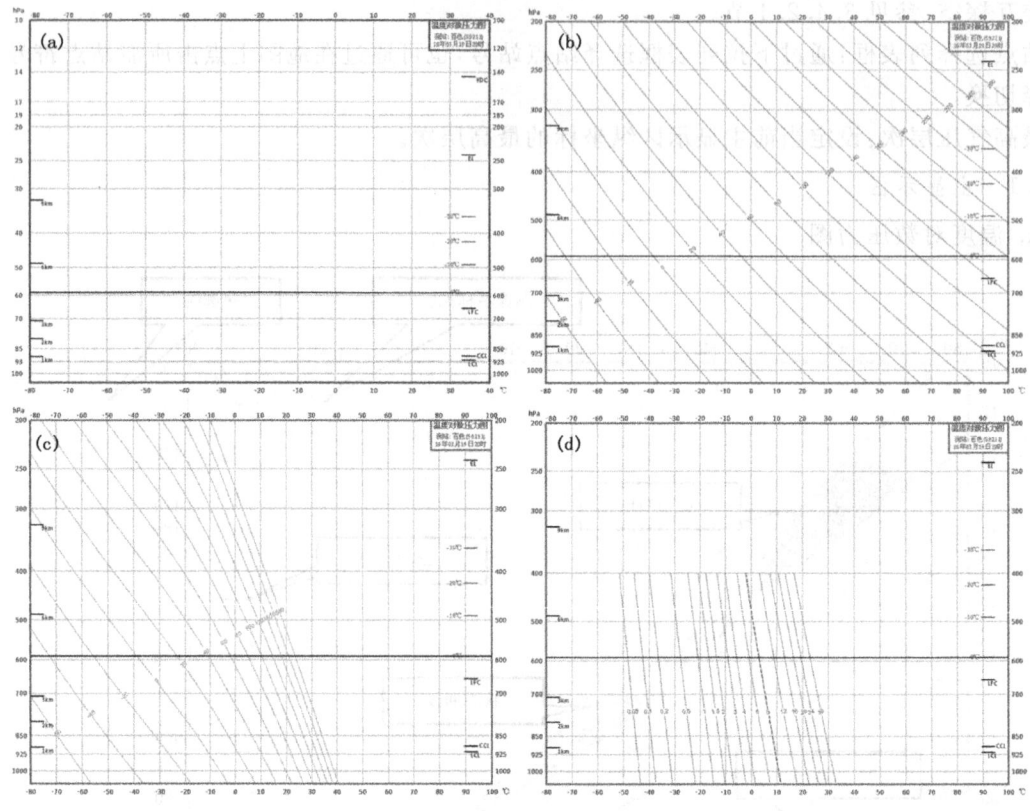

图 3.4-10 温度对数压力图坐标说明

对流抑制能量 CIN：环境温度高于气块温度时，气块到达抬升凝结高度克服负浮力所做的功，表现为图 3.4-9 中温度曲线和状态曲线在底层围成的绿色区域。

对流有效位能（CAPE）：气块温度高于环境温度时，热浮力对小气块做的功，表现为图 3.18 中温度曲线和状态曲线在中层围成的红色区域。

特征高度

抬升凝结高度（LCL）：气块干绝热上升达到饱和的高度。图 3.4-9 中通过地面温度的干绝热线与过地面露点的等饱和比湿线的交点所在的高度；超过这个高度就有水汽凝结，故 LCL 可以反映云底的高度。

对流凝结高度（CCl）：假定地面水汽不变，由于地面加热作用，使层结达到干绝热递减率，这种情况下气块干绝热上升达到饱和的高度。图 3.4-9 中通过地面露点的等饱和比湿线与层结曲线交点的高度。CCL 是空气热对流开始凝结的高度，可用来估计气团内部局地热对流产生的对流云云底高度。

自由对流高度（LFC）：在条件性不稳定气层中，气块受外力抬升，有稳定状态转为不稳定状态的高度。图 3.3-9 中状态曲线与层结曲线自下而上的第一个交点所在高度。

平衡高度（EL）：对流所能达到的最大高度。图 3.4-9 中状态曲线与层结曲线自下而上的第而个交点所在高度。此高度小气块受力平衡。

理论云顶高度（等面积高度）[YDC（EAL）]：图 3.4-9 中顶部等面积高度与状态曲线、温度曲线围成的蓝色区域,面积与CAPE面积一致(温度对数压力图上单位面积代表的能量大小一样),是理论云顶高度。

0 ℃层高度:指环境温度为0 ℃所在的高度,是形成冰雹条件的一个重要参数。如图3.4-9,0 ℃层高度约为5 km,20日08时下游区域贵阳站0 ℃层高度降至4.0 km(600 hPa以下),当天下午桂东多地产生了冰雹天气。

右键操作:如图3.4-11,在主显示区任意位置单击右键弹出菜单,可以实现与工具栏相关工具类似的功能。

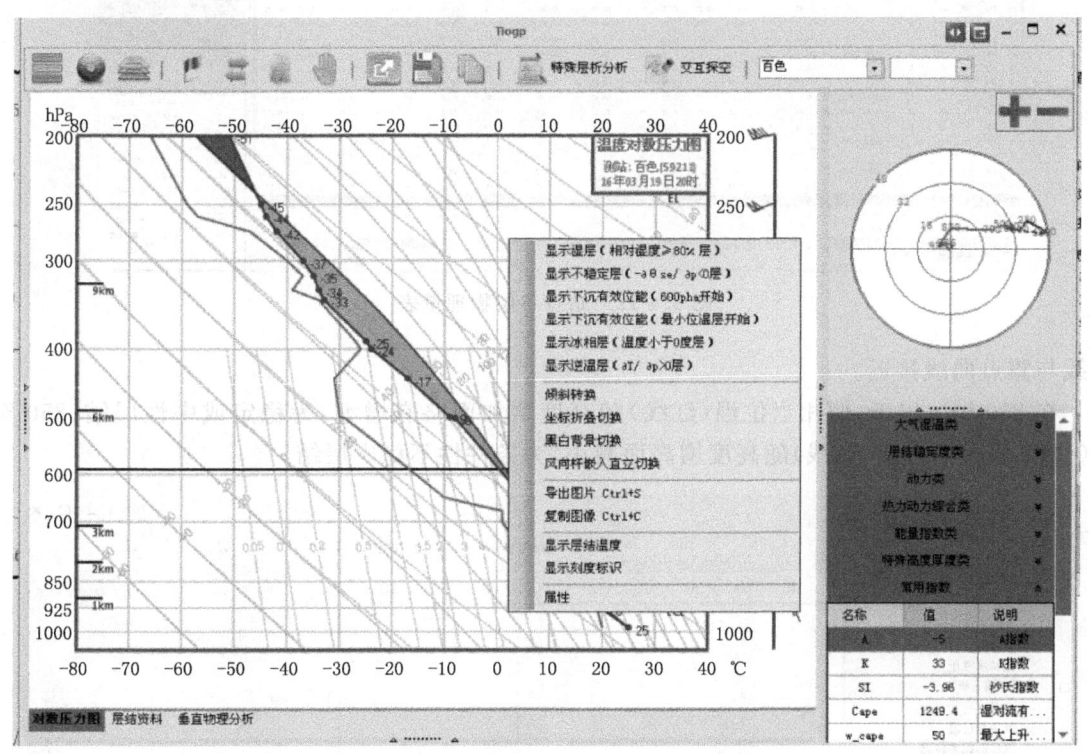

图3.4-11 在主显示区任意位置右键单击菜单

B. 层结资料

点击"层结资料"标签项,调阅站点各层物理量表,如图3.4-12。

C. 垂直物理量分析

点击"垂直物理量分析"标签项,可以分析大气中水汽、位温、能量等随高度的分布,即廓线。

如图3.4-12所示,可在左侧列表中选择需要分析的廓线种类,主显示区即显示对应廓线。

用法参考:以图3.4-13为例可以得到以下信息:绿色为位温廓线,红色为假相当位温廓线,蓝色为饱和假相当位温廓线,红色区域为对流有效位能区域(CAPE)。

- 红线是真实大气的温、湿度状况反映。
- 绿色为当前温度层结下干空气的状态。
- 蓝线为当前温度层结下,所有层次大气达到饱和的状态。

如果红线与蓝线接近则说明实际大气接近饱和,如图3.3-9中925至850 hPa附近,温度

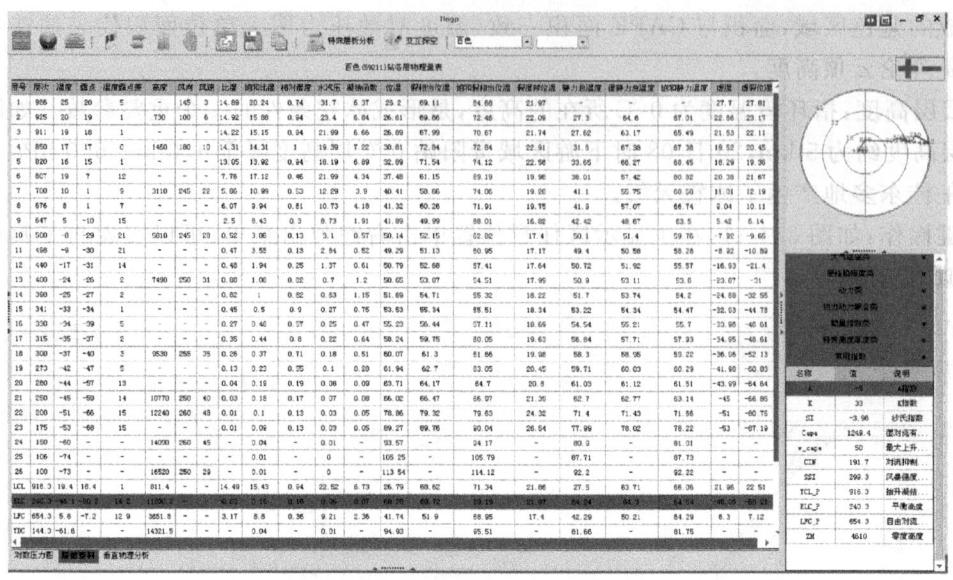

图 3.4-12 站点各层物理量表

曲线与露点曲线接近。

在 850 hPa 以下,假相当位温(红线)随高度增加而略有增大,为稳定或中性层结;850 至 600 hPa 假相当位温(红线)随高度增高而减小,为条件性不稳定层结。

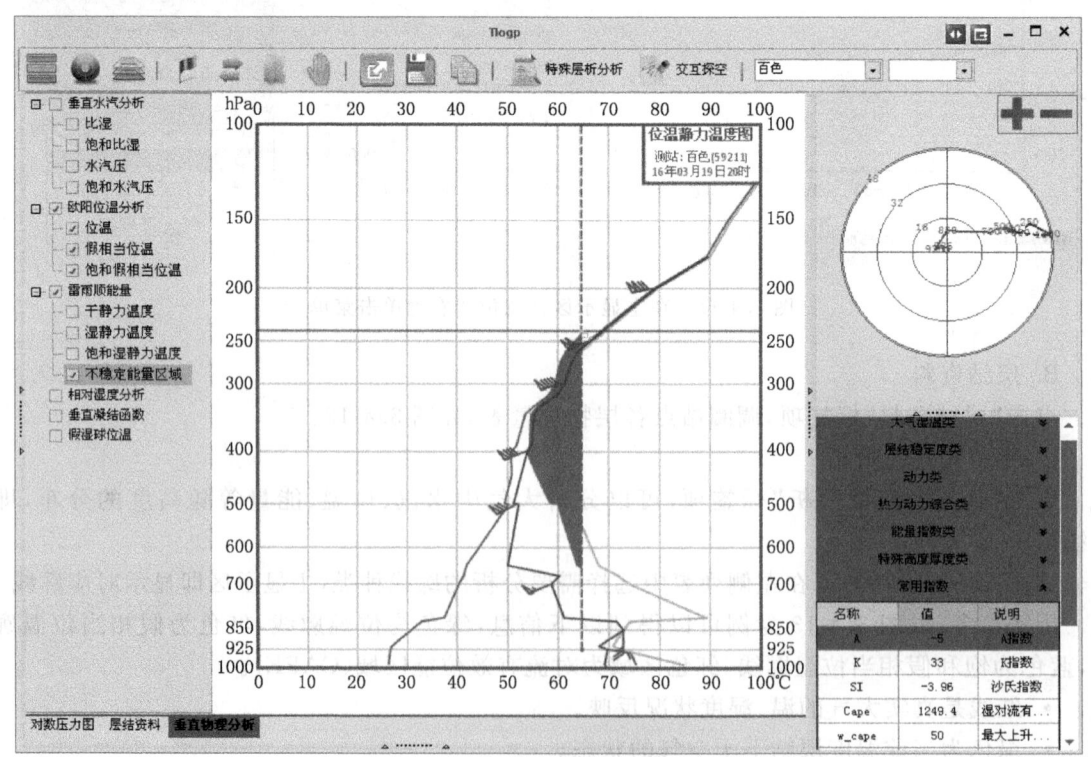

图 3.4-13 垂直物理量分析示例

3.4.2.2 大气热力指数查询

如图 3.4-13 所示,常用大气热力参数、特征高度等信息集中于主界面右下"大气热力指数查询"区域,为"抽屉式"设计。点击题目即可展开/收起列表。

3.4.2.3 风矢端图(Hodograph)

风矢端图是以台站为中心,采用极坐标系,将高低层风矢按风向及风速成比例绘制到原点后,从低层到高层连接风矢末端形成的曲线(图 3.4-14)。

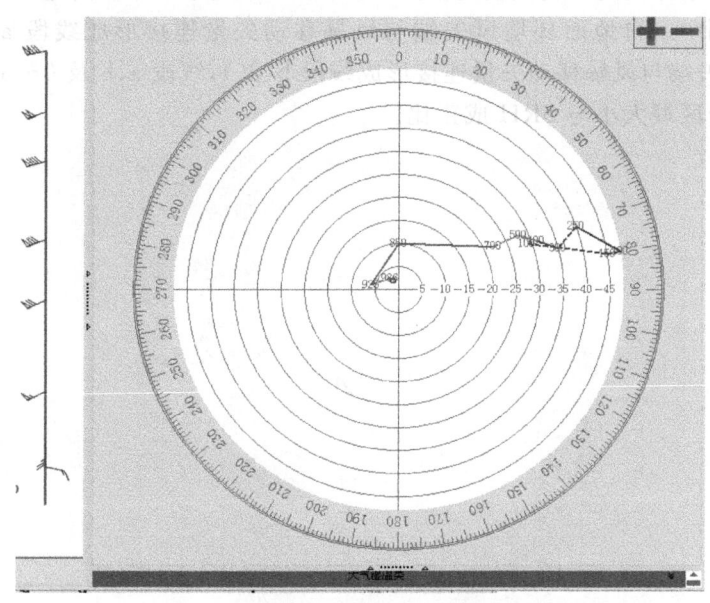

图 3.4-14 风矢端图

操作:点击右上角"+/-"符号可以放大、缩小风矢端图。

在风矢端图区域,单击鼠标右键,如图 3.4-15 所示,可以选择 0 度指南,最大风圈范围以及导出、复制图像。

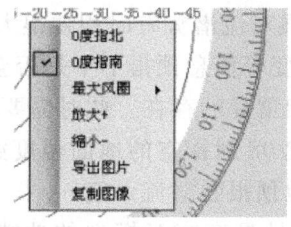

图 3.4-15 风矢端图右键菜单

用法参考

确定冷暖平流:图中红色线段表示热成风暖平流,蓝线段表示热成风冷平流。对应风廓线风随高度顺转、逆转。通过冷、暖流可以进一步推断大气稳定度:当低层有暖平流,高层有冷平流时不稳定度增加。反之,稳定度增加,也就是低层红线高层蓝线。

确定风切变:垂直风切变即风向、风速随高度的变化。风矢端图比风廓线表现风切变更直观,每段线段就是两层风的切边,长度表示大小。0~6 km(地面至500 hPa)总切变及从地面到500 hPa所有线段相加的大小,除以6 km;0~6 km平均切变为从地面风矢端直接连接到500 hPa风矢端的线段长度除以6 km。根据风切变可以判断风暴类型:弱切变下多发普通单体风暴或组织程度较差的多单体风暴;多单体风暴、超级单体风暴、飑线等常常出现在强垂直风切变环境中。

估计风暴相对螺旋度:SRH反映一定气层厚度内(一般指3 km),环境风场旋转程度的大小和输入到对流风暴体内的环境涡度的多少。如图3.4-16所示,将风暴移动矢量(黑色箭头)也添加到风矢端图中。自地面环境风矢端与风暴移动矢量连接形成线段a(绿),3 km(700 hPa左右)环境风矢端与风暴移动矢量连接形成线段b(红),线段a、b及0~3 km环境风矢端围成的范围(黄色)区域大小与SRH成正比。

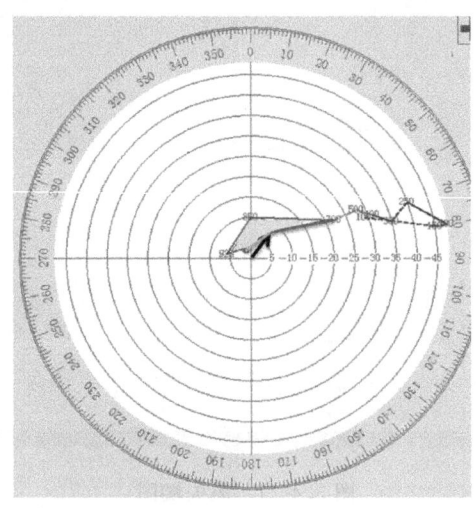

图3.4-16　风矢端图使用示例——估算风暴相对螺旋度

3.4.2.4　交互探空

由于探空进行的标准时间是世界时00和12时,亦即北京时08和20时。而强对流天气多发于下午到傍晚,08时和下午的强对流潜势有时相差很大,一般不能通过08时的探空图得到的层结稳定度、不稳定能量、风切变等信息预报下午是否会有强对流;另外,很多强对流并不是简单的地面小气块的抬升,有高架雷暴的存在。此时需要运用探空图订正技术,主要做法是用预报的下午的最高温度、露点替代08时探空的地面温度露点,操作后有可能反映出午后的大气稳定度情况,有利于更加准确地预报强对流天气。

MICAPS系统带有的T-$\ln p$工具具有交互探空的功能,点击工具栏中的"交互探空"按钮,系统提供4种交互方式,交互界面如图3.4-17。系统默认采取的是方式4——从报文第1层(地面)开始抬升。

方式1——修正抬升点:勾选后,气压、温度、露点控件激活,手动输入抬升点的气压、温度、露点,回车确定,修正后的状态曲线以蓝线表示,修正后CAPE以绿色斜线表征,修正后的物理量在下方列表中显示,如图3.4-17。可见地面温度升高,露点升高后对于不稳定能量会带来很大变化。

第 3 章 交互与数据操作

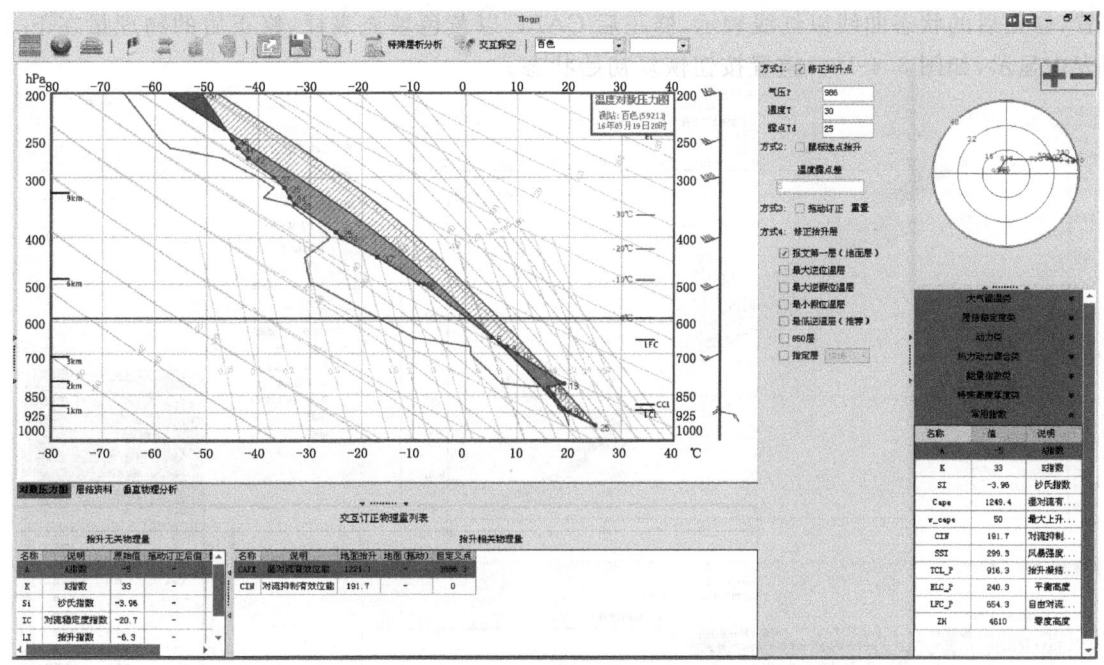

图 3.4-17 交互探空界面及方式 1

方式 2——鼠标选点抬升：勾选后，输入抬升高度的温度露点差，鼠标左键在主显示区域点击对应的层次及温度，修正后的状态曲线以黄线表示，修正后 CAPE 以红色网格表征，修正后的物理量在下方列表中显示，如图 3.4-18。

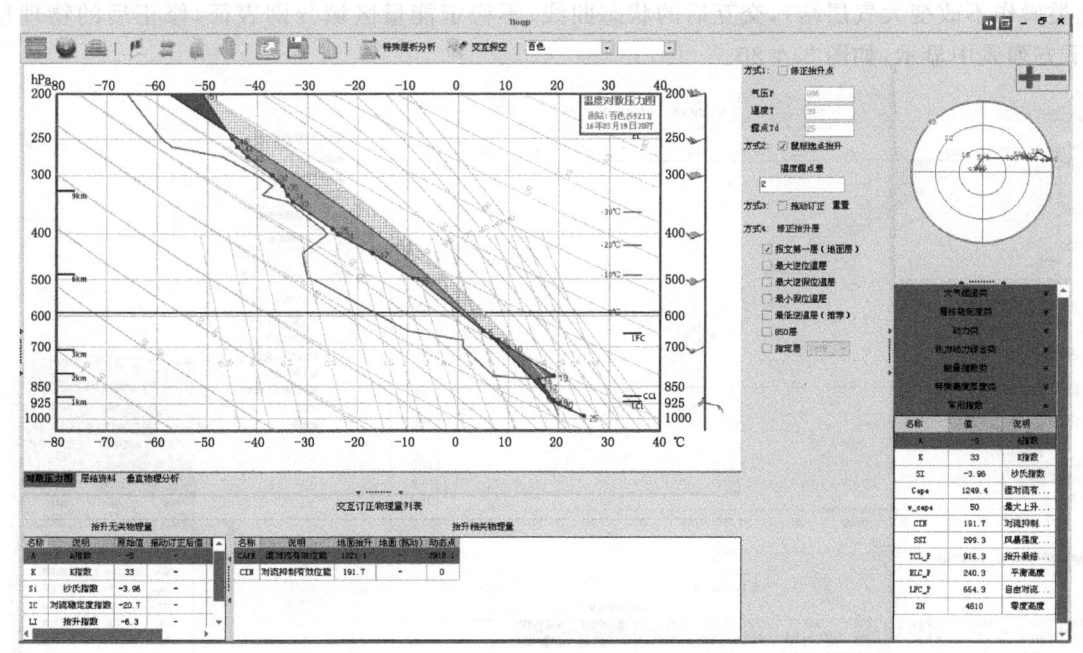

图 3.4-18 采取方式 2 进行交互操作

方式 3——拖动订正：勾选后，主显示区内层结曲线显示节点，通过鼠标左键拖拽至指定位置，修正后的状态曲线以红线表示，修正后CAPE以黄色填充表征，修正后的物理量在下方列表中显示，如图3.4-19。重置按钮恢复初始状态。

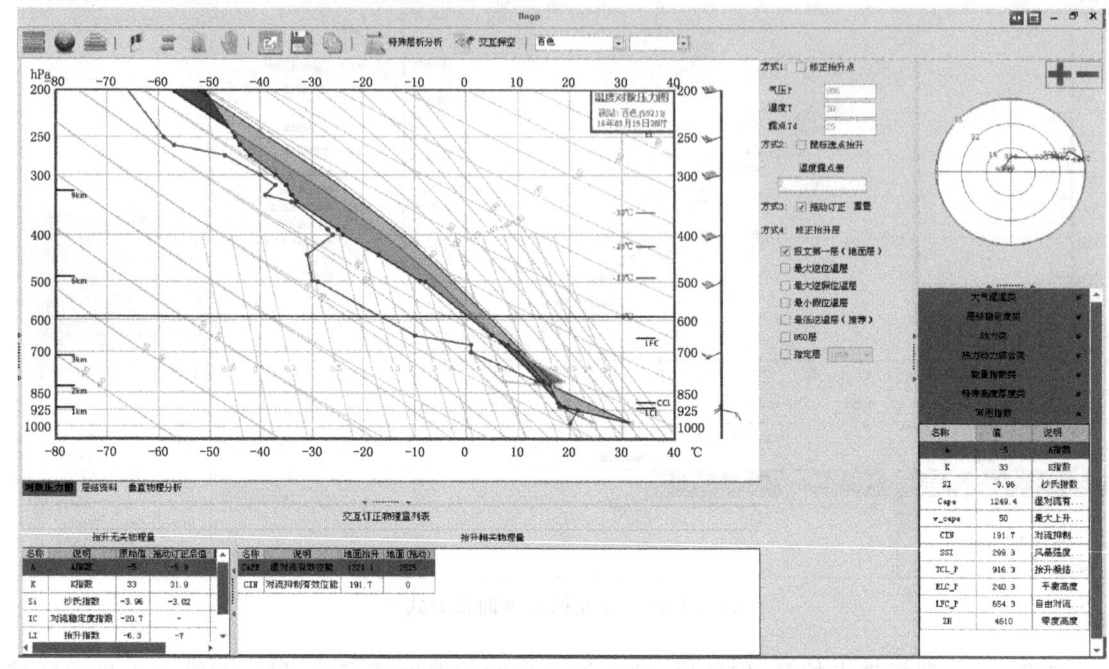

图 3.4-19 采取方式 3 进行交互操作

方式 4——修正抬升层：勾选后，可以选择不同的特征层次作为起始抬升高度进行抬升（此类操作不改变大气层结），交互后的状态曲线、不稳定能量区域分别表征，修正后的物理量在下方列表中显示，如图 3.4-20。

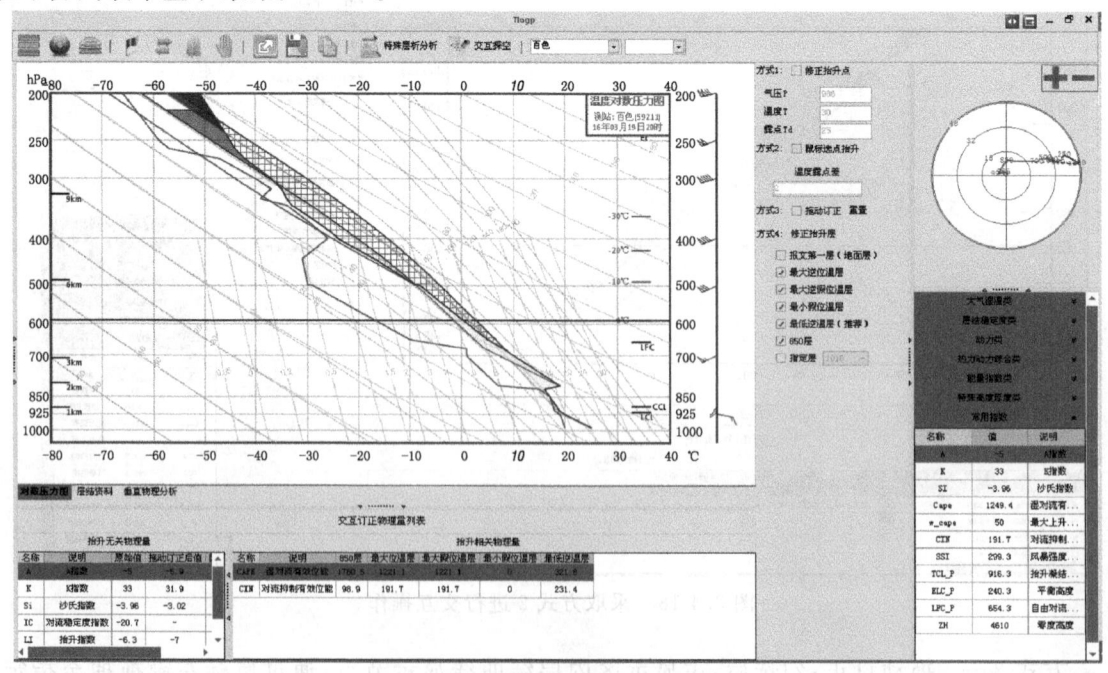

图 3.4-20 采取方式 4 进行交互操作

所有交互操作，都只是在现有大气层结基础上做出适当的订正，不能完全与强对流发生时的大气层结一致。可以利用模式输出资料，进行未来某个时刻的探空分析——模式探空，见第4章4.3.3节。

3.4.2.5 空间剖面图

打开探空数据文件（第5类数据），在属性窗口选择"显示空间剖面"属性 ，打开空间剖面显示窗口（图3.4-21）。

显示空间剖面时，可以通过左键在主窗口单击选择剖面（选择点数最多不超过20个），单击右键结束选择，显示空间剖面。

在空间站点剖面图右侧有属性设置栏，也可根据需要修改设置。可以选择填图要素（风、温度、高度、露点）、分析线条（等风速线、温度、高度、温度露点差）以及要素的分析间隔，也可以选择线条颜色。修改属性后，可以点击"保存配置文件"保存选择的属性。

点击"存图"按钮可以保存绘制的剖面图为图像文件，系统支持保存为BMP、GIF、PNG、JPG和矢量WMF格式文件。

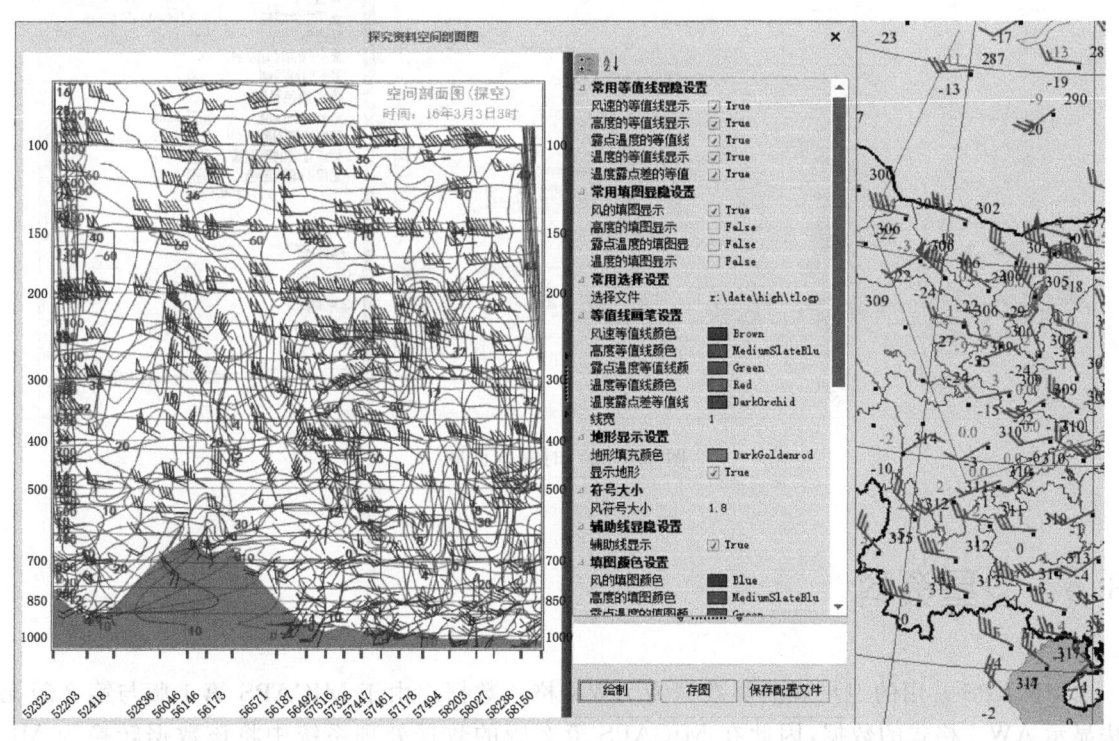

图 3.4-21 空间剖面

3.4.2.6 时间剖面图

打开探空数据文件（第5类数据），在属性窗口选择"时间剖面图"属性 ，将弹出时间剖面图窗口，如图3.4-22所示。在图形显示窗口区内 T-$\ln p$ 数据站点上用鼠标点击要作时间剖面图的站点，在弹出的时间剖面图右侧下方选择时间段，然后点击"绘制"按钮，则显示该站点时间剖面分析图。

显示属性与空间剖面图类似，时间剖面图也可以保存为图像文件。

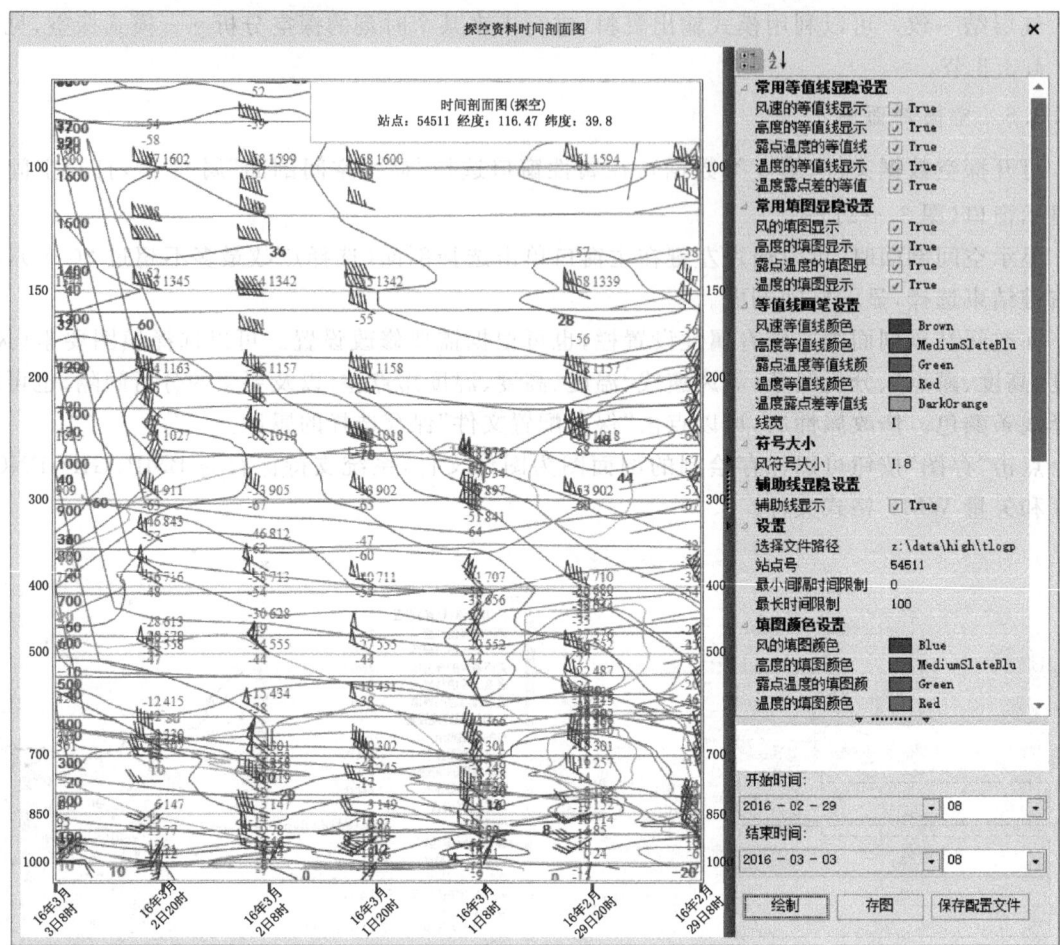

图 3.4-22　时间剖面图

3.5　卫星资料

MICAPS 常用的卫星观测类数据为 AWX 格式数据。由于 MICAPS 第 1 版与第 2 版无法显示 AWX 格式的数据，因此在 MICAPS 第 2 版的数据处理系统中将该数据转换为 MICAPS 第 13 类数据显示，同时分辨率降低到约 13 km。部分 AWX 格式的数据为等经纬度投影，可适应任意地图，部分 AWX 产品则指定了投影参数，叠加后地图会根据卫星数据自动转换投影。

3.5.1　AWX 卫星数据显示

打开 AWX 卫星云图数据，系统将地图投影转换到与数据相同的投影并显示云图图像（图 3.5-1）。

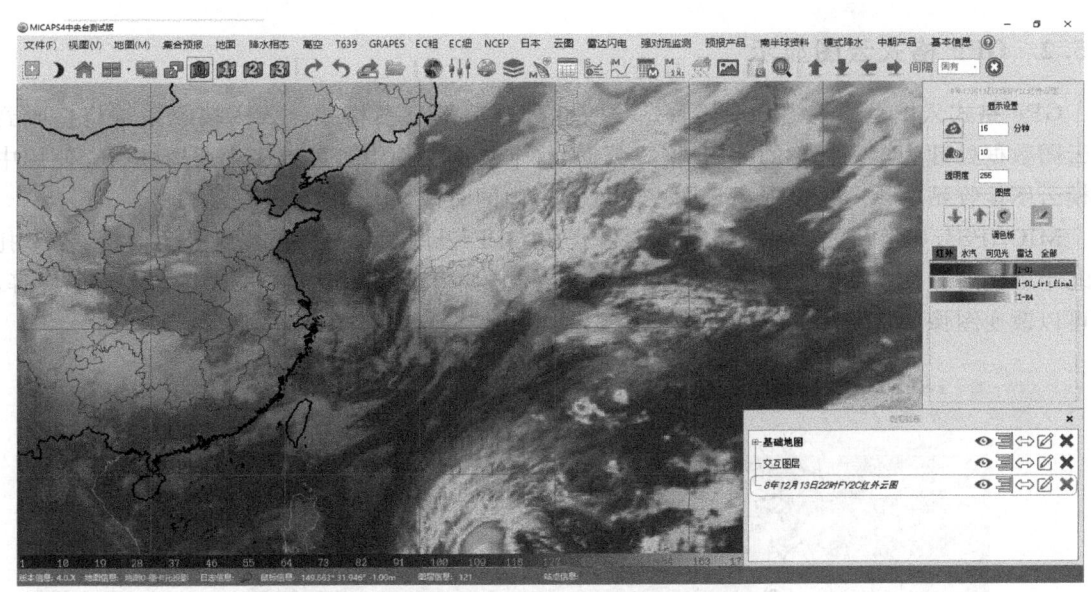

图 3.5-1 AWX 卫星云图

单击该图层后,属性设置窗口中显示该类数据可选择的属性设置。

"显示设置"分组中包含了数据自动更新时间 15 分钟,点击 后可用于卫星云图的监视显示,如果设置为 0,则表示马上开始更新数据;云顶温度的过滤值 -32 ℃,设置该值后云图只显示低于该数值的信息;透明度为 0—255 之间的整形数字,可以用来设置云图的半透明效果。

"显示设置"下方为图层顺序设置,可调整当前云图图层在 MICAPS4.0 中的顺序,按钮依次为"向上一层""向下一层"以及"重置"。

属性框下半部分为调色板设置,包括红外、水汽、可见光、雷达、全部等分组,用户可根据自己所需进行切换,单击所选中的调色板即可生效(图 3.5-2)。

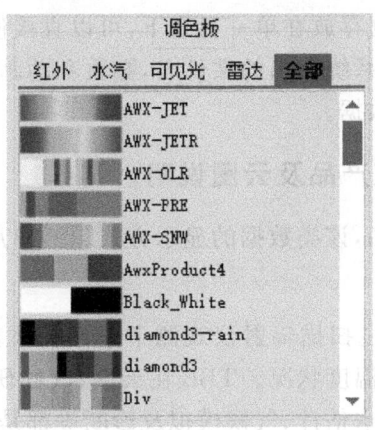

图 3.5-2 调色板选择

3.5.2 GPF 格式云图显示

GPF 格式云图是中规模云图接收站接收并处理后的云图格式。云图接收系统将接收到的云图数据处理为多种投影的 GPF 格式数据,每个数据文件中可以有多个通道数据。使用中规模云图接收站的云图可以提高云图在天气预报中的时效性。调色板为公用。

MICAPS4.0 可以显示等经纬度投影格式的 GPF 云图数据,也可以显示兰伯特、麦卡托或北半球极射赤面投影的 GPF 云图数据(图 3.5-3),并可通过属性窗口选择通道、调色板等,也可以改变图像的透明度。等经纬度格式数据可以在各种地图投影下显示。

图 3.5-3 GPF 格式云图显示

2.4.2.2 GPF 数据组织

中规模接收站投影后的数据存放在单一目录下,可以直接使用该目录,无需将不同投影文件放在不同目录下,如果不修改系统输出的文件名,翻页和动画时系统按照中规模站输出数据的命名规则自动识别该类投影数据。

3.5.3 AWX 格式卫星数值产品及云图说明

卫星数值产品为后加工产品,该类数据的显示方式包括图片显示以及格点显示两种。

3.5.3.1 黑体亮度温度(TBB)

黑体亮度温度是由卫星通过扫描辐射仪观测下垫面物体获取的辐射值经量化处理后得到,它反映了不同下垫面的亮度温度状况。TBB 在天气、气候研究中有着较为广泛的应用,如对天气系统分析、暴雨研究和降水估计、气候模拟及诊断等都是作为常用资料之一。

打开 TBB 云图数值产品,系统云图图像产品(图 3.5-4),单击图层则显示相应的属性框。数值产品可选择"图像"、"等值线"、"图像+等值线"3 种绘制方式,当选择"等值线"或"图像+等值线"方式后,可通过下方的"等值线显示设置"来调整等值线参数,包括线宽、颜色、线

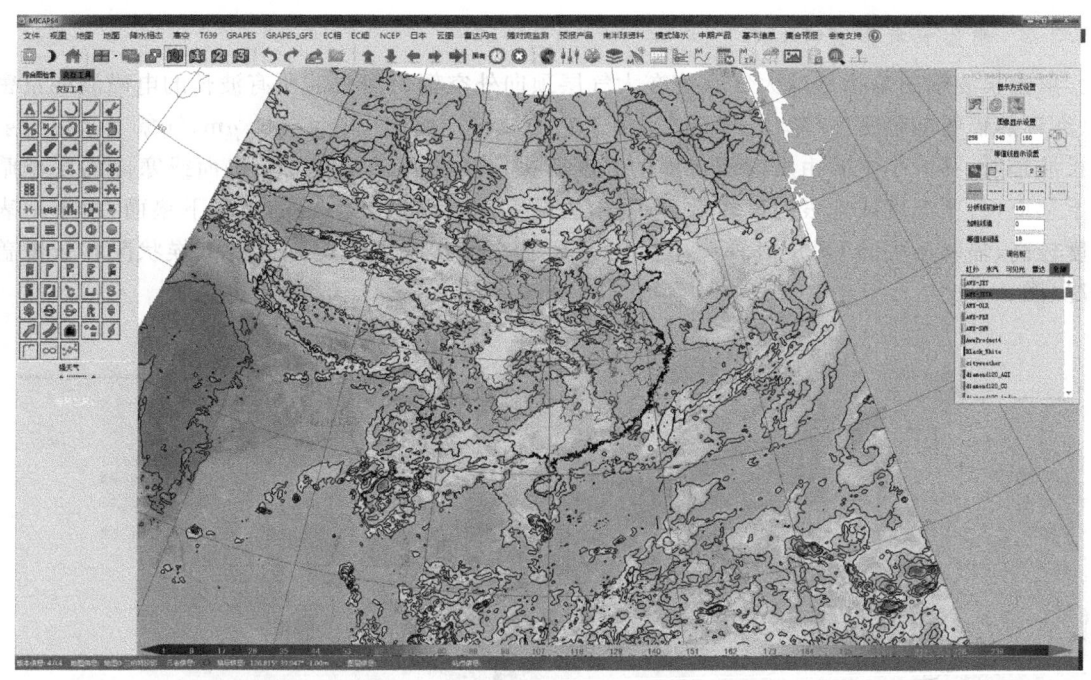

图 3.5-4　黑体亮度温度 云数值产品

型,标注颜色,等值线分析起始值、分析间隔以及加粗线值等参数。

卫星产品的显示范围可通过 ![tool] 工具交互调整,选中该工具后,鼠标移动到数据边界时会出现红色的线条,如下图所示。

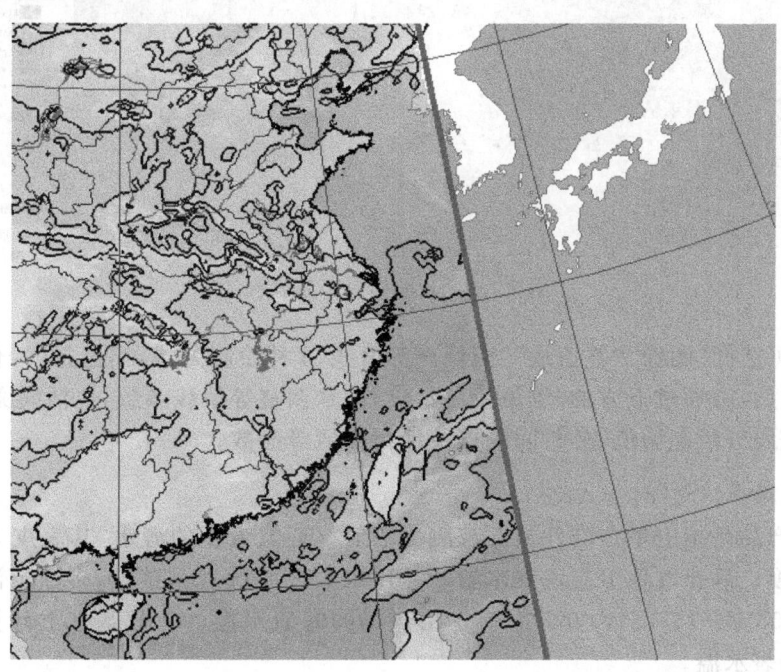

用户可点击鼠标左键后移动鼠标确认数据显示范围,再次点击鼠标完成范围调整。

3.5.3.2 射出长波辐射(OLR)

射出长波辐射是指地球大气系统在大气层顶向外空辐射出去的所有波长的电磁波能量密度(亦称热辐射能量密度,单位:W/m^2),由于它的波长主要集中在 $4\sim\infty$ μm,气象上又称为射出长波辐射,其大小主要由发射下垫面的温度所决定。在有云覆盖的下垫面或寒冷的冬季晴空下垫面,云顶温度或地表温度较低,辐射出去的 OLR 值低;在温暖的晴空下垫面,由于地表温度较高,辐射出去的 OLR 值较大,因此,OLR 基本上反映了观测地区的气候状况和云覆盖状况(图 3.5-5)。

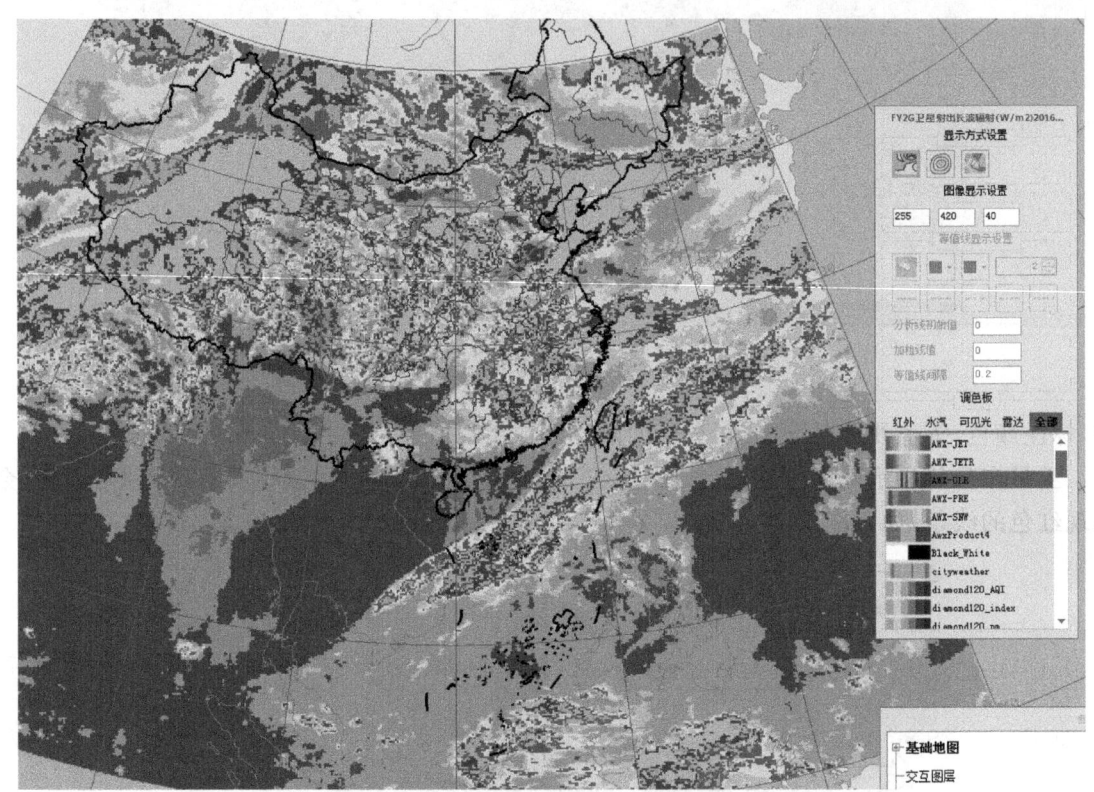

图 3.5-5 长波辐射产品显示

数值产品可选择"图像""等值线""图像+等值线"3 种绘制方式,当选择"等值线"或"图像+等值线"方式后,可通过下方的"等值线显示设置"来调整等值线参数,包括线宽、颜色、线型,标注颜色,等值线分析起始值、分析间隔以及加粗线值等参数。

3.5.3.3 海表温度(SST)

海表温度产品是指卫星在红外窗区观测比辐射率近似为 1 的海水,其表皮大约 10 μm 处的海洋表皮温度。静止气象卫星海表水温产品用每天多时次观测数据、多通道测值自动生成(50°S—50°N,55°E—155°E)内 0.5°×0.5°格点场的海表水温。在此基础上计算出逐日、候、旬、月的平均海表水温。

3.5.3.4 云区湿度廓线(HPF)

利用卫星多通道信息和卫星资料反演的云信息(包括云类、云量和云高等)和卫星多通道光谱信息,估计出的云区各标准等压面上的湿度。

根据天气学原理,云是大气中的水汽凝结而产生的。那么在云所在的高度上,大气应当是饱和的。既然用卫星图像已经可以识别出云的类别,那么用不同类别云的典型水汽垂直分布廓线就可以估计出云所在地点的水汽垂直廓线。进一步可以通过找出与湿度密切相关的卫星通道测值、云信息等特征因子,建立统计模式,估计大气中各标准层的相对湿度(图3.5-6)。

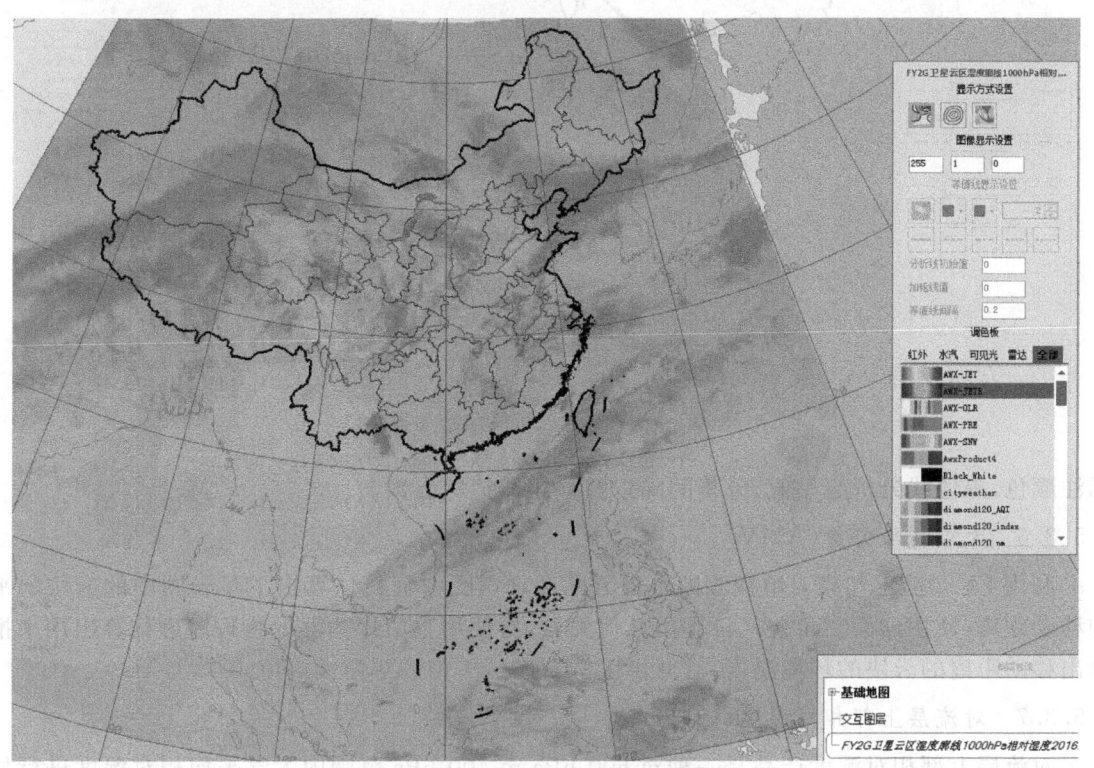

图 3.5-6 云区湿度廓线产品

数值产品可选择"图像""等值线""图像+等值线"3种绘制方式,当选择"等值线"或"图像+等值线"方式后,可通过下方的"等值线显示设置"来调整等值线参数,包括线宽、颜色、线型、标注颜色,等值线分析起始值、分析间隔以及加粗线值等参数。

3.5.3.5 晴空大气可降水(TPW)

晴空大气可降水产品,指晴空条件下大气柱中水汽总含量。该产品数据只有在晴空条件下有效,有云时数据为无效数据,因此,产品质量受云检测产品质量的影响。另外由于所采用的反演算法的一个基本假定:表面红外发射率为1,这条假定对晴空海洋是成立的,但是对陆地并不严格,因此本产品在海洋上的质量比陆地高(图3.5-7)。

数值产品可选择"图像""等值线""图像+等值线"3种绘制方式,当选择"等值线"或"图像+等值线"方式后,可通过下方的"等值线显示设置"来调整等值线参数,包括线宽、颜色、线型,

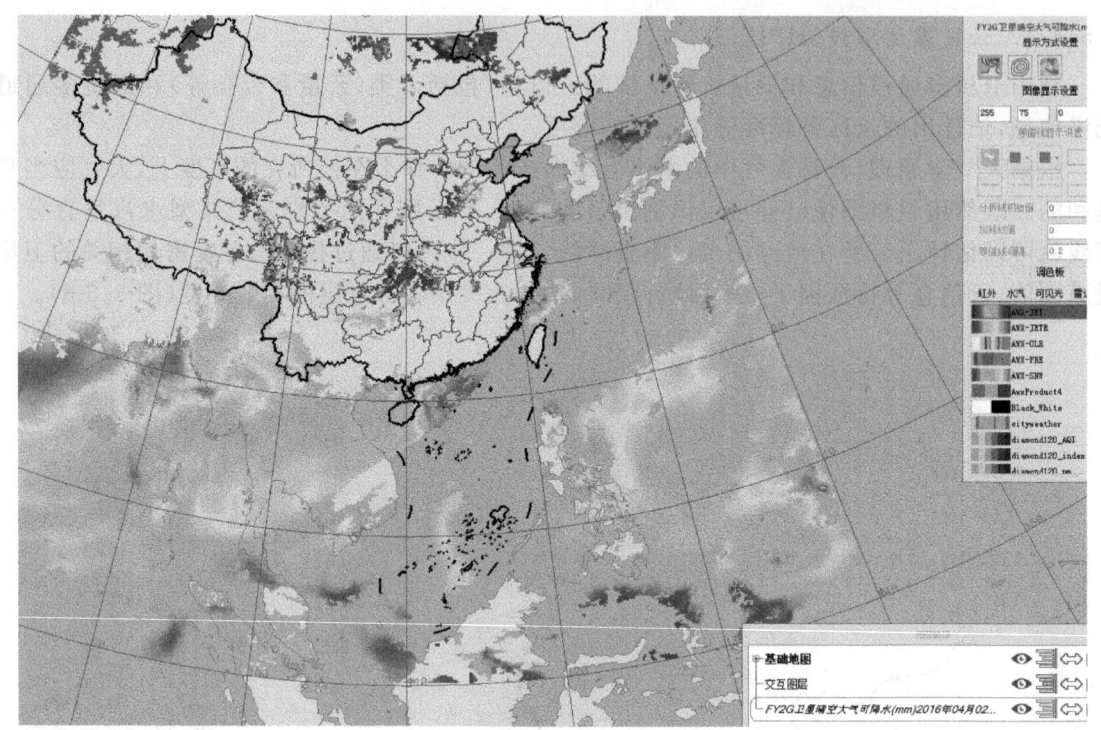

图 3.5-7 晴空大气可降水产品显示

标注颜色,等值线分析起始值、分析间隔以及加粗线值等参数。

3.5.3.6 大气运动矢量(AMV)

利用 FY-2 静止气象卫星探测的红外云图和水汽图像资料估算出卫星云图中的云块的平均移动距离,使用球面三角公式计算出几何矢量,再使用卫星探测器的物理原理估算出用来推算出移动距离的云块的环境温度,有此温度推算出风矢量的等压面高度。

3.5.3.7 对流层上部相对湿度(UTH)

对流层上部相对湿度产品是一种对 600 hPa 至 400 hPa 范围内大气平均相对湿度进行估计的产品。该产品只能对没有中、高云的区域进行推导。用这些区域卫星观测像元的平均入瞳辐射值、卫星观测视角、大气廓线和用数值预报计算得到的对流层上部湿度查算表,获得对流层上部相对湿度。

数值产品可选择"图像""等值线""图像+等值线"3 种绘制方式,当选择"等值线"或"图像+等值线"方式后,可通过下方的"等值线显示设置"来调整等值线参数,包括线宽、颜色、线型,标注颜色,等值线分析起始值、分析间隔以及加粗线值等参数。

3.5.3.8 降水估计产品(PRE)

以 FY-2 静止气象卫星资料为主,以常规地面观测资料为辅,通过国家卫星气象中心静止气象卫星降水估计技术和卫星估计结果与地面常规雨量观测结果的融合技术所生成的覆盖中国及周边地区的定量雨量估计结果(图 3.5-8)。

属性操作方式与前述产品一致。

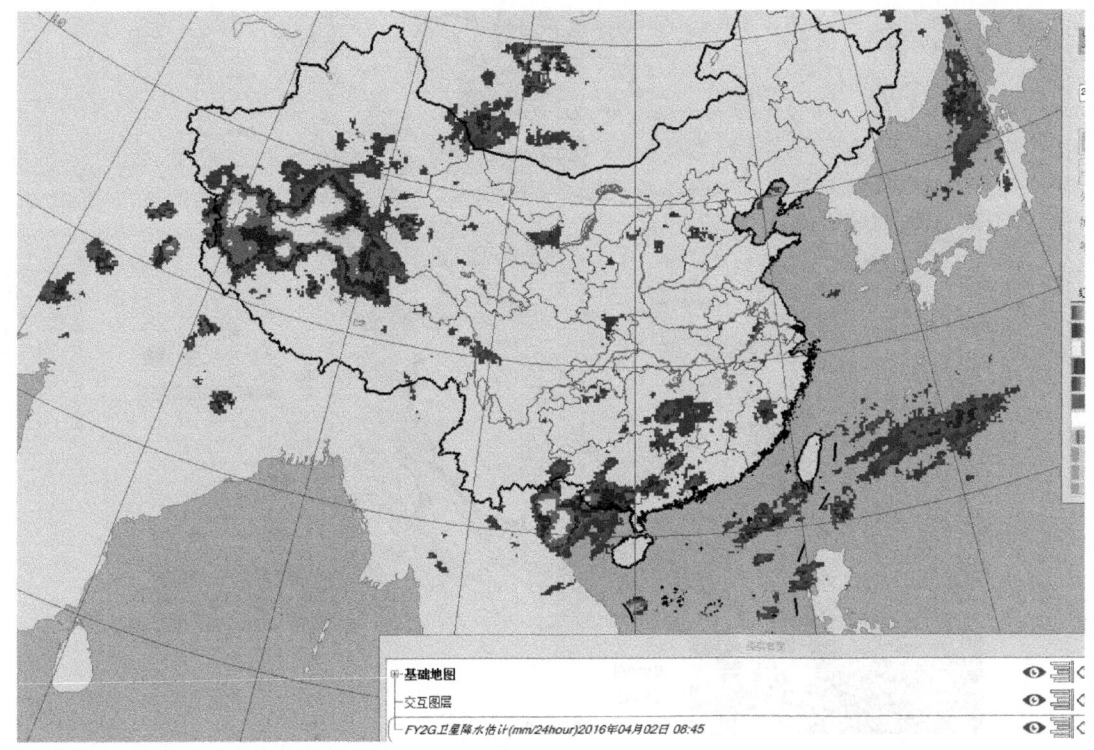

图 3.5-8 降水估计产品显示

3.5.3.9 沙尘暴监测产品(DST)

利用 FY-2 静止气象卫星的热红外分裂窗通道亮度温度差,联合可见光、水汽和红外光谱聚类的方法,监测中国北方春季沙尘暴发生区域的遥感产品。沙尘暴监测产品采用计算机自动判识和自动报警方式,一旦发现某一区域有沙尘天气,就会自动报警,报警的同时给出沙尘天气发生的位置、区域、面积和强度等级。

3.5.3.10 地面入射太阳辐射(SST)

地面入射太阳辐射指地面入射太阳总辐射日曝辐量。

大气对太阳短波辐射的直接吸收十分微弱,入射到地球表面的太阳辐射除少部分被反射回太空外,大部分被地表吸收后再以感热和潜热形式加热大气,从而驱动了大气环流。太阳辐射加热大气的这种间接方式说明,地面入射太阳辐射在整个地气系统的能量收支平衡过程中起着主导作用,对它的研究有助于加深人们对全球气候系统的了解、以及海-地-气三者的相互作用。

3.5.3.11 卫星总云量(CTA)

利用 FY-2 静止气象卫星可见光、红外通道数据,以辐射传输方程为理论计算依据,利用探测辐射值,在完全晴空辐射、完全云盖辐射一致条件下,估算获得总云量(图 3.5-9)。

3.5.3.12 云分类(CLC)

利用卫星遥感技术,采用多通道卫星探测数据进行聚类分析,归纳出各种云的类别,分别代表地面、中低云、高层云、卷层云、密卷云、积雨云等,为天气分析、数值预报提供重要的参考数据(图 3.5-10)。

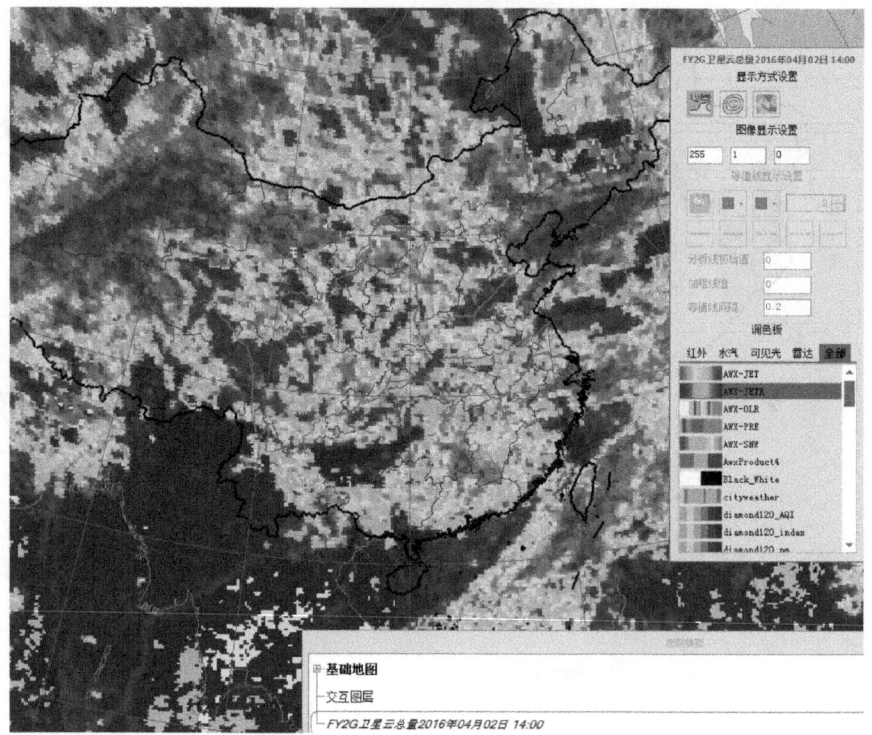

图 3.5-9　卫星总云量产品显示

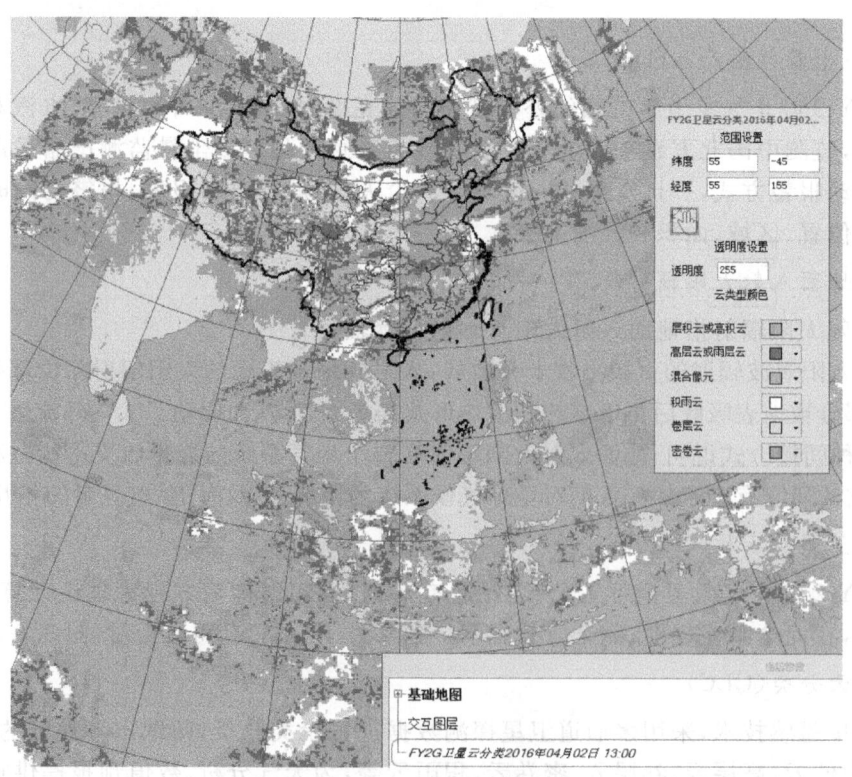

图 3.5-10　云分类数据显示

单击数据图层弹出属性窗口,在云分类数据属性中,可通过鼠标拖拽的方式交互设置数据显示区域,可以设置图层的透明度信息,也可设置各个云类型的颜色。

3.5.3.13 标称投影数据集(NOM)

标称投影:若卫星在理想的地球同步轨道上,星下点为经度 S、赤道 0°,卫星自旋轴与地球南北极之间的连线平行,扫描辐射仪无失配,对地球做正常扫描,所得到的影像称为标称投影图像。此时的投影方式称为标称投影。实际上,卫星的轨道和姿态都不可能是上述理想情况。为了方便用户使用,将实际卫星图像投影到标称投影上,成为标称投影图像。在标称投影下,图像坐标与地理经纬度是一一对应的,这就方便了产品制作和应用。

标称投影数据集这里是指将 FY-2C 和 FY-2D 观测得到的图像进行标称投影得到的产品,其中对于 FY-2C,S 为 104.5°E,对于 FY-2D,S 为 86.5°E。

3.5.3.14 大雾监测

该产品的生成除应用 FY-2 气象卫星多通道遥感数据以外,还使用了数值天气预报模式的最新预报产品,作为改善大雾判识准确率的重要数据源,是先进技术在大气科学领域综合应用的结果。

3.5.3.15 积雪覆盖

利用每天白天 FY-2 多时次标称数据、多通道测值,结合高程、地理信息等辅助数据判识积雪,自动生成每天一次的全圆盘雪覆盖结果,在此基础上投影计算生成的中国区域 0.5°×0.5°等经纬度格点场分布的日积雪覆盖率 9210(DVB-S)数字产品。该产品实际表示的是 0.5°×0.5°分辨率格点区域中的陆地部分被积雪覆盖的百分比。

3.5.3.16 海冰监测产品

利用气象卫星观测资料,以人机交互方式为主,判识提取观测范围内的海冰信息,制作生成海冰监测图像和数字产品。

3.5.3.17 火情监测

火情监测产品是指利用卫星资料,以人机交互方式为主,判识提取地面高温热源点,经图像处理,制作反映森林、草原火情及其他火点的图像产品。

3.5.3.18 水情监测

利用气象卫星观测资料,根据水体在可见光通道的反射光谱特性,提取水体信息,在此基础上生成反映水体信息的图像产品。

3.5.3.19 投影云图

FY-2 静止气象卫星云图主要有等经纬度投影、兰伯特投影、麦卡托投影 3 类,每个投影又分 5 个不同通道(IR1、IR2、IR3、IR4 和 VIS)的云图。

9210(DVB-S)下发的低分辨率卫星云图资料为包含兰伯特投影、麦卡托投影和三星拼图。兰伯特投影云图是大小为 512×512 的中国陆地区域云图,分辨率为 13 km,范围为(55°—165°E,2°—65°N)。

麦卡托投影云图是大小为 512×512 的中国海区区域云图(大范围),分辨率为 15 km,范围为(100°—170°E,10°—50°N)。

三星拼图(FY-2C、FY-2D、MTSAT)大小为 1600×1200 的等经纬度投影云图,分辨率为

10 km,范围是(60°—170°E,EQ—60°N)。

9210(DVB-S)下发的高分辨率的卫星云图包含等经纬度、兰伯特及麦卡托投影云图。

兰伯特投影云图包含大小为1200×1200,分辨率为5 km,范围是(78°—149°E,6°—62°N)。该投影下的云图还包括1.25 km分辨率的可见光投影云图,大小为5600×4800,范围是(85°—161°E,1°—58°N)。

麦卡托投影云图大小为2228×1110,分辨率为5 km,范围是(60°E—160°E,4°—41°N)。

等经纬度投影云图是大小为1900×1300,分辨率为5 km,范围(50°—145°E,5°—60°N)。

3.6 雷达基数据与预报产品

单击"⬤"按钮,打开单站雷达窗口,地图显示雷达站点信息(该站点文件位于modules\radars\conf\radarsite.conf配置文件中,具体说明请参考第5章)以及单站雷达资料选择窗口,如图3.6-1所示。鼠标左键点选一个站点后,该站点名称变红,在资料窗口中选择对应产品,即可以显示单个站点雷达信息以及相关功能。

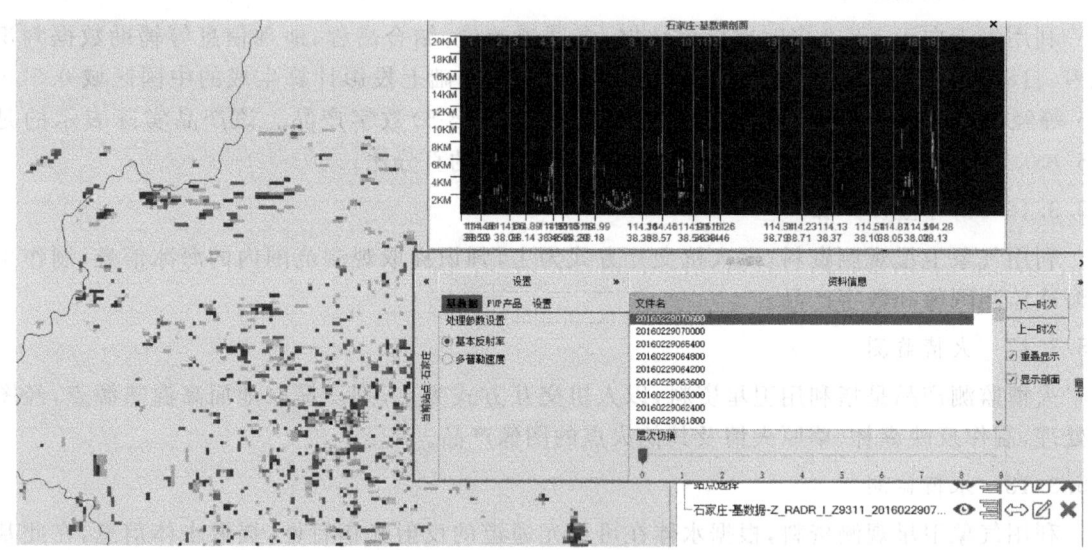

图3.6-1 单站雷达

3.6.1 设置窗口

当前站点:在默认窗口显示状态下,点击左侧"当前站点"按钮,会显示站点信息面板,显示当前站点名称、高度、经度、纬度、雷达类型、所在省份。默认位置隐藏在设置窗口最左侧,名称垂直显示(图3.6-2)。

设置:可以手动选择基数据、PUP产品的数据路径。注意:基数据与PUP产品指向的路径为站点目录上一级,如图3.6-3所示。

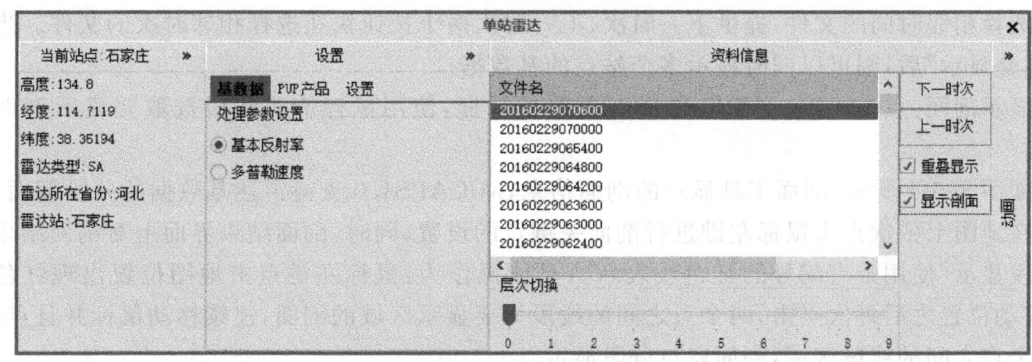

图 3.6-2 单站雷达设置窗口

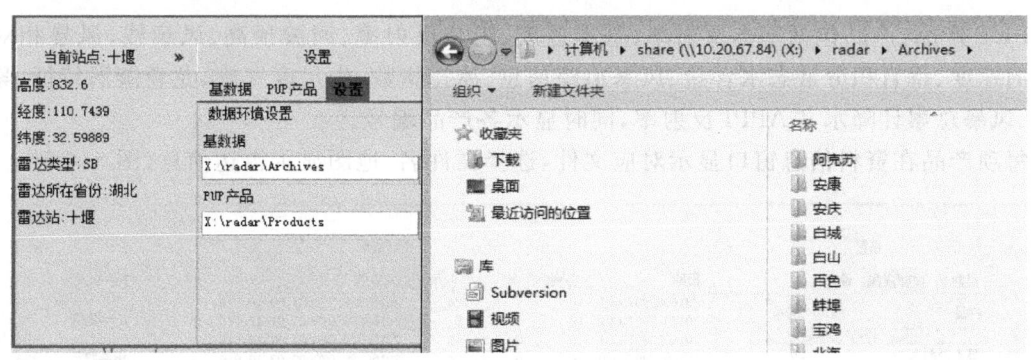

图 3.6-3 单站雷达数据路径设置

3.6.2 基数据

单站雷达的基数据有基本反射率、多普勒速度两种数据显示。选择对应参数,资料信息框会出现对应的数据观测时间(世界时),单击时间后地图显示雷达信息。层次切换有 9 个层次(仰角)可以手动选择,如图 3.6-4 所示。

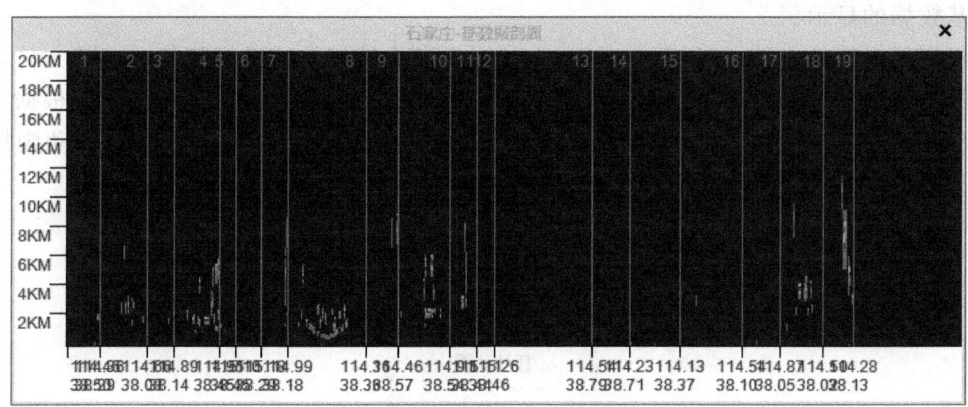

图 3.6-4 基数据剖面

选择相邻时间的文件：提供下一时次、上一时次两个按钮快速选择相邻时次的文件。当选择"重叠显示"后，则可以同时显示多个站点的基数据。

显示剖面：点击"显示剖面"，弹出剖面图显示框，使用鼠标箭头线段选取要显示剖面的区域。

如图 3.6-4 所示，剖面工具显示的剖面信息，MICAPS4.0 支持雷达基数据的分段剖面，用户可在地图上依次点击鼠标左键进行剖面关键点的设置，同时，剖面结果界面上对剖面结果进行分段显示（使用带有编号的红色线表示），具体操作为：鼠标左键点击地图位置出现红色线段，移动位置之后再次点击，两个点之间的线段为要显示区域的剖面，连续移动鼠标并且点击，每两个点之间的线段区域，剖面窗口分段显示。

3.6.3 PUP 产品

PUP 产品：产品包括基本反射率、基本速度、组合反射率、回波顶高、风廓线、风暴相对平均径向速度、垂直积分液态水含量、风暴追踪信息、冰雹指数、中尺度气旋、龙卷漩涡特征、累积降水、风暴总累计降水、CAPPI 反射率，同时显示各产品编号。

每项产品在资料信息窗口显示对应文件，选择文件名，地图显示雷达信息（图 3.6-5）。

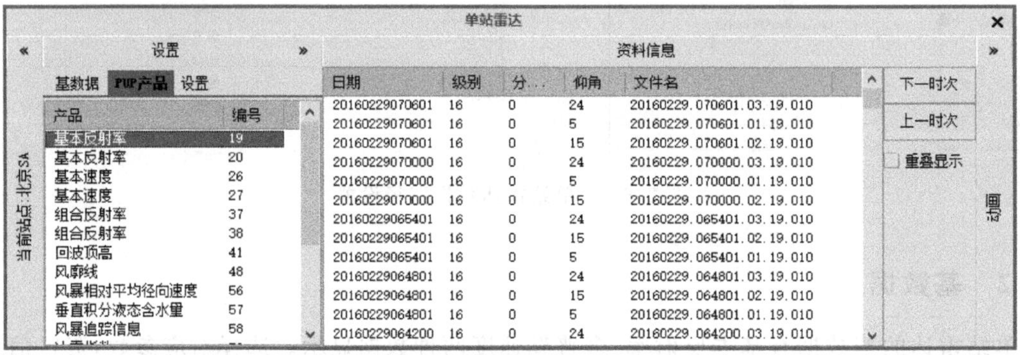

图 3.6-5 单站雷达 PUP 产品

资料信息：PUP 产品的日期、级别、分辨率、仰角、文件名。地图显示对应数据。重叠显示功能同基数据的显示。

选择相邻时间的文件：提供下一时次、上一时次两个按钮快速选择相邻时次的文件。

动画：窗口最右侧点击"动画"打开动画播放菜单，会对某一种产品的指定仰角根据观测时间进行动画。可以设置动画帧数，以及时间间隔，然后点击"播放动画"按钮，地图动画播放雷达信息。输出动画：在用户指定的位置上生成一张 GIF 图片（图 3.6-6）。

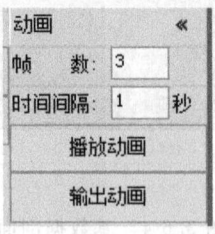

图 3.6-6 动画设置

3.7 传真图

打开传真图数据后,左键单击图层,打开传真图数据的属性窗口,如图3.7-1所示。

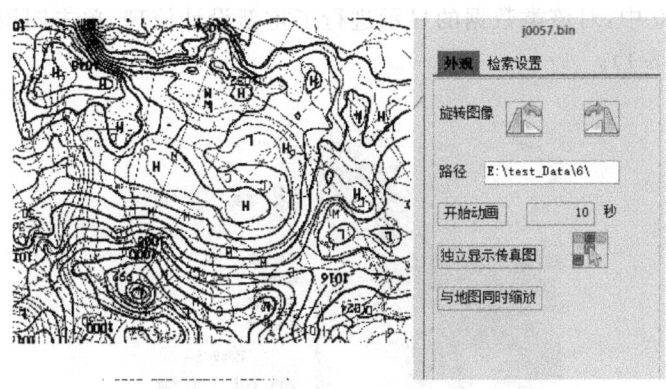

图3.7-1 传真图

在"外观"选项中可进行如下参数的设置:

图像调整:点击" "图片向逆时针旋转90°,点击" "顺时针旋转90°。点击" "可以移动传真图。

路径:显示当前传真图文件路径。

开始动画:按当前检索的文件依次播放传真图,间隔时间可以设定。

与地图同时缩放:点击与地图同时缩放,传真图会跟随主地图同步缩放。

独立显示传真图:弹出窗口独立显示传真图,提供传真图的旋转,传真图文件的检索,以及缩放显示(图3.7-2)。

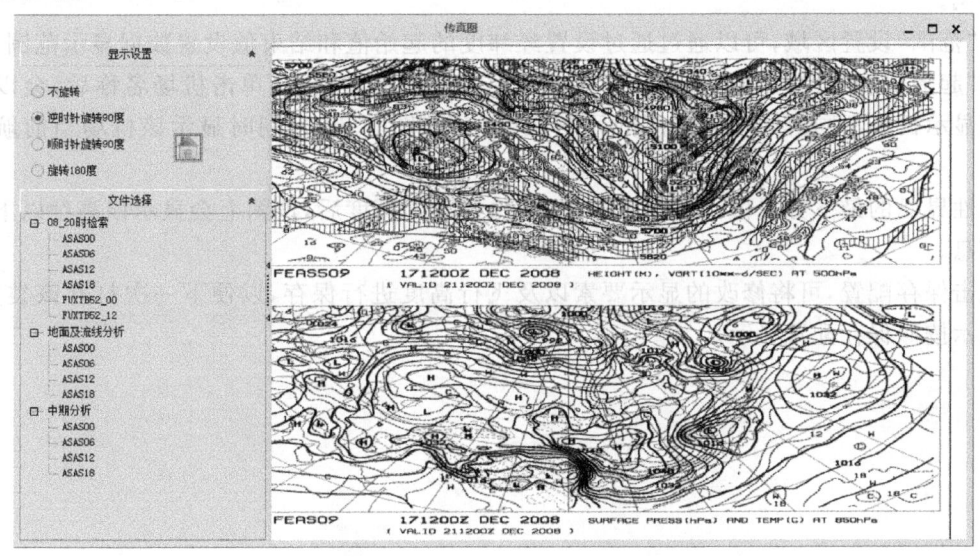

图3.7-2 独立显示传真图

3.8 AMDAR(Aircraft Meteorological Data Relay,飞机气象资料)

MICAPS 中定义 31 类数据格式为 AMDAR 资料(详见附录 3),并支持该类数据的叠加显示,在 MICAPS4.0 中,对该类数据的显示进行了重新设计梳理,单击图层管理,显示如下的属性设置窗口(图 3.8-1)。

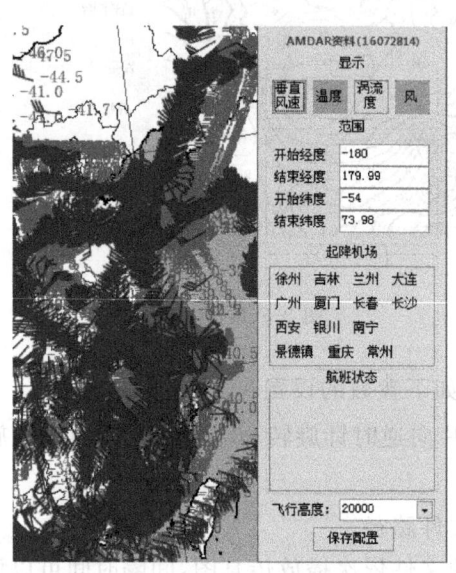

图 3.8-1　AMDAR 资料显示

在"显示"设置区域,提供了垂直风速、温度、涡流度和风要素的填图显/隐按钮,默认显示温度和风。

在"范围"设置区域,可以通过通过设置经纬度的起始值和结束值设置数据显示范围。

在"起降机场"设置区域,会显示当前文件中的起降机场信息,单击机场名称后,会以风廓线方式显示机场不同时间不同高度的风与温度信息(图 3.8-2),同时显示该机场当前航班的信息。

属性界面的最下方提供飞行高度的设置,选择不同高度后,地图上会显示该高度以下的各机场信息。

点击保存配置,可将修改的显示要素以及飞行高度进行保存,以便下一次打开该类数据,默认显示按照保存配置显示。

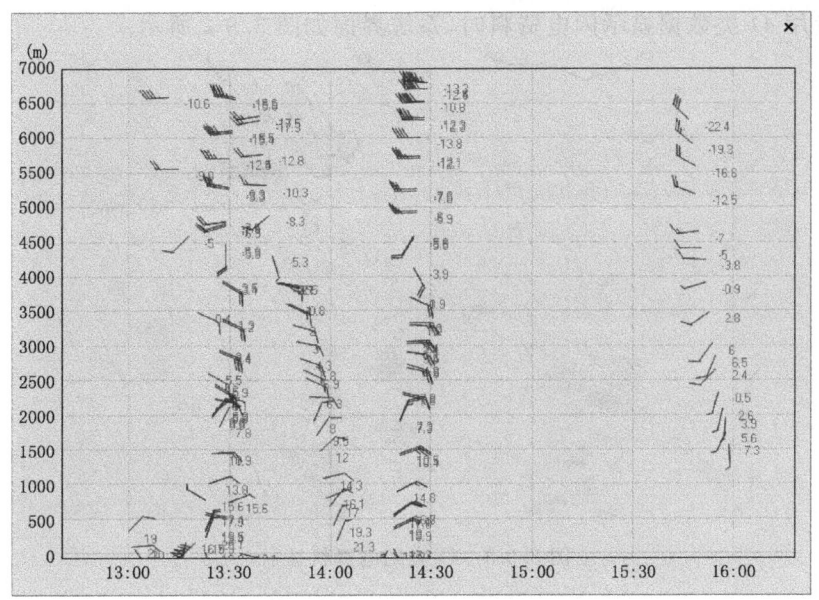

图 3.8-2 广州某时风廓线

3.9 闪电定位

闪电定位资料目前支持离散点数据（第 3 类数据）以及 41 类数据。其中,当离散点数据（第 3 类数据）文件中头的描述字段（第 1 行）说明中包含"闪电"或"light",则被认为是闪电资料。41 类数据则为专用数据格式。

当打开第 3 类闪电资料时,系统界面如图 3.9-1 所示。

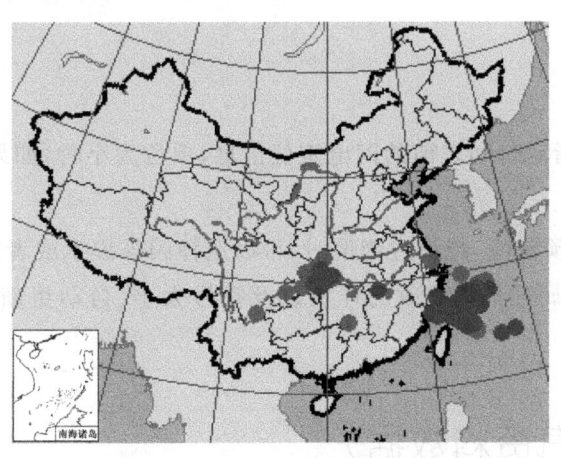

图 3.9-1 闪电资料显示

闪电资料显示可以显示为圆点或正、负号——负闪显示为红色,正闪显示为蓝色,如图 3.9-1 所示。

当使用专用 41 类数据显示闪电资料时,系统界面如图 3.9-2 所示。

图 3.9-2 41 类闪电资料显示

由于 41 类数据包含的信息更为丰富,因此属性界面也包含更多的设置功能。单击闪电定位图层,显示该数据的属性窗口,该数据属性只包含了"显示设置"属性。

20160504180000:当前数据对应时间,41 类数据为整点数据,其中包含了前 1 小时发生的所有闪电信息,时间信息包含"年年年年月月日日时时分分秒秒"的数字组合。

Auto:自动设置符号大小,根据电流强度自动设置符号大小。

Info:显示闪电信息,当该项置为 true 时,当鼠标移动到闪电位置时,会在地图上显示出相关信息,如下图所示。

1:显示指定时间之前的闪电定位信息,单位为小时,如果设置为 0,则表示马上开始更新数据。

20:设置预警值,当超过阈值时,可以选择闪烁提示或者声音报警。

保存:将属性框内修改的样式以及符号大小、自动更新时间、监视值的修改保存至配置文件。

3.10 GPS(水汽资料数据)

水汽资料数据在 MICAPS 中为第 42 类数据,是中国气象局气象探测中心和 MICAPS 开发组联合制定的第 42 类数据格式。加载该类数据以后单击图层名称,会弹出该数据的属性窗口,该数据的参数界面与离散点数据一样,如图 3.10-1 所示。

显示要素:单击图层名称打开显示设置菜单栏,默认显示温度、站点、6 小时降水、风。

要素显示:单击"要素名称"按钮,图层显示对应要素,再次点击"要素名称"按钮取消显示。

修改字体,符号大小:要素的字体大小可以通过点击"A+""A-"按钮来调整。"S+""S-"按钮用来调整要素符号的大小。

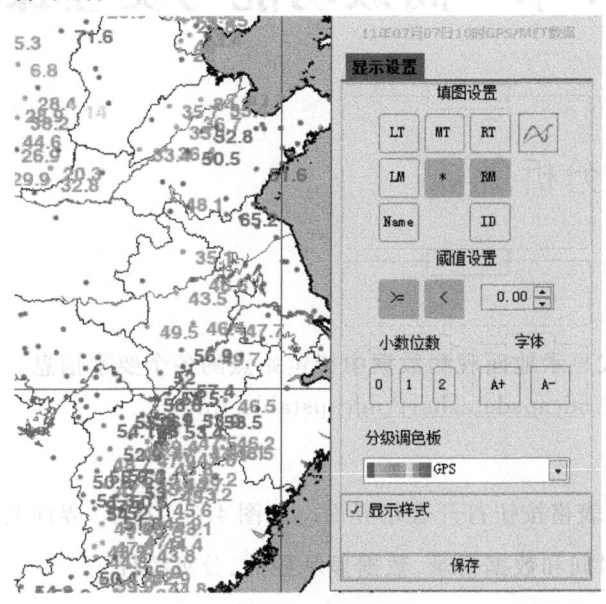

图 3.10-1　GPS 数据显示

调色板:点击调色板下拉菜单,可以选择调色板。点击"编辑"按钮可以编辑修改调色板(图 3.10-2)。

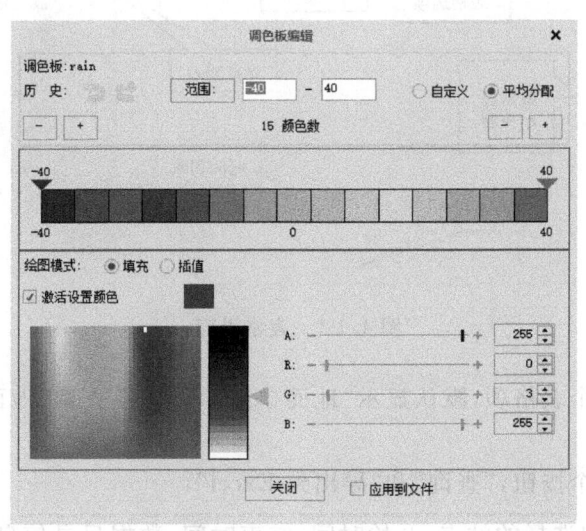

图 3.10-2　填充显示

保存配置:将属性框内的样式修改以及显示调色板的更改保存至配置文件。

第4章 高级功能与交互操作

4.1 站点资料分析

4.1.1 单站表格

此功能以表格方式显示地面观测数据中指定站点的各个要素信息。

配置文件：\config\micapsdatachart\micapstable.ini。

4.1.1.1 界面样式

点击工具栏中 表格按钮打开表格界面。如图4.1-1所示，界面共分6部分：表格选项、功能按钮、站点列表、时间和数据目录、数据显示控件、分页控件。

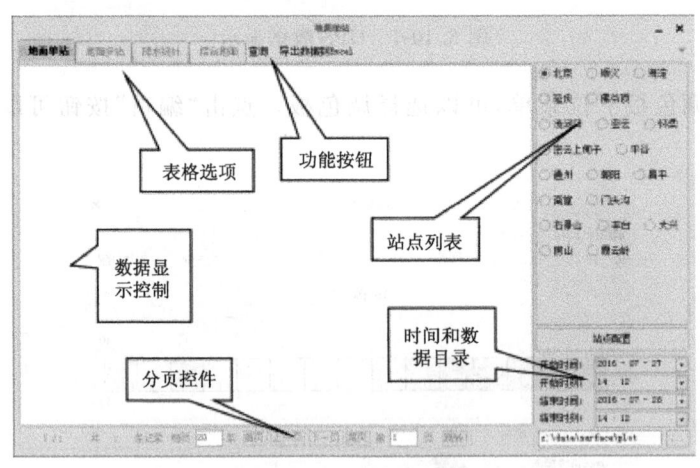

图4.1-1 表格界面

表格选项：包含4个表格项，默认显示"地面单站"，可切换查询"地面多站""降水统计"和"综合地面"的数据。

功能按钮：包含两个按钮，"查询"和"导出到 Excel"：

查询：根据用户选择的站点、开始时间、结束时间、数据目录信息查询当前选项下的数据显示在"数据显示控件"中。

导出到 Excel：点击按钮选择保存路径及文件名，将数据显示控件里显示的数据导出到 Excel 表格里。

站点列表：读取表格模块配置文件中的"站点""默认站点"信息，显示于此面板中。该站点列表可通过 [站点配置] 进行修改，点击该按钮后弹出 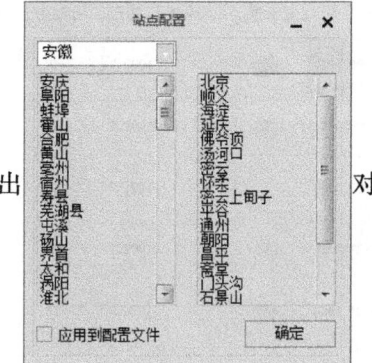 对话框，左上侧为站点所在省份名称，下方为该省的全部站点列表，双击站点名称可以将该站添加到右侧，右侧为已选中的站点列表，双击站点名称可删除该站。选中"应用到配置文件"后，可将最终结果保存到 config\micapsdatachart\micapstable.ini 配置文件中。

时间和数据目录：选择开始时间和结束时间来设置时段，选择设置数据目录，作为数据查询的条件。默认数据目录在配置文件 config\micapsdatachart\micapstable.ini 下的[地面单站]项目中的"资料目录"中设定。

分页控件：界面显示包括：当前页、总页数，总记录数、每页数据条数、首页、上一页、下一页、尾页、设置跳转到第几页。如图 4.1-2 所示，默认显示 20 条数据，条数限制不能超过总条数。

图 4.1-2 分页控件

数据显示控件：通过表格显示数据，数据列来自于配置文件中"列名"信息。

4.1.1.2 查询操作

表格界面默认无数据显示，分页控件不可用，查询出数据后才切换成可用状态，表格内所有数据为只读模式。

地面单站：选择站点（单选）、时间和数据目录，点击 [查询] 按钮，地面单站查询结果及界面样式如图 4.1-3 所示。

地面多站：选择站点（可多选）、时段和数据目录，点击 [🔍] 查询按钮，地面多站查询结果及界面样式如图 4.1-4 所示。

降水统计：选择站点（可多选）、时段和数据目录，点击 [🔍] 查询按钮，降水统计查询结果及界面样式如图 4.1-5 所示。

综合地面：选择站点（可多选）、时段和数据目录，点击 [🔍] 查询按钮，综合地面查询结果及界面样式如图 4.1-6 所示。

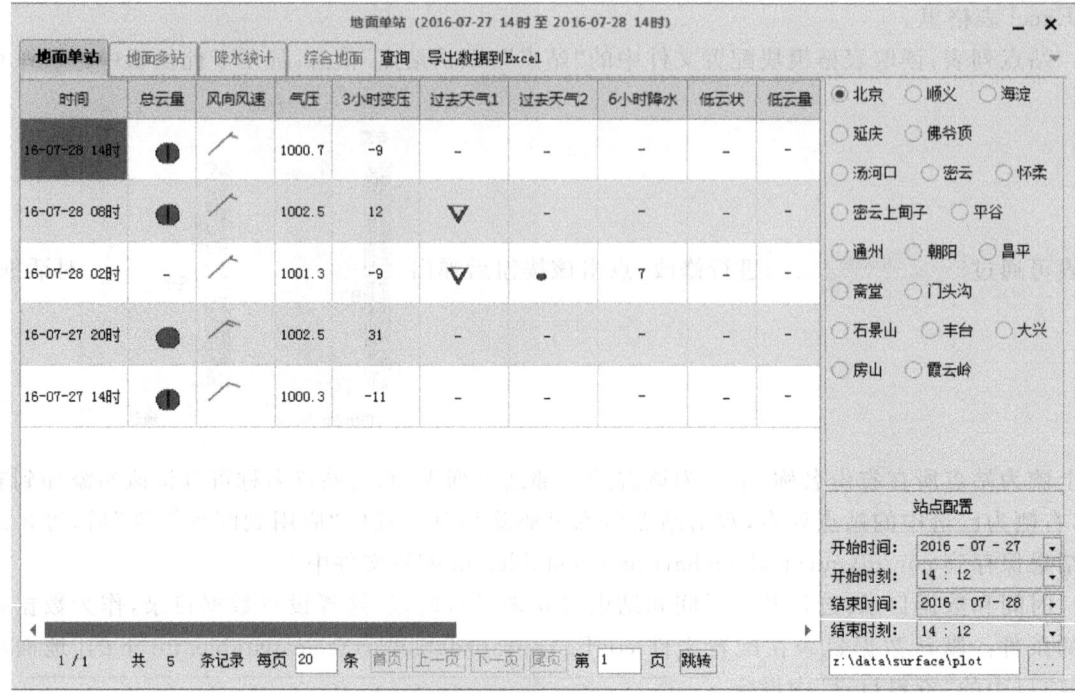

图 4.1-3　地面单站表格

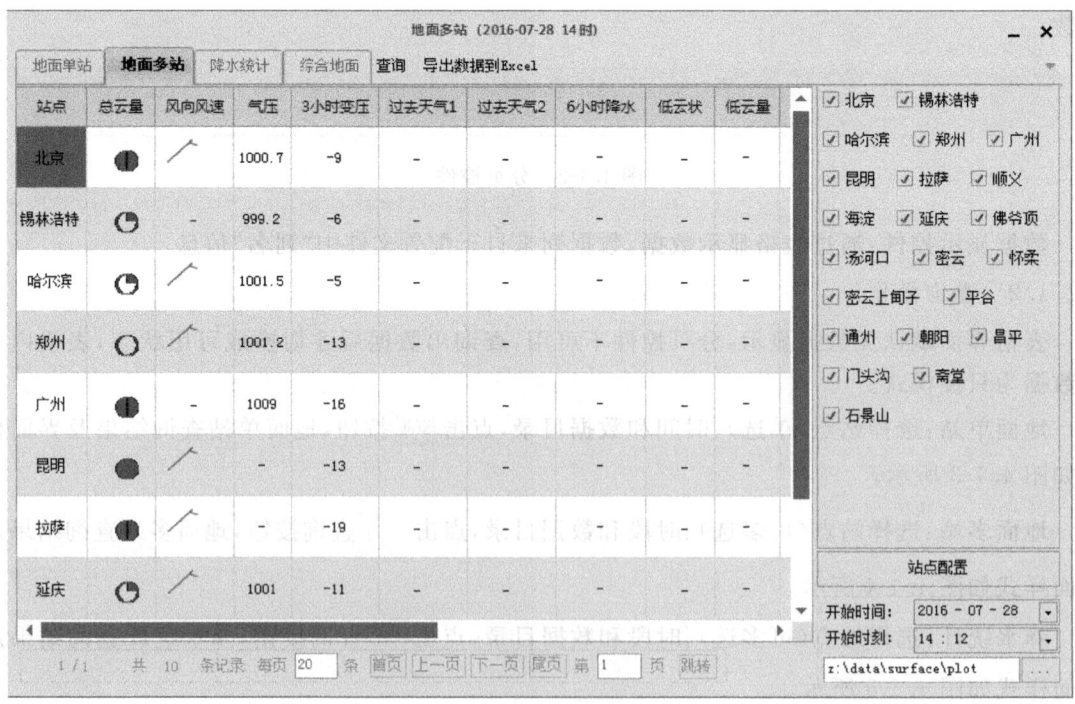

图 4.1-4　地面多站表格

第 4 章 高级功能与交互操作

图 4.1-5 降水统计表格

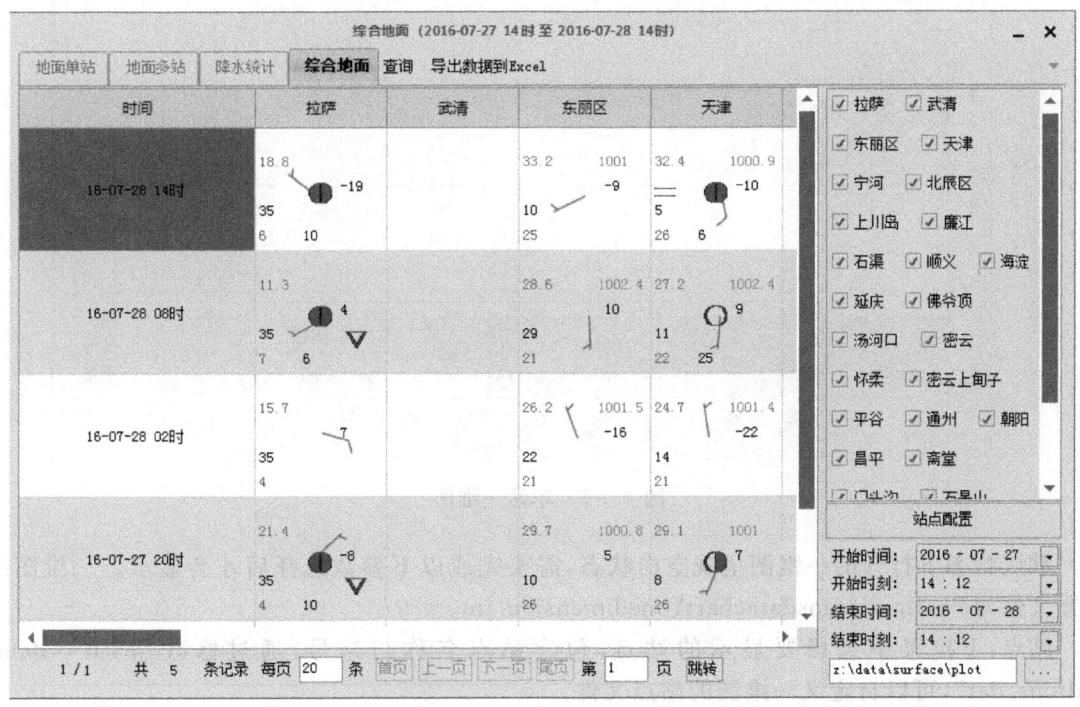

图 4.1-6 综合地面表格

4.1.2 单站一维图

此功能可以显示指定站点的多个观测和模式预报要素插值结果的时间序列,方便分析对比,可以包含实况和预报两个部分。

点击工具条" "一维图按钮,打开一维图,界面如图 4.1-7 所示。

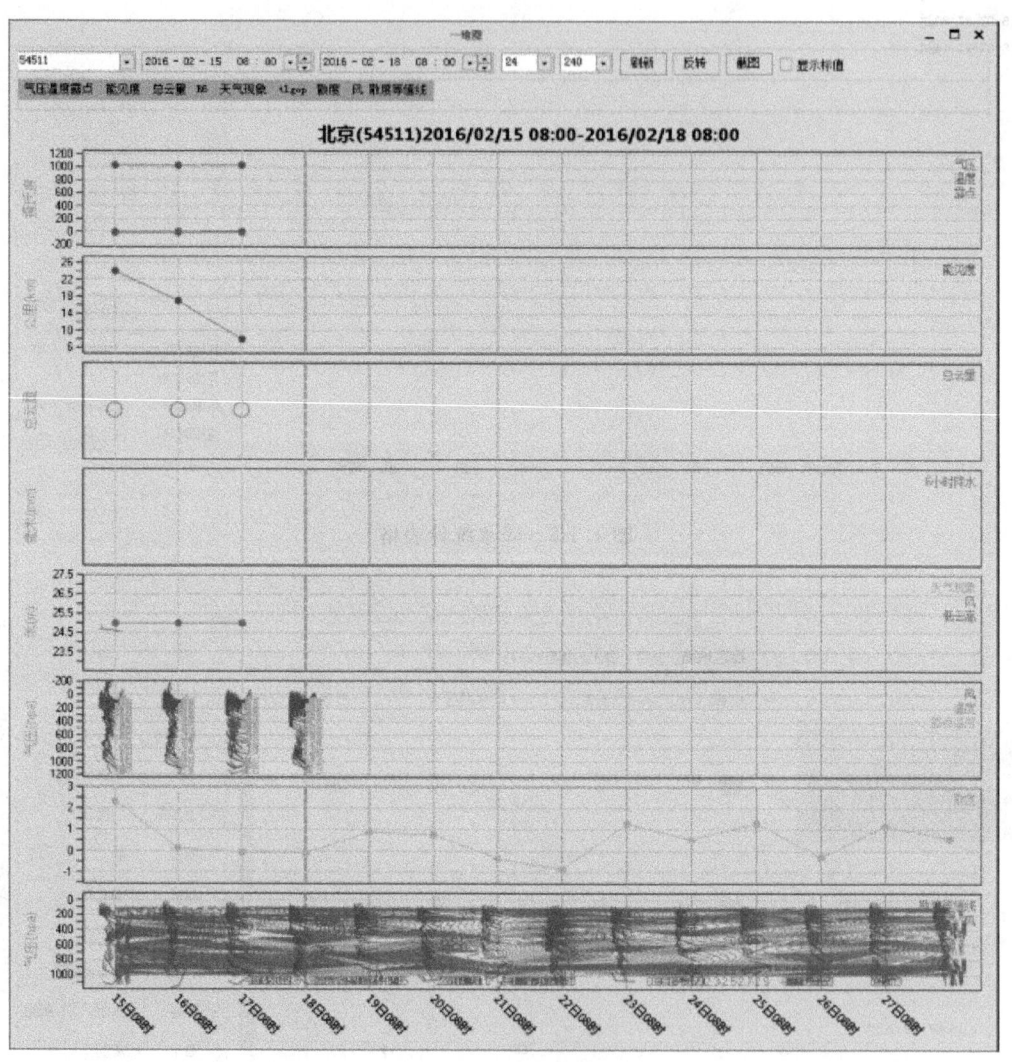

图 4.1-7 单站一维图

默认状态下打开的一维图呈现空白状态,需要完成以下参数选择后才会显示。一维图的配置文件为 config\micapsdatachart\onedimension.ini。

站点:下拉菜单选择要显示的站点,包含站点名称与站号,通过修改"path = data/stations.dat",可以自定义一维图的站点文件。

起始时间:站点实况数据的起始时间。

结束时间:选择站点实况数据的结束时间,结束时间必须大于或等于起始时间。

对于模式数据来说,"起始时间"和"结束时间"中使用的是各个起报时间点上的"分析场"数据。

时间间隔(用于模式数据):下拉菜单选择要显示数据的时间间隔,包含 3、6、12、24 h。

预报时效(用于模式数据):下拉菜单选择要显示数据的时效。

要素: 气压温度露点　能见度　总云量　R6　天气现象　tlgop　散度　风　散度等值线

图上方的是图默认显示的数据要素;点击要素名称可以显/隐此要素的数据;或鼠标左键点击图标右侧要素名称可显/隐该要素曲线显示;如需选取站点,鼠标左键点击主地图上的站点即可。

刷新:点击 刷新 ,重新加载至当前显示的数据。

反转:点击 反转 ,将当前所显示的数据与时间全部反转显示。

截图:点击 截图 ,将当前所显示的数据图截图并保存到内存中。

显示标值:勾选 □显示标值,显示曲线上点的标注值。如图 4.1-8 所示。

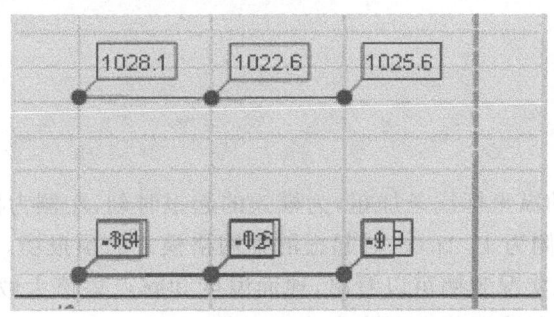

图 4.1-8　显示标值

一维图使用示范

单站一维图主要用于显示单一站点的实况观测和模式预报的气象要素时间序列。可以分析实况气象要素的演变(类似三线图,但不局限于地面气象要素);可以将模式初始场与实况观测进行检验比对,为预报订正提供参考;可以显示气象要素的预报场。

示例:2016 年 7 月 9 日 08 时-2016 年 7 月 16 日 08 时武汉一维图

例图说明

站点:武汉(57494)　实况时间:9 日 08 时-12 日 08 时

模式选择:欧洲细网格模式,模式起报时刻:2016 年 7 月 11 日 08 时,时间间隔:6 h。

子图 1——实况观测温度(红色曲线)、露点(绿色曲线)及模式 2 m 温度初始场+预报(灰色曲线)。

子图 2——实况观测现在天气填图、6 小时降水(绿色柱状)及模式 6 小时降水预报(蓝色柱状)。

子图 3——实况观测总云量(曲线)、总云量填图及模式总云量初始场+预报(填色折线)。

子图 4——实况观测地面风(黑色风向杆)及模式 10 m 风初始场+预报(灰色风向杆)。

子图 5——模式 100、200、500、700、850、925、1000 hPa 风场初始场+预报(灰色风向杆)。

例图分析

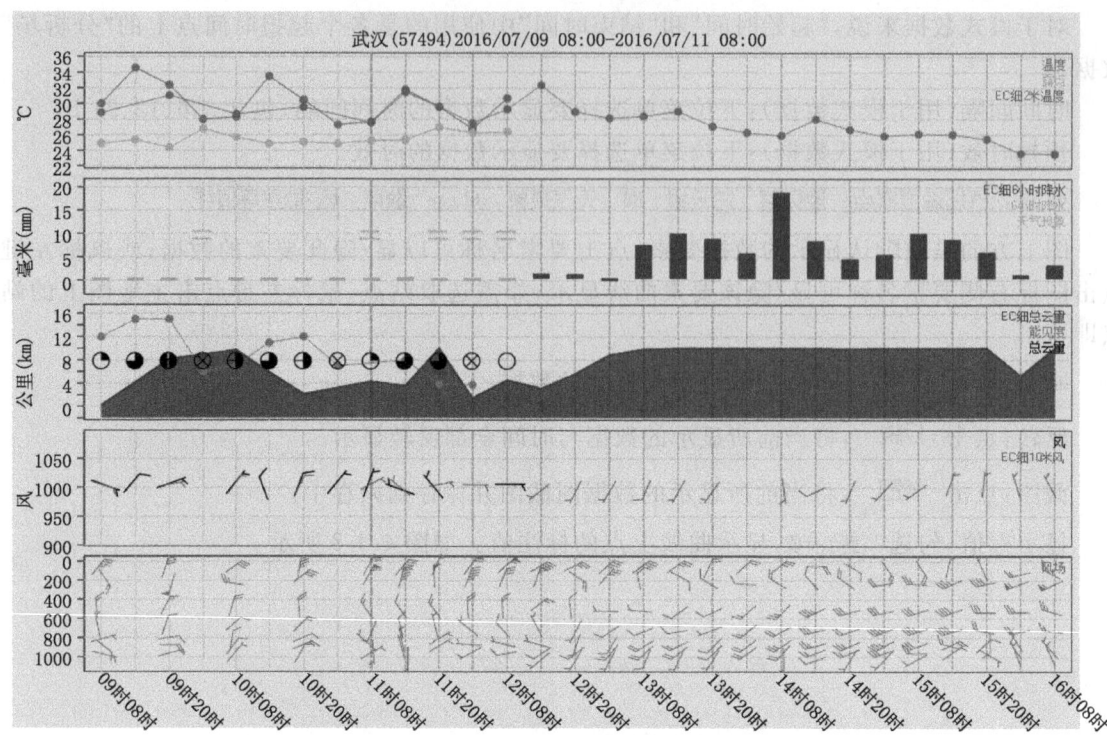

①11日08时对应的纵坐标线条加粗,为模式的起报时刻,左侧为模式的初始场(6小时的为对应的.006文件),右侧为11日08时起报的细网格模式的预报场。

②实况分析举例:从实况观测可以看出,地面温度和露点差值大致小于3℃时,对应地面可观测到轻雾,可能为辐射降温或者弱降水蒸发引起。

③对比检验举例:从11日08时开始,模式初始场起报为27.6℃,实况观测为27.7℃,模式对于温度的预报短时效内与实况(11日14时－12日08时)基本吻合,相差1℃内,可以初步认为12日20时及之后的预报可信度较高。如果模式初始场与实况场存在差异,则预报员需要主观研判模式预报的可信度。

④模式预报举例:从子图2+3中可见,12小时内总云量的预报趋势可信度高,13日开始将出现持续性的降水,总云量为9.822－10成,可预报13日08时－15日20时为阴有大雨天气。15日夜间云量降至5.232成,降水也有一个间歇期(6小时降水1.028 mm)。同样云量和降水也会影响温度的升降程度,用户可根据预报经验进行订正。

使用技巧

A. 单站一维图最多支持8组子图绘制,虽然大部分数据都支持,但是本功能推荐用户进行气象要素(云、能见度、天气现象、温度、气压、湿度、风)的分析、对比和短期预报参考。其他模式量分析推荐在模式资料曲线中进行。

B. 每个子图使用同一纵坐标,用户需注意不同量级的数据最好不要放到同一张子图中,例如:将海平面气压场(1000 hPa上下)和温度(20℃上下)放到同一子图中绘制,则两者均近乎一条直线,无法进行分析;

C. 用户可根据实际需要、个人理解,将同一量级的且有关联的气象要素绘制于一张子图中,使用不同的颜色、不同的绘制方式(填图、曲线、柱状图、填色折线、风向杆)加以区分,快速、准确地绘制对于预报实用的图形。

D. 和大多数时间序列图一样,如果绘制分析风场,推荐用户选择"时间反转"(时间从右至左),便于分析西风带中的天气系统随时间的变化。

4.2 雨量累加

此功能实现站点降水数据(常规地面观测或自动站观测)或格点降水数据(数值预报客观降水产品等)的累加。

配置文件:\config\CumulativeRainfall\modelrainfall.ini(格点数据)及 AutoStationRainfall.ini(站点数据)。

4.2.1 界面样式

点击工具栏中 雨量累加按钮,打开雨量累加工具,界面如图 4.2-1 所示。

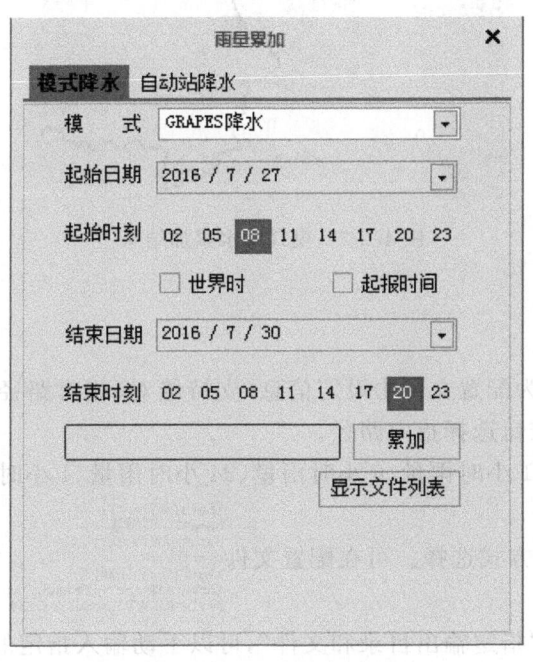

图 4.2-1 雨量累加界面

4.2.2 模式降水

MICAPS4.0 中的模式雨量累加与之前版本有所不同:该版本下的雨量累加会"自动"选择使用模式的分段时效,而不再需要用户选择使用"6 小时"分段雨量或者"12 小时"分段雨量,同时,在 MICAPS4.0 下选择"起始时刻"与"结束时刻"来描述某一降水过程,而不再需要用户选择"起始时刻"与"预报时效":当用户选择完降水过程时段后,程序会根据配置文件自动选择合适的分段降水进行累加,配置文件的详细介绍参见第 5 章。

模式：下拉选择要计算的数值预报模式。

起始日期和结束日期：下拉菜单选择起报日期。

起报时刻和结束时刻：按照需要选择起始和结束时间点。

累加：点击"累加"按钮，主窗口显示累加结果，显示属性、统计及分析设置参照第 4 类数据操作进行（详见第 3 章）。结果保存于\Modules\CumulativeRainfall\CumulativeRainfall.txt 中，是一个 MICAPS 第 4 类数据文件。

世界时：当模式数据的文件名中使用的是世界时时，勾选该项。

起报时间：程序默认使用与"结束日期"最近的模式起报时间进行累加，当勾选"起报时间"后，用户可以用指定的起报时间进行累加（图 4.2-2）。

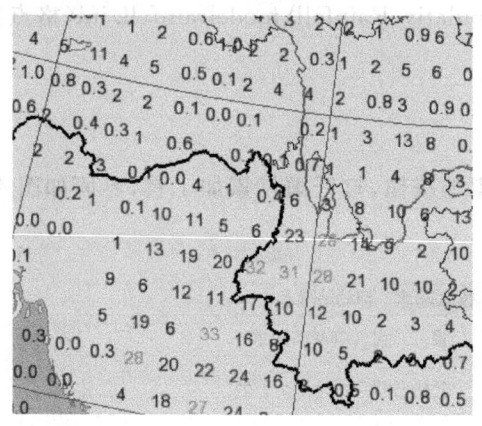

图 4.2-2　模式降水累加结果

4.2.3　自动站降水

数据目录：默认路径为配置文件中设定信息（支持绝对、相对路径），随着资料目录变化自动更改。也可手动点击按钮选择指定路径。

资料目录：可以选择 1 小时雨量、6 小时雨量、24 小时雨量、1 小时加密雨量、6 小时加密雨量、24 小时加密雨量 6 种方式选择。可在配置文件 $\begin{smallmatrix}[\text{PathConfig.r1}]\\ \text{name=1小时雨量}\\ \text{path=\textbackslash surface\textbackslash r1\textbackslash}\\ \text{starthour=}\\ \text{statisticaging=1}\\ \text{format=[\$time:yyMMddHH].000}\\ \text{style=RAIN/Diamond3\_rain24}\end{smallmatrix}$ 中增删。

输出文件：单击勾选"指定输出目录和文件"，可以手动输入指定的目录和文件名。

开始时间、结束时间：通过时间控件选择开始、结束时间，结束时间须大于开始时间。

分析线值：使用 CRESSMAN 客观方法进行分析，默认分析间隔等级为"10,25,50,100,200 mm"。可以手动修改或在配置文件中 $\begin{smallmatrix}[\text{ISOLine}]\\ \text{value=10,25,50,100,200}\end{smallmatrix}$ 设定。

裁剪框：以选定的地图范围裁剪，只显示选定范围内的累加数据。

累加：点击"累加"按钮，主窗口显示累加结果，显示属性、统计及分析设置参照第 3 类数据操作进行（详见第 3 章）。结果保存于\Modules\CumulativeRainfall\AutoStationRainfall.txt 中（图 4.2-3）。

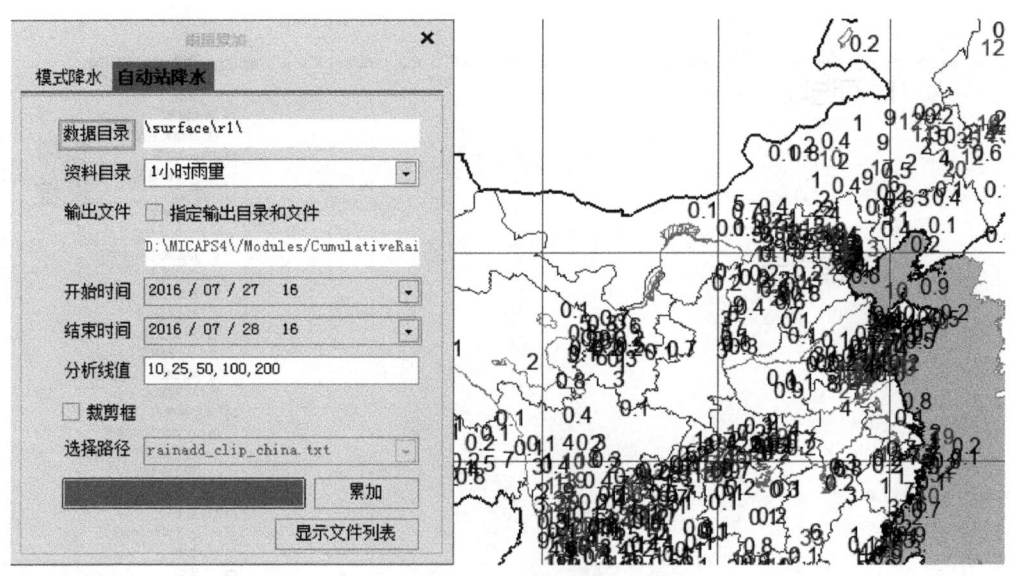

图 4.2-3　自动站降水累加结果

4.3　格点资料分析

4.3.1　模式曲线

"模式资料曲线"模块主要用于显示模式资料某要素在任一点上随时间的变化情况，MICAPS4.0 对原有的模式资料曲线功能进行了如下功能扩展：

(1)可以同时显示观测与模式数据的时间变化曲线；

(2)增加了对自定义站点配置文件的扩展支持。

点击工具栏上的"模式资料曲线"按钮 以弹出主窗口(图 4.3-1)。

整个模式资料曲线界面分为数据显示区、时间选择区、基本工具区、资料选择区以及站点选择区 5 个部分。

数据显示区：显示指定模式预报要素与站点观测的时间变化趋势，横坐标为时间，纵坐标为要素的值范围。如果在时间选取范围中预报时效不为 0，则数据显示区会有一个加粗红色纵向虚线(图 4.3-1 中 11 日 08 时对应的虚线)，用来标识实况与预报的分隔线，该线条左侧为实况或分析场(0 场)数据，右侧为预报数据。

数据显示区的每一个观测/预报时间点上均用圆点标识了对应的值，鼠标移动到该点上时，会自动弹出提示对话框，描述该点的时间及值信息：

显示区右上角标识了线条图层对应的描述，该描述颜色与线条颜色一一对应，左键单击图层名称可以隐藏相应图层，右键单击图层名称则可以删除该图层。

时间选择区：该区用来选择需要显示的时间范围，最左侧的两个时间选择框 分别用来选择实况数据的起始、终止时间，如果同时叠加

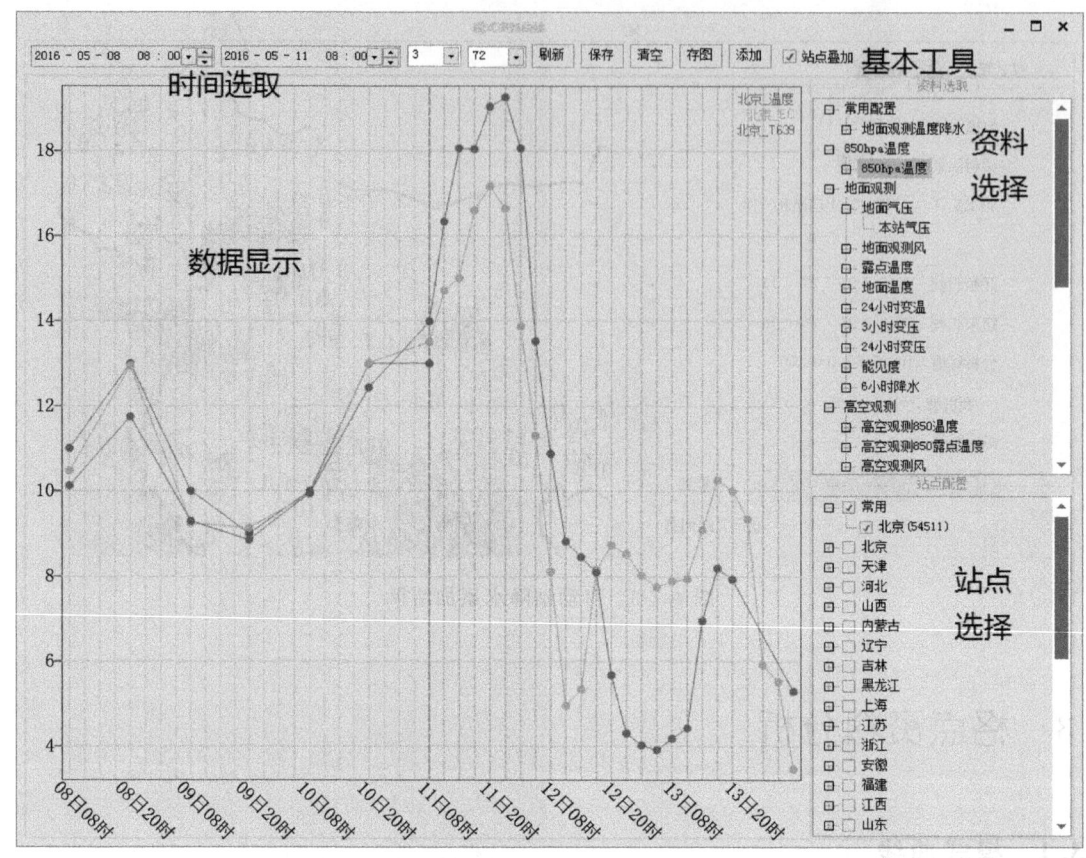

图 4.3-1　模式资料曲线窗口

了模式数据,则在该时间范围内,模式数据显示其各起报时间上的分析场对应的值。其后的 ![3] ![72] 选择框分别代表数据显示的最小间隔以及最长预报时效。

资料选择区:资料选择区逻辑上可分为"节点"、"综合图"以及"数据项"三级,其中,"节点"为综合图的上级节点,对综合图进行组织,多个综合图可以存储在同一节点下;"数据项"为综合图的子节点,用于描述该综合图中的数据信息。在下图所示中:"常用配置"为节点信息,下面包括"地面温度"综合图,该综合图包括了"EC"以及"地面观测"两个数据。

在节点上点击鼠标右键,会弹出 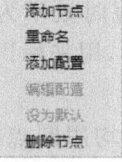 对话框,"添加节点"表示可以在同级增加一个节点,"重命名"表示可以对当前节点重新命名,添加"综合图"表示可以在该节点下增加一个综合图信息,删除节点表示可以删除当前节点。

每一个"综合图"均可由用户预先定义,包括需要显示的数据、要素、显示方式、颜色、数据路径等信息,如下图所示。

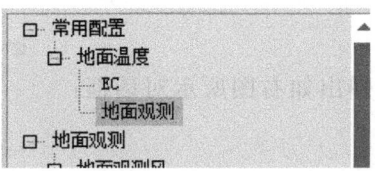

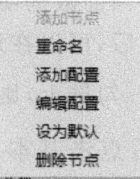

在综合图上点击鼠标右键,会弹出对话框,"重命名"表示可对该综合图重新命名,"编辑综合图"表示对当前综合图进行编辑,"添加综合图"表示可以添加一个"同级"的综合图,"设为默认"表示可以将该综合图定义为默认综合图,当启动"模式资料曲线"时,自动显示该综合图信息,"删除节点"表示删除该综合图,当选择"编辑综合图"或"添加综合图"时,系统弹出如下对话框:

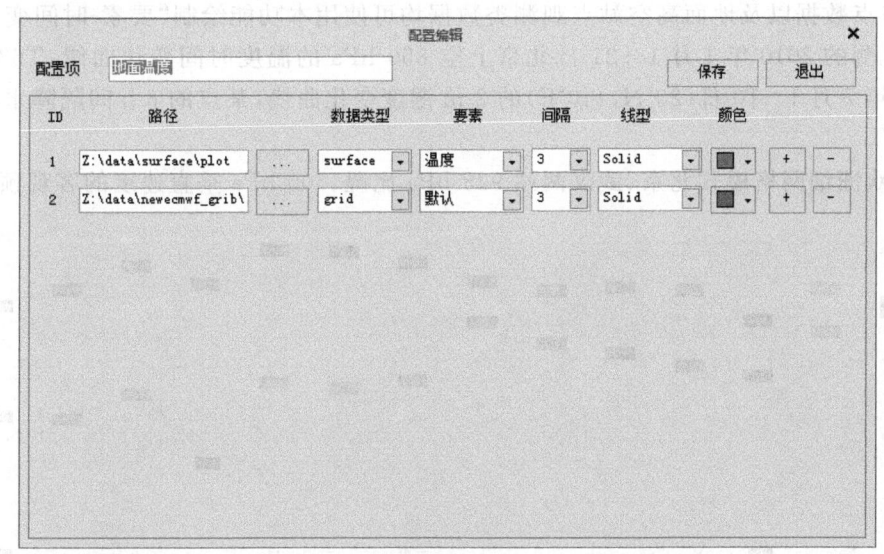

用户可以在该编辑窗口中定义各个图层的显示,包括图层描述名称,图层对应的数据路径。当选择完数据路径后,需要选择要进行显示的数据类型,数据类型可以选择 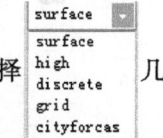 几类,分别代表:地面填图、高空填图、离散点填图、格点数据以及城市预报数据,如果选择的是地面、高空或城市预报数据,则还需要在要素项选择对应数据的要素,如 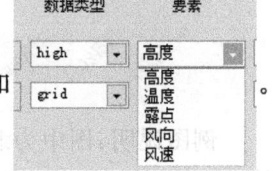。间隔为数据显示的时间间隔,随后是线形、颜色。"+"代表在其后增加一个要素、"-"代表删除当前要素。

在数据项上点击鼠标右键,弹出如右图所示对话框: 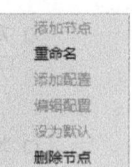 ,"重命名"表示可以对当前节点重新命名,"删除节点"表示可以删除当前数据项。

站点选择区:打开"模式资料曲线"窗口后,可以在地图上点击鼠标左键交互选择站点,也可在站点选择区上选择站点。如果 站点叠加 勾选上,则可以选择多个站点,如果未勾选,则同时只能选择一个站点。在选择完站点以后点击基本工具区上的 刷新 按钮,完成数据显示刷新。

基本工具区:当修改完"资料选择区"中的配置后,点击 保存 按钮即可将当前的配置进行保存。 清空 则可以对当前数据区进行清除, 存图 可将当前时序图进行保存。

模式曲线使用示范

凡是格点数据以及地面高空站点观测类数据均可使用本功能绘制"要素-时间变化曲线",比如实况观测的 2010 年 1 月 1—31 日北京上空 850 hPa 的温度时间变化曲线,T639 模式预报的 2010 年 7 月 1—10 日(20°N,140°E)的 2 m 湿度变化曲线,某点的 6 h 间隔降水变化曲线等。

例图:欧洲细网格模式北京、武汉两站 925 hPa 比湿、500 hPa 垂直速度的客观预报。

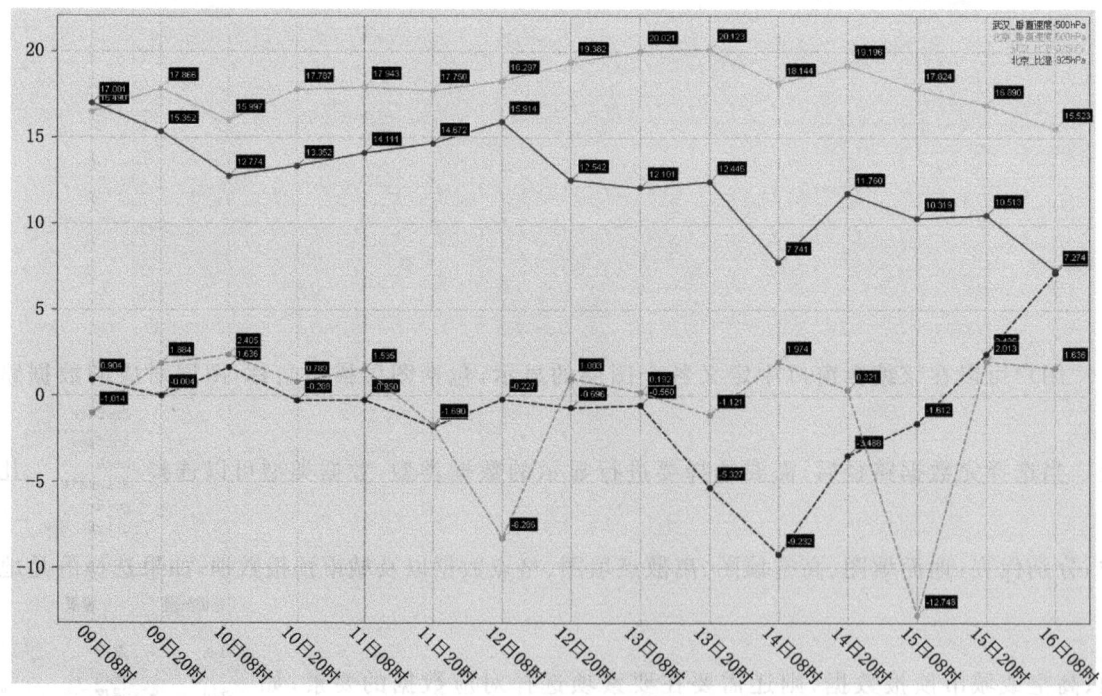

例图说明:图中为北京(深蓝绿)、武汉(浅蓝绿)两站 2016 年 7 月 9 日 08 时—16 日 08 时的 925 hPa 比湿、500 hPa 垂直速度变化。横坐标为时间,从左至右,逐 12 小时;垂直速度单位:10^{-2} Pa/s,比湿单位:g/kg。

例图分析

①粗红虚线左侧网格范围内为9日08时—11日08时为"实况":北京、武汉925 hPa平均比湿14 g/kg、17 g/kg左右,虽然水汽条件充沛,但是动力条件差(垂直速度大体为正值),无降水出现;

②粗红虚线右侧为7月11日08时起报的5 d(120 h)预报结果:武汉低层水汽条件逐渐转好,比湿升高至20 g/kg,11日夜间开始垂直上升运动增强,低层也为上升运动,武汉将出现持续的降水天气。北京11日夜间和14日白天到夜间也将有弱的降水。

使用技巧

A. 当显示不同要素时,使用同一纵坐标。例如850 hPa温度和500 hPa高度叠加时,纵坐标范围可能为0到600,温度曲线在图底部,高度曲线在顶部,不能很好地显示某些要素的变化情况,给分析带来不便。

B. 上文中所提到的"实况"并不是实际观测值(地面百叶箱内温度传感器测得的)!而是从此段时间内逐时次起报的模式初始场及6小时预报场(扩展名为.000和.006文件)中读取的数值。这一点在很多模式分析(模式时间垂直剖面、模式时间水平剖面等)上都应注意!

C. 根据上一条,不但可以绘制模式要素变化曲线,同样可以绘制实况的要素变化曲线。比如实况观测客观分析的2010年1月1—31日北京上空850 hPa温度的时间变化曲线:资料选为\high\temper<50\→选择开始时间为10年1月1日→结束为10年1月31日→预报场设为0→站点54511→显示即可。

4.3.2 剖面图

此功能可以对第4类、第11类数据进行空间/时间剖面,实况客观分析数据及数值预报模式数据均可。分为时间水平剖面、时间垂直剖面、空间垂直剖面3种。

点击工具栏中 ![icon] "新建剖面"按钮,打开剖面工具窗口,窗口默认打开时间垂直剖面,界面如图4.3-2。

剖面切换:顶端标签项可以选择不同的剖面形式:时间水平、时间垂直、空间垂直。

配置选择:下方列表中选择预定义的要素综合图配置;综合图主要决定了需要叠加的要素种类及路径以及显示方式,该配置可以在配置文件中进行预定义,也可以在剖面模块中进行修改后保存。类似于"模式资料曲线",该部分的定义也是按照"节点""综合图"的思路进行设计。具体配置方式请参考第5章。

开始时间:设置数据的起始时间。

结束时间(只针对时间水平和时间垂直):设置数据的结束时间。

时间间隔(只针对时间水平和时间垂直):设置选取数据的时间间隔。

预报时间(只针对时间水平和时间垂直):设置预报时效。

图层列表:列出当前显示的所有图层标题,左键单击图层标题可以对相应图层进行隐藏和显示设置。右键点击该按钮,图层控制列表。设置颜色、图层隐藏显示和删除图层。MICAPS4.0的剖面绘制顺序按照:点(风向杆)→线(等值线)→面(等值线填充)的顺序进行绘制。

显示区域:显示数据的剖面图。

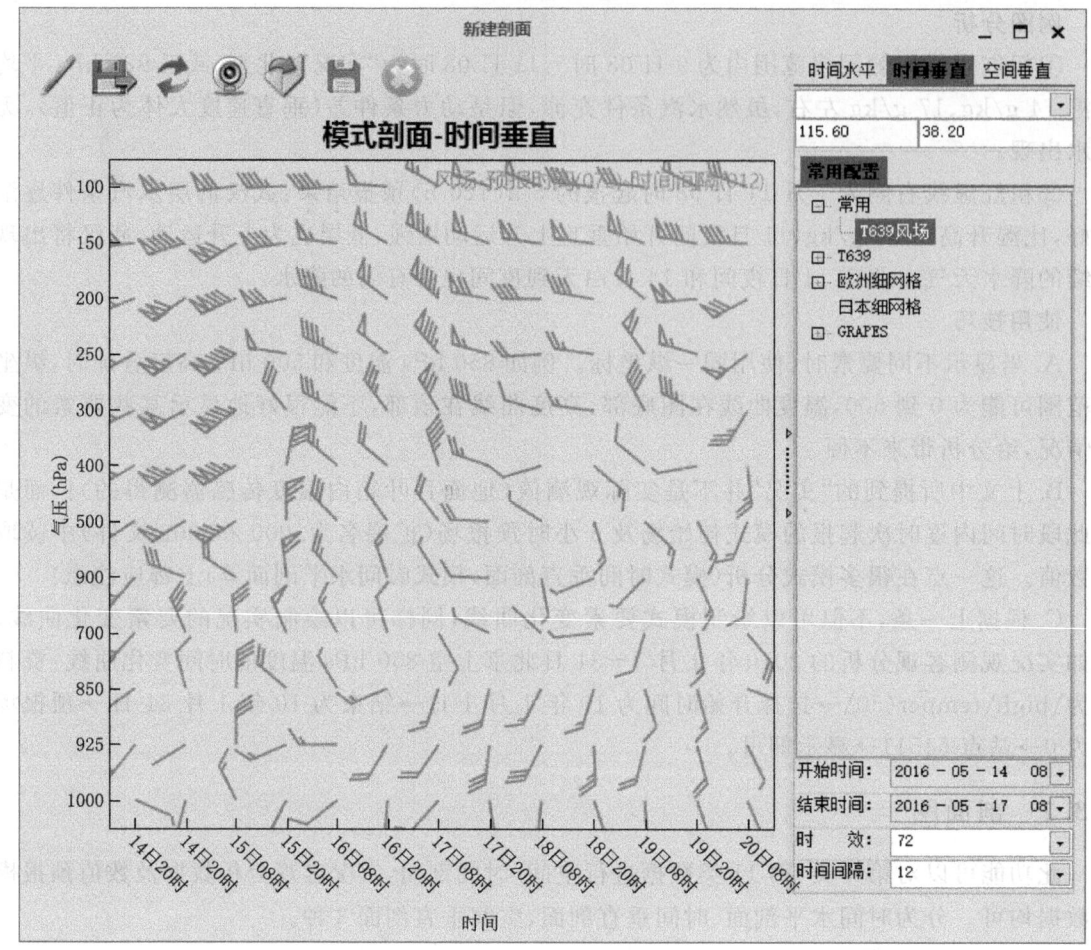

图 4.3-2 新建剖面窗口

打开文件：弹出文件检索窗口打开所需文件。

截图：将当前界面显示的数据图截图至剪切板。

重新加载数据：刷新并显示更改了开始\结束时间、间隔、预报时间后的剖面结果。

导出图片：将当前显示的剖面图以图片形式导出。

保存配置：将当前修改过的所有配置进行保存。

在主地图上绘制：删除前一个剖面基线（或者经纬度点）重新绘制新的剖面线（点）。

清空：清空当前屏幕显示的数据。

4.3.2.1 时间垂直剖面

在新建剖面界面顶端选择时间垂直剖面标签，界面如图 4.3-3。

第 1 步：在右侧列表中双击已定义好的综合图。

第 2 步（可选）：如果综合图需要调整显示样式（如调整等值线颜色或修改风向杆显示方

第 4 章 高级功能与交互操作

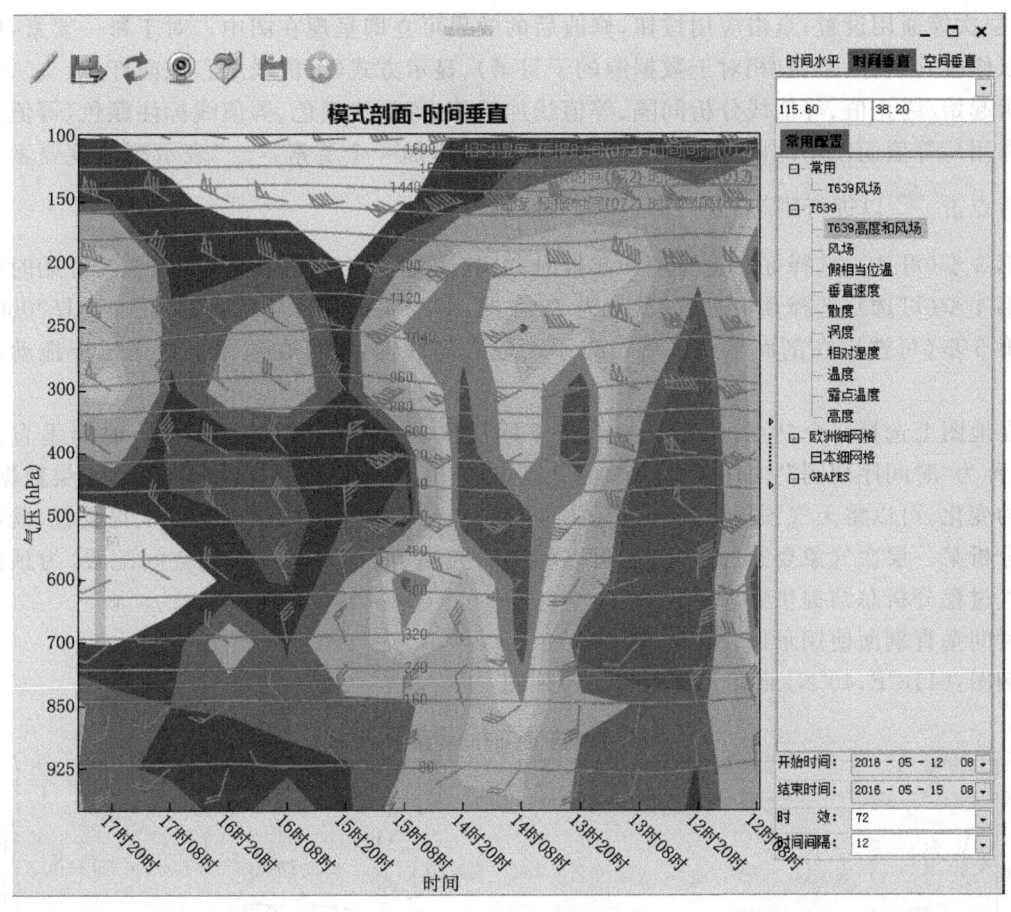

图 4.3-3 时间垂直剖面

式)则需要在综合图节点上点击鼠标右键,选择 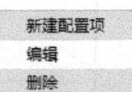 ,在弹出对话框中进行修改(图 4.3-4)。

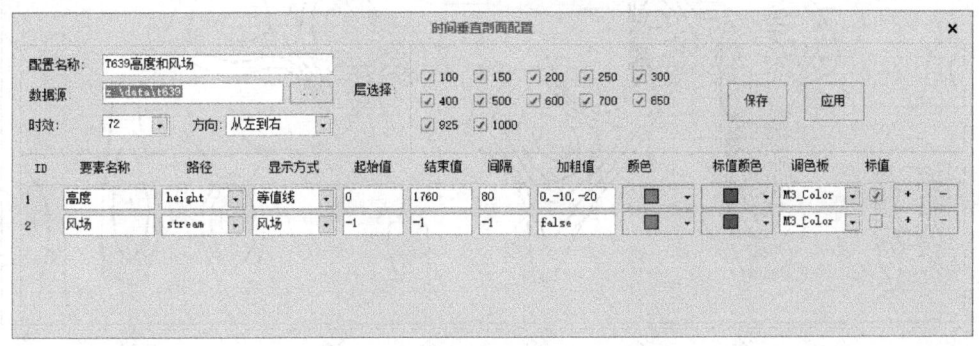

图 4.3-4 模式剖面综合图配置

在该配置窗口中,用户可以修改综合图名称,选择数据源、模式数据的预报时效、时间显示方向、层次等通用设置;点击应用按钮,修改后的效果可立即呈现在图中。对于每一要素,则用户可以修改其名称、路径(相对于数据源的子目录)、显示方式(等值线/面、风向杆/箭头)、等值线分析起始/终止值、等值线分析间隔、等值线加粗值、等值线颜色、等值线标注颜色(等值面下不起作用)、等值面使用的调色板。"+"表示在下方增加一个要素,"−"表示删除该要素。修改完后点击 以进行刷新。

第 3 步(可选):选择好开始日期和起报时刻;默认为当前系统时间前 3 天作为开始时间。
第 4 步(可选):选择预报时效(默认为 72 小时,对于实况客观分析数据,此项选择"000")。
第 5 步(可选):在剖面基点区域可以手动输入经纬度,也可在地图上使用鼠标拖动基点位置。

在地图上选择一个站点,绘制该站上空不同层次、不同要素的时间变化。时间垂直剖面图,或称为"时间序列图""时序图",反映的是高、低空气象要素(第 4 类数据或第 11 类数据)随时间的变化,可以将天气预报分析和诊断中的动力条件、水汽条件、热力条件汇集叠置,既可以辅助分析某一层次气象要素的变化,也可以辅助研究高、低空天气系统的空间配置,为预报或者天气过程分析总结提供参考。

时间垂直剖面使用示例
例图:(116°E,40°N)北京上空的时间序列图

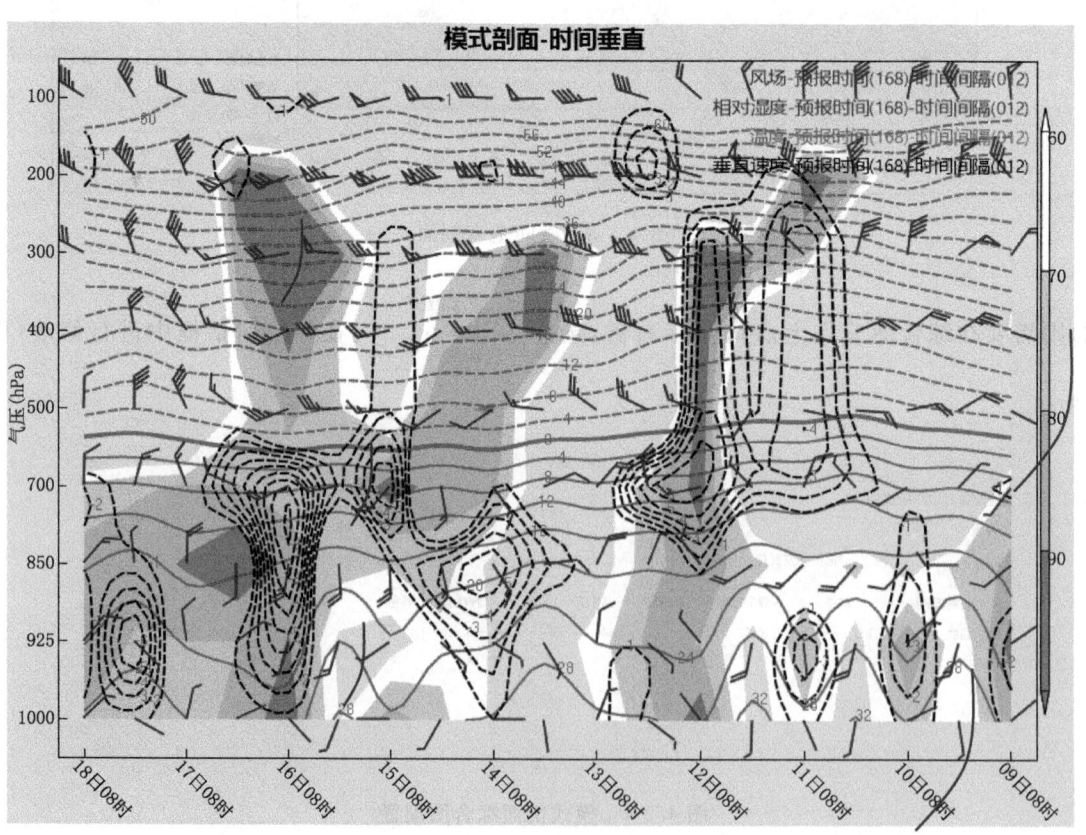

例图说明:所用资料为欧洲细网格模式(0.125×0.125),起报时刻为 2016 年 7 月 11 日 08 时。横坐标为时间,从右至左,间隔为 12 h;纵坐标为气压,1000−100 hPa。

- 温度——红色线条,间隔 4 ℃;
- 风场——蓝色风向杆;
- 垂直速度——黑色虚线,只画<0 的,间隔 $1×10^{-3}$ s;
- 相对湿度——填色,只画>60%,左侧为色标;
- 图中棕色曲线为"槽线"(Word 中辅助绘制)。

例图分析

①从图中可知北京未来总共有两次系统影响:12 日白天,16 日白天到夜间。

②11 日 20 时,400 hPa 系统首先过境,12 日 08 时开始 500 hPa 高空槽过境,500 hPa 与 700 hPa 天气系统近乎垂直,槽前的正涡度平流及切变抬升,有明显的辐合(有上升运动)致使相对湿度增大。前倾槽出发前期积聚的不稳定能量,12 日白天北京地区有雷阵雨或阵雨。

③16 日白天到夜间的过程最为明显:16-17 日受高空槽前影响,低层切变、锋面发展过境,辐合抬升(ω<0)作用明显,使整层增湿或达到饱和,产生降水。从图中大致可以看出高低空系统坡度不明显,也将给北京带来短时强降水等强对流天气。

④图中还有很多有用的信息,例如高空槽和温度槽的位相关系、高低空系统过境顺序、高低空急流等。

使用技巧

A. 叠加不同的气象要素会得到不同的结果,绘制此类图时也可以绘制涡度、垂直速度、比湿(绝对湿度)、水汽通量、水汽通量散度、假相当位温等诊断量,具体看使用者需要。

B. 要注意绘制先后顺序,先绘制的图层靠下,所以应先绘制等值面填色显示的要素,再绘制线条类、风向杆,否则等值面会将其他要素覆盖!

C. 时间轴可根据需要调整方向。对于某一个站点观测来说,高空槽过境前,探测到的一般为西南风,过境后为西北风,遵照这个原则和习惯认知,反映在时序图上也应该是西南风和西北风之间的"槽",所以时间轴从右至左为宜。

D. 一般情况下时间间隔越短,所做时序图越能提供更为精确的信息,这也要根据所要研究的问题和资料的实际情况做出调整。比如 3 天内的天气预报,选择 3 或 6 h,更精确地确定系统影响时间,对于预报降水等天气起止时间有很大帮助;要研究下一旬的大致天气过程,则选取 12 h 为宜。

4.3.2.2 空间垂直剖面

在新建剖面界面顶端选择空间垂直剖面标签,界面如图 4.3-5 所示。

前 4 步与时间垂直剖面操作相同。

第 5 步(可选):在剖面基线设置面板输入需要剖面的基线起止坐标位置或者在地图上拖动、伸缩剖面基线,鼠标左键点击基线端点,鼠标移动至所需位置,鼠标右键单击确定。

第 6 步:鼠标在剖面基线上移动时,在剖面图中有一条对应黑线显示鼠标位置。

显示设置:在图层列表中单击图层标题可以隐/现该图层;右键单击弹出属性窗口可以选择等值面填充、等值线颜色及高级设置(起始/结束值、分析间隔和线宽)。

重新加载:重新设定开始/结束时间、时间间隔、预报时效后或者修改综合图配置后,点击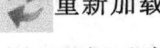重新加载数据按钮,即可获得更新后的剖面结果。

空间垂直剖面示例

例图:沿(44.63°N,117.78°E)—(24.78°N,119.70°E)西北东南向剖面图。

例图说明:横坐标为坐标点,从左到右为西北到东南,纵坐标为标准气压层。

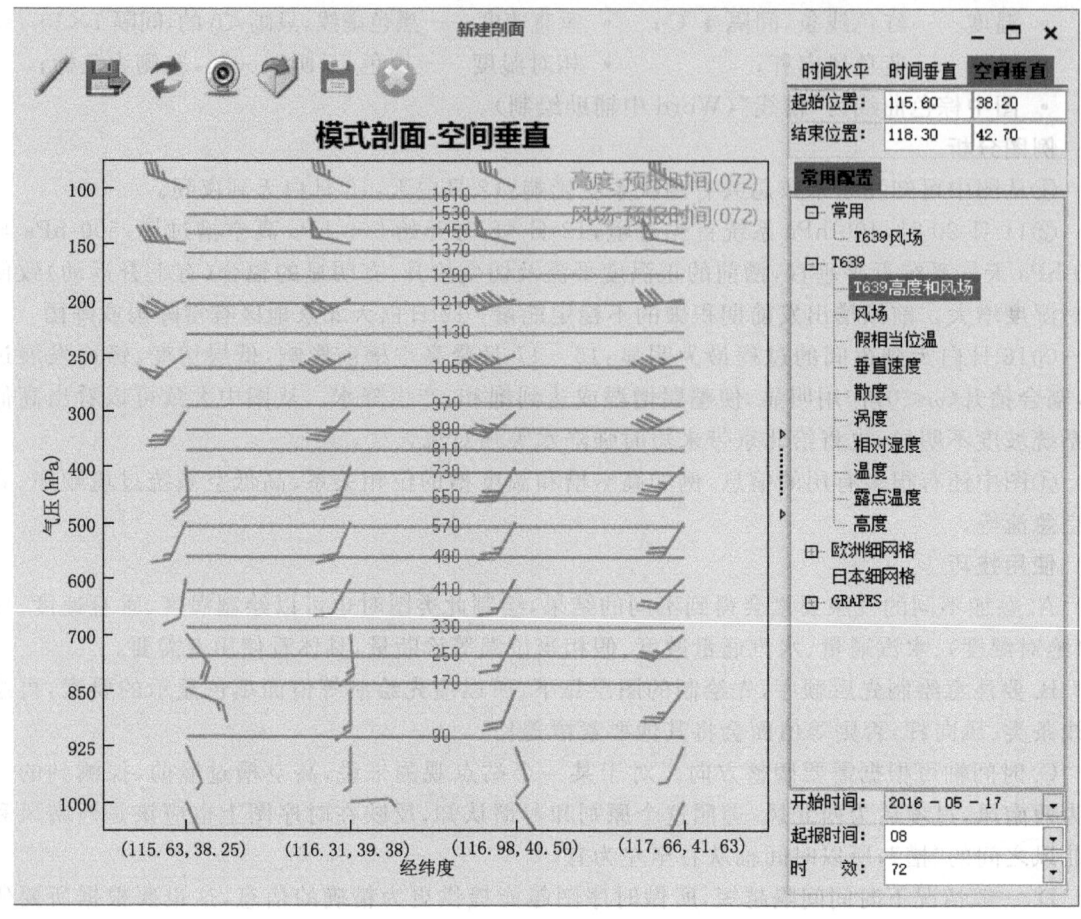

图 4.3-5 空间剖面

2016 年 7 月 3 日 08 时,实况观测客观分析(physic,2.5°×2.5°)
- 比湿——大于 8 g/kg,填色,间隔 2 g/kg,右侧为色标
- 假相当位温——红色实线,间隔 2 ℃
- 垂直速度——小于 0,蓝色虚线,间隔 20×10^{-2} Pa/s
- 风场——黑色风向杆
- 黑色竖线为 117.87°E,30.59°N(安徽青阳境内)位置标识线
- 左侧填图为 2 日 20 时—3 日 20 时 24 h 累计降水(>25 mm),蓝色为剖面基线

例图分析

①水汽条件:华北地区低层比湿普遍在 12~14 g/kg,苏皖地区湿层比华北深厚,边界层内比湿高达 18 g/kg,水汽极为充沛;

②热力条件:华北地区有明显的对流性不稳定层结($\frac{\partial \theta_{se}}{\partial z}<0$),苏皖南部为明显的暴雨条件层结(整层 θ_{se}>340 K,可判归为赤道气团(E)),高能高湿,且 $\theta_{se\,500} - \theta_{se\,850}$ 为负值,有不稳定性暴雨;

③动力条件:华北地区为 500 hPa 高空槽和低层切变线共同影响,垂直速度为 -99×10^{-2}

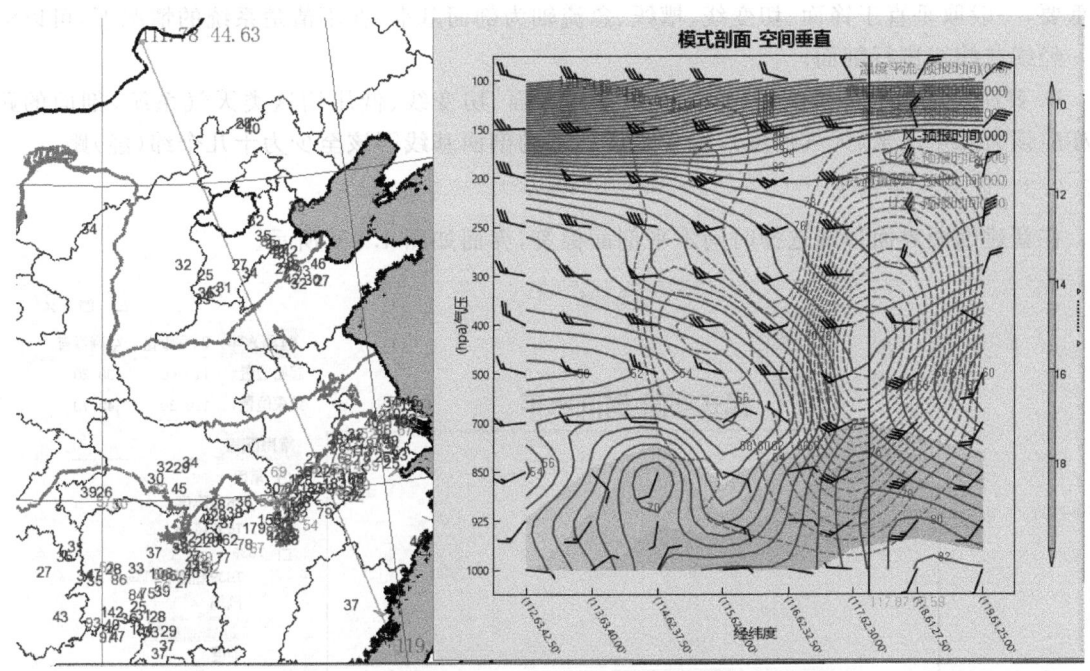

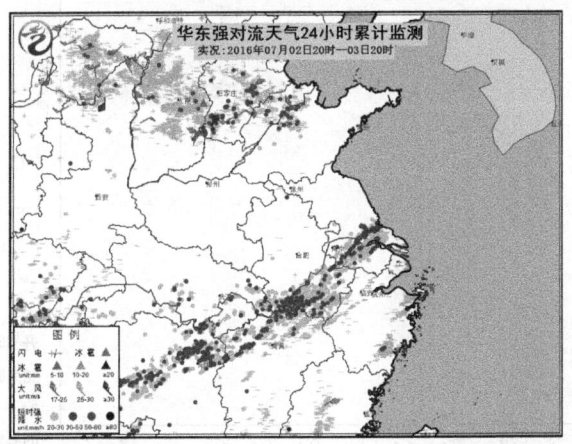

Pa/s，具有典型大尺度天气系统运动特征；苏皖南部低空梅雨锋区（$\nabla\theta_{se}$ 大）南北两侧有明显的切变；黑色竖线左（北）侧为东北风，右（南）侧为西南风，且切变线从近地层到 700 hPa 近乎垂直，系统叠置造成对流层中层垂直速度达到 4 Pa/s，可估计产生了中尺度暴雨云团；

④综合以上条件，华北地区出现分散性的短时强降水，局地出现了冰雹（垂直风切变）、雷暴大风；以苏皖南部为代表的长江江南北部地区 180 mm 以上的降水为切变线上的中尺度暴雨云团产生，主要为短时强降水。

使用技巧

A. 叠加不同的气象要素会得到不同的结果，绘制此类图时也可以绘制涡度、垂直速度、比湿（绝对湿度）、水汽通量、水汽通量散度、假相当位温等诊断量，具体看用户需要。

B. 要注意绘制先后顺序，先绘制的图层靠下。一般应先绘制等值面填色显示的要素，再绘制线条，最后绘制风向杆，否则等值面会将其他要素覆盖！

C. 空间剖面图可以反映气象要素的三维空间分布。能否得到有用的信息，剖面的方向极为重要,一般取垂直于锋面、切变线、槽线、急流轴为剖面基准;在不清楚系统的情况下,可以沿某一经线或纬线进行剖面。

D. 要注意所研究的系统的尺度,比如分析锋面、切变线、低压槽这类天气系统,剖面的距离亦应该为几千千米(天气尺度),也就是说所选的剖面基线因该至少为十几个纬(经)距。

4.3.2.3 时间水平剖面

在新建剖面界面顶端选择时间水平剖面标签,界面如图 4.3-6 所示。

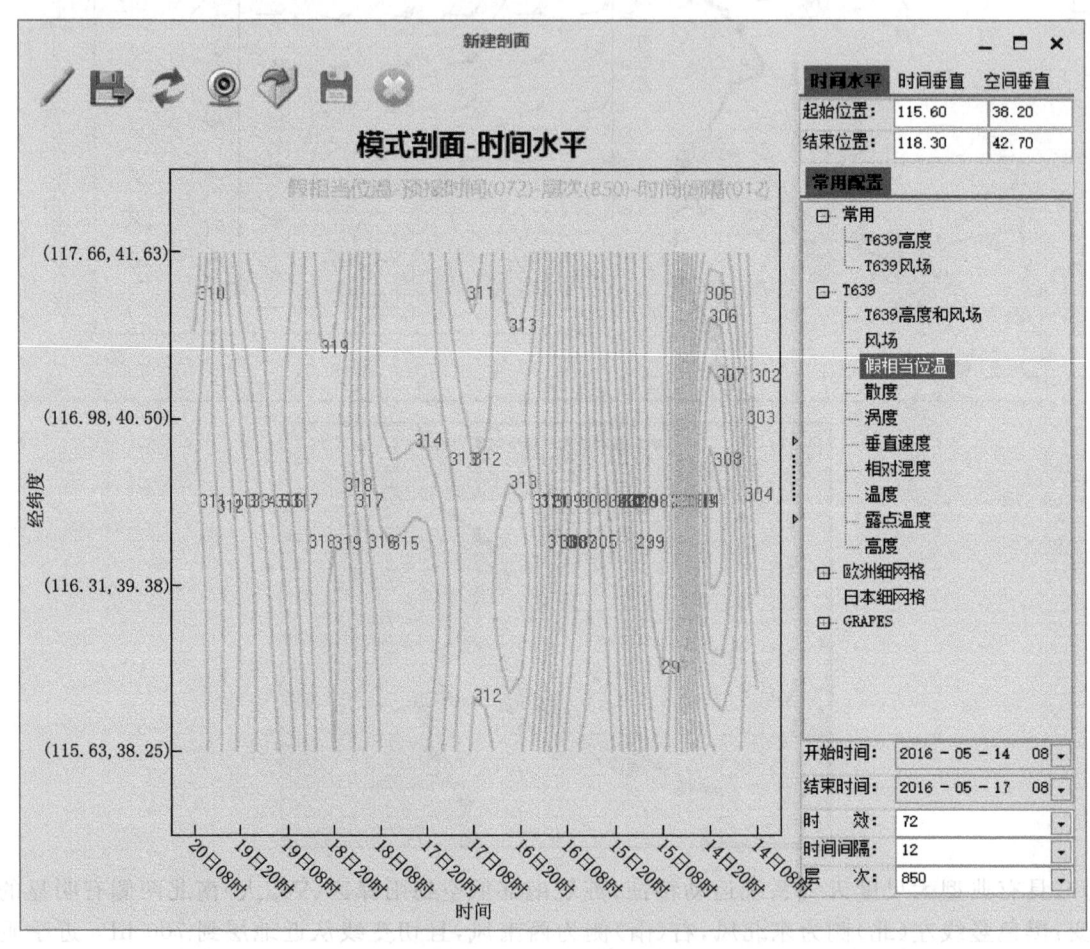

图 4.3-6 时间水平剖面

操作与之前"空间垂直"操作相同,时间选择与"时间垂直"相同。

时间水平剖面使用示例

例图:115°E 纬向时间水平剖面图

例图说明:所用资料为欧洲细网格模式(0.125°×0.125°),起报时间为 2016 年 2 月 23 日 08 时,时效为 240 h。

横坐标为时间,从左至右,逐 12 小时;纵坐标为自上而下为 50°—20°N

- 850 hPa 温度——填色,间隔 2 ℃
- 850 hPa 纬向风——蓝色实线,只绘>0(即南风)

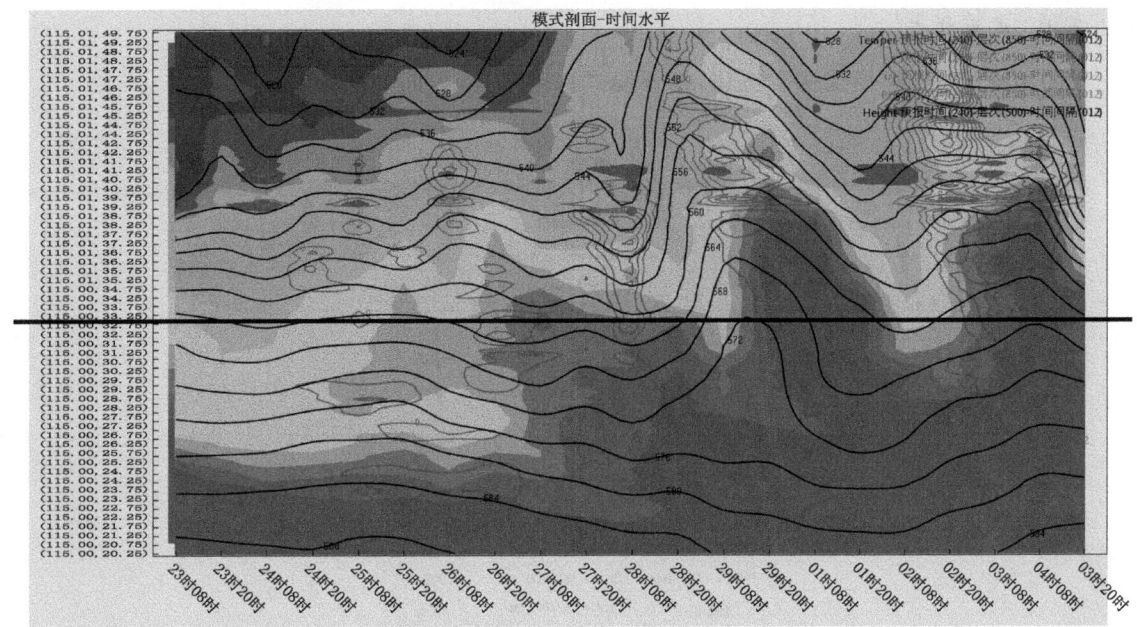

- 500 hPa 高度——黑色实线,间隔 4 dagpm
- 淮河大致纬度——黑色粗线(Word 中添加,在 MICAPS 中鼠标移至剖面基线相应位置剖面图上也会出现对应位置横线)

例图分析

① 从高层天气系统上看,23—26 日华北地区多短波槽活动(实际为东亚低涡后部不断南下的短波),南方为南支槽控制,配合低层切变线的辐合抬升作用,西南气流输送来的水汽上升凝结成云致雨。28 日和 1 日,北方受两个短波槽影响;27 日之后南方为暖脊控制,天气晴好,1 日南支槽东移影响江南地区。

② 短期或中期预报中,常常使用 110°—120°E 范围内 850 hPa 平均温度变化来表征中国中东部冷暖空气活动。如图中所示:冷空气主体 23 日南下给江南华南地区带来降温,长江以北大部分地区受变性高压控制温度小幅回升。28 日前后,淮河以北地区有小幅降温,3 月 1 日夜间又有一股较强的冷空气南下,影响范围可以逼近长江沿岸,4 日后仍有一次冷空气南下。

使用技巧

A. 时间水平剖面可以反映某一范围内天气系统移动、发展的规律,可以辅助研判天气形势;

B. 选取某一经(纬)向剖面,可以分析天气系统、过程的南北(东西)变化;

C. 为了更好地认知天气系统,更全面地理解天气过程,建议叠加不同层次的不同要素。

D. 目前,欧洲细网格模式分辨率为 0.125°×0.125°,对于示例(纬度跨度太大),如果绘制风向杆则过密,反而影响分析;可以缩短剖面基线或利用其他低分辨率的模式进行剖面分析。

4.3.3 模式探空

此功能利用数值预报模式输出资料,生成选定预报时效、指定位置的 T-$\ln p$ 图。

配置文件:\config\tlogp\modeltlnp.ini。

4.3.3.1 界面样式

点击工具栏中 模式探空按钮,打开模式探空工具,界面如图 4.3-7 所示。

图 4.3-7 模式探空菜单

4.3.3.2 资料选择

数据资料:下拉菜单选择模式资料种类。下拉选项载入配置文件中设定的模式种类及默认选项,常用模式有 EC 细网格、T639、日本细网格等。

定选资料:包括高度、温度两个要素。选定模式后,显示框会自动显示配置文件中设定的要素路径,也可点击浏览选择路径。

水汽资料:包括露点、比湿、相对湿度 3 个要素,要素路径选择同上。选择要素名称前的单选按钮即可选定指定要素(单选)。

风场资料:包括风场、流场两个要素,要素路径选择同上。选择要素名称前的单选按钮即可选定指定要素(单选)。

4.3.3.3 时间选择与绘制位置

时间选择:通过下拉菜单选择起报日期、起报时刻、预报时效。

绘制位置:有两种选择位置的方式:

(1)点击经纬度前的单选按钮,经纬度可以手动输入。

(2)点击站点前的单选按钮,点击下拉菜单可以选择站点。

4.3.3.4 绘制 T-$\ln p$ 图

所有资料路径、时间、位置选择完毕后,点击"确定"按钮,进度条显示绘制进度。绘制完成后,弹出 T-$\ln p$ 窗口显示模式探空的结果。T-$\ln p$ 图相关操作参看第 3 章 3.4 节探空分析内容。

4.3.3.5 抬升点资料选择

模式探空模块默认使用模式各个要素的标准层,但对于海拔超过 1000 m 的高原站点,再从 1000 hPa 的标准层数据开始使用就不合适了,在 MICAPS4.0 版本的模式 T-$\ln p$ 中,增加了"抬升点资料选择",如图 4.3-8 所示,MICAPS4.0 会根据站点高度信息计算站点层次,然后使用模式数据地面 10 m 风场(必选)和地面 2 m 温度(必选)、2 m 相对湿度或 2 m 露点温度(二选一)。抬升点信息数据为可选项,如果本地缺少相关资料,可以不选择该数据,则只会对该站点所在的高度进行标识,如图 4.3-8 所示。

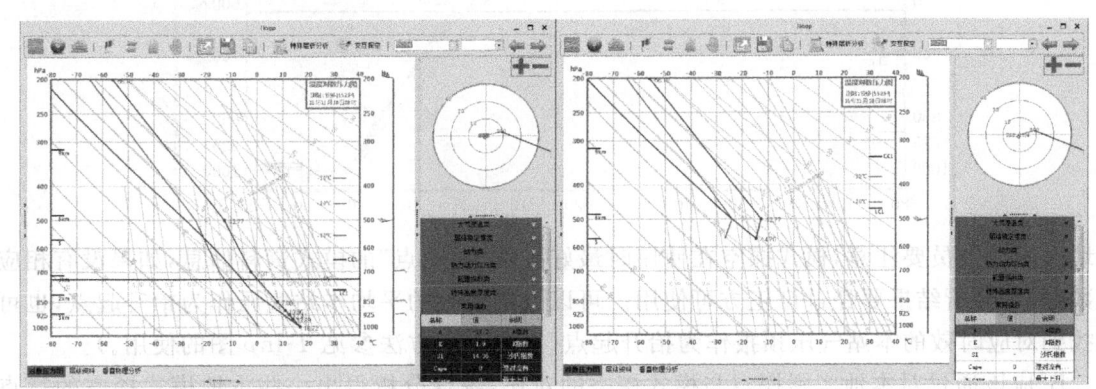

图 4.3-8 模式抬升点选取对比

对于"55294(安多)"站,如果未选择抬升点,显示结果如图 4.3-8 左图所示,模式 T-$\ln p$ 图中左侧有一个"S"标识,标记了当前站点所在的层次高度。当选择了抬升点以后,结果如图 4.3-8 右图所示。

模式探空使用示例

模式探空是以模式资料为基础,供用户制作指定站点或经纬度点的探空曲线,帮助用户分析未来某地上空的大气层结状况,辅助分析强对流天气潜势,制作强对流天气预报,也可通过探空曲线获得其他预报指标。

例图:(116°E,40°N)模式探空曲线

例图说明:所选资料为欧洲细网格模式,起报时间为 2016 年 7 月 11 日 08 时,预报 7 月 16 日 08 时(即 120 h 时效),探空点为(116°E,40°N)(大致在北京)。

例图分析

①CAPE 为 617 J/kg,K 指数为 35.4 ℃。

②从图中可以看出,抬升凝结高度较低,从地面到高层近乎为整层的湿层,风切变较小,可以初步判定 16 日白天可能出现短时强降水。产生冰雹、雷暴大风的可能性极小。

使用技巧

A.模式探空一般采用细网格模式进行,模式层次较多,一般从 1000 hPa 开始,对于中国中东部大部分地区,1000 hPa 抬升可近似为地面抬升;但是中国的第二、第三阶梯(西部)采用模式探空时,仍然为 1000 hPa 抬升,也就是气块从"地下"开始抬升,这显然不合实际! 所以这

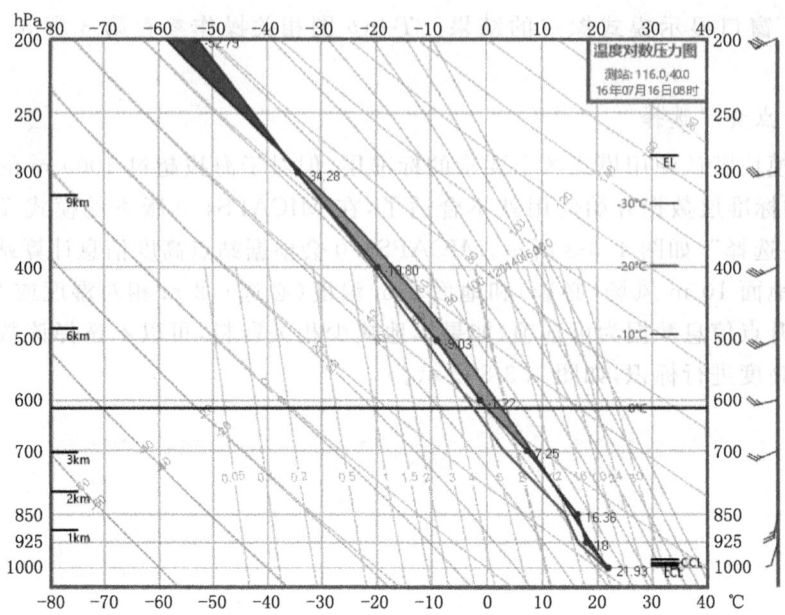

些地区的预报员要注意,模式探空在使用时最好提供"抬升点"的模式资料信息,如果没有相应的数据,则分析结果要经过订正方可使用。可以设定当地的平均本站气压作为抬升起点,也可以找到对应时效的本站气压预报作为抬升起点(探空订正方法参见 $T\text{-}\ln p$ 图的使用。)。

B. 应该通过对本地实际探空与模式探空的对比,统计分析得出一些本地模式探空的特点经验,在使用中方可更准确。

4.3.4 模式资料处理

此功能可以对模式资料进行再分析处理,包括累加、平均、距平、气候场、地转风、梯度、最高、最低以及资料对比。

配置文件:\config\ModeDataProcessor\nwpcredit.ini

点击工具栏中 模式资料处理按钮,打开模式资料处理窗口,界面如图 4.3-9 所示。

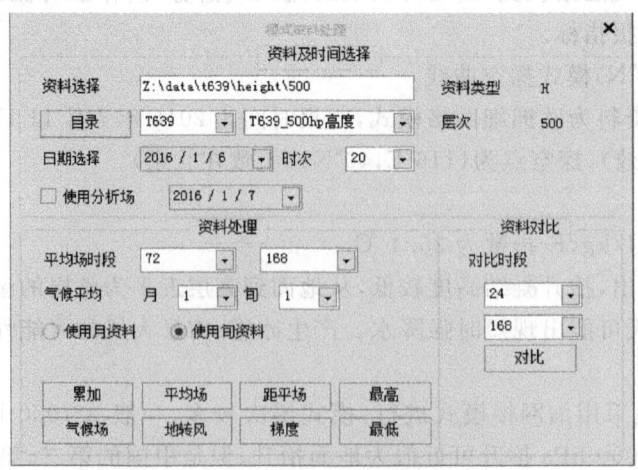

图 4.3-9 模式资料处理窗口

4.3.4.1 资料选择

目录选择:点击"目录"按钮,弹出路径选择窗口,选择需要处理的资料,并在后方显示资料类型。

模式要素:在模式要素选择下拉选择框里,选择模式以及要素,资料选择文本框会显示已经选择的层次。

日期时次:通过日期选择和时次选择下拉列表框,打开日期控制条选择日期,时次下拉菜单选择时次。

启用分析场:可以勾选"使用分析场"。

4.3.4.2 资料处理

平均场时段:平均场时段后面两个下拉列表框可以选择时段。

气候平均:可以选择"月""旬",可以选择某个月份,或者精确到一个月当中某一旬,最后点击圆圈选择"使用月资料"或者"使用旬资料"。

处理方法:提供累加、平均场、距平场、最高、气候场、地转风、梯度、最低等几种处理方法,显示结果直接点击对应名称的按钮既可。

2.4.3 资料对比:可以和其他时段的资料进行对比,点击对比时段下方的两个时间下拉菜单,选择时段,然后点击"对比"按钮既可。

模式资料处理使用示例

2016年3月上旬后期北半球平均环流形势

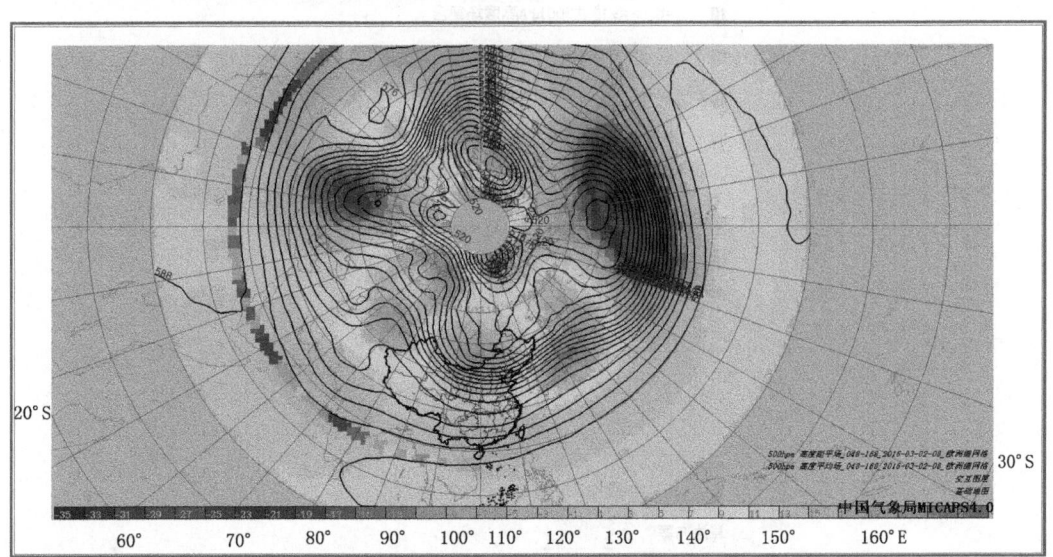

绘图步骤:选择欧洲数值预报模式500 hPa高度场资料,选择起报时刻2016年3月2日,时效48-168,点击平均场、距平场,调整图层的显示属性。

例图说明:欧洲粗网格数值预报2016年3月2日08时起报,48~168小时(4~9日)的平均场

- 500 hPa高度平均场(黑色等值线)
- 高度场距平(栅格填色)。

例图分析

①从图上看,极涡呈偶极型。东亚为明显的两脊一槽,乌拉尔山一带和日本地区为正距平,受暖脊控制,环流形势稳定,环流经向度加大,冷空气易于脊前自北向南侵袭中国中东部。

②蒙古地区为负距平,东北冷涡影响中国北方大部分地区,给东北一带带来降雪。西风槽较深,中东部大部分地区气温相较于前期降温明显,北方可能有大风及沙尘天气。

③低纬度地区环流平直,多短波槽活动,南支槽东移,会在稳定的副热带高压北侧产生降水。

使用技巧

A. 平均场可以过滤掉不客观预报的随机信息,提供准确率更高的预报。

B. 500 hPa 环流形势预报平均场可用于分析大尺度环流形势,识别行星尺度天气系统。

C. 主要用于中长期天气预测,结合逐日天气形势预报,配合 850 hPa 温度预报平均场可得出中期天气过程预报。

4.3.5 模式平均

此功能对多模式资料进行平均处理,可以调节各个模式所占的比重。

配置文件:\config\ModeDataProcessor\nwpcredit.ini

点击工具栏中 模式平均按钮,打开模式平均窗口,界面如图 4.3-10 所示。

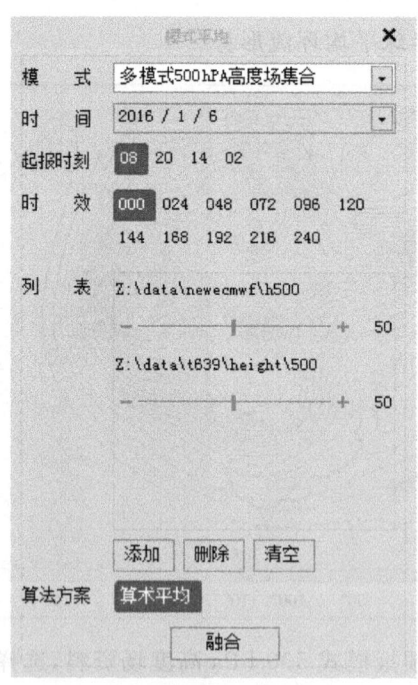

图 4.3-10 模式平均窗口

模式:提供多模式 500 hPa 高度场集合、国家气象中心集合预报 850 hPa、降水、三种模式。可在配置文件中设定需要处理的模式及要素。

起报时刻:鼠标左键单击可以选择 08、20、14、02 时

时效:点击选择时效

列表:显示选中要素的不同模式资料,并且提供滑动条,来选择融合的模式类型数据的比重,点击"添加"按钮打开目录选择窗口,可以手动添加类型数据。点击"删除"按钮删除不需要的数据,点击"清空"清空列表显示所有数据。

算法方案:算数平均。

模式平均使用示例

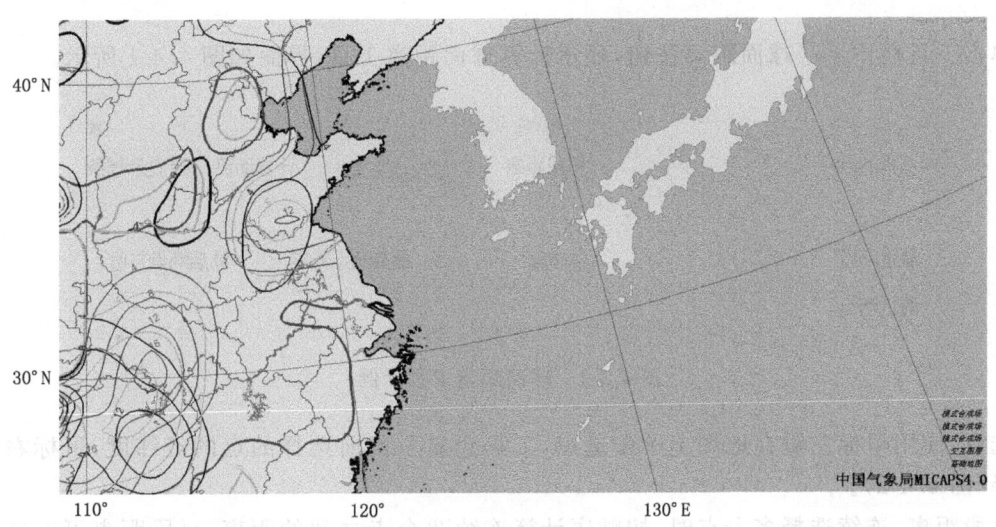

绘图步骤:在菜单栏上选择模式平均工具 ,选择要处理的模式要素,选择好起报时刻、时效、经纬度范围,在列表中可以调节模式所占比重,点击融合。

例图说明

2016 年 3 月 3 日 08 时起报的 T639 和欧洲细网格模式,24~48 小时即 4 日 08 时—5 日 08 时的降水预报,范围为(100°—120°E,20°—50°N)。

例图分析

①图中黑色等值线为 T639 模式占 100% 时预报的降水,蓝色为欧洲细网格模式占 100% 时预报的降水。对于湖北湖南地区,两者预报的降水中心一个偏北一个偏南,但量级相差不大,均为小到中雨;对于黄淮东部的降水欧洲细网格模式预报降水中心可达 12 mm,但 T639 模式只报了 4~5 mm。

②黄色等值线为欧洲细网格模式和 T639 模式各占 50% 时,降水量预报。两者相差比较大的原因在于,两个模式预报的天气系统的位置、强度、移动速度或者水汽条件差异很大,预报员应当结合天气实况,分析未来的天气形势、系统配置、演变发展,在多模式集成的基础上做出订正预报。

使用技巧

A. 平均场可以过滤掉不可预报的随机信息,提供准确率更高的预报。但是,平均也可能滤掉少数成员中可能包含着的极端天气预报信息。

B. 如果根据本地经验,某个模式对于降水、温度的预报明显优于其他模式,可以在配置文件中将该模式所占的比重提高。

C.模式平均不但可以用于对气象要素的客观预报加权平均,也可以对天气形势场(例如 500 hPa 高度场)进行模式加权平均。

4.4 球面距离计算

单击工具栏中 ![球面距离] 球面距离按钮,显示计算球面距离工具,界面如图 4.4-1 所示。

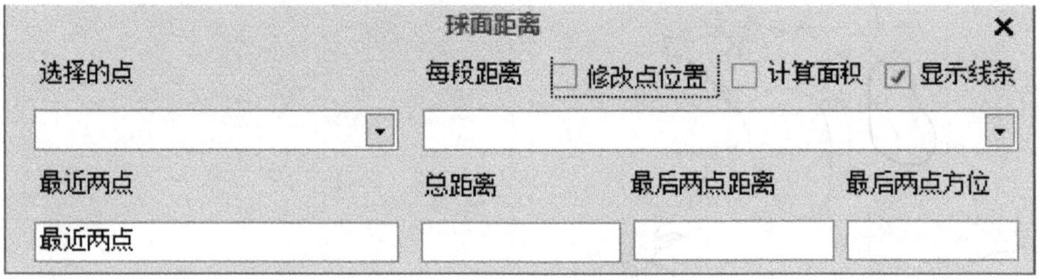

图 4.4-1 球面距离工具示例

选点:使用鼠标左键在地图上单击选点,工具会显示当前选择的点的经纬度,鼠标右键结束选择(图 4.4-2)。

每段距离:连续选择多个点时,按顺序计算连续两个点之间的距离,每段距离可以通过点击下拉菜单查看,窗口默认显示当前点与上一点的距离。

最近两点:显示最近两点的经纬度

总距离:计算选择点之间的总距离

最后两点距离、最后两点方位:显示最后选择的两点的距离、显示最后两点的方位。

地图显示:地图从第 2 个点开始,显示从上一点到当前点的距离,方位等信息,点与点之间通过红色线段连接。

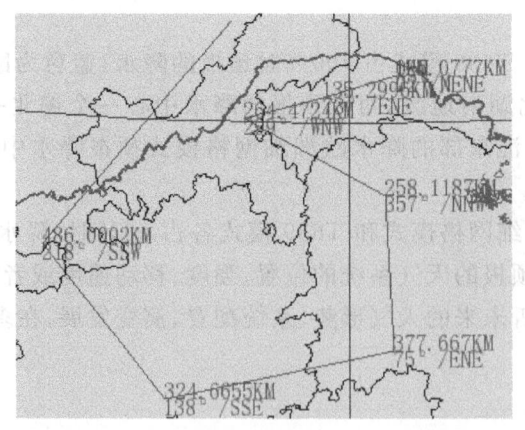

图 4.4-2 地图选点示例

4.5 会商支持

会商支持功能主要用来进行快速截屏,并制作 GIF 动画。在菜单栏中点击会商支持菜单项,如图 4.5-1 所示,该菜单项包含"图片清除""生成图片""自定义动画制作"。

图 4.5-1 菜单项

图片清除:清除 savPic 文件夹下生成的 png 图片。

生成图片(Ctrl+W):将当前地图绘制内容生成 png 图片,自动创建文件名后,保存到 savPic 文件夹下。

图片保存的目录默认为 savePic,也可通过修改 config/set.ini 中的进行自定义设置。

自定义动画制作:点击打开图片管理窗口如图 4.5-2 所示。

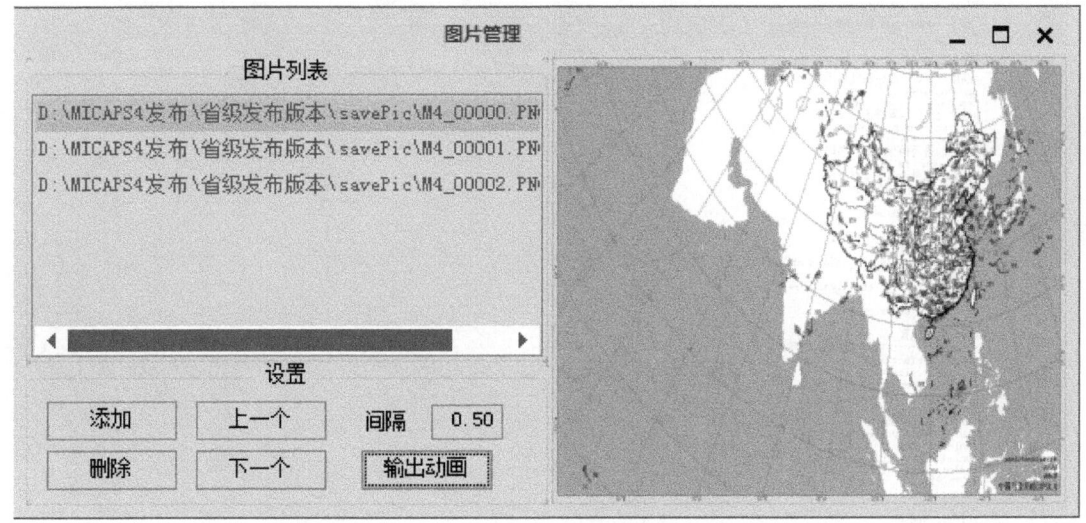

图 4.5-2 图片管理

"上一个""下一个"按钮可以调整选中图片在动画中的顺序。

"删除"按钮删除选中的图片。

"间隔"设置动画的时间间隔。

"输出动画"根据当前图层生成 gif 动画,保存到 savePic 中。

第 5 章 系统配置与本地化

本章介绍 MICAPS4.0 客户端中各种数据、模块、应用的配置方法以及各个配置文件的作用。

5.1 系统框架配置

5.1.1 全局配置

MICAPS4.0 的全局配置信息存放在 config\set.ini 中,用来配置背景主题及程序启动时的状态信息,具体内容如图 5.1-1 所示。

图 5.1-1 set.ini 配置文件内容

全部配置文件内容分为两组:"settings"与系统框架有关,"imageshot"与系统图片保存有关。

settings

theme：默认主题，该值有 dark（黑色主题）与 light（白色主题）两种可选。

dem.enable：是否加载 dem.data 指定的格点地形高度数据，该项配合 dem.data 项使用。

dem.data：地形格点数据（dem.bin 文件，地形高度的格点数据，经纬度分辨率为 0.01°，该信息仅供参考使用）的相对路径地址，该文件放置在 MICAPS4.0 的安装目录下，如数据存放在 data 目录下，则修改配置信息为 dem.data=.\data\dem.bin 即可。当配置成功后，在 MICAPS4.0 的状态栏的鼠标信息处会显示当前鼠标所在位置的高度信息，如图 所示，如果不成功，则高度值为－1。

layermanager.hidden：主程序启动时是否显示"图层管理"窗口，默认为 true。

savelayout：是否在关闭主程序时保存布局。在第 1 章介绍 MICAPS4.0 的工具栏时讲到，MICAPS4.0 的工具栏可以拖拽及停靠，如果希望在下次打开时仍然保留程序关闭时的状态，则可以将该项置为 true，默认为 false。

autoclearlayer：是否在打开新数据前先清空图层。

defaultstation：默认站点 ID，这个在地面高空三线图、模式时间曲线、集合预报窗口等模块中均起作用。

defaulttlnpstation：默认 T-ln$p$ 站点 ID，这个在 T-ln$p$ 模块中起作用。

default.openfilepath：默认打开文件路径。当使用 MICAPS4.0 菜单项"文件/打开"，或者工具栏"打开文件"对话框或通过 Ctrl+O 快捷键弹出打开文件对话框时的默认路径。

default.createinteractivelayer=true：MICAPS4.0 启动时是否自动创建一个"交互图层"，并使之处于"编辑"状态。

default.zhtbrowser=true：MICAPS4.0 启动时是否显示左侧停靠的"综合图检索"窗口。

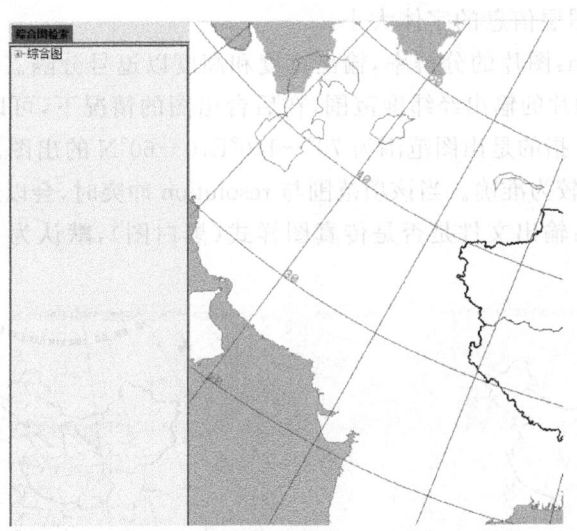

imageshot

copyright.text：版权信息，出现在生成图片的右下角。

copyright.font：版权信息的字体。

copyright.size：版权信息的文字大小。

copyright.darkcolor：版权信息在"黑色主题"下的颜色。
copyright.lightcolor：版权信息在"白色主题"下的颜色。
copyright.enable：是否显示版权信息。
lonlat.font：生成图片时的经纬度字体。
lonlat.size：经纬度字体大小。
lonlat.color：经纬度字体颜色。
lonlat.enable：是否绘制经纬度信息。
border.type=0：生成图片后的外边界包围边框样式，有 2 种样式可供选择，如下图所示：0 表示有图片及最外层边框，1 表示仅有最外层边框（图 5.1-2）

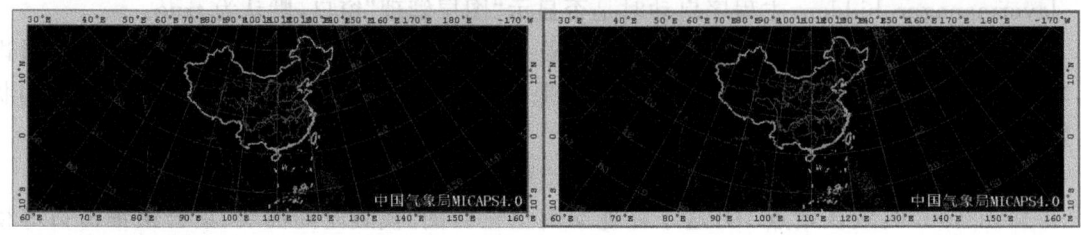

图 5.1-2　保存图片边框样式

border.size：外边界包围边框宽度。
border.color：外边界包围边框颜色。
border.enable：是否显示外边界包围线。
layerinfo.enable：是否保存图层信息。
layerinfo.font：图层信息的字体。
layerinfo.size：图层信息的字体大小。
image.resolution：图片的分辨率，输出宽度和高度以逗号分隔。例：1024,768
image.extents：图片的输出经纬度范围，在后台出图的情况下，可以指定出图的经纬度范围区间，如 70,140,0,60 指的是出图范围为 70°－140°E,0－60°N 的出图。该截图在等经纬投影以及麦卡托投影下范围较为准确。当该项范围与 resolution 冲突时，会以经纬度范围为准。
image.facsimile：输出文件是否是传真图样式（黑白图），默认为 false，即为非传真图样式（图 5.1-3）。

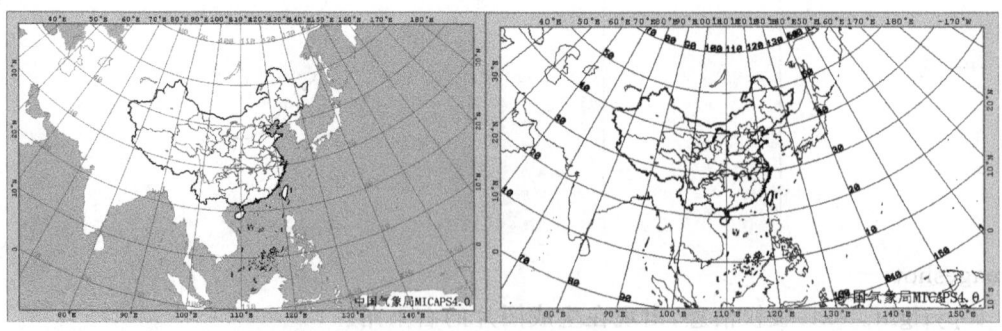

图 5.1-3　正常模式下出图（左）与"传真图"模式下出图（右）效果对比

5.1.2 模块配置

在第 1 章介绍 MICAPS4.0 安装目录时介绍过，MICAPS4.0 使用"可插拔的模块"来组织不同的应用，因此同样支持"可定制"的模块组织及管理方式。

MICAPS4.0 自带的功能模块统一存放在安装目录下的 modules 文件夹内，通过 config\module.ini 文件可以对模块进行设置，该文件内容如图 5.1-4 所示。

```
[GISMap]
location=modules\gismap\module.gismap.dll
moduletype=Module.GISMap.GisMapModule
dependson=
ondemand=false
[ToolBox]
location=modules\ToolBox\Module.ToolBox.dll
moduletype=Module.ToolBox.ToolBoxModule
dependson=
ondemand=false
filebindings=Module.ToolBox.Diamond14DataBinding
[RadarS]
location=modules\RadarS\Module.RadarS.dll
moduletype=Module.RadarS.RadarSModule
dependson=
ondemand=
filebindings=Module.RadarS.RadarDataBinding
[EnsembleForecast]
location=modules\EnsembleForecast\Module.EnsembleForecast.dll
moduletype=Module.EnsembleForecast.EnsembleForecastModule
dependson=
filebindings=Module.EnsembleForecast.EnsembleForecastDataBinding
[MicapsDataBinding]
location=modules\MicapsDataBinding\Module.MicapsDataBinding.dll
moduletype=Module.MicapsDataBinding.MicapsDataModule
dependson=
ondemand=true
filebindings=Module.MicapsDataBinding.MicapsDataBinding
[DataProperty]
location=modules\DataProperty\Module.DataProperty.dll
moduletype=Module.DataProperty.PropertyModule
dependson=
ondemand=false
```

图 5.1-4　module.ini 配置文件

如图 5.1-4 所示，所有的功能模块均放在一个配置信息组中，模块名称用"[ ]"标识，该组下的"键－值"对（由"＝"号分隔）用来描述该模块的一些基本信息。

location（必填）：用来标识功能模块对应的动态库文件所在的相对路径。

moduletype（必填）：用来描述实现 IModule 接口的类的命名空间（二次开发相关）。

dependson（选填）：模块依赖项。

ondemand（选填）：是否按需加载该模块。MICAPS4.0 中为了提升主程序的启动速度，在程序启动时会减少不必要的内存开销，启动时只对部分模块进行加载，如果需要模块在程序启动时即被加载并初始化，则该项设置为 false，否则设置为 true。该项默认为 true，即不自动加载。

filebindings（选填）：MICAPS4.0 部分模块用于支持文件加载，当数据被程序打开时框架会调用各个模块的类型判断方法进行识别，如果该模块支持打开指定格式的数据，则需要在这里标明支持文件类型判断的类名称（二次开发相关）。

如果需要注释一个功能模块，可在该模块对应的"[ ]"中的模块名前添加一个"♯"符号即可，例如，需要注释集合预报模块，可将[EnsembleForecast]改为[♯EnsembleForecast]。

如果自定义模块带有相应的配置文件，则建议将该配置文件统一放在 config 目录下，MICAPS4.0 中各个功能模块的配置文件会在后续章节逐一进行介绍。

module.ini 中默认的模块说明：

GISMap（不可注释）：基础地理信息模块，显示所有的行政区边界、陆地线以及自定义地理信息数据。

ToolBox(不可注释)：工具箱模块，所有交互图层使用的工具箱窗口。

RadarS(可注释)：单站雷达模块，工具栏上的单站雷达功能模块。

EnsembleForecast(可注释)：集合预报工具箱模块。

MicapsDataBinding(不可注释)：MICAPS数据类型格式判断模块，用于所有MICAPS默认支持格式数据的类型判断。

DataProperty(不可注释)：各类数据属性窗口模块。

Typhoon(可注释)：台风路径显示模块。

EarthDistance(可注释)：球面距离计算模块。

ModeSection(可注释)：模式剖面模块。

Tlogp(可注释)：高空观测tlogp以及模式tlogp功能模块。

MICAPSDataChart(可注释)：站点一维图模块。

ModeDataProcessor(可注释)：模式时间序列图、模式资料处理、模式平均功能模块。

CumulativeRainfall(可注释)：自动站及模式雨量累加模块。

Diamond8ToolBox(可注释)：城市报模块。

ImageGenerator(可注释)：工具栏上的出图设置模块。

5.1.3　工具栏配置

MICAPS4.0可自定义工具栏扩展按钮，用户可将.exe程序直接挂载到工具栏上，通过点击该扩展工具按钮直接执行程序。

工具栏扩展配置文件为config/toolbars.ini，内容如下。

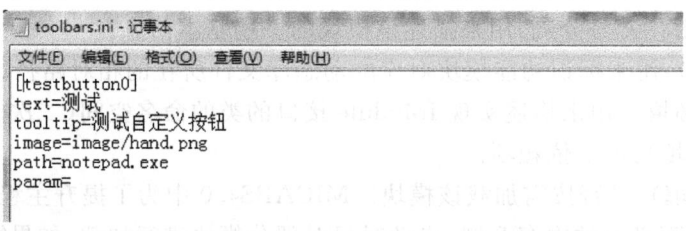

[testbutton0]：自定义工具名称

text：工具按钮名称，如果该按钮没有图标，则工具栏上直接显示text中的文本。

tooltip：按钮的提示字符串。

image：按钮的图片。

path：工具的可执行文件路径，可为绝对路径或者相对于MICAPS4.0安装目录的相对路径。

param：工具启动时的参数。

5.2 基础地图部分

MICAPS4.0 除兼容 MICAPS3.0 的二进制地图数据以及第 9 类数据外,还对标准的 GIS 数据进行了扩展支持,允许用户配置自定义的地图项,也可随基础地理信息同时被加载及配置线宽、颜色等基础信息。本节就着重介绍基础地理信息的配置方式以及自定义图层的添加方式。

5.2.1 基础地理信息配置

MICAPS4.0 基础地理信息配置文件位于 config/map 目录下,其中 map.ini 用于配置加载地理图层设置,projection.ini 用于配置投影相关参数(图 5.2-1)。

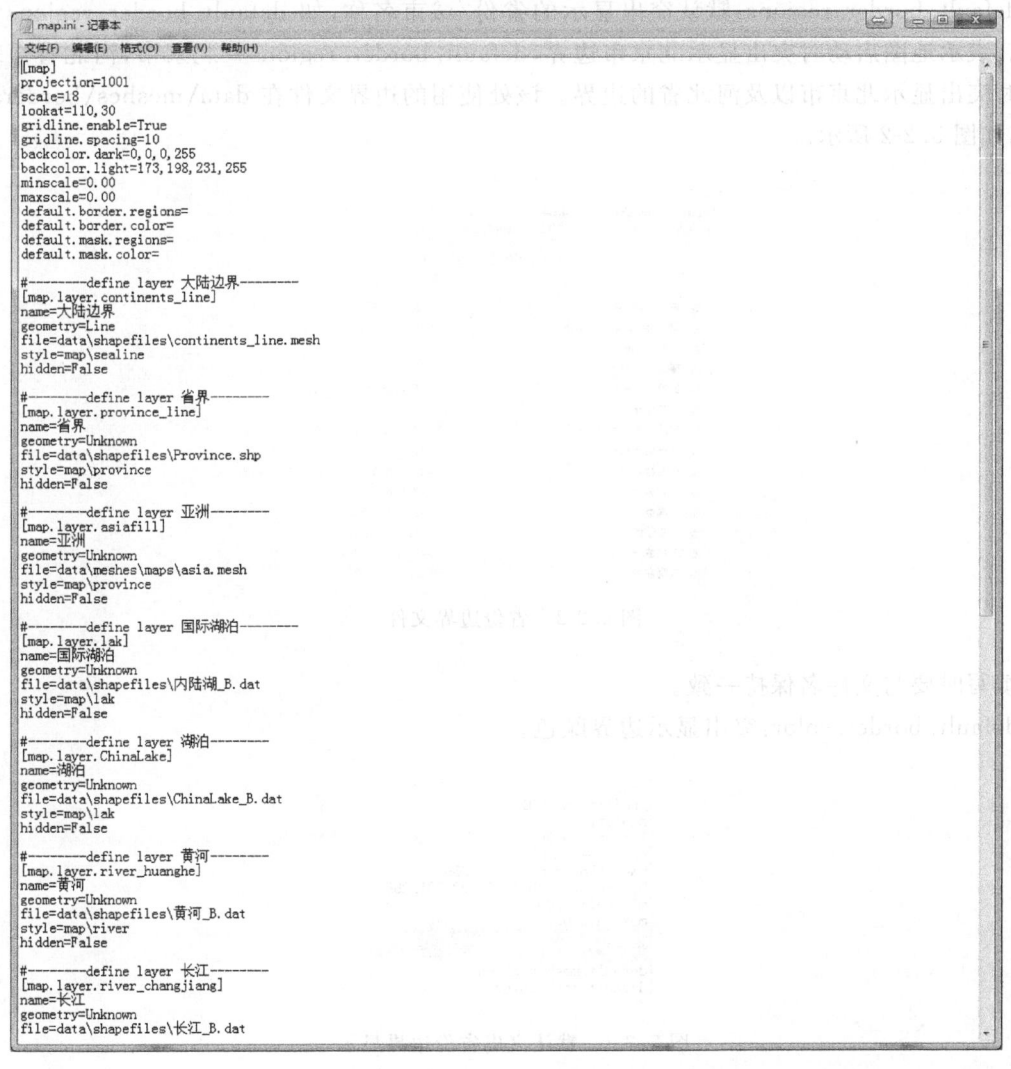

图 5.2-1 map.ini 配置文件

如图 5.2-1 所示，map.ini 的配置信息分为 2 大部分，第 1 部分为基础地图设置，在[map]组内，主要包括以下信息：

projection：投影方式，该部分使用数字进行标识，标识方式与 MICAPS3.0 一致，但在 MICAPS3.0 中只是设置了投影的中文名称、投影中心点等信息，在 MICAPS4.0 中用户可自定义投影参数，具体信息会在 projection.ini 配置文件中介绍。

scale：初始放大比例系数。

lookat：初始显示中心位置。

gridline.enable：是否显示经纬度线。

gridline.spacing：经纬度线间距。

backcolor.dark、backcolor.light：黑色主题以及白色主题下的地图背景颜色。

minscale、maxscale：主地图的最小、最大比例系数。该值为一个整数，0 表示由系统框架定义(如果配合切片地图服务，建议把该值调整大于 100000)。

default.border.regions：默认突出显示的省份/城市名称，如 default.border.regions＝北京市。表示地图启动时突出显示北京市边界，default.border.regions＝北京市，河北省。表示启动时突出显示北京市以及河北省的边界。该处使用的边界文件在 data\meshes\borders\目录下，如图 5.2-2 所示。

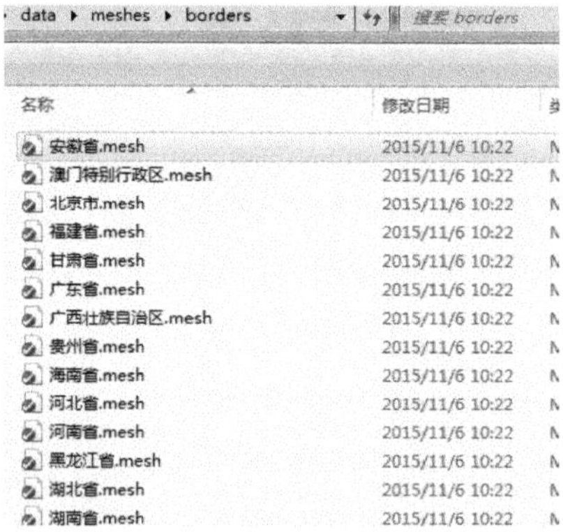

图 5.2-2　省份边界文件

填写时要与文件名保持一致。

default.border.color：突出显示边界颜色。

```
[map]
projection=1001
scale=18
lookat=110,30
gridline.enable=True
backcolor.dark=0,0,0,255
backcolor.light=173,198,231,255
minscale=0.00
maxscale=0.00
default.border.regions=四川省
default.border.color=0,255,0,255
default.mask.regions=
default.mask.color=
```

图 5.2-3　默认突出省份边界显示

default.border.regions=四川省,配置显示的省份,修改"="号后面的省份名称即可,default.border.color=0,255,0,255 表示单省显示时的边框颜色,使用 RGBA 颜色。修改省份和颜色之后,保存此文件。以后打开系统默认显示都是这个文件保存的配置。

default.mask.regions、default.mask.color:配置方法与 default.border 一致,只不过设置后的区域会单独显示。

map.ini 的第 2 部分为基础地理信息图层设置,主要用于标识基础地理信息显示的内容以及显示的样式,MICAPS4.0 中默认的配置信息还带有相应的注释信息,用于用户自定义配置时查找方便。组名标识在"[]"内,全局唯一。

以配置大陆边界为例(图 5.2-4)。

```
#--------define layer 大陆边界---------
[map.layer.continents_line]
name=大陆边界
geometry=Line
file=data\shapefiles\continents_line.mesh
style=map\sealine
hidden=False
```

图 5.2-4　大陆边界

name:需要在程序前端显示的名称
file:需要打开显示的文件路径,该路径为相对于 MICAPS4.0 安装目录的相对路径
hidden:表示是否在系统启动的时候不显示该项地理信息,默认值为 false。
geometry:表示当前数据的几何形状,该项属性只针对于 mesh 文件使用。
style:表示该数据使用的显示样式文件,在后面的 5.6.17 节 style 样式中会着重介绍配置方式(图 5.2-5)。

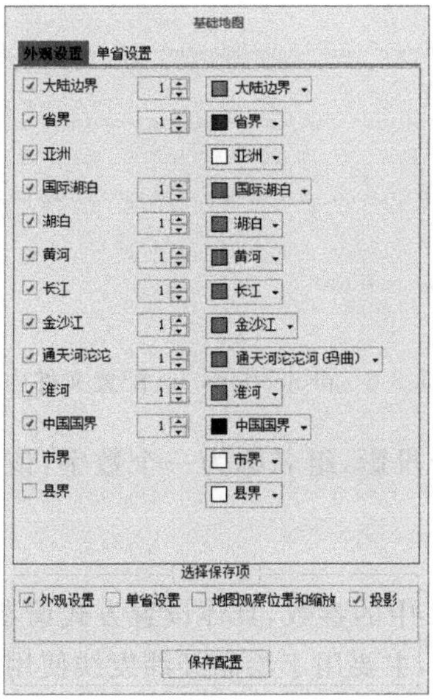

图 5.2-5　基础地图属性

用户如需添加自定义的数据,可以直接在该文件处添加自定义组,MICAPS4.0目前支持的数据有:MICAPS3.0二进制地图数据(如下图)、shp多边形(polyline)数据、mesh数据。

```
#--------define layer 通天河沱沱河(玛曲)--------
[map.layer.river_tongtianhe]
name=通天河沱沱河(玛曲)
geometry=Unknown
file=data\shapefiles\通天河沱沱河(玛曲)_B.dat
```

```
#--------define layer 市界--------
[map.layer.city_line]
name=市界
geometry=Unknown
file=data\shapefiles\City.shp
```

```
#--------define layer 亚洲--------
[map.layer.asiafill]
name=亚洲
geometry=Unknown
file=data\meshes\maps\asia.mesh
```

注:mesh数据为MICAPS4.0定义的边界数据,该类型数据较其他类型加载速度更快。MICAPS4.0自带的大部分地图对原始数据进行了mesh优化以提升加载效率。在第2章"单省显示"中介绍过如何使用扩展第9类数据制作单省显示文件,该文件即为mesh文件,可直接作为边界在此处进行使用。

如果不需要加载某一数据,只需将该数据所在的组删除,或者在组对应的"[]"中加入一个"#"即可,比如想要不加载"国际湖泊"数据,只需要将"[map.layer.lak]"改成"[#map.layer.lak]"即可。

5.2.2 投影信息配置

MICAPS4.0版本使用proj4作为基础投影库,同时将常用的投影参数作为配置文件放开,允许用户自定义投影参数。

MICAPS4.0的投影参数文件存放在config\Map\projections.ini文件中,内容如图5.2-6所示。

```
[1001]
name    =  兰伯特投影
proj = +proj=lcc +ellps=clrk66 +lon_0=110 +lat_0=36.0 +lat_1=30.0 +lat_2=60.2 +units=m +no_defs
north = 80
south = -80
[1005]
name    =  等经纬度投影
proj = +proj=eqc +lat_0=0 +lon_0=110.0 +x_0=0 +y_0=0 +ellps=GRS80 +datum=NAD83 +units=m +no_defs
north = 80
south = -80
[1003]
name    =  北半球极射赤面投影
proj = +proj=stere +lat_0=90 +lon_0=110.0 +x_0=0 +y_0=0 +ellps=GRS80 +datum=NAD83 +units=m +no_defs
north = 80
south = -80
[1002]
name    =  墨卡托投影
proj = +proj=merc +a=6378137 +b=6378137 +lat_ts=0.0 +lon_0=110.0 +x_0=0.0 +y_0=0.0 +k=1.0 +units=m +nadgrids=@null +wktext +no_defs
north = 80
south = -80
[1004]
name    =  南半球极射赤面投影
proj = +proj=stere +lat_0=-90 +lon_0=110.0 +x_0=0 +y_0=0 +ellps=GRS80 +datum=NAD83 +units=m +no_defs
north = 80
south = -80
[1006]
name    =  中国等积投影
proj = proj +proj=aea +ellps=krass +lon_0=105 +lat_1=25
north = 80
south = -80
```

图5.2-6 projections.ini配置文件内容

投影文件通过组来区分各个投影,组名称为一个数字,该数字与MICAPS3.0兼容,且组名不能重复。

name:该投影名称

proj:该投影使用到的proj4中的参数,具体设置方式请参考Proj4投影库的使用方式。

north:该投影的最北端纬度,主要用于绘制经纬度线使用。

south:该投影的最南端纬度,主要用于绘制经纬度线使用。

5.3 数据源

在 5.4 节介绍"文件读取"内容之前,有必要先要了解 MICAPS4.0 中对于"数据源"的定义。该部分内容与第 1 章最后一节相近,完全是为了保证内容的连续性,再将原有内容重述一遍,如果已经理解了 MICAPS4.0 对"数据源"的定义,可跳过此节。

在之前的版本中,MICAPS 客户端所对应的数据来源比较单一,数据一般存储在一个单一的"数据服务器"中,MICAPS 客户端通常将该服务器提供的共享文件夹挂载为某一虚拟盘。在此基础上定义的综合图一般只需写相对路径,然后在全局配置文件中标明数据目录的前缀即可。例如,某一客户端挂载的虚盘如 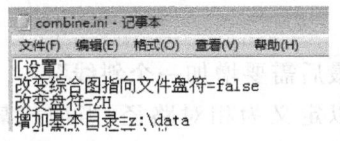 所示,地面观测数据存放的文件夹为 z:\data\surface\plot 目录,则可以如下定义地面观测数据的综合图。

diamond 10 1
/surface/plot/ .000 1   (注:综合图定义不在本节介绍)

随后在综合图模块的配置文件中做如下定义。

这样凡是以 z:\data 开头的文件均可以相对路径的方式定义综合图,这样带来的一个好处是节省综合图定义文件书写的长度,另外一个好处则是可以共享该综合图,其他机器只需修改 combine.ini 配置文件即可。但是,随着数据服务器的增加,MICAPS 客户端所需的文件服务器逐渐增加,上述配置方式则不再适合——还是只能用全局路径描述大部分综合图文件。

此外,在 MICAPS4.0 系统中,引入了 CIMISS——"分布式高速缓存"服务器的支持,可用多台分布式数据来解决海量数据的高并发高速访问所带来的效率问题,并将这个"分布式高速缓存"称为 mdfs 服务。

这样的话,MICAPS4.0 将同时面对多台、多协议的数据来源,如图 5.3-1 所示。

将"数据存储服务器"统称为"数据源",同时为了减轻综合图配置工作,将全部的数据源储存在统一的配置文件中(config/datasources.ini)如图 5.3-1 右侧所示。默认的 datasources.ini 中定义了 4 组数据源,其中 mdfs 即为前面提到的"分布式数据缓存",该数据集群搭建在 CIMISS 系统之上,接上之后自动完成数据格式处理及存储处理,MICAPS4.0 可直接访问使用(访问配置方式请参考 1.3.1 节(MICAPS.exe.config 文件说明)。

samba 为 MICAPS3.0 传统数据源,使用"共享文件夹"方式提供数据访问,MICAPS4.0 对这种数据访问方式进行了兼容。

samba2 为本地其他数据源,path 指定数据源路径。

sav 为"集合预报工具箱"软件所使用的集合预报数据,MICAPS4.0 对该部分数据进行了部分兼容,可通过 MICAPS4.0 集合预报功能模块进行加载显示。

MICAPS4.0 允许用户添加自定义数据源,目前只支持本地文件或"共享文件夹"方式的

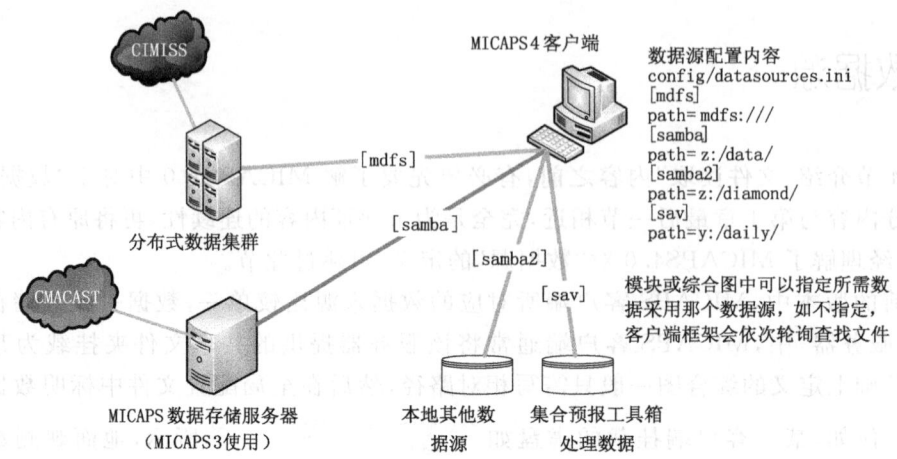

图 5.3-1 MICAPS 数据源

数据源,在 config/datasources.ini 配置文件中添加一个 section 即可,section 名称可自定义,如下所示。

[myownsource]

path=X:/ARealFolder/

path 为关键字,后面的路径最后需要增加一个斜线"/"

这样,所有的综合图还是可以定义为相对路径,当加载某个综合图时,MICAPS4.0 会自动将"数据源"与综合图相对目录进行拼接,如果拼接后的全局路径存在,则使用该路径,如果不存在,则使用下一个"数据源"。

5.4 文件读取及存储

MICAPS4.0 支持多种方式打开文件,最简单的方式是可以直接将文件拖拽进 MICAPS4.0 客户端,也可以通过快捷键 Ctrl+O 或者通过菜单项"文件"/"打开文件"的方式打开文件。此外,从 MICAPS2 起,定义了"参数检索"对话框,提供了常用观测、主客观预报数据的快速加载窗口方式,且用户可自定义该窗口。MICAPS4.0 也延续了这个功能,为单个数据加载提供了图形窗口的加载方式。

如果需要同时打开多个文件,或者指定某个文件打开时的显示样式,则需要使用"综合图"文件。"综合图"文件为 MICAPS 中的一种特殊文件格式,它本身并不包含数据内容,而是包含了一个或多个数据的路径以及数据显示样式,从 MICAPS3.0 版开始,MICAPS 客户端就将所有的综合图文件组织在一个统一的目录下。为了快速调用这些综合图,MICAPS 中可将它们定义在"菜单项"中,也可以使用"数据源检索"的方式快速调用。

本节就对 MICAPS4.0 中的文件加载方式进行详细的配置和使用介绍。

5.4.1 综合图

在 MICAPS 中,综合图定义为一种特殊的文件格式:第 10 类数据,该数据的详细格式介绍可在附录中进行查询参考。MICAPS4.0将所有的综合图统一存放在zht目录下,如图5.4-1所示。

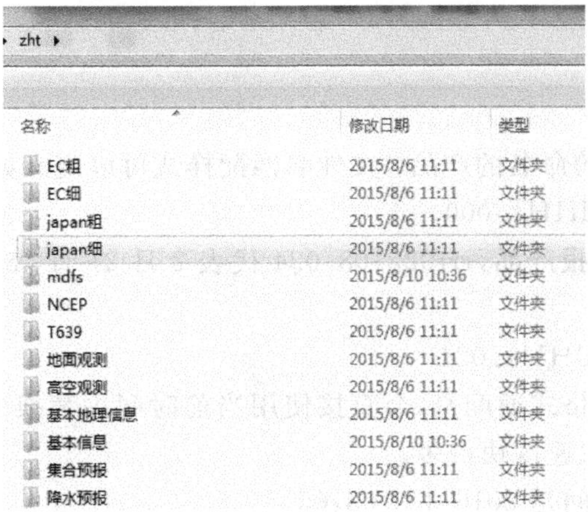

图 5.4-1 综合图目录

MICAPS4.0对MICAPS3.0定义的综合图进行了部分兼容:MICAPS3.0中通过.ini配置文件定义数据的显示方式将不再支持,转而使用"样式"文件进行设置,如图5.4-2所示。

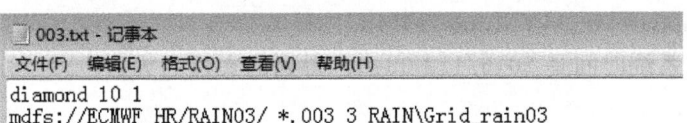

图 5.4-2 MICAPS4.0综合图定义

图5.4-2定义了一个欧洲中心细网格数据的3小时降水的综合图,使用的是mdfs数据源(数据源介绍请参考5.3节),默认使用3小时时效(.003),使用的显示样式为RAIN目录下的Grid_rain03.xml文件。

此外,MCIAPS4.0综合图除了综合路径通配符(*.003、*08.000等)规则外,还支持用命名时间参数来描述文件名规则,而这种方式能提供更快速的文件匹配。命名参数是指在文件名中特定名字和格式的参数。在查找文件时,会使用特定的值来替换命名参数。来达到精确匹配。目前MICAPS4.0综合图仅支持时间命名参数,其他命名参数会根据需要进行扩展。命名参数格式如下:

{MYM变量名:变量格式}

用大括号"{"表示这是一个命名参数,其中"MYM"符号后面是变量名,":"后面是变量格式。

目前综合图只支持一种命名变量——时间变量,变量名是"time",变量定义如下:

{MYMtime:时间格式}

时间格式定义如下:

yyyy:表示4位的年

yy:表示2位的年

MM:表示月

dd:表示天
HH:表示小时
mm:表示分钟
ss:表示秒
举例说明:
比如一个 8.3① 格式的命名的产品,文件名匹配样式可以定义如下:
{MYMtime:yyMMddHH}.000

又如某 6 小时降水预报产品,rrr022108.024 代表 2 月 21 日 08 时的 24 小时逐 6 小时降水预报,可以定义如下:
rrr{MYMtime:MMddHH}.024

系统碰到这种样式的格式通配符,会直接使用当前时间去替换变量,直接得出文件名,比使用"*"或"?"通配符查找速度快得多。

如果当前操作系统时间是 2016/1/1 08:00
{MYMtime:yyMMddHH}.000,得到的文件名为:16010108.000
rrr{MYMtime:MMddHH}.024,得到的文件名为:rrr010108.024

此外,使用这种方式配置综合图时,可以指定按照系统时间"向前"N 天,如有如下综合图:
diamond 10 1
z:\diamond\update\rr{MYMtime:MMdd}08.024—1
如果当前操作系统时间是 2016/1/2 08:00,得到的文件名为:rr010108.024

5.4.2 菜单项

菜单项是综合图的快捷调用方式,数据路径、数据源、综合图、菜单项的关系如下:

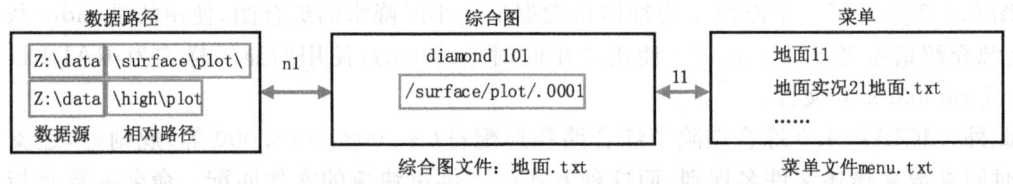

数据的全局路径由"数据源"及相对路径拼接而成,如果 datasources.ini 配置文件中对数据源进行了定义,则综合图中直接填写相对路径即可,综合图与数据路径是一对多(n)的关系:即一个综合图文件中可以定义多个数据路径;菜单项为综合图的快捷调用方式,每一个菜单项与综合图的对应关系为 1 对 1。

MICAPS4.0 的菜单项位于 config\menu.txt 中,其格式定义与 MICAPS3.0 兼容,如图 5.4.3 所示。

menus.txt 内容:按照系统菜单的模块目录创建,以菜单项【高空】为例,menus 会以【高空】菜单下有 2 级菜单【500 高空填图+人工分析场】,2 级菜单【高空填图】包含 3 级菜单项【500 hPa】,依次创建填写,每级菜单项的最终选择项会对应综合图文件的一个文件目录。

---

① 8.3命名:MICAPS 中绝大部分文件命名采用的方式,其中文件名表示起报或者观测时间,由"年年月月日日时时"组成,扩展名表示预报时效,对于观测数据来说,扩展名为"000"。

```
menus.txt - 记事本
文件(F) 编辑(E) 格式(O) 查看(V) 帮助(H)
        T639    2    1    zht\地面观测\地面填图\T639模式积雪深度预报.txt
        NCEP    2    1    zht\地面观测\地面填图\NCEP模式积雪深度预报.txt
高空    0    1
    500高空填图+人工分析场    1    1    zht\高空观测\500hpa天气图.txt
    高空填图    1    1
        500hPa    2    1    zht\高空观测\填图500百帕.txt
        700hPa    2    1    zht\高空观测\填图700百帕.txt
        850hPa    2    1    zht\高空观测\填图850百帕.txt
        100hPa    2    1    zht\高空观测\填图100百帕.txt
        200hPa    2    1    zht\高空观测\填图200百帕.txt
        300hPa    2    1    zht\高空观测\填图300百帕.txt
        400hPa    2    1    zht\高空观测\填图400百帕.txt
        925hPa    2    1    zht\高空观测\填图925百帕.txt
        1000hPa    2    1    zht\高空观测\填图1000百帕.txt
    T-LogP    1    1    zht\高空观测\tlogp.txt
    24小时变高    1    1
        500hPa    2    1    zht\高空观测\变高\500变高.txt
        700hPa    2    1    zht\高空观测\变高\700变高.txt
        850hPa    2    1    zht\高空观测\变高\850变高.txt
    24小时变温    1    1
        500hPa    2    1    zht\高空观测\变温\500变温.txt
        700hPa    2    1    zht\高空观测\变温\700变温.txt
        850hPa    2    1    zht\高空观测\变温\850变温.txt
    客观分析（新）    1    1
        高度场    2    1
            100    3    1    zht\高空观测\新客观分析场\H\100高度.txt
            150    3    1    zht\高空观测\新客观分析场\H\150高度.txt
            200    3    1    zht\高空观测\新客观分析场\H\200高度.txt
            250    3    1    zht\高空观测\新客观分析场\H\250高度.txt
            300    3    1    zht\高空观测\新客观分析场\H\300高度.txt
            400    3    1    zht\高空观测\新客观分析场\H\400高度.txt
            500    3    1    zht\高空观测\新客观分析场\H\500高度.txt
            700    3    1    zht\高空观测\新客观分析场\H\700高度.txt
            850    3    1    zht\高空观测\新客观分析场\H\850高度.txt
            925    3    1    zht\高空观测\新客观分析场\H\925高度.txt
            1000    3    1    zht\高空观测\新客观分析场\H\1000高度.txt
        温度场    2    1
            100    3    1    zht\高空观测\新客观分析场\T\100.txt
            150    3    1    zht\高空观测\新客观分析场\T\150.txt
            200    3    1    zht\高空观测\新客观分析场\T\200.txt
            250    3    1    zht\高空观测\新客观分析场\T\250.txt
            300    3    1    zht\高空观测\新客观分析场\T\300.txt
```

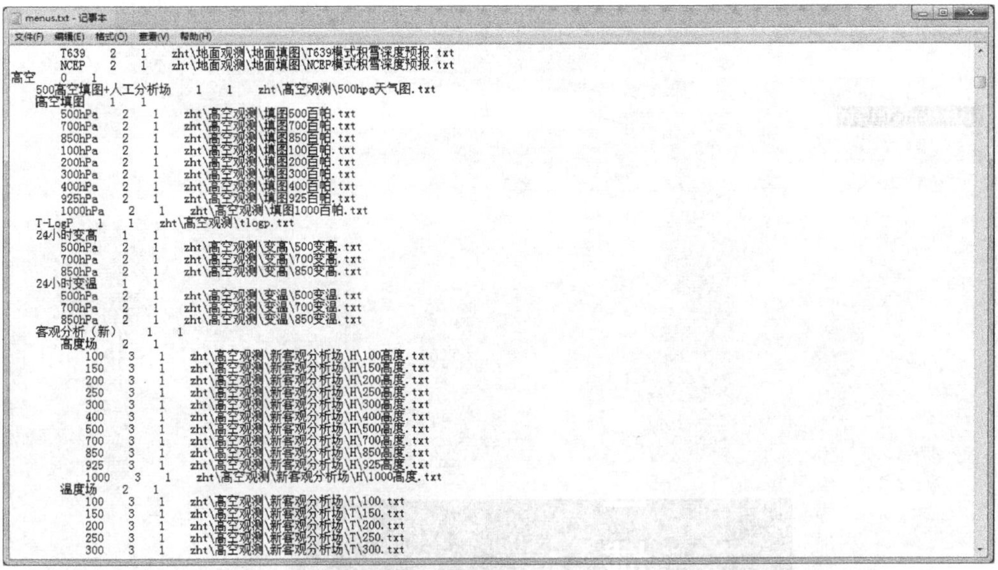

图 5.4-3　menu.txt 菜单文件

加载数据原理：当鼠标选择菜单项时，menus 文件会根据选择的菜单项找到对应的综合图文件并打开，完成数据的加载(图 5.4-4)。

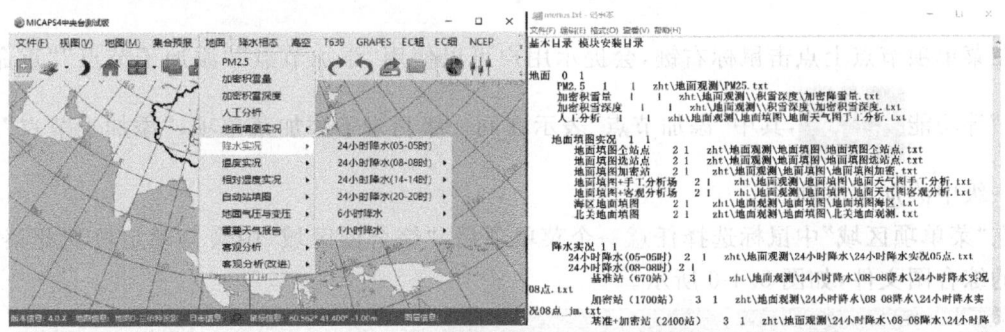

图 5.4-4　menus.txt 文件和菜单项对应显示

5.4.3　菜单及综合图配置工具

为了节省用户配置综合图和菜单项的时间，MICAPS4.0 开发了一款独立执行的程序，用来配置和迁移综合图和菜单项，该程序位于安装目录下，文件名为 MICAPSSystemEditor.exe，进入“综合图和菜单配置”Tab 页。程序界面如图 5.4-5 所示。

程序横向分为左、中、右 3 个部分：菜单配置区、综合图文件区以及数据源区。

菜单配置区用于加载和配置 config\menu.txt 文件中定义的所有菜单项，并按照顺序和层次关系进行组织。综合图区域用于按照层级关系显示所有 zht 目录下的综合图目录及文件；数据源区域用于显示 datasources.ini 配置文件中的内容，当点击某一数据源后，会在下方显示该数据源内的数据组织情况，当选择编辑数据源后，可在弹出对话框中添加、修改、删除数据源：点击鼠标右键进行添加删除，在数据源名称或者路径上双击鼠标左键进行修改。

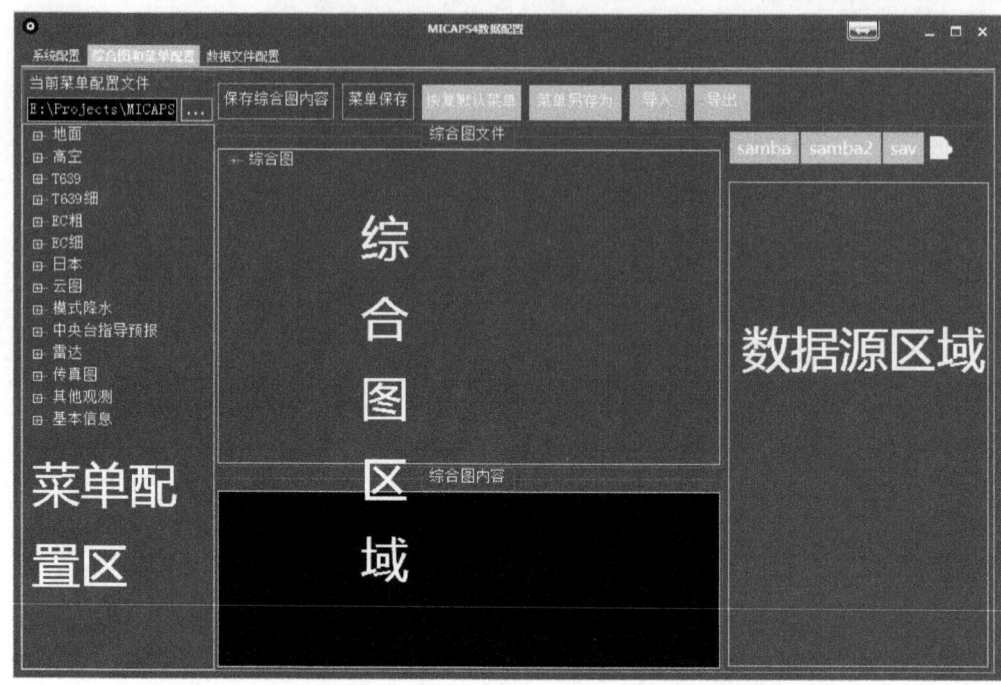

图 5.4-5 MICAPSSystemEditor.exe 程序

在菜单项节点上点击鼠标右键,会提示用户可以使用"添加节点""添加子节点""重命名""删除"等功能,其中"添加节点"表示在同一级目录下添加菜单项,"添加子节点"表示在下一级中添加菜单项。

在"菜单项区域"中鼠标选择任意一个菜单项后,"综合图区域"中会自动定位到此菜单项对应的综合图文件,如图 5.4-6 所示。

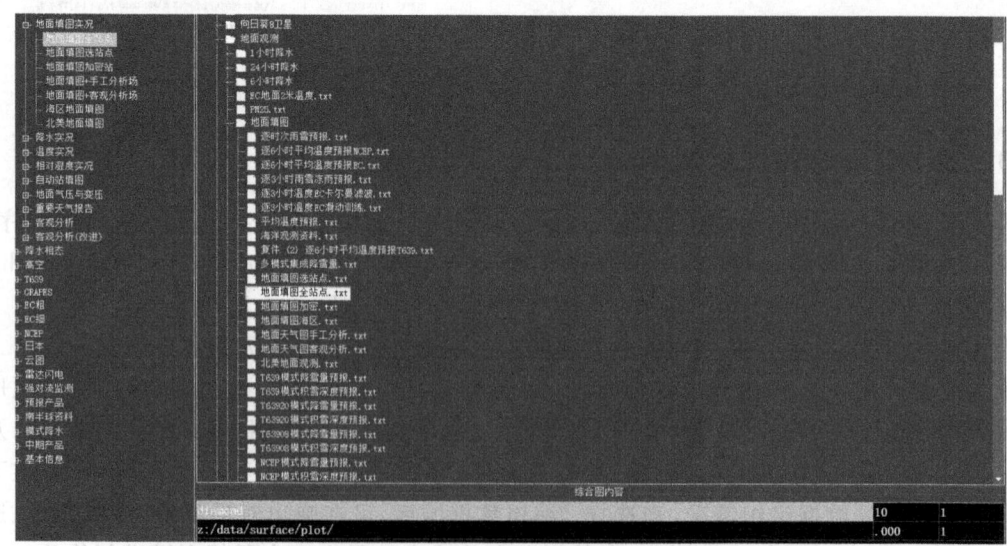

图 5.4-6 "综合图和菜单配置"菜单项修改

当选择某一综合图后,该综合图文件中的信息会在下方"综合图内容区"中显示出来,第 1 行为标准的综合图文件头,第 1 行第 3 项为文件个数,该数字会根据实际的文件目录数进行动态调整。

在综合图区域内点击鼠标右键可"添加"或"删除"综合图。当同时选中菜单项与综合图文件后,在综合图文件上点击鼠标右键,选择"设置为菜单"从而将该综合图设置为当前选中的菜单项。

双击"综合图内容"区下方的数据路径后,会在右侧"数据源"显示区中显示对应的数据路径,用户可直接输入新的路径,或者直接从右侧某一目录处拖拽到该路径区,修改路径后,字体颜色会变成红色。

修改完菜单项和综合图后,点击综合图区域上方的"保存综合图"或者"保存菜单项"进行存储。

在关闭该程序之前,可通过点击"恢复默认菜单"进行重置,点击"菜单另存为"可将菜单项备份成其他文件。"导入""导出"可将菜单、综合图以及数据源全部备份。选择"导出"目标地址后,会生成 export 文件夹,包含 menuedit.xml 配置文件及菜单、综合图、数据源的导出配置文件,保持该目录结构不变,导入时选择 menuedit.xml 文件即可。

图 5.4-7 参数检索窗口

5.4.4 参数检索窗口

MICAPS4.0 的参数检索功能与配置和之前版本一致,配置文件 searchdata.dat 保存在安装目录的 config\dataretrieval 下,如 所示,history.ini 配置文件用来记录各个资料最近的打开时间。searchdata.dat 与 MICAPS3.0 内容相同(图 5.4-8)。

第 1 行为全部数据个数,其后的每一行都由"命名""具体配置文件""窗口类型"组成。每个窗口的配置文件保存在 config\dataretrieval\dataSearch 目录下。

5.4.5 datainfo(数据信息配置)

为了提升综合图数据的显示效率,增加对数据前后翻页、时间对齐等功能(参考第 2 章)的支持,MICAPS4.0 增加了一个用于描述数据的配置——datainfo,其主要目的是通知 MI-CAPS4.0 主程序当前打开文件所在目录的描述信息,主要包括文件命名方式、观测数据的观

图 5.4-8 searchdata.dat 文件内容

测间隔、预报数据的时效间隔及起报时间、高空数据的层次信息等。

datainfo 主要应用于传统"共享文件夹"方式下的数据描述,在 mdfs 共享方式下,由于所有观测及预报数据的命名方式均按照统一规范进行存储,因此不需要 datainfo 的支持。

5.4.5.1 配置规则

dataInfo 文件夹位于 MICAPS4.0 安装目录的 config 子目录下。由文件夹目录和从属的 ini 配置文件组成的树形结构。创建文件夹和 ini 文件需要符合以下规则。

(1)文件夹按照模式-要素方式进行命名。

(2)每一个文件夹下必须存在一个和本文件夹同名的配置文件,该文件的格式必须是 ini 格式。它是当前文件夹下的主配置,其他子目录或配置文件则属于子配置。

(3)所有 ini 文件中均包含一个配置段[Section],包含 path 配置,表明当前数据的路径。

(4)path 一般表示当前要素或者层次在共享目录中的物理存储地址。系统会把各级目录下的 ini 文件 path 中定义的路径组织成树形结构。

(5)共享文件服务器中的全局数据路径如果包含"数据源"中定义的路径地址,则 ini 文件中的 path 项只需填写相对路径。

下面以欧洲中心细网格的高度场为例进行介绍。

它在共享目录的存储路径为 z:\data\newecmwf_grib\height\100、newecmwf_grib/height/200...其中最后一级的数字代表各个层次。

在 datainfo 目录下建立如下的相同目录结构(图 5.4-9)。

图 5.4-9 文件组织和 ini 文件结构

原始数据组织目录为最左侧截图，datainfo 下的配置文件组织方式为中间图片，逻辑关系图为最右侧图片，可以看到数据目录中的各级子目录结构与 datainfo 下的组织方式保持一致。

newecmwf_grib 目录下有一个同名配置文件：newecmwf_grib.ini，文件内容为：

[newecmwf_grib]
description＝newecmwf 模式预报 path＝newecmwf_grib
arrivetime＝20－5：30，08－15：10

可以看到这里定义了 newecmwf_grib 这个模式的一些补充说明，其中：

description：模式的中文名称
path：模式的存储路径 arrivetime：估算的数据到达时间，主要用于获取"最新"文件使用

在此处，path 写的路径为相对路径，数据的全局路径为 z:\data\newecmwf_grib，但是在本例中只写了相对路径"newecmwf_grib"，是因为在"数据源"config/datasource.ini 中配置了数据源[samba] path＝z:\data，因此，在本处配置文件只写相对路径 newecmwf_grib 即可。

在原始数据目录下，height（高度场）目录下包含了"层次"子目录（100，200，500…），因此在 datainfo 配置目录中，height 文件夹下包含了两个 ini 文件，其中 height 和文件夹名称同名，表示它是主配置文件；levels.ini 是 height.ini 的子配置文件，该文件是层次配置信息，levels.ini 也是固定配置名称，用于表示高空要素的层次配置项。

height.ini 中的文件内容为：

[height]
description＝温度预报
path＝height
duration＝3，6，9，12，15，18，21，24，27，30，33，36，39，42，45，48，51，54，57，60，72，84，96，108，120，132，144，156，168，192，216，240
starttime＝08
step ＝ 12
filepattern＝{MYMtime:yyMMddHH}.{MYMduration:D3}
timepattern＝(\d{8}).(\d{3})

这里定义高度场这个要素的特点。

description：描述信息
path：存储路径
duration：当前要素的预报时效列表，翻页时会参考这个预报时效列表。
starttime：起报时间
step：预报时间间隔

filepattern：文件名格式。{MYMtime：yyMMddHH}．{MYMduration：D3}，"{MYMname：format}"格式表明这是一个变量，冒号后是该变量的格式，其中 time 和 duration 是保留字段分别表示时间和时效。
timepattern＝文件名中时间部分的格式。

levels.ini 是 height 目录的子配置文件，主要用于该数据的上、下翻页描述。它的文件内容如下：

[100]
description＝100 hPa
startanalysisvalue＝－88
endanalysisvalue＝－40
analysisinterval＝4
path＝\100\
[200]
description＝200 hPa
startanalysisvalue＝－76
endanalysisvalue＝－36
analysisinterval＝4
path＝\200\
[500]
description＝500 hPa
startanalysisvalue＝－52
endanalysisvalue＝0
analysisinterval＝4
path＝\500\
[700]
description＝700 hPa
startanalysisvalue＝－44
endanalysisvalue＝20
analysisinterval＝4
path＝\700\
[850]
description＝850 hPa
startanalysisvalue＝－40
endanalysisvalue＝32
analysisinterval＝4
path＝\850\

[925]
description=925 hPa
startanalysisvalue=-44
endanalysisvalue=36
analysisinterval=4
path=\925\
[1000]
description=1000 hPa
startanalysisvalue=-80
endanalysisvalue=80
analysisinterval=4
path=\1000\

它描述了高度场各层次的数据特点

description：描述
startanalysisvalue：起始分析值
endanalysisvalue：终止分析值
analysisinterval：分析间隔（当数据头没有等值线分析间隔信息，同时用户未定义特殊分析需求时使用）
path：数据相对路径。

5.4.5.2 运行原理

对于 datainfopath 下配置的所有数据路径来说，path 的值是最重要的配置信息。它有两个作用：

1）决定各配置段在系统中的组织形式

MICAPS 框架会把逐级文件夹下的 ini 文件中每一个配置段[section]按照 path 组织成一个树。

以上面的 newecmwf_grib 高度场配置为例。其中

newecmwf_grib 的 path：newecmwf_grib

height 的 path：height

level 的 path：各层次的路径。

那么这些配置在系统中将组织为如右图形式。

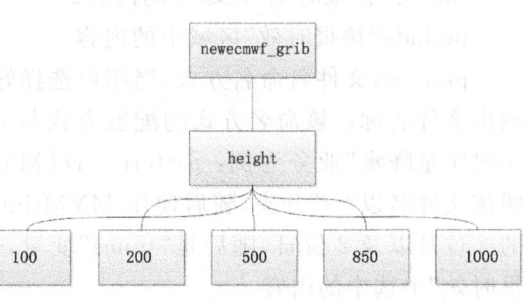

每一个节点表示一个 ini 的配置段。

2）用于查询打开文件的配置。

当在 MICAPS4.0 打开数据时，系统是按照 path 来查找如何找到其对应的 datainfo 配置

的。系统首先把数据的文件路径中的 path,去除文件名部分,比如我们打开一个高度场文件:
z:\data\newecmwf_grib\height\850\15112008.000

它使用文件路径中的 newecmwf_grib\height\850 去 datainfo 中查找配置。

此时会依次找到 datainfo 中的 newecmwf_grib.ini height.ini levels.ini 配置信息。由于 datainfo 中的配置是逐级继承的,因此最终的 levels.ini 配置文件中的 850 节点,会集成其父节点 height 以及 newecmwf_grib 中所有的节点配置。

5.4.6 "预报产品保存助手"窗口配置

MICAPS4.0 为了节省预报员保存常规预报文件输入文件名的时间,同时避免手动输入文件名错误,提供了"预报产品保存助手"窗口:可事先将常用业务保存路径设置好,当制作完预报文件后,由系统自动生成对应的文件名及保存路径,如图 5.4-10 所示。

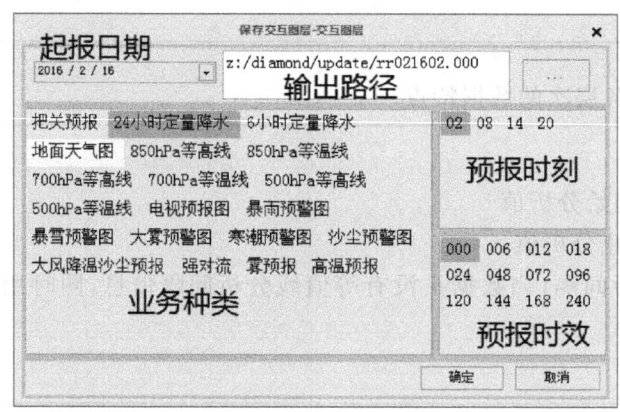

图 5.4-10 "另存为"窗口

该窗口的配置文件为 config\toolbox\saveasconfig.ini,内容如图 5.4-11 所示。

如图 5.4-11 所示,"业务种类"区中的每一个业务在配置文件中均按"组"存放,组名称即为业务种类名称,每一组中均有 path、times、period、pattern 四个部分,具体说明为:

path:该预报文件保存的绝对路径地址,也即图 5.4-10"输出路径"区域中的文件夹路径。

times:"预报时刻"区域中的内容。

period:"预报时效"区域中的内容。

pattern:文件名命名方式,当用户选择好前 3 项后,系统会根据该规则自动拼接出完整的输出文件名称。该命名方式的配置方式与 datainfo 配置项中的 filepattern 含义相同。以"24小时定量降水"业务为例:pattern=rr{MYMtime:MMdd}{MYMtimes}.{MYMperiod},标明该文件名以"rr"开头,随后使用 MYMtime 变量,该变量为系统关键字,表示使用系统时间的 2 位月以及 2 位日,随后是"times"变量,也即"预报时刻"区域选中的内容,扩展名使用"预报时效"中选中的内容。

图 5.4-11　saveasconfig.ini 配置文件内容

5.5　交互工具箱

5.5.1　基本交互工具及强天气交互工具

　　MICAPS4.0 的交互工具可以通过配置文件进行调整，交互工具配置文件 ToolBox.ini 保存在\config\toolbox 目录下，打开该文件后如图 5.5-1 所示。

　　该配置文件中 toolbox 组中可对基本工具箱（default）与强天气工具箱（strongweather）的顺序进行设置，如上图示例中，使用基础交互工具为第一组，强天气工具箱为第二组。后续即分别对 2 组工具进行逐一设置，交互工具箱和强天气工具箱的配置在文件中以下面的标识进行区分。

　　[toolbox.default]：表示基本交互工具箱。

　　[toolbox.strongweather]，表示强天气工具箱。

　　交互工具箱和强天气箱中包含点、线、基本工具几种符号类型。

- 点类型

　　配置通常情况下用户只需修改符号的名称及颜色即可，其他各项不建议修改以免造成异常。

　　点类所包含的交互工具箱符号有："小雨""中雨""大雨""暴雨""大暴雨""特大暴雨""阵

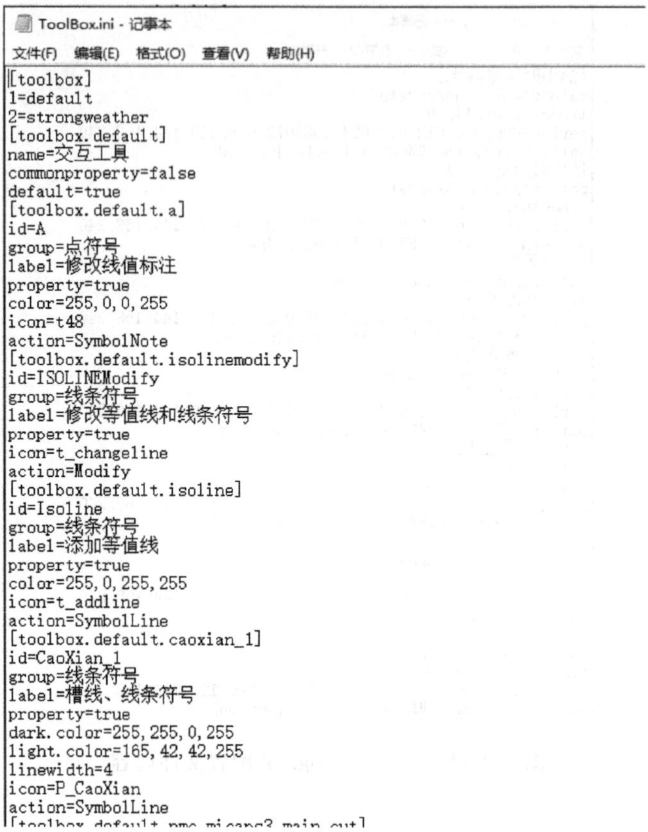

图 5.5-1 toolbox.ini 配置文件

雨""轻冻雨""冻雨""雨雪""小雪""中雪""大雪""暴雪""阵雪""轻雾""雾""晴天""多云""阴天""无风""2～3级风""3～4级风""4～5级风""5～6级风""6～7级风""7～8级风""8～9级风""9～10级风""10～11级风""11～12级风""旋转风""霜冻""浮尘""扬沙""轻沙暴""沙暴""雷暴""冰雹""单点符号""台风""烟""霾"等,均使用点类配置方法即可;由于"修改线值标注"符号是修改符号,所以不需要区分黑白背景颜色。

点类所包含的强天气工具箱符号有:"7～8级风""冰雹""雷暴""龙卷""冷堆""输值风向杆"等,均使用点类配置方法即可;由于"修改线值标注"符号是修改符号,所以不需要区分黑白背景颜色。

举例

[toolbox.default.xiaoyu]

id＝XiaoYu

group＝点符号

label＝小雨

property＝true

dark.color＝0,255,0,255

light.color＝2,221,0,255

icon＝P_XiaoYu

action=SymbolPoint

说明如下:
id=XiaoYu:符号的唯一标识。
group=点符号:符号所属的类。
label=小雨:符号的名称。
property=true:符号是否有属性面板。
dark.color=0,255,0,255:黑色主题下该符号绘制在地图上的颜色。
light.color=2,221,0,255:白色主题下该符号绘制在地图上的颜色。
icon=P_XiaoYu:符号的图标。
action=SymbolPoint:绘制该符号时的动作。

- 线条类型

配置通常情况下用户只需修改符号的名称、颜色及线宽即可,其他各项不建议修改以免造成异常。

线条类所包含的交互工具箱符号有:"添加等值线""槽线、线条符号""高低中心 G 或 D""冷暖中心 N 或 L""闭合线""文字标注""冷锋""暖锋""静止锋""锢囚锋""霜冻线""高温线""箭头符号""双实线""图像填充区域和气象填充区域"等,均使用点类配置方法即可;由于"修改等值线和线条符号"符号是修改符号,所以不需要区分黑、白背景颜色。

线条类所包含的强天气工具箱符号有:"等压线""等风速线""3 h 显著升压线""3 h 显著升压线""湿轴""3 h 显著升压线""暖锋""过去 12 小时槽线""静止锋""过去 12 小时暖锋""强降水区""等露点温度线""等温度线""3 h 显著降压线""250 hPa 季节温度特征线""干舌""显著湿区""冷锋""过去 12 小时冷锋""过去 12 小时切变线""中尺度对流系统""槽线""等露点温度差($T-T_d$)线""等 850 hPa 与 500 hPa 温度差(.T85 线)""等 700 hPa 与 500 hPa 温度差(.T75 线)""等变高线""文字标注""未定义 1""未定义 2""中尺度对流系统移动趋势""折线""显著流线""大风速轴""切变线""干线""辐合线""温度脊","12 h(24 h)显著降温区""24 h 变温""温度槽""带层标注槽线""等比湿线""带层标注未来 12 h 槽线""干侵入特征线""急流核""分流区"等,均使用点类配置方法即可;由于"修改等值线和线条符号"符号是修改符号,所以不需要区分黑白背景颜色。

举例

[toolbox.default.caoxian_1]
id=CaoXian_1
group=线条符号
label=槽线、线条符号
property=true
dark.color=255,255,0,255
light.color=165,42,42,255
linewidth=4
icon=P_CaoXian
action=SymbolLine
说明如下:

id=CaoXian_1：区分该符号的唯一标识。
group=线条符号：该符号所属的类。
label=槽线、线条符号：符号的名称。
property=true：符号是否有属性面板。
dark.color=255,255,0,255：黑背景下该符号的颜色。
light.color=165,42,42,255：白背景下该符号的颜色。
linewidth=4：该符号的线宽。
icon=P_CaoXian：该符号的图标。
action=SymbolLine：绘制该符号时的动作。

- 基本工具类型

该类型符号的配置相对于其他类配置较少一些，不必配置其颜色与线性，只作为基础功能配置即可。

基本工具类所包含的交互工具箱符号有："漫游""剪刀""控制点修改线条"，配置方法使用基本工具类配置即可。

基本工具类所包含的强天气工具箱符号有："漫游""剪刀"，配置方法使用基本工具类配置即可。

举例

[toolbox.default.nmc_micaps3.0_main_cut]
id=NMC_MICAPS3.0_MAIN_CUT
group=基本工具
label=鼠标左键为线条或者符号移动，右键删除
property=true
icon=cut
action=Cut

说明如下：
id=NMC_MICAPS3.0_MAIN_CUT：分该符号的唯一标识。
group=基本工具：该符号所属的类。
label=鼠标左键为线条或者符号移动，右键删除：该符号的名称。
property=true：符号是否有属性面板。
icon=cut 该符号的图标。
action=Cut：绘制该符号时的动作。

5.5.2 灾难恢复

MICAPS4.0增加了"异常退出恢复"的功能，当系统检测到上次程序没有正常退出后，会弹出下图所示对话框，用户可以在下方的列表出进行未保存的交互文件选择。该文件保存的路径为 data\tmp\目录。

因为可能同时打开多个 MICAPS4.0 窗口，因此，下方的列表结果可能也有多个，用户只需在多个交互文件中选择一个合适的即可。

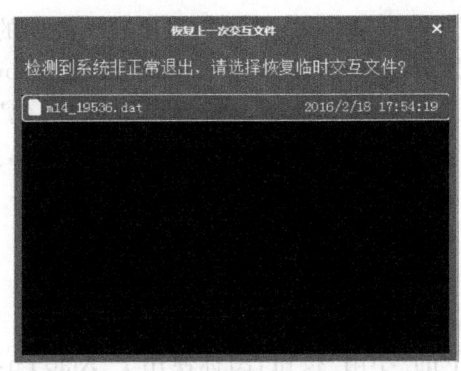

5.5.3 城市预报交互工具

城市预报数据（MICAPS 第 8 类数据）也可以进行交互编辑操作，MICAPS4.0 对城市预报数据的交互工具箱也进行了优化升级。该工具箱的配置文件保存在 config\Diamond8ToolBox 目录下。

FilterSetting.ini 为过滤信息配置文件，用户可根据自身所需修改默认过滤范围，如下图所示。

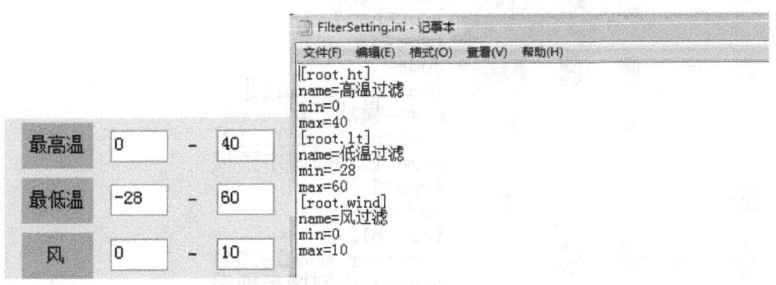

PropertySetting.ini 为属性面板配置文件，提供所有显隐按钮的分组和功能定义（图 5.5-2）。

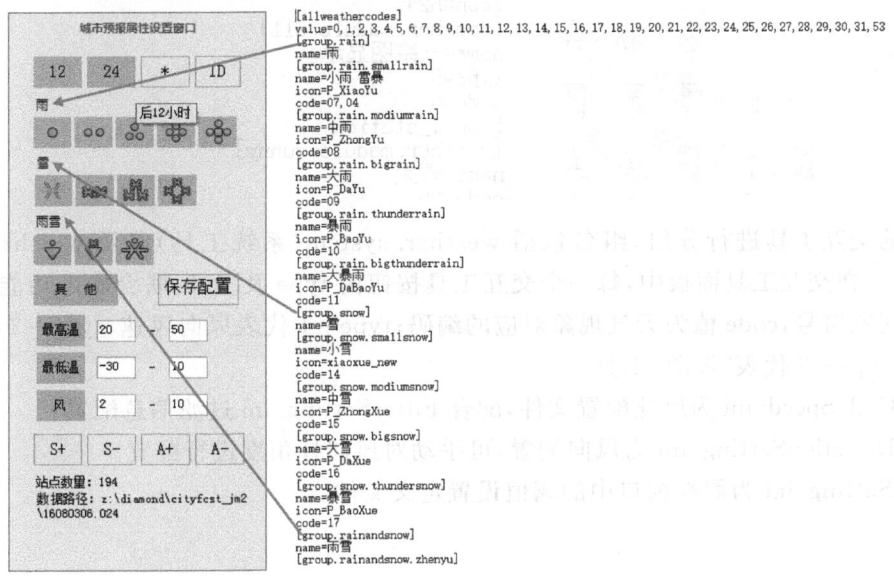

图 5.5-2 PropertySetting.ini 配置文件

allweathercodes：所有天气符号编码，该编码与城市报文件中的编码一一对应。

group：将天气符号进行分组，group.rain 为"雨"对应的组，group.snow 为"雪"对应的组，group.rainandsnow 为"雨雪"对应分组，剩下的符号归并在"其他"分组中。每个分组下为各个天气符号信息，name：名称，icon：使用的图标，code：对应的编码，如：[group.rain.smallrain]

name＝小雨 雷暴

icon＝P_XiaoYu

code＝07,04

checked＝True

表示当前按钮为"雨"组下的"小雨"按钮，图标使用 P_XiaoYu，该按钮同时对 07 和 04 编码对应的天气符号进行显/隐设置，该天气符号默认显示。

WeatherSetting.ini 为交互工具配置文件

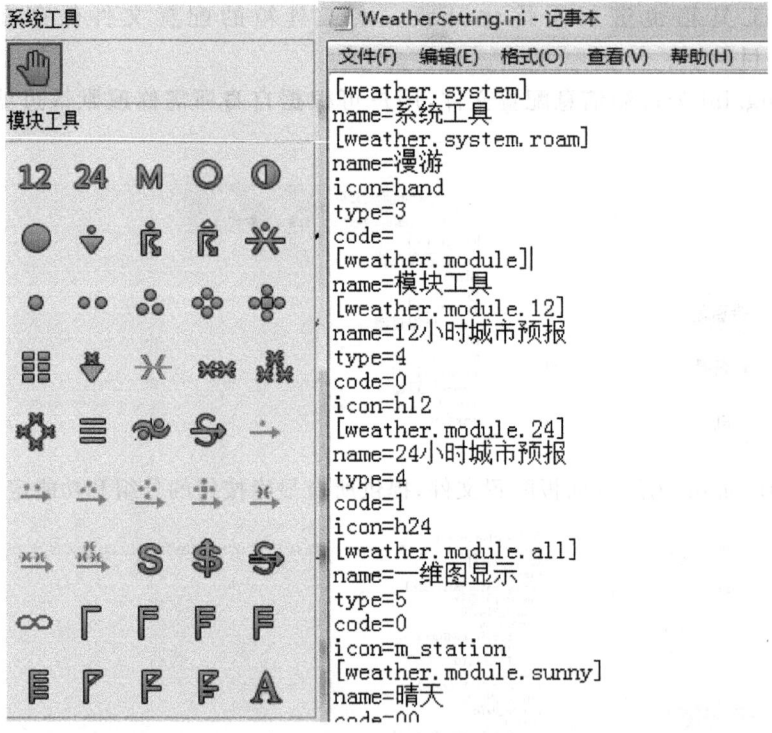

所有的交互工具进行分组，组名包括 weather.system（系统工具）以及 weather.module（模块工具），在交互工具面板中，每一个交互工具按钮由 type 及 code 联合确定功能，type＝0 代表天气现象符号，code 值为天气现象对应的编码；type＝1 代表风向风速，type＝2 代表温度修改按钮，type＝3 代表"漫游"工具。

WindCodeSpeed.ini 为风速配置文件，配合 FilterSetting.ini 过滤信息配置。

WindDirectionSetting.ini 为风向配置，可手动对风向杆角度进行配置。

FilterSetting.ini 为属性窗口中的阈值设置定义文件。

5.6 基本功能配置本地化

5.6.1 飞机报(amdar 资料)

飞机报配置:配置文件 AIRSTATIONS_cn.ini 主要用于配置各个机场的信息,该文件位于安装目录 config\amdar 下,此配置文件内容如图 5.6-1 所示。

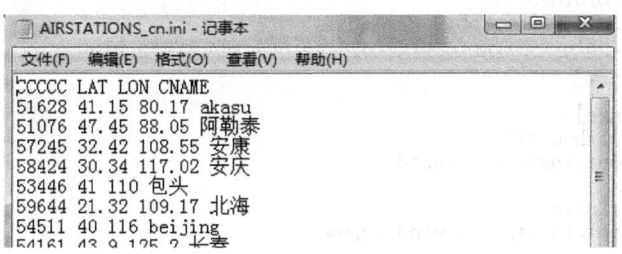

图 5.6-1 飞机报配置文件

CCCCC、LAT、LON、CNAME 分别代表站号、纬度、经度、站名,可手动进行修改。

set.ini:主要用于配置 amdar 资料默认的属性显示/隐藏。

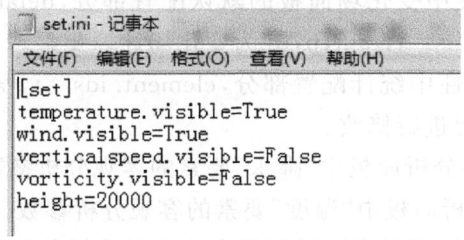

temperature.visible:温度要素的显/隐状态。
wind.visible:风的显/隐状态。
verticalspeed.visible:垂直速度的显/隐状态。
vorticity.visible:涡流度的显/隐状态。
heigt:20000 飞行高度过滤,地图只显示该高度以下的数据。

5.6.2 自动站

自动站配置:配置文件 AutoStation.ini 位于安装目录 config\AutoStation 下,该配置文件内容如图 5.6-2 所示。

[analyse]:为自动站属性中分析面板配置部分,element.ids=t,rain,p,wind,td,rh 为分析要素;cressman.rads=25,20,10,5,2 为默认分析半径;scope.auto=false 设置分析范围是否默认使用数据边界进行自动设置,当前为非自动设置;scope.startlon=70,scope.endlon=140 为起始和终止经度;scope.startlat=15,scope.endlat=55 为起始和终止纬度;scope.loninterval=0.5 为经纬度间隔;line.width=3 为等值线线宽;fill.palette=tempreture,rain,

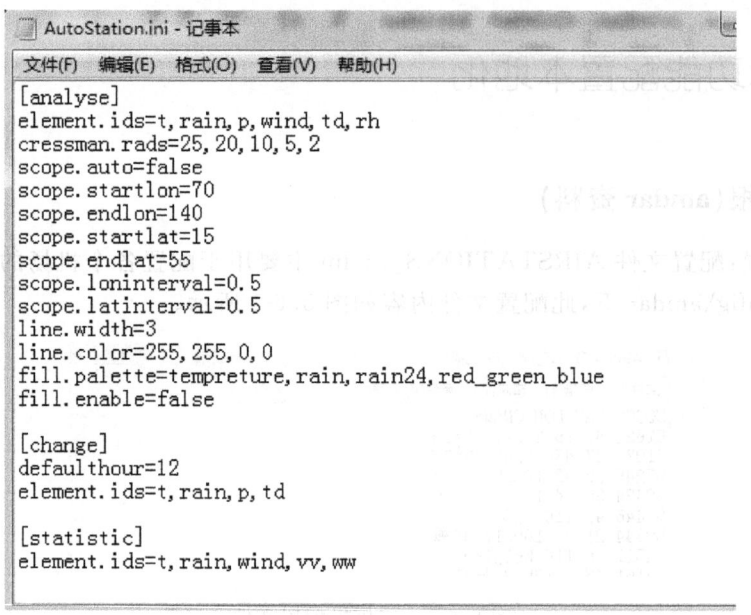

图 5.6-2　自动站配置文件

rain24,red_green_blue 为调色板；可根据需求手动对其内容进行修改。

[change]：为自动站属性中变化场面板的默认配置部分，defaulthour＝12 为默认时间间隔，单位是"小时"；element.ids＝t,rain,p,td 为变化场计算要素。

[statistic]：为自动站属性中统计配置部分，element.ids＝t,rain,wind,vv,ww 为统计要素，可根据需求手动对其内容进行修改。

[rain]：为自动站属性中分析面板中"降水"要素的客观分析参数。

[t]：为自动站属性中分析面板中"温度"要素的客观分析参数。

[p]：为自动站属性中分析面板中"气压"要素的客观分析参数。

[wind]：为自动站属性中分析面板中"风速"要素的客观分析参数。

[td]：为自动站属性中分析面板中"露点温度"要素的客观分析参数。

[hum]：为自动站属性中分析面板中"相对湿度"要素的客观分析参数。

[vv]：为自动站属性中分析面板中"能见度"要素的客观分析参数。

[monitor]：为自动站属性中监视过滤面板中所需的参数信息。

5.6.3　云图调色板设置

云图的配置文件 AwxProduct1.ini，主要用于配置云图各个通道的默认调色板，该文件位于安装目录 config\AwxProduct 下，该配置文件内容如图 5.6-3 所示。

1＝：表示红外。

2＝：表示水汽。

3＝：表示红外分裂框。

4＝：表示可见光。

5＝：表示中红外。

第 5 章 系统配置与本地化

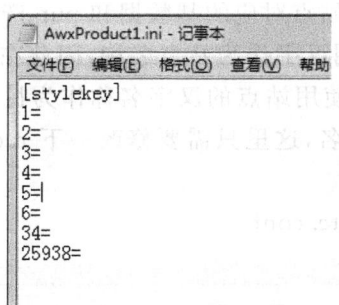

图 5.6-3 云图配置文件

6＝：用于备用。
34＝：表示沙尘。
25938＝：表示可见光(125)。

5.6.4 单站雷达

单站雷达模块的配置项位于 Modules\RadarS\ 目录下以及 Modules\RadarS\conf 目录下，主要用来设置基数据以及产品的路径信息。

(1) Modules\RadarS\RadarS.Xml

```
<RadarS name="RadarS">
  <Enactment>
    <BaseDataPath name="BaseData" dirName="X:\radar\Archives" />
    <PUPProductPath name="PUPProduct" dirName="X:\radar\Products" />
  </Enactment>
```

在该文件中，可以设置雷达基数据以及PUP产品的文件所在路径。

(2) Modules\RadarS\radar_data_config.ini

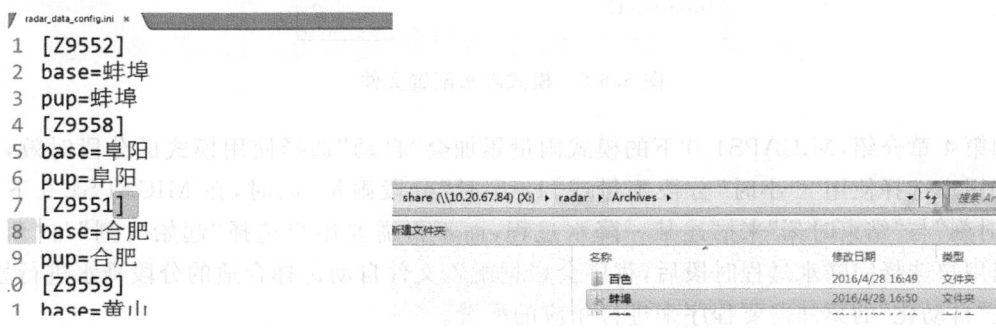

该文件主要用来设置每一个站点对应的基数据和 pup 产品的文件子目录。如上图所示，右侧为基数据文件保存路径，使用汉字作为站点名称，因此在左侧的 base 项的值也用相同的文件夹名称。MICAPS4.0 默认使用站点的汉字名称作为目录名，但是在有些省份使用站点拼音为各个雷达站的存储子目录名，这里只需要修改一下 radar_data_config.ini 配置文件中的对应项即可。

(3) Modules\RadarS\radarsite.conf

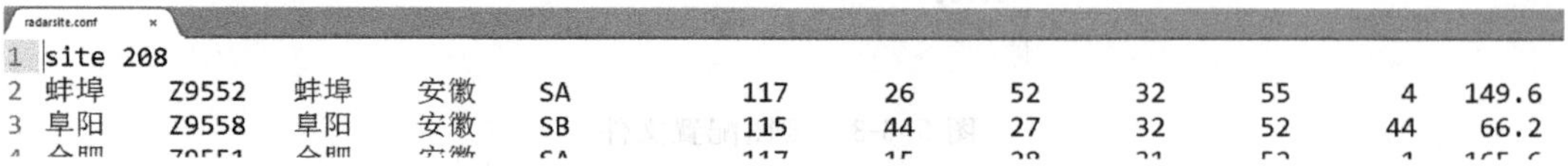

图 5.6-4 雷达站点配置文件

所有雷达站点的信息，包括名称、编号、所在城市、所在省份、雷达类型、经度的度分秒、纬度的度分秒、站点高度（米），如果需要增加或修改站点信息，可更新此配置文件。

5.6.5　累计降水

模式降水累加配置：配置文件 modelrainfall.ini 保存于安装目录 config\CumulativeRainfall 下（图 5.6-5）。

该配置文件的最下方有如 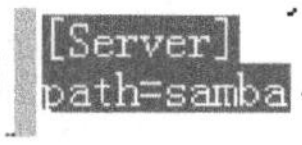 [Server] path=samba 所示的配置信息。该信息标明模式降水累加使用的数据源为 datasources.ini 中的 samba 源。有关"数据源"的详细信息，请参考 5.3 节 datasources.ini 配置文件介绍。

图 5.6-5 模式降水配置文件

如第 4 章介绍，MICAPS4.0 下的模式雨量累加会"自动"选择使用模式的分段时效，而不再需要用户选择使用"6 小时"分段雨量或"12 小时"分段雨量，同时，在 MICAPS4.0 下选择"起始时刻"与"结束时刻"来描述某一降水过程，而不再需要用户选择"起始时刻"与"预报时效"：当用户选择完降水过程时段后，程序会根据配置文件自动选择合适的分段降水进行累加，而这些"自动化"的累加需要程序来进行相应的配置。

模式降水累加配置文件 modelrainfall.ini 中的各个模式分段降水也是分组进行配置的，如图 5.6-5 所示，以 T639 模式的各个分段降水路径配置为例。

[model.t639]表明 T639 模式组信息，name 用于描述该组的说明信息，style 表明该组的累加结果使用 rain/Grid_rain24.xml 样式文件。

[model.t639.rain3]表示模式 T639 下的分组节点，父类节点为 model.t639。name＝T639_降水 3 小时，语句表示模式降水数据的名称，这里可以按自身使用习惯命名配置。Path＝t639\rain03，表示该模式下数据文件所在的相对路径，这里的路径相对于[server]节点中的path 设置的数据源，MICAPS4.0 会将数据源中的路径与该路径进行拼接。interval＝3 表明该路径下的数据间隔为 3 h，forecast＝3 表明该路径下的数据累加时段为 3 h，format＝{MYMtime:yyMMddHH}.{MYMduration:D3} 表明该目录下的文件命名规范为起报时间（yyMMddHH）.预报时效（3 位数字）。依此类推，[model.t639.rain12]同样表示 T639 模式下的子节点，path＝\T639\RAIN12_4 为相对路径，interval＝3 表明数据间隔为 3 h，forecast＝12 表明数据累加时段为 12 h，format＝{MYMtime:yyMMddHH}.{MYMduration:D3} 表明文件格式。其他配置与前述相同，不再赘述。

自动站降水累加配置：配置文件 AutoStationRainfall.ini 保存在安装目录的 config\CumulativeRainfall 下，文件内容如图 5.6-6 所示。

图 5.6-6　自动站降水配置文件

该配置文件的最下方有如 [Server] path=samba 所示的配置信息，该信息标明模式降水累加使用的数据源为 datasources.ini 中的 samba 源。

[PathConfig.r1]表示分组节点，PathConfig 表示父类节点，r1 表示子类节点。

name＝1 小时雨量，语句表示自动站降水数据描述的名称，这里可以按照自己使用习惯命名配置。

Path＝\surface\r1\，表示数据文件所在路径，这里的路径相对于[server]节点中的 path 设置的数据源，MICAPS4.0 会将数据源中的路径与该路径进行拼接。

Statisticaging＝1，雨量累加时段，此处表明该目录下文件为 1 h 雨量累加。

Format={MYMtime;yyMMddHH}.000,表示读取文件的格式。

Style=RAIN\Diamond3_rain24,表示累加结果采用 Rain\diamond3_rain24.xml 样式显示。

5.6.6 传真图

传真图显示默认配置文件 faxconfig.ini 保存在安装路径\config\fax 目录下,文件内容如图 5.6-7 所示。

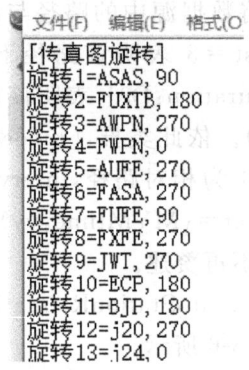

图 5.6-7 传真图旋转配置

[传真图旋转]:传真图加载后默认旋转的角度配置,可以根据传真图的文件名的关键字,统一设置传真图的默认旋转角度。

例如:"旋转1=ASAS,90"中的"ASAS"为传真图文件名的关键字,"90"为加载含有该关键字的传真图时,默认显示的选装角度(顺时针旋转)。

[检索设置]:提供对传真图属性窗口中的"检索设置"分组设置,该设置用于支持快速打开相应的产品文件。用户可以自定义检索分组,组名可在[检索设置]下的"检索分组"中设置。每个组可以配置多条检索对应条件,中间使用英文分号(;)分隔开,前面的名称为属性窗口会显示的检索名称,后面的名称为该检索名称对应的传真图文件(图 5.6-8)。

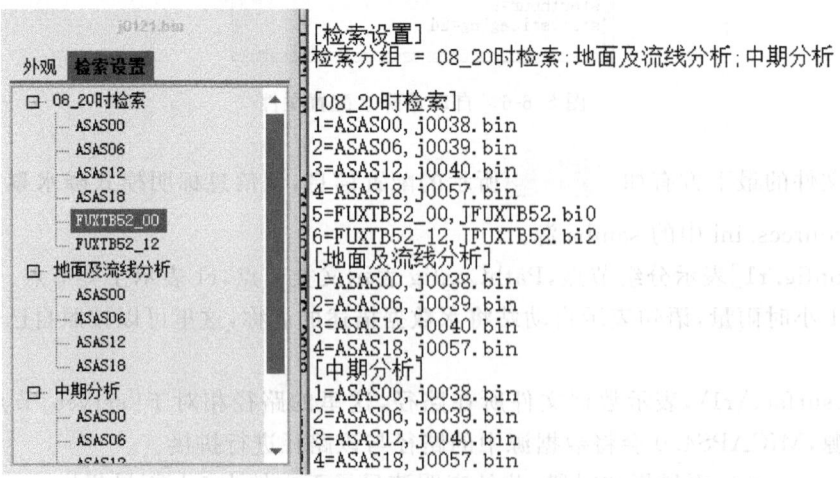

图 5.6-8 传真图检索配置

5.6.7 高空填图

配置文件 High.ini 位于安装目录 config\High 目录下,该配置文件的内容如图 5.6-9 所示:

高空分析配置:高空填图和地面数据中的要素均可进行客观分析计算,默认的客观分析参数分别存放在 configVHigh 目录以及 config\Surface 目录下,两者的配置文件内容相似(图 5.6-9)。

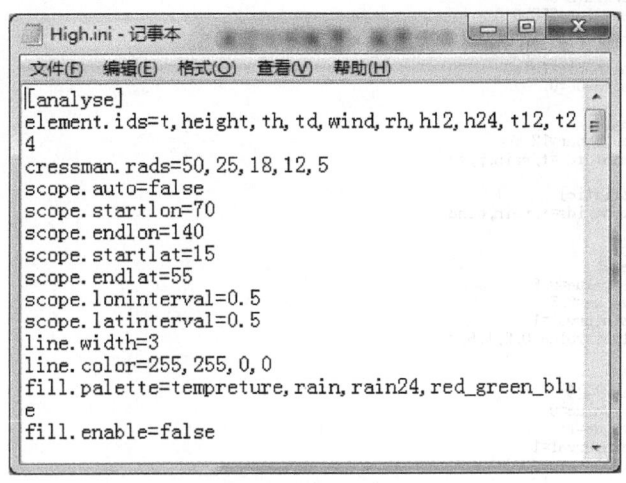

图 5.6-9 高空填图配置文件

分析:[analyse]为分析配置部分;element.ids=t,rain,p,wind,td,rh 为分析要素;cressman.rads=25,20,10,5,2 为分析半径;scope.auto=false 为自动;scope.startlon=70,scope.endlon=140 为经度;scope.startlat=15,scope.endlat=55 为纬度;scope.loninterval=0.5 为间隔;line.width=3 为等值线线宽;fill.palette=tempreture,rain,rain24,red_green_blue 为调色板;可根据需求手动对其内容进行修改。

变化场:[change]为变温、变高的属性设置,defaulthour=12,为默认变化场计算时间。

后续的设置为各个要素的客观分析参数,其中 name 项表示要素说明,startvalue 为起始分析值,endvalue 为结束分析值,lineinterval 为分析间隔。

5.6.8 地面填图

地面填图配置文件 surface.ini 位于安装目录 config\surface 目录下,该配置文件的内容如图 5.6-10 所示。

分析:[analyse]为分析配置部分;element.ids=t,rain,p,wind,td,rh 为分析要素;cressman.rads=25,20,10,5,2 为分析半径;scope.auto=false 为自动;scope.startlon=70,scope.endlon=140 为经度;scope.startlat=15,scope.endlat=55 为纬度;scope.loninterval=0.5 为间隔;line.width=3 为等值线线宽;fill.palette=tempreture,rain,rain24,red_green_blue 为调色板;可根据需求手动对其内容进行修改。

变化场:[change]为变化场中的属性设置,defaulthour=12,为默认变化场计算时间。

后续的设置为各个要素的客观分析参数,其中 name 项表示要素说明,startvalue 为起始

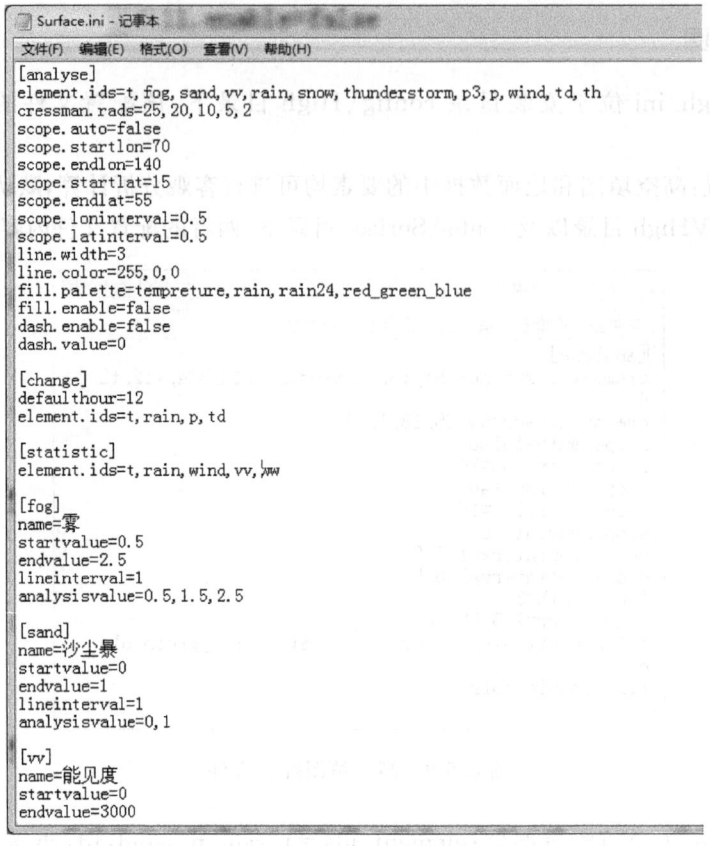

图 5.6-10　地面填图配置文件

分析值，endvalue 为结束分析值，lineinterval 为分析间隔。threshold 为"统计"功能中的阈值备选项。

5.6.9　出图

系统的启动配置和出图配置信息存放在系统配置文件 set.ini 中，保存在安装目录的 config 文件夹下。修改 set.ini 文件可以修改程序启动时默认背景、快捷功能，同时可以设置出图工具出图的字体颜色，图片版权信息等。

MICAPS4.0 的后台出图使用带参数的执行方式，具体说明如下。

　　　　micaps.exe——data［文件路径］——out［输出文件路径］［——nologo］

说明：MICAPS4.0 后台出图使用出图参数标识各个参数，各个参数的排列顺序不固定，参数说明如下：

data：需要打开的文件全局路径。

out：输出路径。

nologo：可选，出图时是否要显示 MICAPS4.0 主界面，如果有该标记项，则出图时不显示主界面。

Settings 部分

配置项	可选值	功能
theme	dark / light	配置 MICAPS4 启动时的默认颜色主题
dsbrowser.enable	true / false	是否在工具栏上显示数据远浏览
tilemap.enable	true / false	是否在工具栏显示高精度瓦片地图
dem.enable	true / false	是否在状态栏上启动实时高度显示，需要在 data 目录下有 dem.bin 高度查询文件
autoclearlayer	true / false	是否打开综合图时自动清空已有图层
defaultstation	站点号，例如 54511	默认站点，模式探空、三线图等模块中的默认站点。

Imageshot 部分

配置项	可选值	功能
copyright.text	版权文字	截图时，左下角的版权文字
copyright.font	字体名称	版权文字的字体
copyright.size	整数 10	版本文字的字号
copyright.darkcolor	r,g,b	版权文字在深色背景下的颜色
copyright.lightcolor	r,g,b	版权文字在浅色背景下的颜色
copyright.enable	true、fase	是否显示版权文字
lonlat.font	字体名称	截图时经纬度标注的字体
lonlat.size	整数字号(10)	截图时经纬度标注的字体大小
lonlat.color	r,g,b	截图时经纬度标注的颜色
lonlat.enable	true、false	是否显示经纬度标注
border.size	整数 4	截图外边框的宽度
border.color	r,g,b	截图外边框的颜色
border.enable	true、false	是否显示外边框
image.resolution	width,height(800,600)	截图图片的大小，不配置以当前屏幕为准。
image.facsimile	true、false	截图时，是否把图片转换为传真图(纯黑白双色图)

图 5.6-11　系统配置说明

5.6.10　布局保存

MICAPS4.0 支持用户将修改后的布局进行保存，以方便后期使用时快速加载。当用户需要保存程序布局时，可在菜单项"视图"中进行保存(图 5.6-12)。

当再次打开程序时，如想要使用之前保存的界面布局，可在菜单栏"视图"中进行布局加载；修改的界面布局文件保存在 config\layout 目录下，一般不需要手动修改。

图 5.6-12　保存布局

5.6.11　表　格

MICAPS4.0 支持用表格来显示地面观测多站点/多要素中的内容，表格菜单的数据配置文件为 micapstable.ini，保存在安装目录\config\MICAPSDataChart 下，配置文件内容如图 5.6-13 所示。

```
[地面多站]
标题=地面多站
资料目录=z:\data\surface\plot
站点=北京;锡林浩特;哈尔滨;郑州;广州;昆明;拉萨
默认站点=北京
列名=站点;总云量;风速;气压;3小时变压;过去天气1;过去天气2;降水;低云状;低云量;低云
在天气;温度;中云状;高云状;24小时变温;24小时变压

[地面单站]
标题=地面单站
资料目录=z:\data\surface\plot
站点=北京;顺义;海淀;延庆;佛爷顶;汤河口;密云;怀柔;密云上甸子;平谷;通州;朝阳;昌平;
;丰台;大兴;房山;霞云岭
列名=时间;总云量;风速;气压;3小时变压;过去天气1;过去天气2;降水;低云状;低云量;低云
在天气;温度;中云状;高云状;24小时变温;24小时变压

[降水统计]
标题=降水统计
资料目录=z:\data\surface\r6
站点=北京;营口;通化;榆林
列名=时间;北京;营口;通化;榆林

[综合地面]
标题=综合地面
资料目录=z:\data\surface\plot
站点=北京;广州;昆明;拉萨
列名=时间;北京;广州;昆明;拉萨
```

图 5.6-13　表格数据配置

配置文件[地面多站]、[地面单站]、[降水统计]、[综合地面]对应表格菜单的 4 个标签项。"资料目录＝"后面的路径为资料路径请更改为自身数据源的位置。

站点可以手动添加，添加的站点名称之间使用英文状态下的分号(;)隔开。加载数据的 4 列每列的名称也可以手动修改，同样列名之间使用英文状态的";"隔开。

5.6.12　模式资料曲线

模式资料曲线模块的配置文件 modeldatachart.ini 位于 config\micapsdatachart 目录下(图 5.6-14)。该文件内容为：

各段说明如下。

[map]：绘制区基本颜色定义，该颜色按照"黑/白"两种主题进行分别设置，light.* 表示白色主题下的颜色设置，dark.* 表示黑色主题下的颜色设置。颜色定义分别为网格线(grid)颜色、坐标轴上的字体(unit)颜色、坐标边框(border)颜色、实况纵轴(live)颜色、预报纵轴(forecast)颜色、实况预报分割线(separator)纵轴颜色。

[set]：时间和默认站点设置信息。表示时间间隔选项(intervals)、默认时间间隔(default-

```
modeldatachart.ini - 记事本
文件(F)  编辑(E)  格式(O)  查看(V)  帮助(H)
[map]
light.grid.argb=255,219,219,219
light.unit.argb=255,158,171,196
light.label.argb=255,0,0,0
light.border.argb=255,55,55,212
light.live.argb=128,215,214,210
light.forecast.argb=128,240,128,128
light.separator.argb=255,240,128,128
dark.grid.argb=255,105,105,105
dark.unit.argb=255,255,255,255
dark.label.argb=255,255,255,255
dark.border.argb=255,255,255,255
dark.live.argb=128,215,214,210
dark.forecast.argb=128,240,128,128
dark.separator.argb=255,240,128,128
[set]
intervals=1,3,6,12,24
defaultinterval=24
durations=0,24,48,72,96,120,144,168,192,216,240
defaultduration=72
defaultstations=54511;
server=samba
[defaultdata]
name=dataselect.0eacc443-5641-4096-8c18-b6b391c7cbf9.7f3e7816-eb3a-46bd-91ab-0e95a2410ad6
[dataselect]
name=资料选择
path=
datatype=
interval=24
linetype=None
datacolumn=0
figuretype=None
light.color=255,255,255,255
dark.color=255,255,255,255
[dataselect.0eacc443-5641-4096-8c18-b6b391c7cbf9]
name=常用配置
path=
datatype=
interval=24
linetype=Solid
datacolumn=0
figuretype=None
light.color=255,66,116,175
dark.color=255,255,192,203
[dataselect.0eacc443-5641-4096-8c18-b6b391c7cbf9.7f3e7816-eb3a-46bd-91ab-0e95a2410ad6]
name=地面温度
path=
datatype=
interval=24
linetype=Solid
datacolumn=0
figuretype=DataGroup
light.color=255,66,116,175
dark.color=255,255,192,203
[dataselect.0eacc443-5641-4096-8c18-b6b391c7cbf9.7f3e7816-eb3a-46bd-91ab-0e95a2410ad6.2]
name=温度
path=Z:\data\surface\plot
datatype=surface
interval=3
linetype=Solid
datacolumn=19
figuretype=Data
light.color=255,155,187,89
```

图 5.6-14 模式资料曲线配置文件

interval)、预报时效选项(durations)、默认时效(defaultduration)、默认站号(defaultstations 多站可由英文";"分隔)、数据源定义(server)、默认起始预报时效(defaultstartduration)。

[defaultdata]：时间序列图启动时加载综合图，该项内容与下方对应的综合图组名称一致。

综合图组织方式为 dataselect.{节点名}.{综合图名}.{数据项名}。以配置 `[dataselect.0eacc443-5641-4096-8c18-b6b391c7cbf9] name=常用配置` 表示为"常用配置"节点，其后为默认线型(linetype)、黑、白背景下的线条颜色。`[dataselect.0eacc443-5641-4096-8c18-b6b391c7cbf9.7f3e7816-eb3a-46bd-91ab-0e95a2410ad6] name=地面观测温度降水` 为其下的"地面观测温度降水"综合图定义，其中 figuretype＝DataGroup 代表该节点为综合图节点，

[dataselect.0eacc443-5641-4096-8c18-b6b391c7cbf9.7f3e7816-eb3a-46bd-91ab-0e95a2410ad6.2]则为"地面观测温度降水"
name=温度
综合图下的"温度"数据项定义,注意每一项的"[ ]"名称均需包含父节点的[ ]名称。path=z:\data\surface\plot 代表该数据的绝对路径,datatype=surface 表示该数据为地面填图数据,linetype=Solid 表示该数据用"实线"显示,figuretype=Data 表示当前为数据项,datacolumn=19 表示需要显示的要素在地面填图数据中位于第 19 个要素。其后是在"黑/白"背景下显示的颜色。

注意:该模块的配置文件虽然支持用写字板软件直接打开并进行编辑,但是建议还是在模块界面上进行属性设置。

5.6.13 模式资料处理、模式平均

模式资料处理、模式平均的配置文件 nwpcredit.ini 保存在安装目录 config\ModeDataProcessor 下,配置文件内容如图 5.6-15 所示。

图 5.6-15 模式平均

nwpcredit.ini 的第一部分是模式平均配置,组名称为[多模式资料集成]。

预设组数=3 代表模式平均分为 3 组,"目录数-组 1=2"表示第一组有 2 个可做平均的模式数据,"组 1 名称=多模式 500hPa 高度场集合"表示该数据的名称;"组 1 资料目录 1=t639\height\500,H,500"表示数据路径。

以上几项用户都可根据需求进行手动修改和添加,用户使用时请更改为自身数据源位置(图 5.6-16)。

nwpcredit.ini 的第 2 部分是模式资料处理配置,组名称为[资料路径设置]。"模式个数"表示配置的模式个数,也即界面上的 ,后面可更改所要显示模式的个数;"模式 1="后面可更改所需的模式名称;"模式 1 要素个数="后面要标明该模式下所要显示的要素个数;"模式 1 要素 1="后面为添加的要素名称与路径,也即界面上的 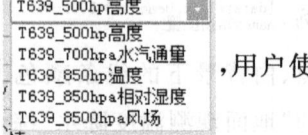 ,用户使

图 5.6-16 模式资料处理

用时请更改为自身数据源位置,添加数据名称与路径时用逗号隔开。

5.6.14 流线数据

11 类地面配置:配置文件 Streamline.ini 保存在安装目录 config\Streamline 下,主要用于等风速线默认调色板的设置(图 5.6-17)。

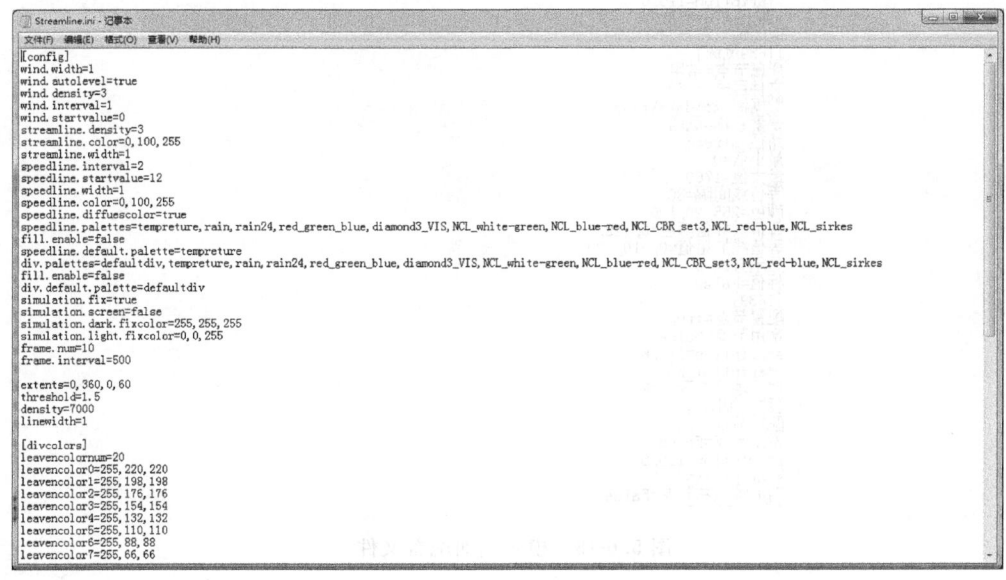

图 5.6-17 流线数据配置文件

如图 5.6-17 所示,config 中标识了流线数据属性窗口中的设置。wind.＊表示所有风向杆的属性设置,streamline.＊表示所有静态流线的参数设置;speedline.＊表示所有的等风速线设置,其中 palettes 表示了调色板的名称,系统会根据当前"黑/白"主题方案,从相应目录下查找对应的调色板文件。simulation;frame.＊为动画输出的参数。

extents 为动态流线分析的范围,按照(起始经度,结束经度,起始纬度,结束纬度)的顺序组织,density 为插值流线的密度,数值越大,则插值动态流线越密,linewidth 为插值动态流线宽度。

5.6.15 模式剖面

注意:该模块的配置文件虽然支持用写字板软件直接打开并进行编辑,但是建议还是在模块界面上进行属性设置。

MICAPS4.0 对模式剖面模块也进行了较大的功能调整,用户可通过加载预先定制好的配置文件完成常用数据的加载功能。配置信息位于 Modules\ModeSection\ 目录下,按照时间垂直、空间垂直、时间水平功能分别进行设置。

时间垂直(timeverticalProductConfig.ini):

[数据层]中定义了所有的层次信息,该信息可根据实际目录进行调整。

随后的配置为节点及综合图的相应信息,以 为例,其对应的配置项如图 5.6-18 所示。

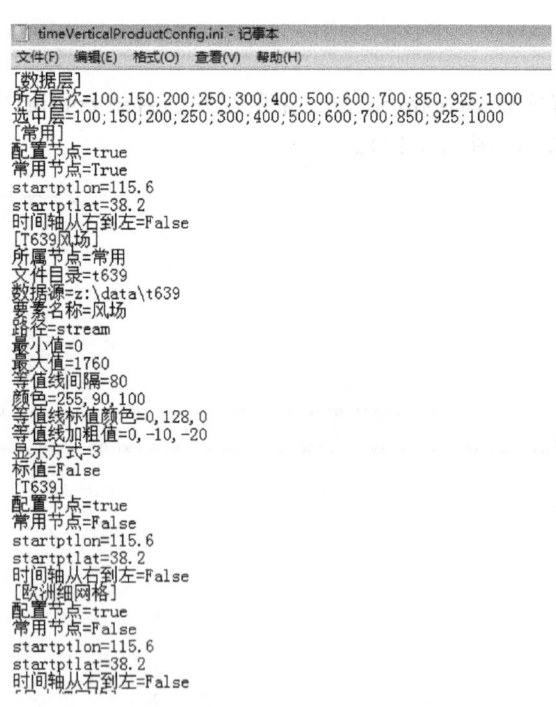

图 5.6-18　模式剖面配置文件

[常用]:配置节点＝true 表明该项为节点;常用节点＝True 表明程序启动时该节点被激

活;startptlon=115.6 startptlat=38.2 表明该节点下的综合图默认在此经纬度下进行垂直剖面计算;时间轴从右到左=False 表明该节点默认时间显示方向为从左至右。

[T639 风场]:所属节点=常用,表明该综合图在"常用"分组节点下。其他项与"综合图配置"界面中的参数对应,如下图所示。

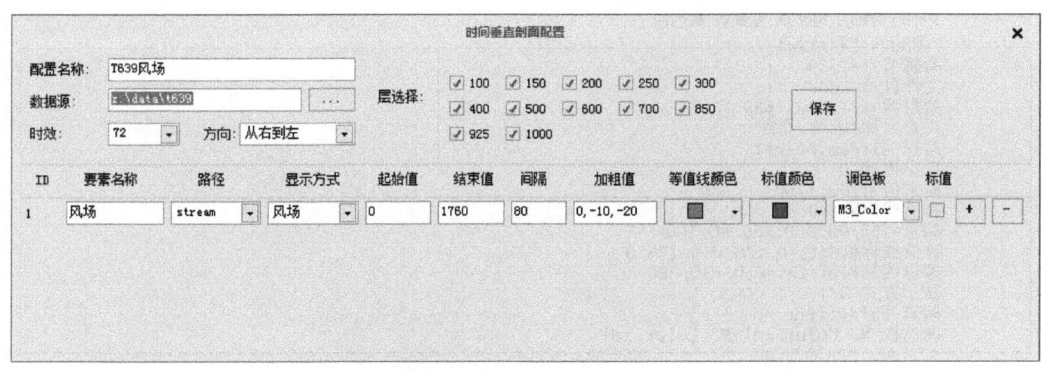

(1)数据源=z:\data\t639 表明该数据使用的路径。
(2)要素名称=风场 表示当前要素所显示的字符串描述。
(3)路径=stream 表明当前要素相对于数据源的目录名。
(4)其后各配置项为等值线的分析字段。
(5)显示方式=3,表示当前的数据使用"风场"显示,其对应关系为:1—等值线,2—等值面,3—风场,4—矢量风。

如果一个综合图中有多个数据项,如下图所示:

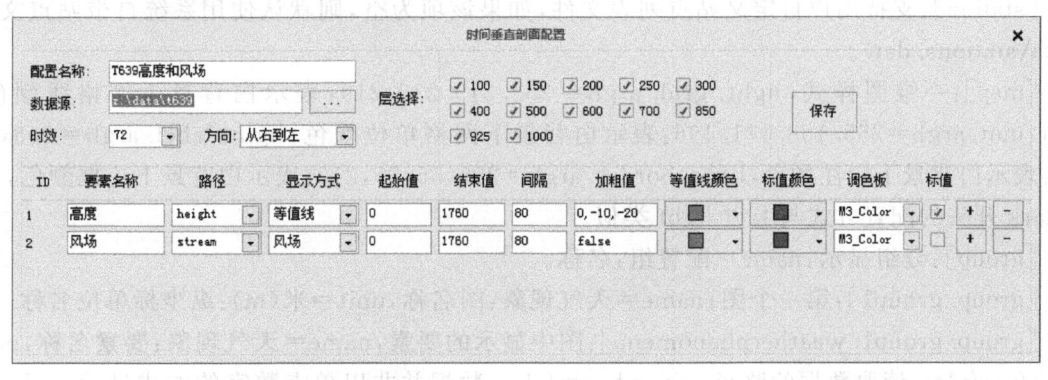

则对应的配置项为:

```
[T639高度和风场]
所属节点=T639
文件目录=t639
数据源=z:\data\t639
要素名称=高度;风场
路径=height;stream
最小值=0;0
最大值=1760;1760
等值线间隔=80;80
颜色=255,90,100;255,90,200
等值线标值颜色=0,128,0;0,128,0
等值线加粗值=0,-10,-20;false
显示方式=1;3
标值=True;False
```

,多个数据项之间用分号(;)分隔即可。

时间水平([timeHorizontalProductConfig.ini])与空间垂直([spaceVerticalProductConfig.ini])属性配置项与时间垂直类似,这里就不一一赘述。

模式剖面调色板存放文件夹 palette 位于 Modules\ModeSection 目录下,用户可将所需调色板放置在此文件夹下,再在配置文件中修改所要调用的调色板即可,图中红色区域为调色板修改处。例图如下:

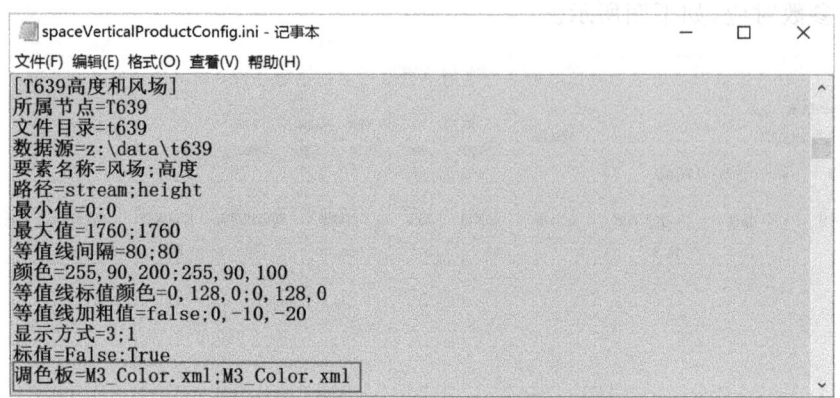

5.6.16 一维图

一维图的配置文件 onedimension.ini 保存在安装目录 config\micapsdatachart 下,该配置文件内容为:

以下配置除颜色与读取数据的路径以外的配置内容不建议修改,以免造成程序异常。

[server]:数据源配置部分,name=samba:表示数据源名称,数据源配置请参考 5.3 节 datasources.ini 配置文件说明。

[station]:支持用户自定义站点列表文件,如果该项为空,则默认使用系统自带站点文件(data\stations.dat)。

[map]:一维图样式,light.grid.argb=255.219.219.219:表示白背景下网格线颜色,light.unit.argb=255.158.171.196:表示白背景下网格单位颜色,light.label.argb=255,0,0,0:表示白背景下标注颜色,light.border.argb=255,55,55,212:表示白背景下边框颜色,下方 dark 开头的配置方式与上方 light 类似。

[group]:分组显示,name=配置组:名称。

[group.group1]:第一个图;name=天气现象:图名称,unit=米(m):纵坐标单位名称。

[group.group1.weatherphenomeno]:图中显示的要素,name=天气现象:要素名称,path=surface/plot:读取数据的路径;isnumber=false:数据并非以单点数字的方式显示;index=18:该要素在原始数据文件中所在的列;format={MYMtime:yyMMddHH}.{MYMduration:D3}:文件格式,主要用来确定文件中的时间信息;fontfamily=surface:字体资源名称,"天气现象"符号在一维图中以"surface"字体资源描述;fontsize=14:字体大小;linetype=4:线型,1 是折线,2 是柱状,3 是面积,4 是显示符号但与纵轴无关,5 是带层次的折线,6 是带层次的符号,7 是等值线;labelvisible=false:是否显示标注,该项只对线条起作用;light.argb=255,162,188,122 与 dark.argb=255,62,255,139:白背景与黑背景下所显示的颜色。

[group.group2]:表示第二个图,name=风 散度等值线:图名称,unit=气压(hPa):纵坐标单位名称;axis=2:轴样式,如不对轴样式进行配置,系统默认给定为 axis=1,axis=1 表示以数据本身的值作纵坐标轴,axis=2 是以层次作纵坐标轴。

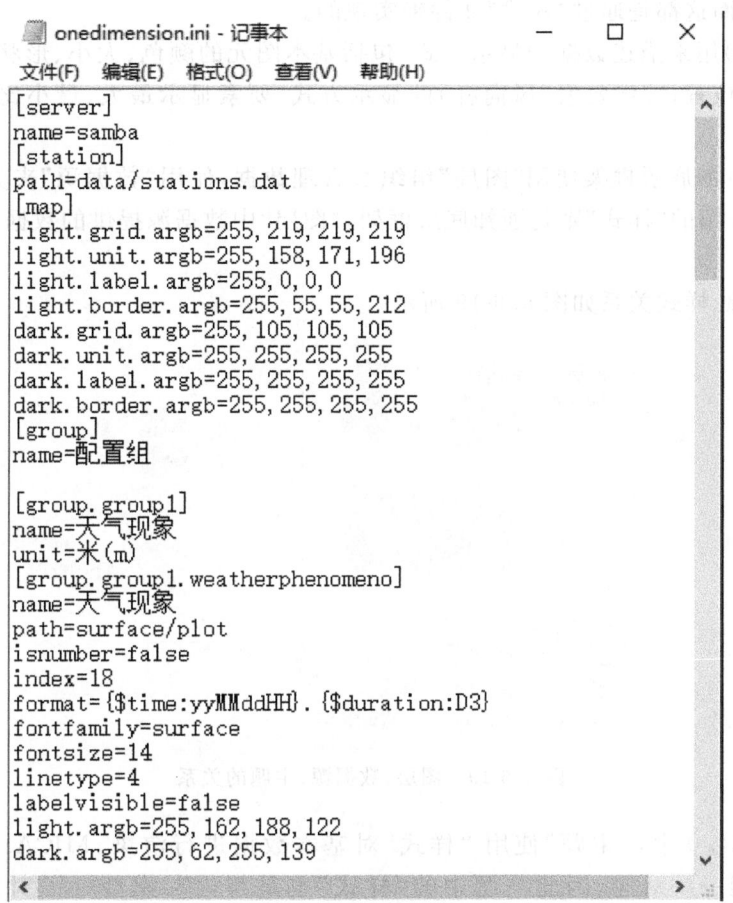

[group.group2.div]：图要素，name＝散度等值线：要素名称，path＝t639/div：读取数据的路径，levels＝100，150，200，250，300，400，500，600，700，850，925，1000：纵坐标轴，isnumber＝true：数据以数字的方式显示，index＝0：由于格点数据只有单要素，所以此处设置为 0；format＝{MYMtime:yyMMddHH}.{MYMduration:D3}：文件格式，linetype＝7：线型；labelvisible＝false：线条不显示标注，light.argb＝255，128，128，128 与 dark.argb＝255，178，163，91：白背景与黑背景下所显示的颜色。

5.6.17 样式[①]

在 MICAPS4.0 中，将数据的内存组织方式进一步统一，同时将数据本身与数据的绘制方式进行了剥离，从而使得数据的内存组织方式与数据的显示方式脱离，举例来说：在 MICAPS 文件服务器中，MICAPS 1 类数据与 MICAPS 2 类数据是不同的文件格式（具体存储方式请参考附录），但在 MICAPS4.0 的内存结构中，全部归一成"矢量数据"。另外，同样的"矢量数据"显示出来的效果是不同的，比如地面填图中的"降水"与"天气现象"要素虽然在文件中存储的都是数字，但在客户端中，一个以"数字"的方式进行显示，而另外一个是以"天气现象符号"的

---

① 本节只介绍样式配置方式相关内容，具体的实现原理请参考"MICAPS4.0 二次开发文档"。

方式进行显示。而这都是通过"样式"文件来实现的。

样式(Styles)用来描述数据的显示方式，包括基本图元的颜色、大小、形状等信息，也可包括要素间的相对位置，特殊要素(风向杆)的显示方式，要素显示最大、最小比例尺，调色板信息等。

MICAPS4.0的底层框架使用"图层"组织及管理数据，使用"数据源"来为图层提供数据内容，而本节将介绍的"样式"则是通知底层框架，"图层"中数据源提供的数据是以何种方式被绘制出来。

图层、数据源、样式关系如图5.6-19所示。

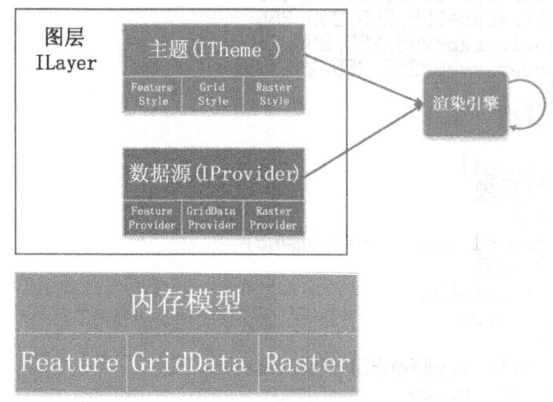

图5.6-19 图层、数据源、主题的关系

在MICAPS4.0中，"主题"使用"样式"对基本数据进行渲染，MICAPS4.0中的图层类型与内存模型一一对应，因此主题中的"样式"也是与内存模型一一对应的：针对矢量数据(FeatureData)有相应的矢量样式(FeatureStyle)，针对格点数据有相应的格点样式(GridStyle)，针对栅格数据有相应的栅格样式(RasterStyle)——不同的内存模型决定了不同的样式类型。

在MICAPS4.0中，所有的样式文件均存放在data\styles目录下面，由于MICAPS4.0内置了"黑色主题"与"白色主题"，因此在该目录下相应的会有"dark"与"light"两个子目录。

首先针对不同样式类进行逐一介绍：

矢量样式

矢量样式为矢量数据提供渲染样式。矢量样式中定义了3种样式类型，这3种样式类型可通过组合的方式作用于同一矢量数据上(图5.6-20)。

➢ 几何样式(Geometry)：定义了通过几何图形方式渲染矢量数据时的属性，包括颜色、点大小、线宽、线条类型、填充颜色等。

➢ 符号样式(Symbol)：定义了通过图标图片方式渲染矢量数据时的属性。

➢ 标签样式(Label)：定义了通过标签(文本)方式渲染矢量数据时的属性的样式，包括字体、颜色、字体大小、旋转角度等。

(1) 几何样式(GeometryStyel)

当矢量数据中被绘制的数据需要被绘制成几何形状时，几何形状包括点、线、面等可以使用该样式，该样式的定义为(图5.6-21)：

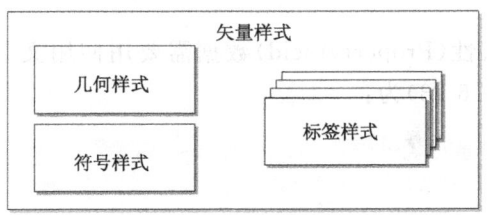

图 5.6-20　矢量样式

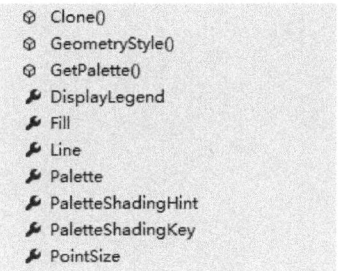

图 5.6-21　几何样式

Fill(StyleBrush)：填充区颜色设置。

Line(StylePen)：线条属性设置，包括线型、线宽、颜色等。

PointSize(float)：点的大小。

Palette(string)、PaletteShadingHint(int)：调色板设置，当绘制的点或线形状的颜色需要根据不同属性(PropertyField)绘制不同颜色时，需要使用这两个属性。PaletteShadingHint：指定颜色分级时使用的属性索引，该值与 PropertyField 添加的顺序相关。

(2)符号样式(Symbol)

当矢量数据中的矢量数据需要用图形符号绘制时，使用该样式，该样式的定义为(图 5.6-22)。

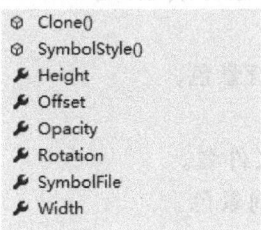

图 5.6-22　符号样式

属性说明

Height(int)：图形符号高度。

Offset(PointF)：图形符号的偏移量。

Opacity(StyleValue<float>)：图形符号的透明度。

Rotation(StyleValue<float>)：图形符号的旋转度数。

SymbolFile(string)：图形符号所用资源的路径(相对于安装路径，或图片的绝对路径)。

(3) 文字样式（Label）

当矢量数据中的要素属性（PropertyField）数据需要用使用文字（字体符号）绘制时，使用该样式，该样式的定义（图 5.6-23）为：

```
CheckInvalid(string)
Clone()
GetPalette()
LabelStyle(CMA.MICAPS.Styles.StyleFont, CMA.MICAPS.Styles.StyleBrush, CMA.MICAPS.Styles.StyleB
LabelStyle(CMA.MICAPS.Styles.StyleFont, CMA.MICAPS.Styles.StyleBrush)
LabelStyle()
AdvanceFilter
AngleAnchor
Background
DecimalPlace
DisplayLegend
Font
Foreground
Hint
HorizontalAlignment
InvalidValue
NumberRange
Offset
Palette
PaletteShadingKey
Rotation
SymbolCode
VerticalAlignment
```

图 5.6-23　文字样式

属性说明

AdvanceFilter(Expressions.Expression<float>)：高级要素过滤表达式，根据一个或多个 PropertyField 的逻辑关系判断当前 Label 是否显示，Expression<float>标识可以支持 float 型的关系判断。如：某一站点具有 5 个要素，如果某一个要素的 Label 显示条件是当"第二个要素<10 并且第三个要素>35"条件成立，则 Expression<float>的构造函数参数可写为：[1]<10&&[2]>35。

Background(StyleBrush)：文字背景色。

Font(StyleFont)：文字字体。

FontFamily(string)：文字字体文件名。

Foreground(StyleBrush)：文字前景色。

HorizontalAlignment(HorizontalAlignment)：设置水平对齐方式。

VerticalAlignment(VerticalAlignment)：文字垂直方向对其方式。

InvalidValue(string[])：无效字符组合，当数值为无效字符时，不会被显示出来。

Offset(PointF)：偏移量。

PaletteShadingKey(String)：使用的调色板文件名。

Rotation(StyleValue<float>)：文字旋转角度。

Hint(int)：用于标示当前绘制的是矢量数据的第几个要素属性（PropertyField），该索引值与要素属性的添加顺序有关。

以白色主题下地面填图样式文件为例。

该文件存放的位置为 data\styles\Light\diamond1.xml

```xml
<FeatureStyle>
    <!--relationship defines whether geometry, labels or symbols are required to render?-->
    <!--Geometry, Labels, Symbol>-->
    <Relationship value="Labels"/>
    <!--minvisible and maxvisible are optional, if style either don't have minvisible and maxvisible,
    or their value are emtpy, minvisible's default value=0.0 maxvisible's default value=positive infinite-->
    <LabelOffsetCorrection value="true"/>
    <LabelLevelHint value="4"/>
    <LabelLevelFilter value="1,2,4,8,16,32"/>
    <LabelLevelDisplay value="false"/>
    <LabelParallelRender value="false"/>
    <Geometry minvisible="2.0">
        <!--Format in BGRA-->
        <FillColor value="240,243,244,255"/>
        <PointSize value="4.0"/>
        <LineColor value="187,213,229,255"/>
        <LineWidth value="1.0"/>
        <!--Solid,Dash,Dot,DashDot,DashDotDot-->
        <LineType value="Solid"/>
    </Geometry>
    <!--A feature style can have only one symbol, multi-symbols can be defined here,
    but only first one will be used-->
    <Symbol minvisible="" maxvisible="">
        <File value="images\star.png"/>
        <!--width and height in world units, default value is 16 * 16 if value are empty-->
        <Width value=""/>
        <Height value=""/>
        <!--Rotation angle in degree-->
        <Rotation value="0"/>
    </Symbol>
    <!--ID,区站号-->
    <Label minvisible="" maxvisible="">
        <FontSize value="10.0"/>
        <FontColor value="0,0,0,255"/>
        <ForeColor value="0,0,0,255"/>
        <BackColor value="0,0,0,160"/>
        <FontFamily value="arial.ttf"/>
        <Rotation value="0"/>
        <FieldHint value="0"/>
        <Offset value="20,45"/>
        <!-- <FontStyle value="Shading"/> -->
        <InvalidValue value="9999"/>
        <Enable value="False"/>
        <DecimalPlace value="0"/>
    </Label>
```

如上图所示：

FeatureStyle：该样式为"矢量样式文件"。

Relationship：该矢量数据主要以文字的方式进行显示，因此其下的"Geometry"与"Symbol"均不起作用。

Label：当前需要显示的要素。

FieldHint：当前显示的要素在原始文件中的位置，由于地面填图会显示多个要素，该项用于通知主框架此处的属性是针对哪个要素进行设置。

Offset：当前要素相对于中心经纬度，偏移多少屏幕坐标。

Rotation：当前要素需要旋转的角度。

InvalideValue：无效数字。

Enable：默认状态下是否显示。

FontFamily：该符号使用的字体文件。

格点样式

格点样式 GridStyle 用于描述格点类数据(所有的模式数据)的绘制样式,GridStyle 类定义如图 5.6-24。

```
Clone()
GetPalette()
GridStyle()
AffineTransform
AnalysisValues
BackColor
Bands
BoldLineValue
BoldLineWidth
DashLineValueRange
DisplayLegend
EnableLineBold
ForeColor
Interval
Label
LabelLod
LineDashStyle
LinePaletteShadingKey
LineWidth
OnePart
Palette
PaletteShadingKey
PaletteValueUpdate
RenderStyle
SegmentLabeling
ShadingValues
Smooth
ValueUsage
```

图 5.6-24　格点样式

属性说明

RenderStyle(GridRenderStyle):格点数据渲染类型,MICAPS4.0 底层框架支持的格点数据渲染方式有:位图(Bitmap)、等值线(Contour)、等值线填充(ContourShade)、Mesh(FillMesh)、标值(GridLabels)、标值及点(GridLablesDot)、绘制点(MultiPoints)。

Interval(float):如果使用 Contour 或 ContourShade,该值标示等值线分析间隔(如果 GridDataProvider 中的 metadata 设置了 lineinteravl 元信息,则默认先使用 metadata 中的值)。

Label(LabelStyle):如果使用 GridLabels 或 GridLabelsDot 渲染方式,则该属性标示文字渲染方式(参考 3.1 节中的"Label"渲染方法)。

Bands(int[]):标示需要绘制的层数。

BoldLineValue(float[]):如果使用 Contour 渲染方式,该值标示加粗的等值线值。

BoldLineWidth(int):加粗线宽。

EnableBoldLine(bool):是否使用加粗线条

DashLineValueRange(Tuple<float,float>)：如果使用 Contour 渲染方式,该值标示用虚线绘制等值线的取值范围。

Smooth(int)：如果使用 Contour 渲染方式,该值表示线条平滑时的插值个数(如果 GridDataProvider 中的 metadata 设置了 smooth 元信息,则默认先使用 metadata 中的值)。

LabelLod(GridLabelLod)：如果使用 GridLables、GridLabelsDot 渲染方式,则可以设置格点填值的"分级显示",以避免当地图比例尺较小时数字挤压在一起显示不清的情况。GridLabelLod 类定义了分级显示时的最小、最大地图比例尺,每级抽点个数等信息。

LineDashStyle(LineDashStyle)：如果使用 Contour 显示样式,则表示线条形状。配合 DashLIneValueRange 使用。

LinePaletteShadingKey(string)：如果使用 Contour 显示样式并希望等值线按照调色板样式显示,则使用该属性,参数为调色板相对路径或绝对路径。

PaletteShadingKey(string)：如果使用 ContourShading、Mesh、MultiPoints 渲染样式,且需要用颜色分级显示,则该参数表示调色板所在路径。

PaletteValueUpdate(bool)：是否需要框架为每个格点值插值创建颜色。

以白色主题下格点数据显示样式文件为例：

该文件存放的位置为 data\styles\Light\grid.xml

GridStyle：该样式文件为"格点数据样式"文件。

RenderStyle：格点数据的显示方式,上方的注释内容标识了全部可选的显示方式,这些方式可以设置为单独显示,也可设置为同时起作用,只需要在显示方式中间加"|"即可。

PaletteShadingkey：使用的调色板文件,该文件使用默认的 data\palettes\Light 目录下的 rain.xml 调色板。

BoldLineWidth：等值线加粗宽度。

BoldLineValue：等值线加粗值。

LineType：默认线形。

SegmentLabel：等值线是否分段标值。

Label：当格点数据填值显示时,默认显示的属性。

默认的风向杆分层颜色设置

风向杆分层颜色配置文件 LayerColor.xml 保存在安装目录 bin\data\palettes\Dark 下找到配置文件,鼠标右键单击,选择"编辑"打开文件配置窗口内容如下所示：

<? xml version="1.0" encoding="utf-8"? >
<palette>
    <entry value="100" rgba="200,50,200,255" />
    <entry value="200" rgba="200,100,200,255" />
    <entry value="300" rgba="255,0,0,255" />
    <entry value="400" rgba="255,49,15,255" />
    <entry value="500" rgba="0,224,255,255" />
    <entry value="700" rgba="210,170,170,255" />
    <entry value="850" rgba="255,244,0,255" />
    <entry value="925" rgba="0,240,30,255" />

```xml
<GridStyle minvisible="" maxvisible="">
    <Band value="0"/>
    <!--Bitmap MultiPoints FillMesh Contour ContourShade GridLabels-->
    <RenderStyle value="Contour"/>
    <!-- <AnalysisValues value = "144"/> -->
    <!-- <Interval value="4"/> -->
    <ForeColor value="0,0,0,255"/>
    <BackColor value="0,0,0,255"/>
    <PaletteShadingKey value="rain"/>
    <OnePart value="False"/>
    <DashLineValueRange value="-9999,0"/>
    <BoldLineWidth    value="4"/>
    <BoldLineValue    value="588"/>
    <EnableLineBold   value="true"/>
    <SegmentLabel value="false"/>
    <!--Solid,Dash,Dot,DashDot,DashDotDot-->
    <LineType value="Solid"/>
    <LineWidth value="2"/>
    <Label minvisible="">
      <FontSize value="12.0"/>
      <FontColor value="255,0,0,255"/>
      <ForeColor value="0,0,0,255"/>
      <BackColor value="128,30,180,255"/>
      <FontFamily value="arial.ttf"/>
      <Rotation value="0"/>
      <FieldHint value="0"/>
      <Offset value="0,0"/>
      <InvalidValue value="9999"/>
      <DecimalPlace value="0"/>
      <PaletteShadingKey value="rain"/>
      <Enable value="true"/>
    </Label>
    <LabelLod>
    </LabelLod>
</GridStyle>
```

＜entry value="1000" rgba="255,210,255,255" /＞
＜/palette＞

各项说明如下：

"value="100""表示层次。

"rgba="200,50,200,255""表示颜色 RGB，注意：最后一位为颜色透明度。

栅格样式

栅格样式 RasterStyle 用于描述栅格类数据（参考 1.3 节）的绘制样式，RasterStyle 类定义如图 5.6-25。

属性说明

CoordinateSpace(CoordinateSpace)：坐标空间，表示栅格显示的是在世界坐标（CoordinateSpace.World）或是在屏幕坐标（CoordinateSpace.Screen）、地理坐标（CoordinateSpace.Geograpihc）。一般情况下，如果希望栅格显示在地图的固定位置，使用世界坐标，此时，栅格会随地图放大缩小、漫游；如果希望栅格显示在屏幕的固定位置（如传真图），则使用屏幕坐标。

Height、Width：栅格宽度和高度。

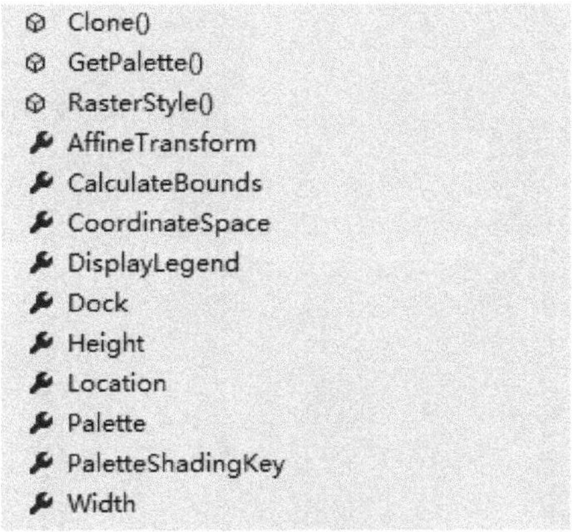

```
○ Clone()
○ GetPalette()
○ RasterStyle()
⚙ AffineTransform
⚙ CalculateBounds
⚙ CoordinateSpace
⚙ DisplayLegend
⚙ Dock
⚙ Height
⚙ Location
⚙ Palette
⚙ PaletteShadingKey
⚙ Width
```

图 5.6-25 栅格样式

Palette(ColorPalette):栅格绘制时使用到的调色板对象。
PaletteShadingKey(string):栅格绘制时所用调色板所在路径。
DisplayLegend(bool):是否显示对应的调色板图例。

5.6.18 调色板

当使用不同的颜色来代替数值进行显示时,需要提供一种将颜色与数字进行一一对应的方法,这种方法就是使用"调色板(ColorPallete)"文件。前一节中介绍过,用户可以在定义样式时直接使用调色板文件,也可以通过"调色板编辑窗口"自己定义调色板文件,在样式中通过PaletteShadingKey 指定调色板文件的位置。

调色板文件

MICAPS4.0 中,调色板文件位于 data/palettes 文件夹下(图 5.6-26)。以卫星云图调色板"I—01.xml"文件为例,该文件内容为:

<Palette>内部定义了单个调色板中的"颜色—值"对集合,同一个调色板文件中可定义多个<Palette>调色板。每一个<entry>节点对应一个颜色—值对,其中,value 为颜色对应的值,该项可为空,当该项为空时,所有同一 Palette 下的 entry 中的 value 均不起作用,框架会根据数据中的最大最小值以及颜色个数计算出每个颜色对应的数值。

MICAPS4.0 中的调色板内容与 MICAPS3.0 中的调色板内容很相似(如图 5.6-27 所示),只不过 MICAPS3.0 中调色板多用于云图、雷达数据中,而 MICAPS4.0 则可以应用于所有格点、矢量以及栅格数据格式。

5.6.19 格点数据调色板配置

格点数据调色板配置文件 Isoline.ini 保存在 config\Isoline 目录下,具体文件内容(图 5.6-28)为:

[config]:调色板下拉列表;palette:下拉列表所包含的调色板,该调色板应位于 data\palettes\[dark]/[light] 目录下。

I-01.xml E:\Projects\MICAPS4\Bin\data\palettes

```xml
<?xml version="1.0" encoding="utf-8"?>
<palette>
  <entry value="1" rgba="10,10,91,255" />
  <entry value="2" rgba="10,10,91,255" />
  <entry value="3" rgba="10,10,91,255" />
  <entry value="4" rgba="10,10,91,255" />
  <entry value="5" rgba="10,10,91,255" />
  <entry value="6" rgba="10,10,91,255" />
  <entry value="7" rgba="10,10,91,255" />
  <entry value="8" rgba="10,10,91,255" />
  <entry value="9" rgba="11,11,92,255" />
  <entry value="10" rgba="11,11,92,255" />
  <entry value="11" rgba="11,11,92,255" />
  <entry value="12" rgba="11,12,92,255" />
  <entry value="13" rgba="12,12,93,255" />
  <entry value="14" rgba="12,12,93,255" />
  <entry value="15" rgba="10,10,91,255" />
  <entry value="16" rgba="10,10,91,255" />
  <entry value="17" rgba="10,10,91,255" />
  <entry value="18" rgba="10,10,91,255" />
  <entry value="19" rgba="11,11,92,255" />
  <entry value="20" rgba="11,11,92,255" />
```

图 5.6-26　I-01.xml 调色板文件内容

March 102 云图调色板-18			
1	91	10	10
2	91	10	10
3	91	10	10
4	91	10	10
5	91	10	10
6	91	10	10
7	91	10	10
8	91	10	10
9	92	11	11
10	92	11	11
11	92	11	11
12	92	12	11
13	93	12	12
14	93	12	12
15	91	10	10

图 5.6-27　MICAPS3.0 中云图调色板定义(I-01.pal)

Isoline.ini - 记事本

文件(F)　编辑(E)　格式(O)　查看(V)　帮助(H)

```ini
[config]
palette=彩虹1,tempreture,rain,rain24,red_green_blue

[color.dark]
ecmwf/height=Blue
t639/height=lightblue
japan/height=Blue
t213/height=Black
temper=Red

[color.light]
ecmwf/height=Blue
t639/height=darkblue
japan/height=Blue
t213/height=Black
temper=Red
```

图 5.6-28　格点数据调色板配置

[color.dark]、[color.light]，针对指定模式的特殊要素，用户也可以设置指定的颜色，[color.dark]和[color.light]分别代表在“黑/白”两种主题下指定路径下的数据对应的颜色。

注意：只要打开数据的全局路径中包含其对应的路径，即为匹配成功，则会使用指定的颜色。

5.6.20　交互预报图调色板配置

交互预报图调色板配置文件 diamond14.ini 保存在安装目录 config\toolbox 下该配置文件的内容如图 5.6-29 所示。

[普通配色＝pal/normal.xml]：[普通配色]表示调色板名称，[pal/normal.xml]表示所引用的调色板。

交互预报图调色板引用的是自身模块下的调色板。

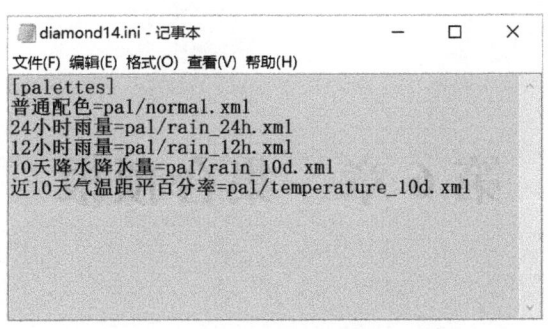

图 5.6-29 交互预报图调色板配置

第 6 章 集合预报

6.1 简介

集合预报产品的分析和显示是 MICAPS4.0 新增的主要功能之一，它实现了对集合预报数据资料的解析、可视化和用户交互功能，为预报员提供了关于数值模式预报的不确定性信息以及极端天气出现的可能性信息。具有集合预报功能的 MICAPS4.0 将满足现代天气预报业务中对集合预报数据的巨大需求。

6.2 主要功能列表

MICAPS 4 集合预报模块的主要功能有：
- 多个确定性数值预报模式按照给定的权重系数进行融合。权重融合系数可以由用户指定，或者由 MICAPS4.0 系统根据科研预报检验结果给出建议值。
- 集合预报产品数据文件的分析与可视化。支持的集合预报区域中心和模式有欧洲中心 ENS、中国 T639、美国 NCEP GEPS 和加拿大 CMC GEPS。
- 集合预报产品包括集合预报统计量（平均值、方差、最小值、最大值、中位数、百分位数）、概率预报（又包括固定阈值和任意阈值）、邮票图、面条图、站点序列箱须图、烟羽图、风场玫瑰图。
- 集合预报产品的图形输出形式包括等值线、阴影、风场流线、风羽、邮票、面条、站点序列箱须、烟羽、风场玫瑰等图。
- 高空物理量包括位势高度、温度、日平均气温、24 小时变温、风、相对湿度、垂直速度、比湿、天空云量、对流有效位能。地面物理量包括海平面气压、降水、2 m 温度、日平均气温、24 小时变温、日最高气温，日最低气温、相对湿度、比湿、10 m 风。
- 翻页和动画功能。其中动画时间间隔、翻页步长可定制，邮票图翻页时能够跳转到指定预报时效。
- 系统可配置性强。中间产品数据文件的目录、用户界面控件、图层属性、显示样式、配色方案、面板信息和菜单内容均使用配置文件灵活定制。
- 提供交互式的产品制作方式。交互的选项包括起报时间和预报时效的设置，模式选择与融合系数的调整，选择产品种类和子类，天气要素、层次。与站点序列有关的图层可以从地图上选择站点。

- 图层管理功能。系统实现了多模式、多要素的图层叠加。用户可以对选择的图层进行显示、隐藏、删除、时间对齐、文件内容查看、属性修改操作,还可以将图层数据导出为 MICAPS 格式的磁盘文件。
- 将窗口显示内容保存为图像文件或者复制到系统剪贴板。

6.3 集合预报功能配置与基本操作

6.3.1 功能配置

6.3.1.1 模式数据处理

为提高客户端用户交互系统的效率,MICAPS 4.0 并不直接读取集合预报模式输出的 GRIB 格式的原始数据文件,而是将原始数据文件转换为 MICAPS 数据格式编码的数据文件,保存到文件服务器,或者分布式数据库。目前,MICAPS 4.0 可以从以下 3 种数据源读取集合预报产品文件,并生成图层。

(1)共享文件目录 samba2;
(2)共享文件目录 sav;
(3)分布式数据库 mdfs。

这 3 个数据源的位置可以在配置文件 bin/config/datasource.ini 中指定。其中 sav 为存放集合预报工具箱生成的.sav 文件的目录,相关配置请参考集合预报工具箱使用文档;mdfs 为 MICAPS 4.0 服务器分布式数据库,关于如何配置 MICAPS 4.0 服务器请参考本文档相关章节;samba2 为存放 NUMBERS(模式融合与集合预报系统)生成的 MICAPS 文件的目录。下面介绍如何配置 NUMBERS 自动作业以生成 MICAPS 格式的集合预报产品文件。

6.3.1.2 配置产品文件目录

在使用集合预报功能之前,需要先配置数据文件路径,以便让 MICAPS 4.0 能够找到数据文件。MICAPS 4.0 中集合预报模式的配置文件均在 MICAPS 4.0 安装目录下面。

数据源盘符配置(文件名/config/datasource.ini)

该文件指定了 MICAPS 4.0 所有数据源路径,其中[samba2]节点和[sav]节点的 path 属性指定了集合预报的两个数据源。以下为文件内容:

[mdfs]
path=mdfs:///
[samba]
path=z:/data/
[samba2]
path=Z:/diamond/
[sav]
path=y:/daily/

集合预报产品路径配置(文件名 bin/config/datainfo/ensemble/ensemble.ini)

此文件包含一个名为[ensemble]的节点,其 path 属性给出了集合预报产品文件在[samba2]下面的路径。以下为文件内容:

[ensemble]
description=集合预报
path=ensemble/micaps/

集合预报 MICAPS 格式产品路径配置(文件名 bin/config/datainfo/ensemble/micaps/micaps.ini)

该文件的内容为:

[micaps]
description=ensembleforcast 集合预报
path=

模式路径配置(文件名 bin/config/datainfo/ensemble/micaps/ecmwf/ecmwf.ini)

每个模式都有自己的配置文件,并且单独放在自己的目录下面。这些目录均位于 bin/config/datainfo/ensemble/micaps 下面。

配置文件示例

例 1　若数据路径为 z:/diamond/ensemble/micaps/ecmwf/rain,则配置如下:

datasource.ini 文件[samba2]节点 path=z:/diamond;
ensemble.ini 文件[ensemble]节点 path=ensemble;
micaps.ini 文件中 [micaps]节点 path=micaps;

例 2　若数据路径为 d:/ecmwf,则可以如下配置:

datasource.ini 文件[samba2]节点 path=d:/;
ensemble.ini 文件[ensemble]节点 path=;
micaps.ini 文件中 [micaps]节点 path=;

6.3.2　集合预报菜单

MICAPS 4.0 提供了两种集合预报产品制作方法:使用数据菜单和集合预报面板。

图 6.3-1 是 MICAPS 4.0 集合预报菜单。菜单分为两部分,最上面一项是数据源选择,有 samba2 和 sav 两种选择。samba2 是集合预报与模式融合系统(NUMBERS)的输出结果,sav 是集合预报工具箱的输出结果。第二项是模式选择项。4 个子项为 EC、NCEP、CMC、T639,分别对应了欧洲中心 ENS、美国 NCEP GEPS 和加拿大 CMC GEPS 和中国 T639 四个集合预报数值模式。菜单的下半部分按照要素、预报产品、层次 3 级进行组织。例如,要查看欧洲中心降水概率预报,首先选择菜单项"集合预报→模式→EC",然后选择菜单项"集合预报→降水→概率预报"(图 6.3-1)。

格点场数据将显示在 MICAPS 4.0 主窗口中,图 6.3-2 是 2016 年 4 月 7 日 12 时欧洲中心降水不小于 4 mm 的概率预报。

6.3.3　集合预报面板

集合预报面板为读取、显示集合预报产品提供了一种更为灵活的操作方法。默认情况下,当 MICAPS 4.0 运行时,集合预报面板窗口处于隐藏状态,要打开集合预报面板窗口,请点击

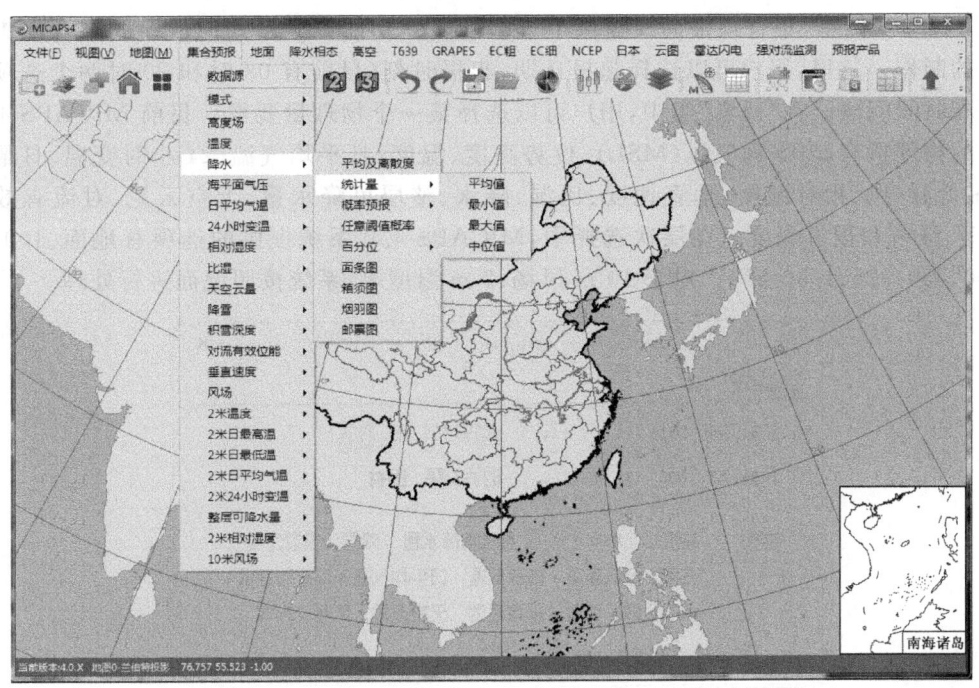

图 6.3-1　集合预报数据菜单

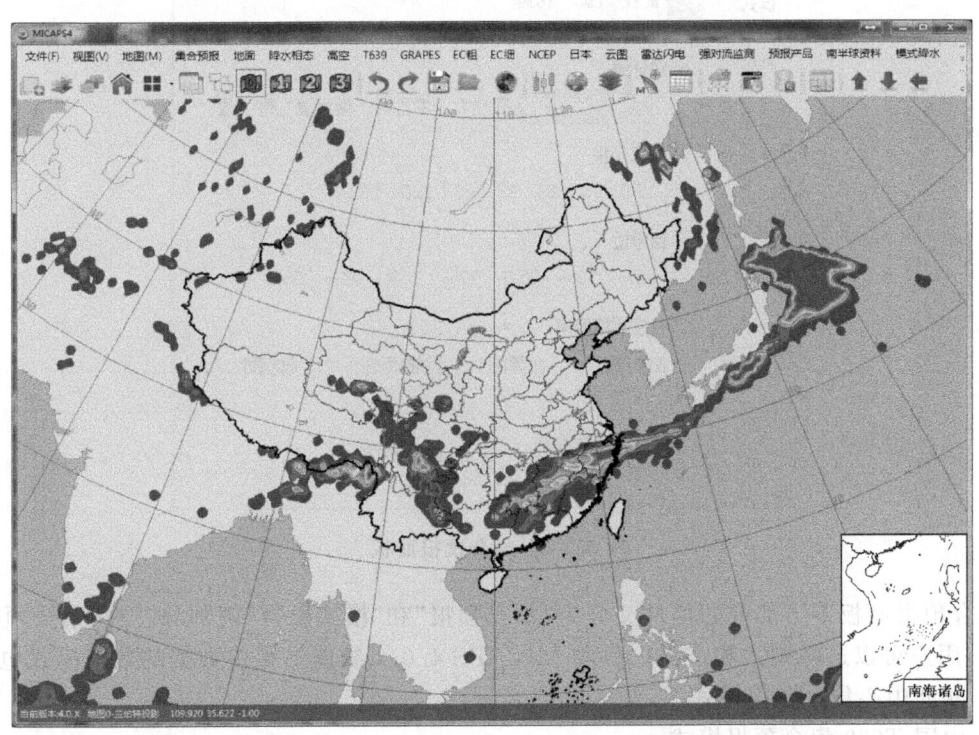

图 6.3-2　2016 年 4 月 7 日 12 时欧洲中心降水不小于 4 mm 的概率预报

MICAPS 4.0 工具栏上的集合预报按钮 。图 6.3-3 是集合预报面板窗口。

如图 6.3-3 所示，集合预报面板提供了丰富的交互功能以便用户完成模式融合和集合预报产品的制作。这里，用户可以选择起报日期，起报时刻（目前有 08 时和 20 时两个选项），预报时效和时间间隔。在"要素"组中，用户可以选择某一个物理量要素。目前 MICAPS 4.0 系统支持的物理量有：海平面气压（MSL）、位势高度、温度、日平均气温、24 小时变温、日最高气温、日最低温、风、相对湿度、垂直速度、比湿、降水、整层可降水量、天空云量、对流有效位能（CAPE）、降雪和积雪深度。在层次选择中，MICAPS 4.0 系统提供的选项有地面、100、200、500、700、850、925、1000 hPa。对于 10 m 风场、2 m 温度等，系统按照地面进行处理。

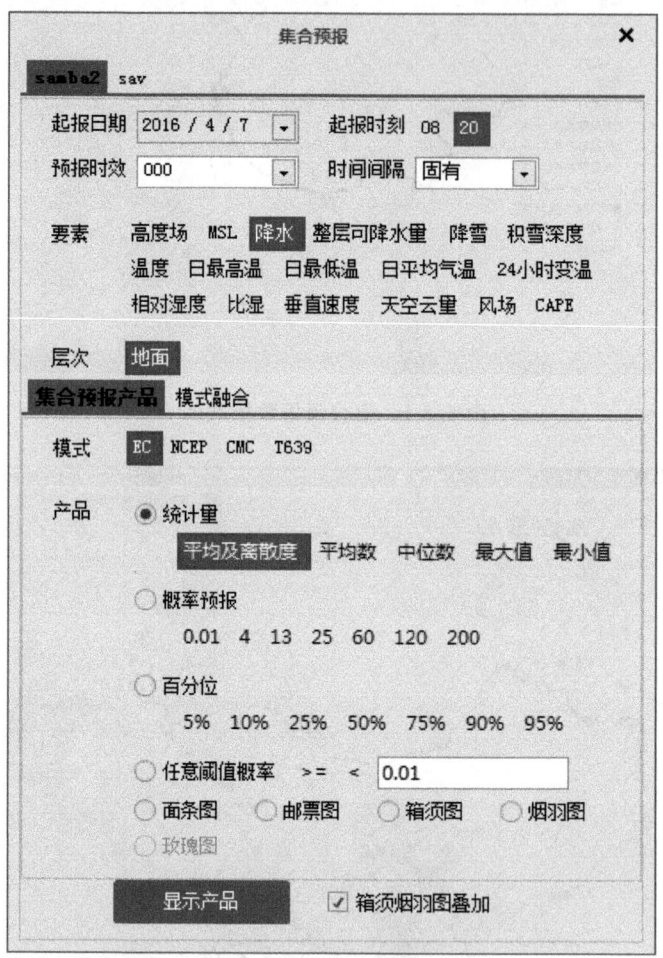

图 6.3-3 集合预报面板

集合预报面板下半部分的控件又分为"集合预报"和"模式融合"两部分。在"集合预报"子页面中，用户可以选择模式和产品。目前 MICAPS 4.0 系统能够提供数据的数值模式包括：

- 欧洲中心集合预报模式
- 中国 T639 集合预报模式
- 美国 NCEP 集合预报模式
- 加拿大 CMC 集合预报模式

MICAPS 4.0 系统支持的产品类型有集合成员的统计量、概率预报、任意阈值概率预报、面条图、邮票图、箱须图、烟羽图和风向玫瑰图。其中集合成员的统计量又包括平均值、离散度、最小值、最大值、中位数、百分位数。概率预报下面将会显示常用的阈值。例如,当用户选择降水后,概率预报将会显示如下阈值:0.01、4、13、25、60、120、200。此外,产品当前的可选状态根据用户选择的要素而定。例如,当用户选择降水后,"产品"组中的玫瑰图处于不可用状态。

在模式融合子页面中,用户在每个确定性模式名称的旁边设置该模式在融合中的比例。例如,在图 6.3-4 中,欧洲中心粗网格确定性预报模式和 T639 确定性预报模式的融合比例各占一半。融合系数为 0 表示该模式不参与融合计算。目前 MICAPS 4.0 系统能够提供数据的确定性模式有:

- 欧洲中心粗网格确定性预报模式
- 欧洲中心细网格确定性预报模式(EC)
- 中国 T639 确定性预报模式
- 美国 NCEP 确定性预报模式(NCEP)
- 日本确定性预报模式(Japan)
- 德国确定性预报模式(German)

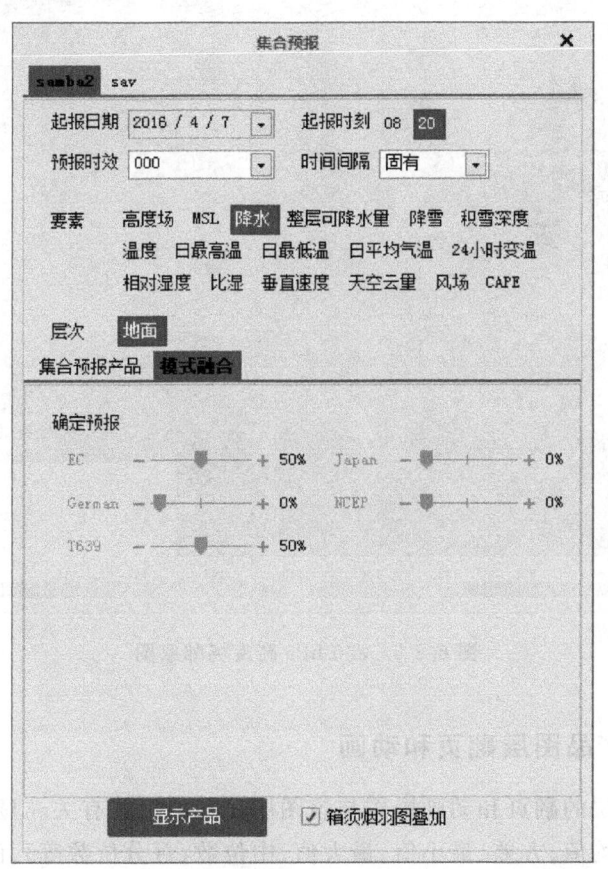

图 6.3-4 集合预报面板下半部分的控件又分为"集合预报"和"模式融合"两部分,在模式融合子页面中,用户在每个确定性模式名称的旁边设置该模式在融合中的比例

当用户确认所有选项均已选择完毕之后，点击"显示产品"按钮以生成集合预报产品图层。

6.3.4 集合预报产品显示子窗口

集合预报产品种类繁多，既有等值线图、风羽图这种给定地理范围内的格点场图层，又有箱须图、烟羽图这种给定时间序列的折线图层，更有邮票图、玫瑰图图层。

在 MICAPS 4.0 中，格点场图层将显示在程序主窗口中，包括的产品有统计量（平均值、方差、最小值、最大值、中位数、百分位数等）、面条图、概率预报。其余的产品，包括邮票图、站点序列箱须图、烟羽图、风场玫瑰图将显示在集合预报显示子窗口中。图 6.3-5 是欧洲中心 2016 年 4 月 7 日 20 时 850 hPa 高度场的邮票图。

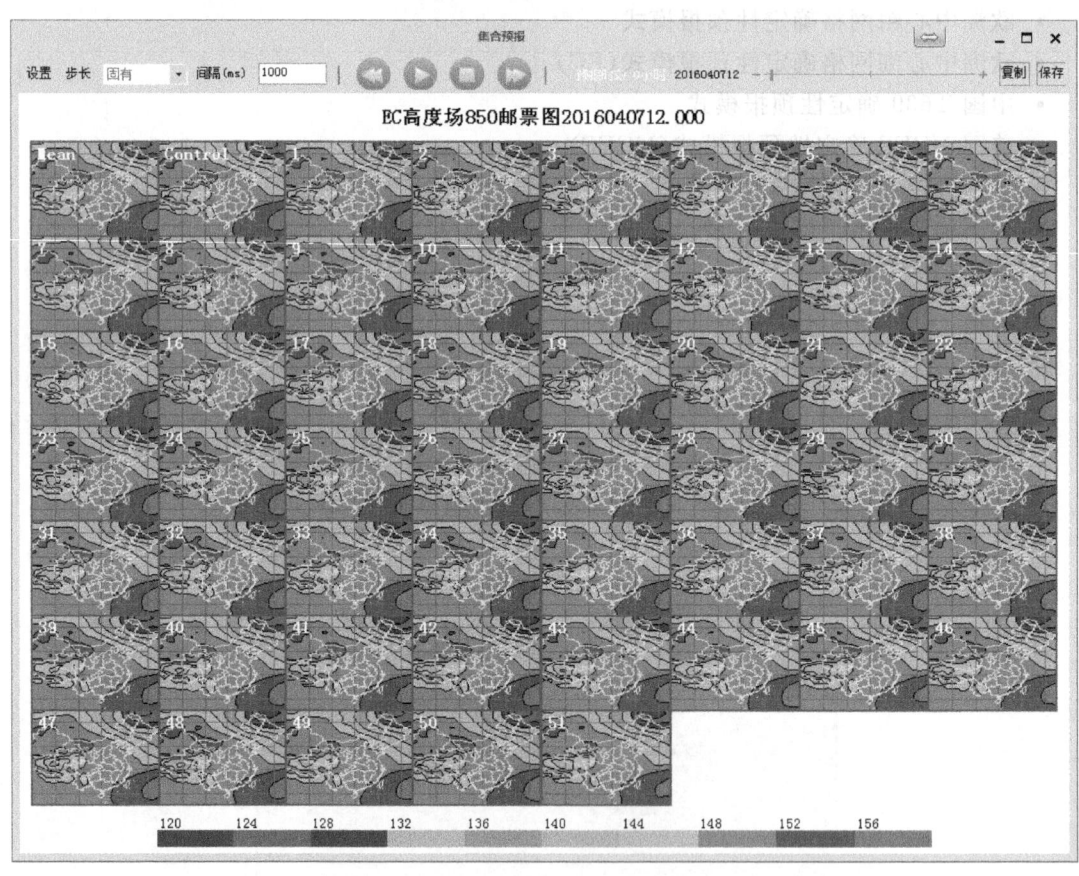

图 6.3-5　850 hPa 高度场邮票图

6.3.4 集合预报产品图层翻页和动画

集合预报产品图层的翻页和动画操作与该图层显示的位置有关。显示在程序主窗口中的图层，包括统计量（平均值、方差、最小值、最大值、中位数、百分位数等）、面条图、概率预报产品图层，将使用 MICAPS 4.0 主窗口工具栏中的翻页控件。而显示在集合预报显示子窗口中的图层，如邮票图，将使用子窗口工具栏中的翻页控件。站点序列箱须图、烟羽图、风场玫瑰图均是时间序列图形，不涉及翻页操作。

6.4 集合预报产品制作和交互设置

6.4.1 集合统计量

从菜单打开某一要素的集合统计量产品,先选择感兴趣的要素,然后选择"平均及离散度",或者"统计量"。如果是从集合预报面板操作,先选中"统计量",然后选择下面的 5 个选项:平均及离散度、平均数、中位数、最大值、最小值。

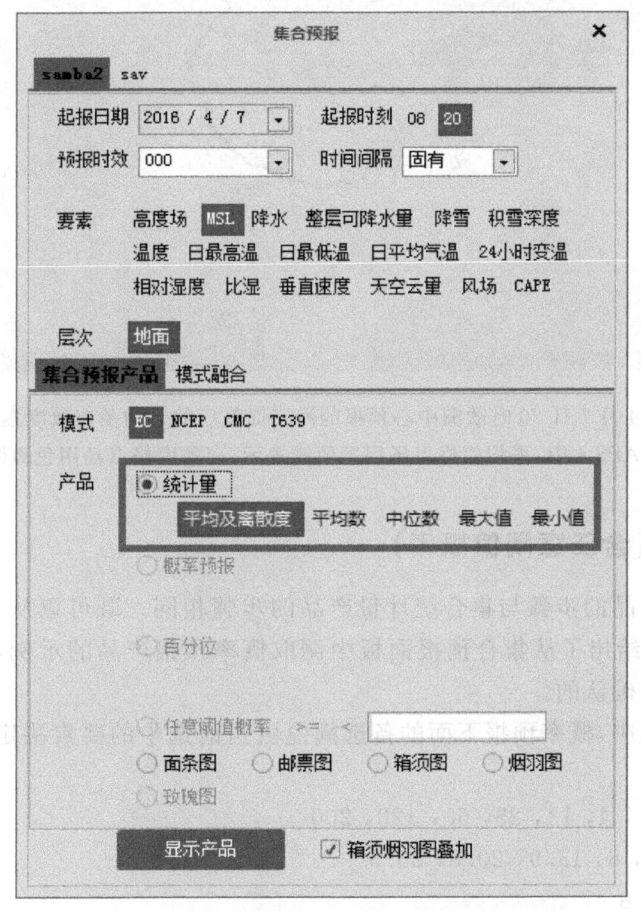

图 6.4-1　从集合预报面板调取平均及离散度产品

图 6.4-1 给出了从集合预报面板中调取平均及离散度产品的示例,图中红色方框内的控件选择是用户需要确认的。图 6.4-2 显示了 2016 年 4 月 7 日 20 时欧洲中心预报的海平面气压的平均及离散度集合预报 0 场产品。在 MICAPS 4.0 中,平均值格点场用等值线表示,离散度格点场用色斑图示。这两个产品对应的图层显示在 MICAPS 4.0 图层管理子窗口中。

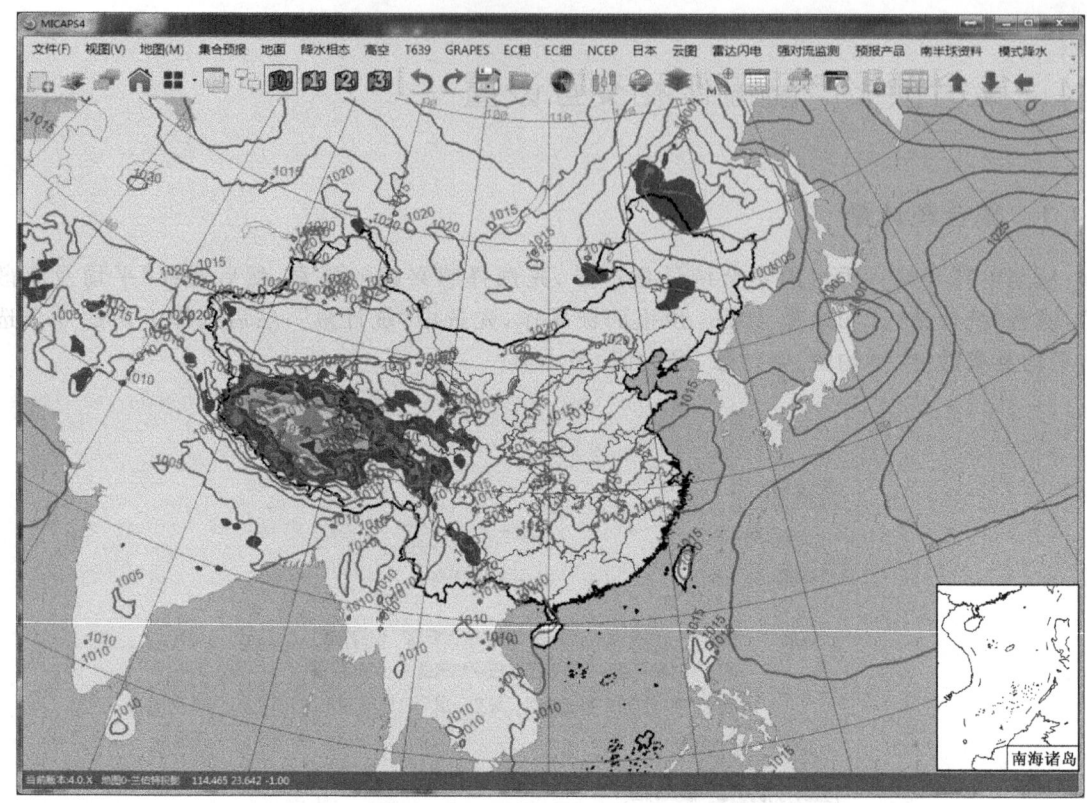

图 6.4-2 2016 年 4 月 7 日 20 时欧洲中心预报的海平面气压的平均及离散度集合预报 0 场产品。在 MICAPS 4 中,平均值格点场用等值线表示,离散度格点场用色斑图表示

6.4.2 概率预报(含任意阈值概率)

打开概率预报产品的步骤与集合统计量产品的步骤相同。既可以从菜单调取,也可以从面板调取。图 6.4-3 给出了从集合预报面板中调取概率预报产品的示例,图中红色方框内的控件选择是用户需要确认的。

在集合预报面板中,概率预报下面的备选阈值由当前选中的要素决定。下面列出了物理量对应的阈值。

降水(mm):0.01,4,13,25,60,120,200
风速(m/s):3.4,8,13.9,20.8,28.5
云量(成):3,5,8
相对湿度(%):60,70,80,90
降雪(mm):0.01,1,3,6,12,24
24 小时变温(℃):-12,-8,-6,-4;
日最高气温(℃):30,32,35,37,40;
日最低气温(℃):-12,-8,-4,0,4,8,12;
日平均气温(℃):0。

除固定阈值外,用户还可以任意输入想要的阈值,同时选择比较的条件(≥或者≤)。

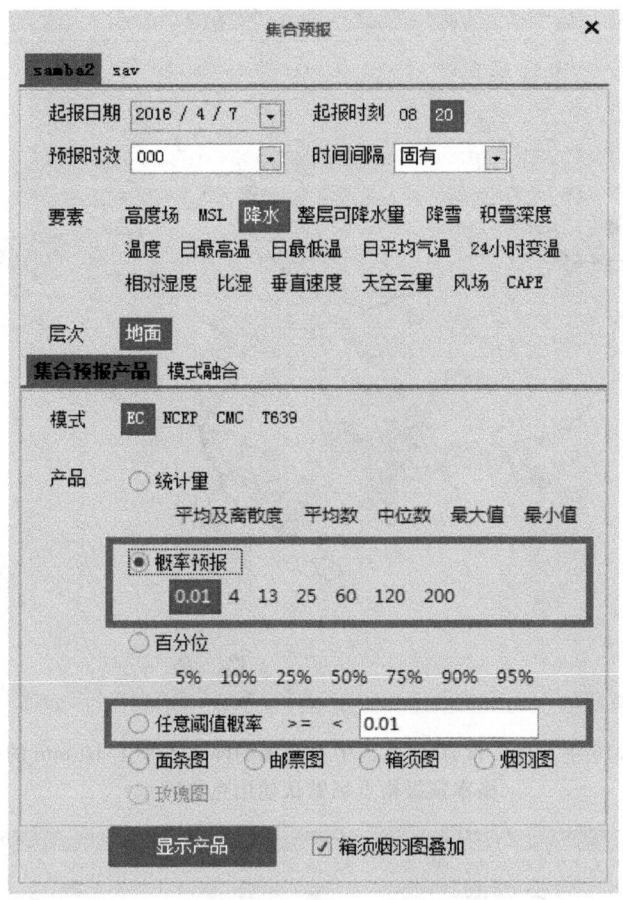

图 6.4-3 从集合预报面板调取概率预报产品

图 6.4-4 显示了 2016 年 4 月 7 日 20 时欧洲中心预报的降水不小于 10 mm 的概率格点场。MICAPS 4.0 中概率预报格点场默认使用色斑图示。用户可以在图层管理子窗口中对该图层的显示属性进行定制操作。

6.4.3 面条图

图 6.4-5 给出了 2015 年 8 月 27 日 00 时 700 hPa 温度场面条图。在面条图中,集合成员平均场使用加粗等值线表示,所有集合成员使用不同颜色且较细的等值线表示。

6.4.4 邮票图

邮票图显示在集合预报子窗口中。在该窗口中,用户可以设置翻页步长,动画时间间隔(单位为 ms),并进行翻页或者动画操作。翻页步长有 4 个选项:固有、6 h,12 h 和 24 h。其中固有表示模式输出的时间间隔。目前除欧洲中心模式外,其他模式输出的时间间隔均为 6 h,欧洲中心 0~72 h 的输出时间间隔为 3 h,后面均为 6 h。

MICAPS 4.0 中默认显示一个模式所有成员的邮票图,如果希望只查看某些成员,可以在按下 Ctrl 键的同时使用鼠标左键点击待查看成员对应的邮票图,被选中的邮票图上面则出现

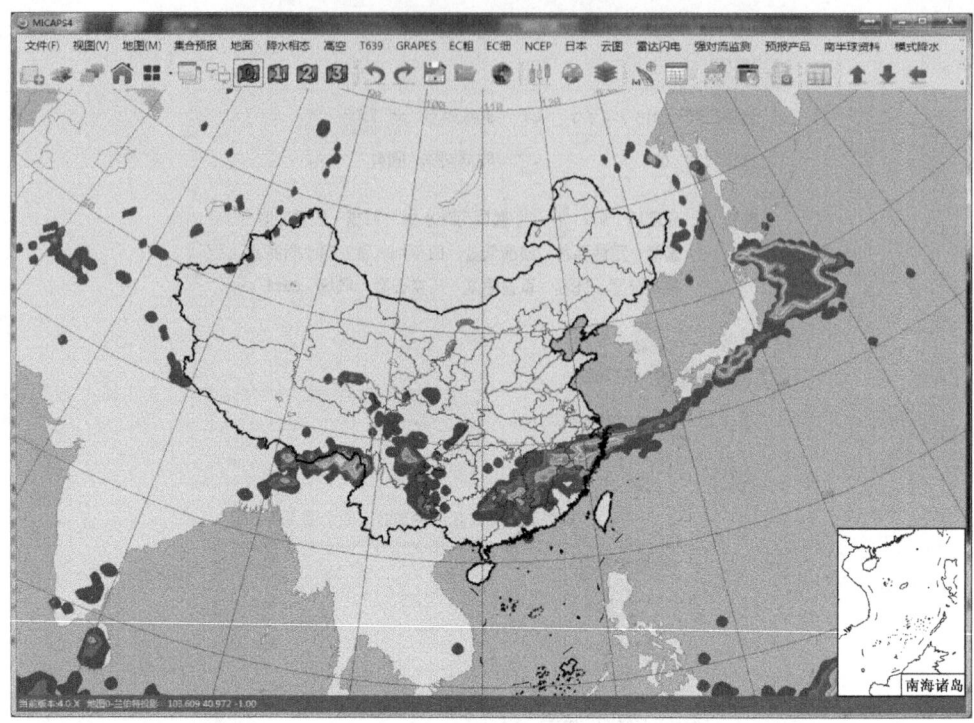

图 6.4-4　2016 年 4 月 7 日 20 时欧洲中心预报的降水不小于 10 mm 的概率格点场
（概率预报格点场默认使用色斑图示）

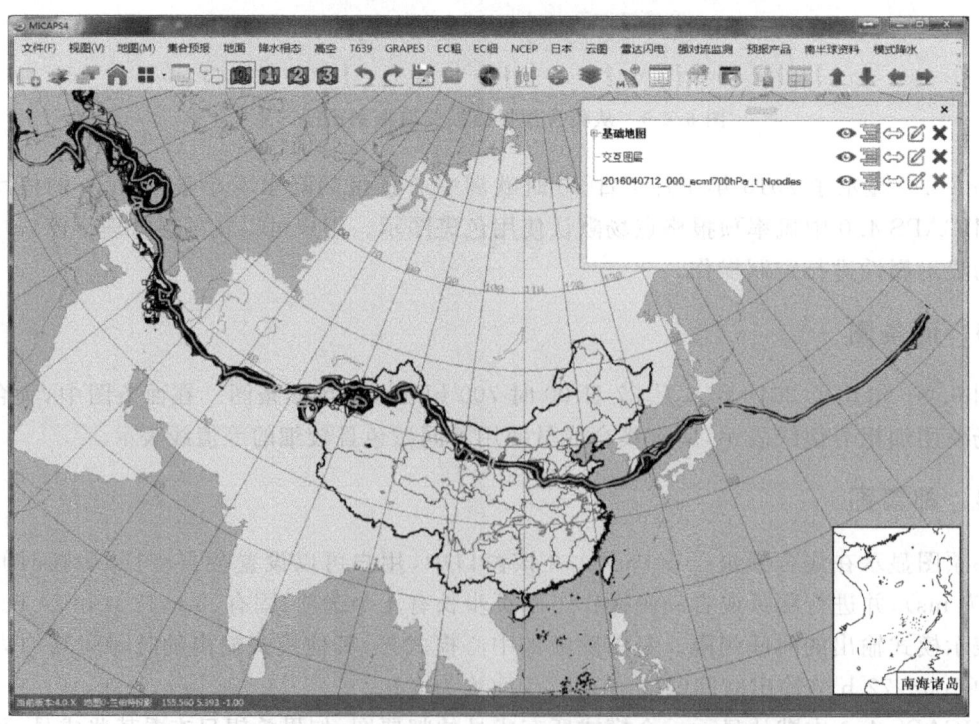

图 6.4-5　2015 年 8 月 27 日 00 时 700 hPa 温度场面条图（集合成员平均场使用
加粗等值线表示，所有集合成员使用不同颜色且较细的等值线表示）

绿色的对号符号,表示该成员被选中(图 6.4-6)。

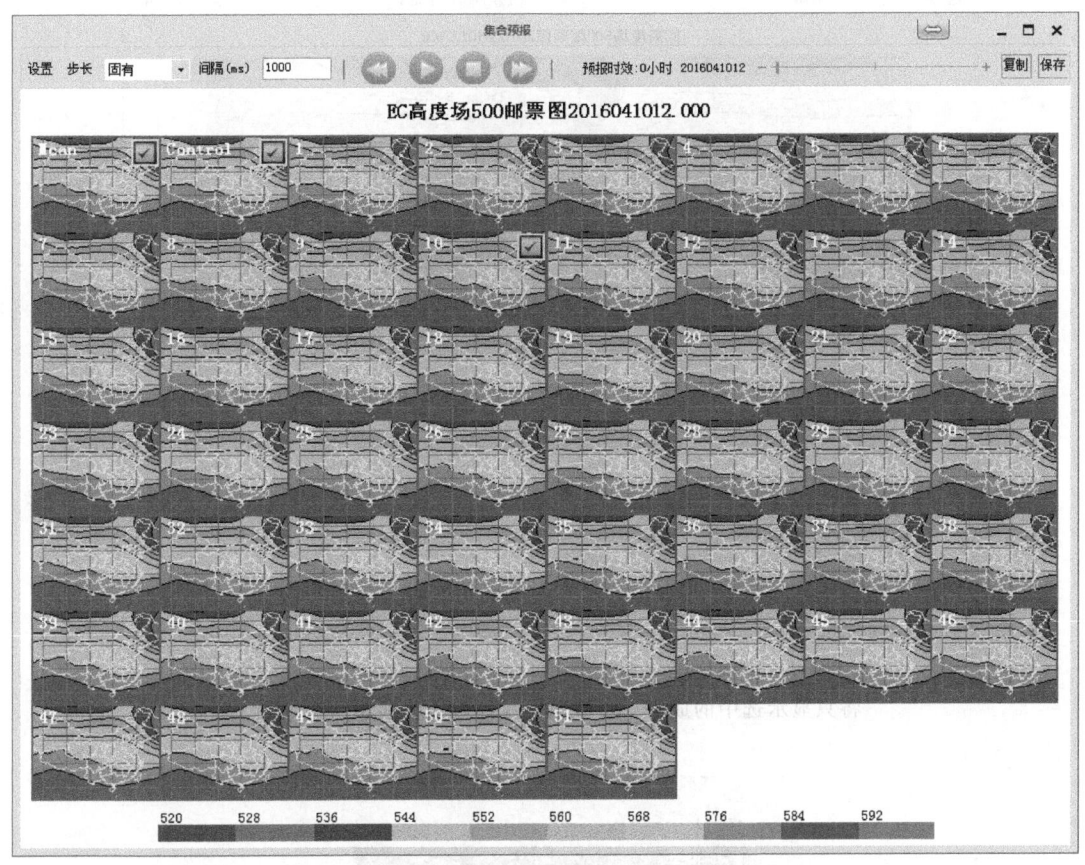

图 6.4-6　如果希望只查看某些成员,可以在按下 Ctrl 键的同时使用鼠标左键点击待查看成员对应的邮票图,被选中的邮票图上面则出现绿色的对号符号

当选中感兴趣的成员后,单击鼠标右键,则子窗口中将只显示选中的成员(图 6.4-7)。再次单击鼠标右键将显示所有成员。

单击集合预报子窗口中的"设置"按钮,将打开"属性设置"对话框。在此对话框中,用户可以设置地图的投影方式,省界线段的颜色和宽度;经纬度线的格距、线条颜色和宽度;等值线分析的地理范围;等值线的颜色和宽度;是否显示等值线、地图、经纬度线;等值线是否需要填充显示(图 6.4-8)。

6.4.5　箱须图和烟羽图

箱须图和烟羽图都是给定站点按照时间序列顺序排列的统计量,区别在于显示方式不同,因此这里一起介绍。图 6.4-9 示例了 EC 模式 2016 年 4 月 10 日 20 时北京 54511 站点的降水量箱须图和烟羽图。图中上方是烟羽图,其中蓝绿色折线为所有成员降水量的平均值,蓝色折线为所有成员的降水量。图中下方为箱须图,其中竖直细线底端和顶端分别对应降水量的最小值和最大值,箱体分为 5 段,分别对应 10%、25%、50%、75%、90%分位数。

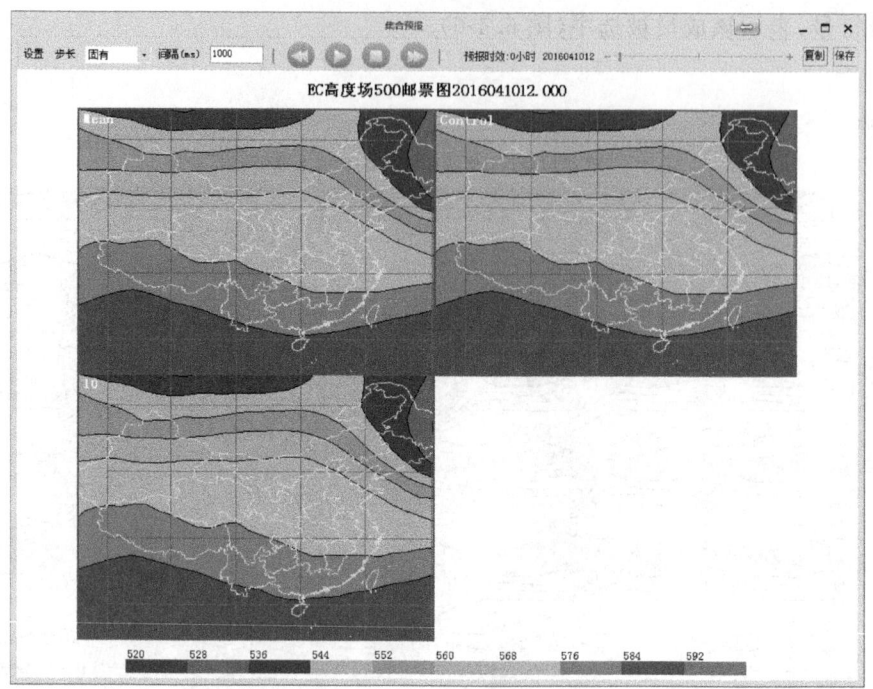

图 6.4-7 当选中感兴趣的成员后,单击鼠标右键,则子窗口中将只显示选中的成员。再次单击鼠标右键将显示所有成员。

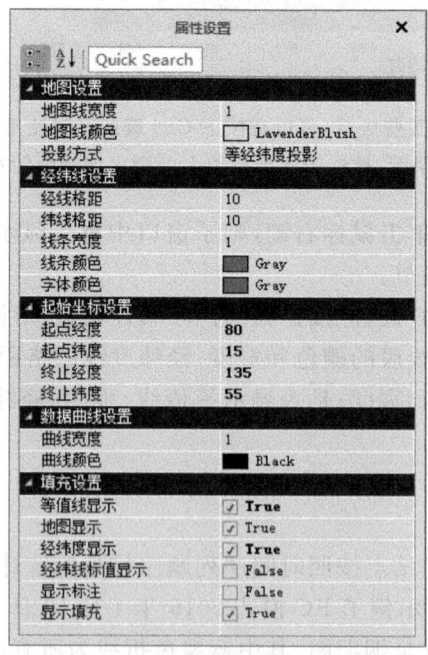

图 6.4-8 邮票图属性设置对话框

当集合预报子窗口中显示箱须图、烟羽图或玫瑰图时,窗口上方的控件相比邮票图(6.4-6)会发生变化。其中,开始时次,结束时次和时间间隔提供了更改箱须图(烟羽图)时效的功能,以便用户只查看感兴趣的时段。3个按钮"3天"、"7天"和"全部"提供了相同功能,但操作起来更为方便。三天即0~72小时,七天即0~168小时。站点选择控件允许用户从全国2700多个站点中选择感兴趣的站点。"复制"按钮将子窗口显示的内容复制到系统剪切板中,以便粘贴到其他程序中。"保存"按钮将子窗口显示的内容保存到用户指定的图片文件中。

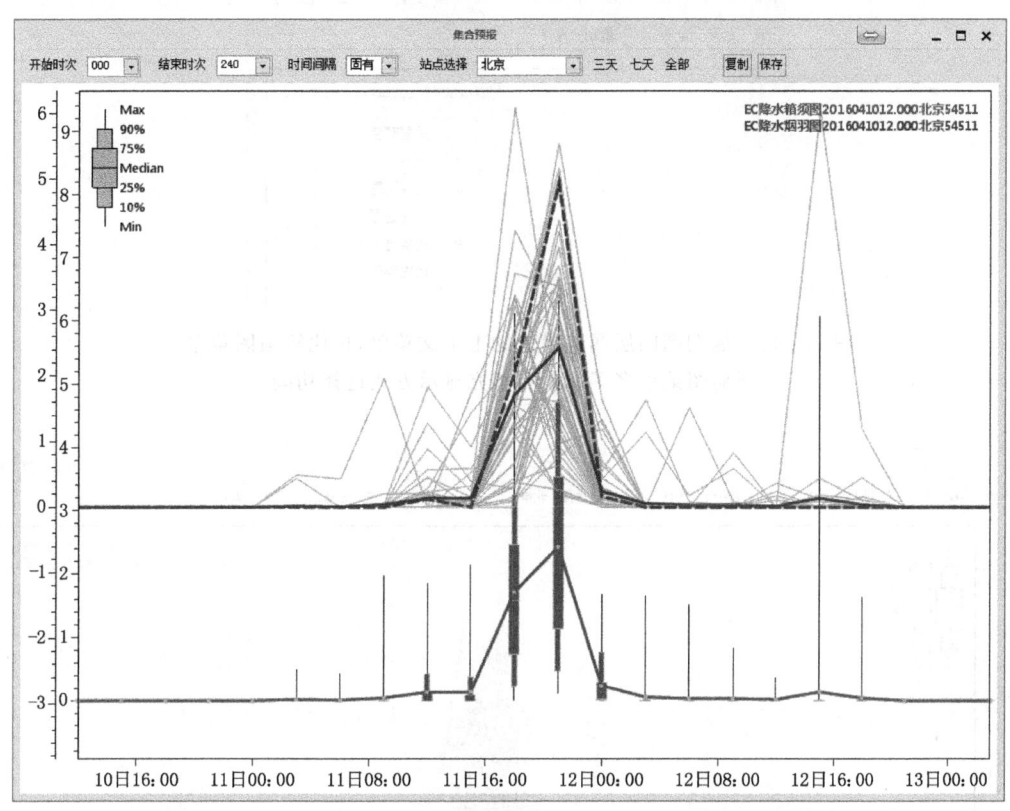

图 6.4-9　EC模式2016年4月10日20时北京54511站点的降水箱须图和烟羽图

这两个图层的标题显示在集合预报子窗口的右上角。用户使用鼠标右击图层标题可以调出图层属性设置的上下文菜单,这里用户可以更改图层颜色,删除图层,更改图层显示顺序(图6.4-10)。

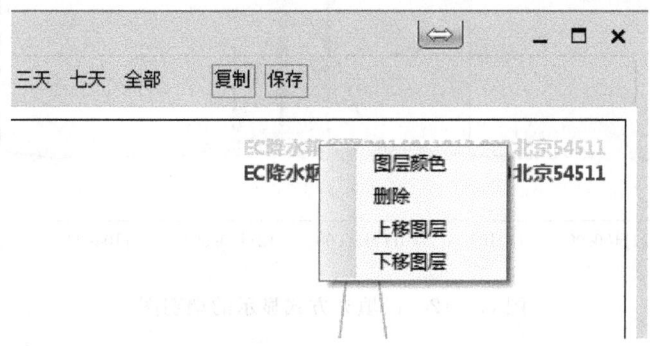

图 6.4-10　用户使用鼠标右击集合预报子窗口右上角的图层标题可以调出图层属性设置的上下文菜单

图 6.4-9 和 6.4-10 分别显示了箱须图和烟羽图图层属性设置的上下文菜单。相比箱须图菜单,烟羽图菜单多了一项功能:显示方式,包括线条和填充两种。图 6.4-11 中的烟羽图为线条显示。图 6.4-12 的烟羽图为填充显示。

图 6.4-11 烟羽图图层属性设置的上下文菜单,相比箱须图菜单,
烟羽图菜单多了线条和填充显示方式选择功能

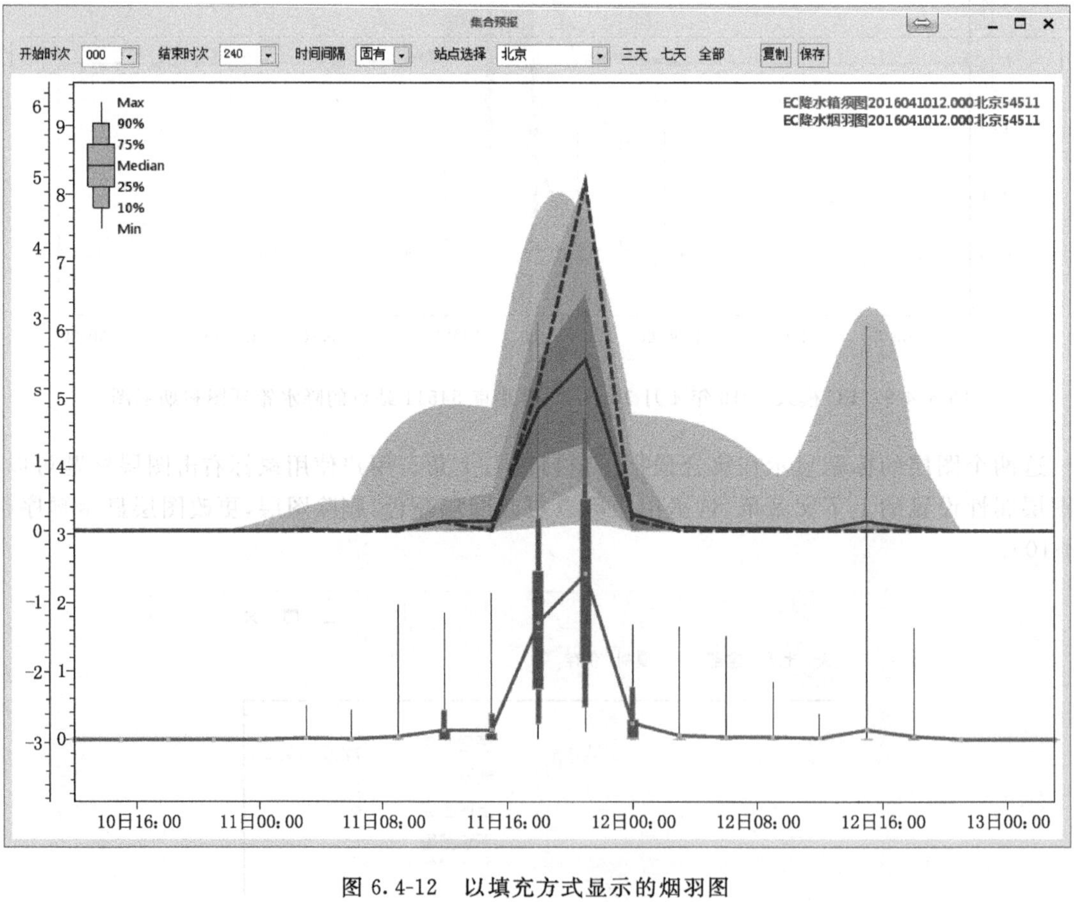

图 6.4-12 以填充方式显示的烟羽图

6.4.5.1 在地图上选择站点

对于箱须图、烟羽图及下一节中将要介绍的风场玫瑰图,除了可以在集合预报子窗口中选择站点外,还可以在 MICAPS 4.0 主窗口的底图上选择站点。

如图 6.4-13 所示,当用户打开一个箱须图、烟羽图或者风场玫瑰图图层后,MICAPS 4.0 将在主窗口底图上显示一个全国观测站点图层。用户通过鼠标的缩放和漫游功能找到感兴趣的站点。当用户移动鼠标时,距离鼠标光标位置最近的站点以红色显示。当感兴趣的站点显示为红色后,用户可以单击鼠标右键,这样 MICAPS 4.0 将生成相应站点的图层。

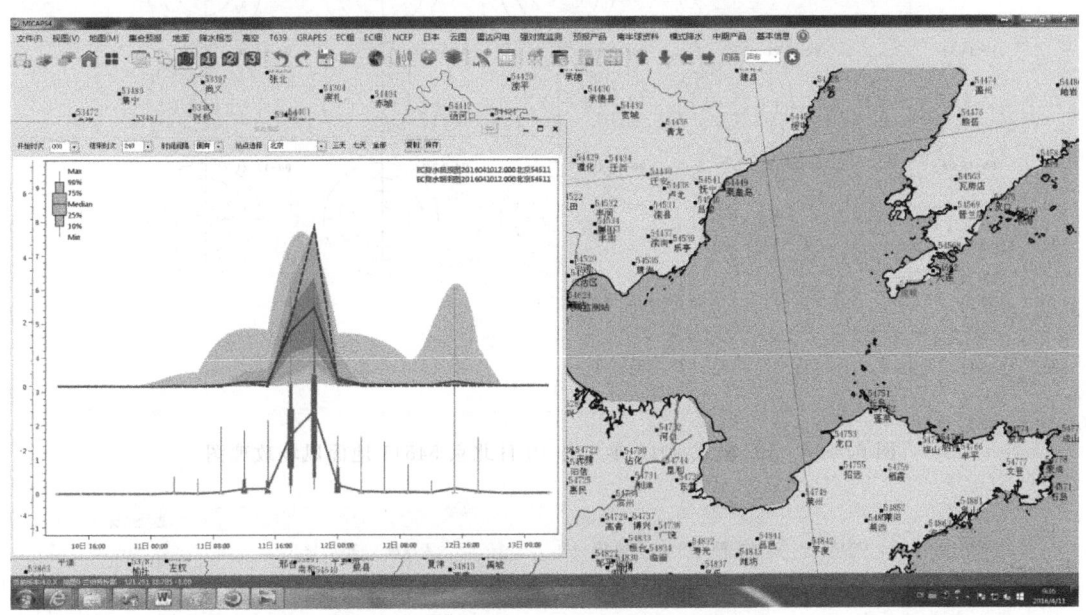

图 6.4-13 对于箱须图、烟羽图及风场玫瑰图,用户可以在 MICAPS 4.0 主窗口的底图上选择站点

6.4.6 风场玫瑰图

风场玫瑰图也是针对某一站点的时间序列图形。图 6.4-14 显示了 EC 模式 2016 年 4 月 10 日 20 时北京 54511 地面风场玫瑰图。

MICAPS 4.0 默认下显示所有时次的玫瑰图。要显示单个时次的玫瑰图,请使用鼠标左键单击感兴趣的玫瑰图,以切换到单个时次(图 6.4-15)。

图 6.4-15 显示了单个时次的风场玫瑰图,图中左侧的圆形环线径向代表某一风向范围内成员个数占所有成员个数的百分比,圆心角代表 360°风向。一个扇形区域代表某一风向范围内的成员信息,一个扇形区域又根据风速不同分为多个段,每个段使用不同颜色显示。扇形每一段的径向长度代表该风向和风速范围内成员个数占所有成员个数的百分比,扇形的角度为 22.5°,这样整个 360°共 16 个扇形。图中右侧的直方图横轴代表风速,纵轴表示某一风速范围内的成员个数占所有成员个数的百分比。图中左下角的图例给出了风速配色方案。

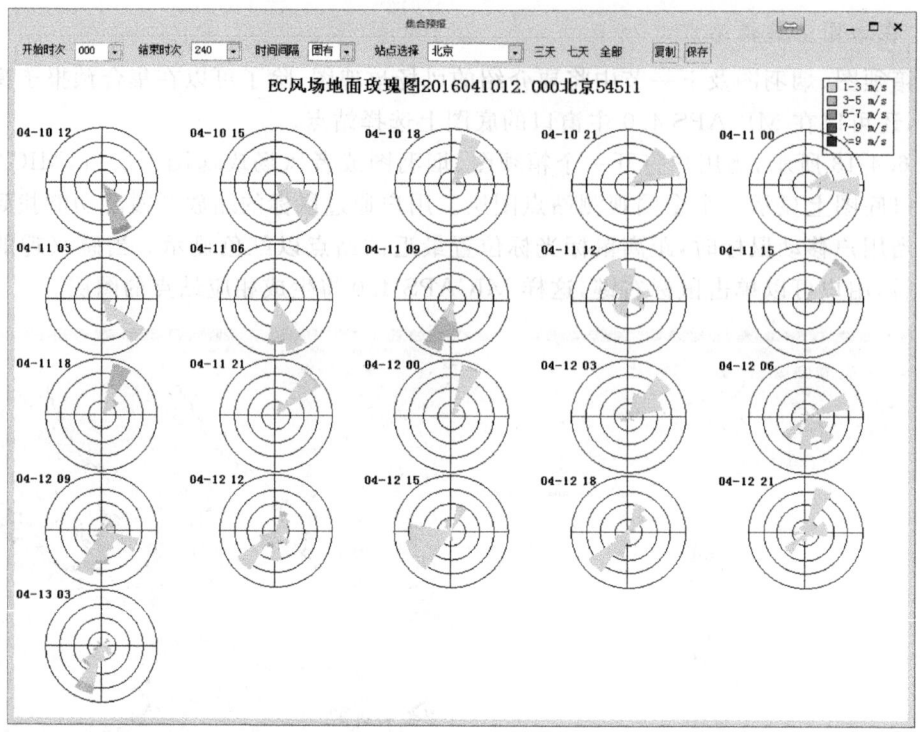

图 6.4-14 EC 模式 2016 年 4 月 10 日北京 54511 地面风场玫瑰图

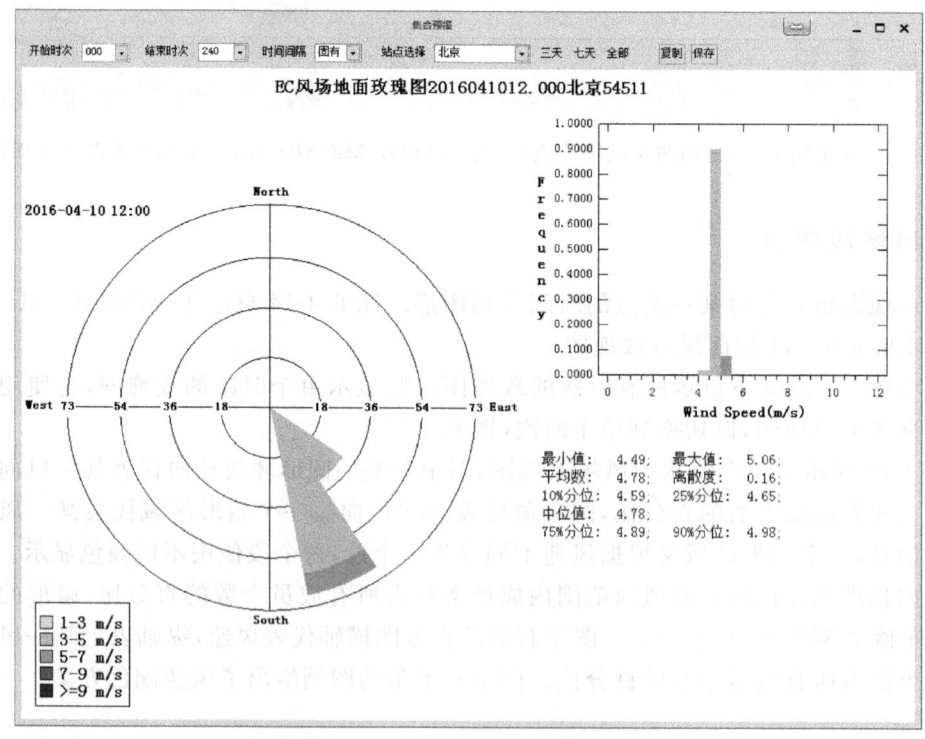

图 6.4-15 单个时次的风场玫瑰图

第7章 精细化预报订正平台

精细化格点编辑工具为基于 MICAPS4.0 框架开发,针对省级、地市级预报员制作本级业务部门所辖的格点、站点气象要素预报的业务平台。该平台为预报员提供交互式的模式资料显示、编辑工具,通过一系列天气学算法将预报员丰富的天气学经验与数值模式预报产品有机地结合起来,从而生成精细化格点/站点预报产品。目前,该平台能够支持基于格点的降水预报、温度预报、灾害性天气影响区预报的制作,并提供基于站点的"大城市 6 小时精细化预报"编辑制作以及"精细化城镇预报"编辑。通过该平台,用户还可以根据本地需求通过自定义方案配置增加新的要素和相应预报编辑工具。此外,对于一些特殊的本地化需求,平台也提供了相对灵活的二次开发接口,用户可通过二次开发的方式实现。

7.1 相关配置文件介绍

精细化格点预报平台基于 MICAPS4.0 基础框架开发,因此安装目录下大部分文件夹架构、文件配置与 MICAPS4.0 基本相同,这里仅针对精细化预报的相关配置进行说明,其他请参照第 1 章相关内容。

7.1.1 安装目录下的相关文件夹介绍

1)config 目录:该目录主要用来存放系统及模块配置信息,目录结构如图 7.1-1 所示。
EmptyProviders 子目录:无数据时的空值站点文件,相当于预报制作的模板。
ForecastMethods 子目录:配置数据管理器用到的模板,包含预报制作的起始时间、最大预报时效、预报间隔等信息,可以根据需要自定义新的方法。
Map 子目录:MICAPS4.0 框架地图配置目录,用于配置地图投影方式及投影参数。projections.ini 文件存储投影信息,全部投影参数使用 proj4 标准字符串配置;map 用于配置基础地理信息。具体配置方式及说明可参考第 5 章。
Plans 子目录:数据管理器的方案配置,用于配置数据管理器中需要显示的要素、预报时效、数据来源等信息。以 24 小时格点降水为例:
{
  "Name":"24h 降水",//要素名称
  "Uid":"ER24",//要素 id
  "Desc":"默认使用 SPCC 模式,从 NLWFD 获取数据",//描述
  "EditMethodId":"SPCC24",// 主观预报的保存方法,对应 ForecastMethods 目录下的方法名称

名称	修改日期	类型
EmptyProviders	2016/4/20 9:47	文件夹
ForecastMethods	2016/2/18 15:37	文件夹
Map	2016/3/11 16:48	文件夹
Plans	2016/4/15 17:17	文件夹
Scripts	2016/2/18 15:37	文件夹
bigCityConfig.xml	2015/9/24 16:38	XML 文档
DevConfig.json	2016/4/15 17:13	JSON File
EditorConfig.Matrix.json	2015/12/29 17:26	JSON File
ForecastConfig.Fetchers.json	2015/11/16 11:21	JSON File
ForecastConfig.json	2016/4/20 9:47	JSON File
ForecastConfig.Publishers.json	2015/11/10 11:29	JSON File
LayerConfig.json	2016/4/15 17:30	JSON File
nlwfcode.dat	2016/3/16 9:56	DAT 文件
PolygonFixValue.xml	2015/12/11 9:02	XML 文档
ProvinceRange.dat	2016/4/13 10:21	DAT 文件
set.ini	2016/4/20 16:14	配置设置
sysConfig.xml	2016/4/20 11:26	XML 文档
ToolBarConfig.json	2015/11/17 10:21	JSON File
toolbars.ini	2016/2/1 18:02	配置设置
toolsValue.xml	2016/3/11 16:31	XML 文档
townConfig.xml	2016/4/20 9:47	XML 文档

图 7.1-1　config 目录结构

"Undef"：9999,//无效值

"InitialVal"：0.0,//初始值

"ElementType"：0，//要素类型:0 为格点,1 为站点

"WindDynamic"：false，//风的显示配置,true 表示用动态流场的方式显示风场,目前未用,故设置为 false

"MethodIds"：[

"SPCC24"// 使用参考模式的预报方法,从 LWFD 取数据默认设置成"SPCC24"

],

"FetcherIds"：[//下载数据源,排在前面的优先级高

"Cache",//从缓存获取数据

"NLWFD"//从 LWFD 获取数据

],

"PublisherIds"：[

"NLWFD"//数据发布目的地配置,为空表示不上传

],

"Periods"：[//数据管理器中表格配置

{

"Display"："国",//该要素对应的表格默认显示文字

"TimeRange"：{//预报时间范围

"Start"："0h",//起始时效

"End"："72h",//最大预报时效

"Interval"："24h",//时间间隔

"RangeList"：null//代码自动生成的时间段的表达方式

        },
        "Desc":"0—72小时的24小时降水预报",//描述
        "MethodIds":[
            "SPCC24"// 使用参考模式的预报方法,从LWFD取数据默认设置成
            "SPCC24"
        ],
        "FetcherIds":[
            "Cache",//从缓存获取数据
            "NLWFD"//从LWFD获取数据
        ]
      }
    ],
    "Level":0,//要素的层次
    "Markers":[]//是否订阅数据,如果订阅加上"rss"
},

Scripts 子目录:用于二次开发存放脚本的目录。

set.ini 文件:MICAPS4.0 客户端全局配置文件,用于配置系统默认使用主题,默认站点编号,后台出图参数等。具体配置方式及说明可参考第 5 章。

toolbars.ini 文件:配置由 python 脚本提供的按钮,用于二次开发。

sysConfig.xml 文件:用于配置当前项目中使用的一些基本参数,如图 7.1-2 所示。

```xml
<!-- 预警类格点数据Uid, 对应plan文件夹下要素配置,多个以英文逗号,隔开-->
<WaringGrid>ESW,EAR,EFG,ETH</WaringGrid>
<GridType>
   <!--格点类型-->
   <DefaultGrid Name="格点" StyleKey="Grid" Flag="0">,ER03,ER24,ESW,EAR,EFG,ETH,ETM,ETN
   </DefaultGrid>
</GridType>
<StationType>
   <!--站点类型-->
   <BigCity Name="大城市站点" StyleKey="bigCity" EmptyProviderFile="BigCity.geojson" Flag=
   "0">DCS</BigCity>
   <!-- 大城市站点数据Uid, 对应plan文件夹下方案要素配置,多个以英文逗号,隔开-->
   <Town Name="城镇站点" StyleKey="town" EmptyProviderFile="Town.geojson" Flag="1">CZ</Town>
   <!-- 城镇站点数据Uid, 对应plan文件夹下方案要素配置,多个以英文逗号,隔开-->
   <Temp Name="城镇温度站点" StyleKey="tempStation" EmptyProviderFile="TempStation.geojson"
    Flag="2">ZDTMP,ZDWD</Temp>
   <!-- 站点温度数据Uid, 对应plan文件夹下方案要素配置,多个以英文逗号,隔开-->
</StationType>
<GridContourLayers>ER03,ER06,ER12,ER24</GridContourLayers>
<!-- 要同时显示等值线图层的格点数据Uid, 对应plan文件夹下方案要素配置,多个以英文逗号,隔开-->
<SubscribeData>ER03,ZDTMP</SubscribeData>
<!-- 要订阅的要素Uid, 对应plan文件夹下方案要素配置,多个以英文逗号,隔开-->
<SubLayersUid>
   <!--配置主要素Uid对应的的子要素图层Uid,注:目前只支持子如层类型为格点-->
   <!--SubUid:子图层Uid
   SubName:子图层名称
   SubStyleKey: 图层样式,路径\data\styles下xml文件名
   SubType:子图层类型, Grid格点类型, Station: 站点类型
   NlwfdDataSource:是否从nlwfd获取数据, 0-获取, 1-不获取
   MainUid: 主图层Uid, 对应plan文件夹下方案要素Uid
   MainInterval: 主图层时效间隔-->
   <SubLayer SubUid="TMP" SubName="温度" SubStyleKey="Temp" SubType="Grid" NlwfdDataSource=
   "0" MainUid="ZDTMP" MainInterval="24" />
</SubLayersUid>
```

```xml
<CorrectGrid>
  <Uid>TMP</Uid>
  <TMaxUid>ETM</TMaxUid>
  <TMinUid>ETN</TMinUid>
  <!--针对站点温度订正的格点类型要素Uid-->
  <HourTmax>14</HourTmax>
  <!--最高温出现的时间，北京时间 -->
  <HourTmin>5</HourTmin>
  <!--最低温出现的时间，北京时间 -->
  <Tmaxmin>2</Tmaxmin>
  <!--最高最低温温差;-->
  <T_max>1</T_max>
  <!--Tmax-TTimax高温与极值温差的最大值-->
  <T_min>1</T_min>
  <!--TTimin-Tmin低温与极值温差的最大值-->
</CorrectGrid>
<Nlwfd>
  <NlwfdClientID>35</NlwfdClientID>
  <NlwfdSvrIp>10.32.8.162</NlwfdSvrIp>
  <NlwfdCachedSvrIp>10.32.8.162</NlwfdCachedSvrIp>
  <TimeOut>800</TimeOut>
  <NlwfdUserName>username</NlwfdUserName>
  <NlwfdPassword>password</NlwfdPassword>
  <Publisher>
    <!-- 数据发布者，优先级顺序从低到高排序-->
    <!--item showText="省">province</item-->
    <item showText="国">national</item>
  </Publisher>
  <FirstDownloadFromPublisher>national</FirstDownloadFromPublisher>
  <!--
  下载数据优先级顺序，值为Publisher下子节点内值，从配置的发布者开始下载，如果无数据查找更高
  级发布者数据，直到最高级-->
  <UploadForPublisher>national</UploadForPublisher>
  <!--上传数据到相应的发布者-->
</Nlwfd>
<NwfdDatasource>
  <item showText="改">SPCC</item>
  <item showText="省">SLMOF</item>
  <item showText="国">SCMOC</item>
</NwfdDatasource>
<!--按照站点要获取数据的优先级用逗号进行分割SCMOC：  国家指导报
    SLMOF  ：  省指导报
    SPCC   ：  预报员上传预报-->
<NwfdStationDatasource>SPCC,SLMOF,SCMOC</NwfdStationDatasource>
<!-- 上传产品类别，如SPCC,SCMOC,SNWFD -->
<Uproduct>SPCC</Uproduct>
<!-- 上传CCCC编码 -->
<Ucccc>BEFZ</Ucccc>
<!-- 下载产品类别，如SPCC,SCMOC,SNWFD -->
<Dproduct>SCMOC</Dproduct>
<!-- 下载CCCC编码 -->
<Dcccc>BABJ</Dcccc>
<!-- 系统第一次启动-->
<FirstRun>
</FirstRun>
```

图 7.1-2　sysConfig.xml 配置文件

townConfig.xml 文件：用于配置精细化城镇预报站点数据的基本信息，一般系统初始配置后会自动生成本省的站点数据，可根据需要增加其他站点信息。如图 7.1-3 所示。

说明：

CCCC：发报中心编码。

ProvinceName：省份名称。

EmptyValue：缺测默认值。

TimeCount：默认时效个数。

```xml
townConfig.xml
1  <?xml version="1.0" encoding="utf-8"?>
2  <Root>
3      <CCCC>BESZ</CCCC>
4      <ProvinceName>河北省</ProvinceName>
5      <EmptyValue>999.9</EmptyValue>
6      <TimeCount>14</TimeCount>
7      <!--默认时效个数-->
8      <ElementCount>21</ElementCount>
9      <!--默认预报要素个数-->
10     <Stations>
11         <Station id="53392" name="康保">114.6 41.85 1423.5 14 21</Station>
12         <Station id="53397" name="尚义">113.9833333 41.1 1377.7 14 21</Station>
13         <Station id="53399" name="张北">114.7 41.15 1394.4 14 21</Station>
14         <Station id="53491" name="怀安">114.3833333 40.66666667 838.8 14 21</Station>
15         <Station id="53492" name="阳原">114.15 40.1 938.7 14 21</Station>
16         <Station id="53498" name="宣化">115.0333333 40.56666667 630.5 14 21</Station>
17         <Station id="53499" name="万全">114.7333333 40.76666667 756.2 14 21</Station>
18         <Station id="53593" name="蔚县">114.5666667 39.83333333 910.5 14 21</Station>
19         <Station id="53596" name="顺平">115.1333333 38.85 53.4 14 21</Station>
20         <Station id="53599" name="涞源">114.6833333 39.36666667 885.6 14 21</Station>
21         <Station id="53680" name="灵寿">114.3833333 38.3 110.1 14 21</Station>
22         <Station id="53682" name="曲阳">114.6833333 38.63333333 105.3 14 21</Station>
23         <Station id="53688" name="行唐">114.55 38.45 97.4 14 21</Station>
```

图 7.1-3 精细化城镇报站点信息配置

ElementCount：默认预报要素个数。

Stations：默认站点，当没有指导报时，可根据 stations 中的节点来创建空白图层，创建好的图层中站点的值均为 EmptyValue 中设置的缺测值。

针对单站的配置说明如下。

＜Station id＝"53392" name＝"康保"＞114.6 41.85 1423.5 14 21＜/Station＞

其中，id 为站号，name 为该站名称，后面的数字分别是该站的经度、纬度、海拔、预报时效个数和预报要素个数。实际工作中，如需人为手工增加站点，参照这个格式在文件中追加即可。

bigCityConfig.xml 文件：用于配置大城市 6 小时预报的站点信息（图 7.1-4）。

```xml
bigCityConfig.xml
1  <?xml version="1.0" encoding="utf-8" ?>
2  <Root>
3      <CCCC>BESZ</CCCC><!--表示发报中心，只能为各省的编码，不能使用地市等其他编码-->
4      <ProvinceName>河北</ProvinceName><!--表示发报中心名称，与CCCC编码对应-->
5      <Element>621 622 623 624 625 626</Element><!--要素代码 空格分隔-->
6      <EmptyValue>999.9</EmptyValue><!--缺测默认值-->
7      <StationGeo>113 120 38 40</StationGeo><!--站点默认大小，格式（最小经度 最大经度 最小纬度 最大纬度）-->
8      <Stations>
9          <!--站号 value为 经度（度），纬度（度），海拔高度，时效个数-->
10         <Station id="53698">114.4 38.0 81.2 4</Station><!--石家庄-->
11     </Stations>
12 </Root>
```

图 7.1-4 大城市 6 小时站点信息配置

说明：

CCCC：发报中心编码。

ProvinceName：省份名称。

Element：要素代码，每个代码用空格分开。

EmptyValue：缺测默认值。

StationGeo：省份默认经纬度范围，用于程序中回到初始位置。

Stations：默认站点，当没有指导报时，可根据 stations 中的节点来创建空白图层，创建好的图层中站点的值均为 EmptyValue 中设置的缺测值。

针对单站的配置说明如下：

<Station id="53698">114.4 38.0 81.2 4</Station>

其中，id 为站号，后面的数字是该站的经度、纬度、海拔和预报的时效个数。

toolsValue.xml 文件：工具窗口修改数据对应的属性值。

DevConfig.json 文件：用来加载二次开发的工具插件，配置后程序会根据该配置文件来加载工具(图 7.1-5)。

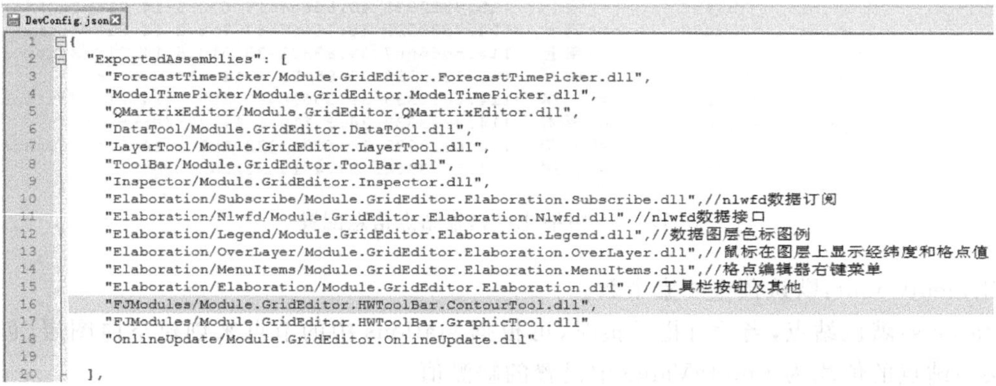

```
DevConfig.json
{
  "ExportedAssemblies": [
    "ForecastTimePicker/Module.GridEditor.ForecastTimePicker.dll",
    "ModelTimePicker/Module.GridEditor.ModelTimePicker.dll",
    "QMartrixEditor/Module.GridEditor.QMartrixEditor.dll",
    "DataTool/Module.GridEditor.DataTool.dll",
    "LayerTool/Module.GridEditor.LayerTool.dll",
    "ToolBar/Module.GridEditor.ToolBar.dll",
    "Inspector/Module.GridEditor.Inspector.dll",
    "Elaboration/Subscribe/Module.GridEditor.Elaboration.Subscribe.dll",//nlwfd数据订阅
    "Elaboration/Nlwfd/Module.GridEditor.Elaboration.Nlwfd.dll",//nlwfd数据接口
    "Elaboration/Legend/Module.GridEditor.Elaboration.Legend.dll",//数据图层色标图例
    "Elaboration/OverLayer/Module.GridEditor.Elaboration.OverLayer.dll",//鼠标在图层上显示经纬度和格点值
    "Elaboration/MenuItems/Module.GridEditor.Elaboration.MenuItems.dll",//格点编辑器右键菜单
    "Elaboration/Elaboration/Module.GridEditor.Elaboration.dll", //工具栏按钮及其他
    "FJModules/Module.GridEditor.HWToolBar.ContourTool.dll",
    "FJModules/Module.GridEditor.HWToolBar.GraphicTool.dll"
    "OnlineUpdate/Module.GridEditor.OnlineUpdate.dll"

  ],
```

图 7.1-5　插件配置

ForecastConfig.json 文件：配置系统所用到的方案、预报方法以及格点场范围等信息。

LayerConfig.json 文件：图层配置文件。

EditorConfig.Matrix.json 文件：数据管理器中单元格颜色状态配置文件。

ForecastConfig.Fetchers.json 文件：二次开发用到的文件获取器配置。

ForecastConfig.Publishers.json 文件：二次开发用到的文件发布器配置。

ToolBarConfig.json 文件：二次开发中配置由 python 脚本提供的按钮。

nlwfcode.dat 文件：LWFD 返回值对应的信息。

ProvinceRange.dat 文件：各省、直辖市、自治区的格点场范围及代码信息。

2)Logs 目录：用于记录系统下载、上传和订阅数据的日志信息。其中，down.log 表示下载日志，up.log 表示上传日志，sub.log 表示订阅日志。

3)Modules 目录：该目录主要存放功能模块。

7.2　系统初始配置

平台第一次启动时，会弹出系统配置界面，如图 7.2-1 所示。在左下的选项框中选择省份然后点“确定”即可完成格点场范围的设置，系统后台会根据选择的省份自动生成相应的站点信息配置文件。在“NLWFD 配置”标签页可以完成 LWFD 的相关配置，如图 7.2-2 所示，在

"保存路径"标签页可以完成本地数据默认保存路径的配置,如图 7.2-3 所示。以后如需重新打开配置窗口,点击工具栏中的  设置按钮即可。

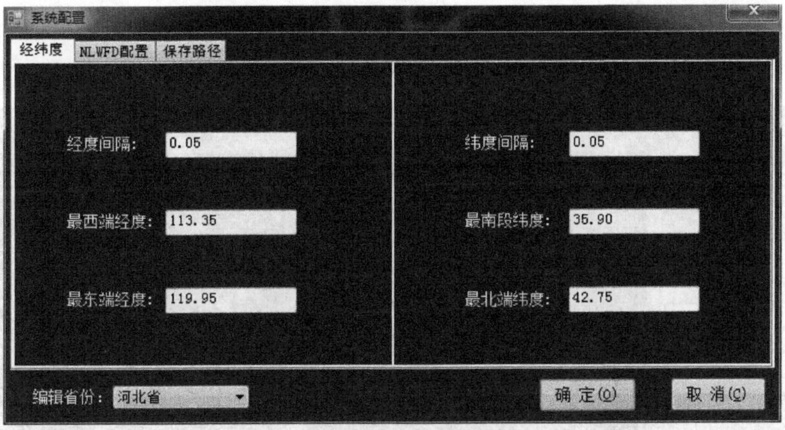

图 7.2-1 经纬度配置

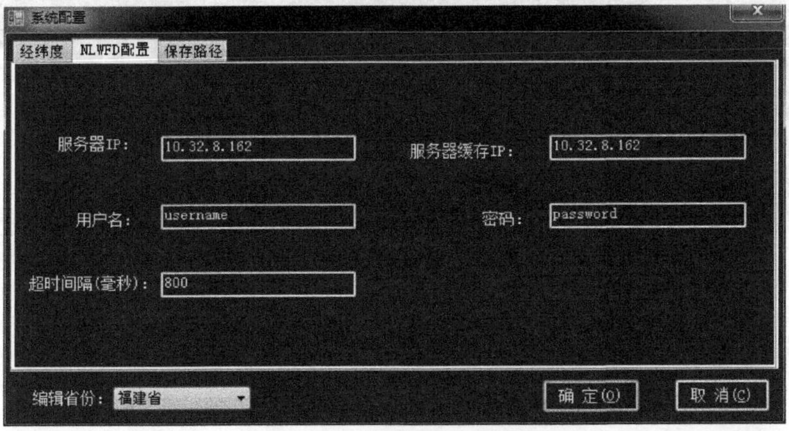

图 7.2-2 NLWFD 配置

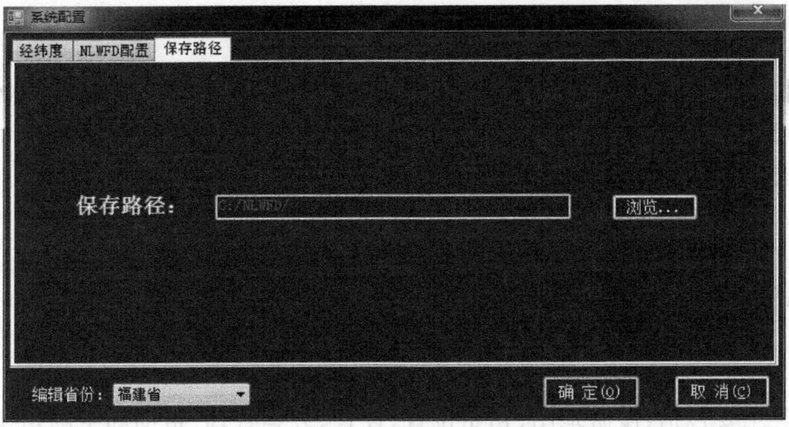

图 7.2-3 本地保存路径配置

7.3 窗口布局介绍

MICAPS4.0精细化预报平台客户端界面如图7.3-1所示。

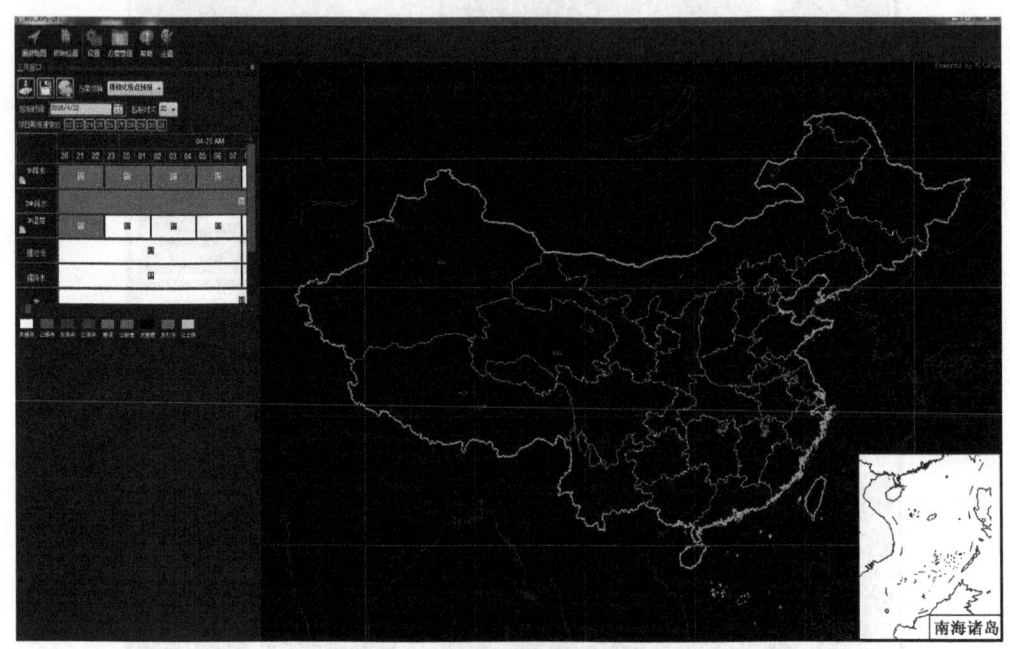

图7.3-1 精细化预报平台客户端界面

下面对每一部分进行逐一介绍。

7.3.1 标题栏

精细化预报平台界面的顶部为标题栏,标题栏内容可通过系统配置文件进行自定义。

7.3.2 工具栏

精细化预报平台中,标题栏的下方是工具栏,用于提供系统工具以及部分高级功能模块调用,如图7.3-2所示。下面具体介绍一下系统工具类按钮,平台默认将各要素对应的功能模块按钮设置为动态加载,这部分将在后续小节中介绍。

图7.3-2 系统工具栏

系统工具类主要包括:漫游地图、初始位置、设置、方案管理、帮助和主题切换。

(1)漫游地图:通过修改按钮进行修改时,鼠标的操作变为画选区,而不能拖拽地图,当修改完成后,可以点击漫游地图按钮,让选区消失,并且恢复鼠标拖拽地图操作。

(2)初始位置:系统初始配置时,用户根据自己所在的区域选择地区,即可配置一个经纬度范围,当用户在地图上对地图进行放大、缩小或拖拽之后,点击初始位置按钮,能够快速帮助用户定位到自己所在区域。

(3)设置:设置系统的初始格点场范围、NLWFD信息配置和本地保存路径信息。

(4)方案管理:对数据管理器中的显示方案进行管理配置,可以通过右上角的增加、删除、编辑和刷新按钮对要素进行编辑,点右下角保存后生效(图7.3-3)。

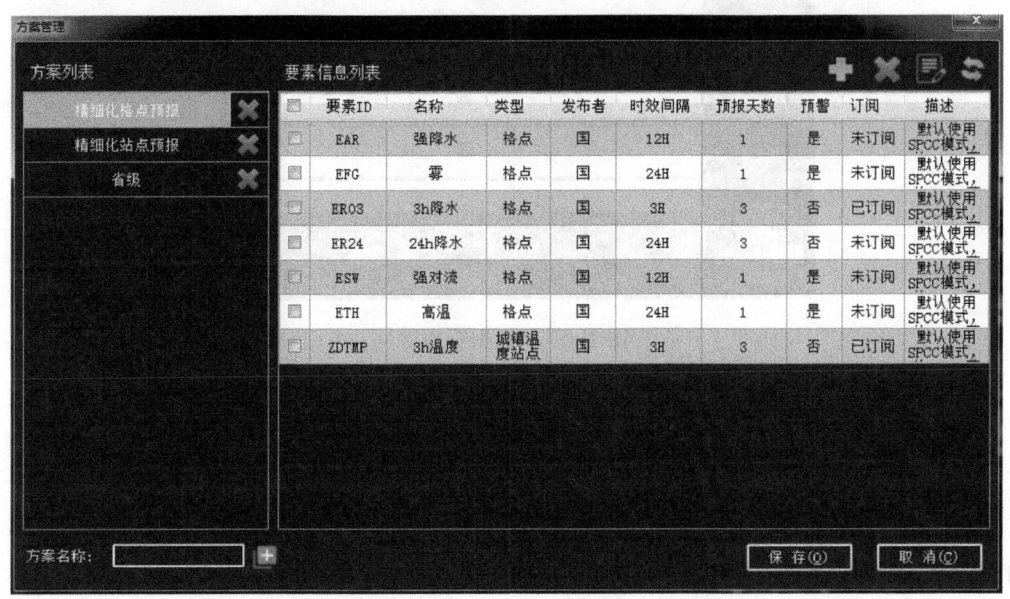

图 7.3-3　方案管理

(5)帮助:调出平台的帮助文档。

(6)主题:系统平台提供了黑、白两种背景颜色的主题,点此按钮可以进行切换。

7.3.3　数据管理器

平台左侧的数据管理器如图7.3-4所示。第一排3个按钮分别为下载、保存、发布,下拉框为方案切换;第二排显示起报时间和起报时次,12时之前为08,12时之后为20;第三排为横向翻页工具,数字表示日期;根据配置信息,生成的表格每一行代表一种要素,每一列代表一天的时效,每个单元格为当前时效的某要素对应的数据;表格下方显示表格状态示例图,用颜色来区分当前单元格状态。

单击下载按钮 ![icon], 会把当前时次的数据按照预先设置的优先级下载到本地缓存,平台支持多要素多线程下载。下载完成后,单元格的颜色会根据数据的状态显示不同的颜色,参照表格下方的图例(图7.3-5)。

所有下载的文件默认存储在ForecastConfig.json中"CacheBase":"C:/NLWFD/",所配的目录中。下载完成后,如果需要将数据保存到本地硬盘,请点击保存按钮 ![icon]。关闭程序,

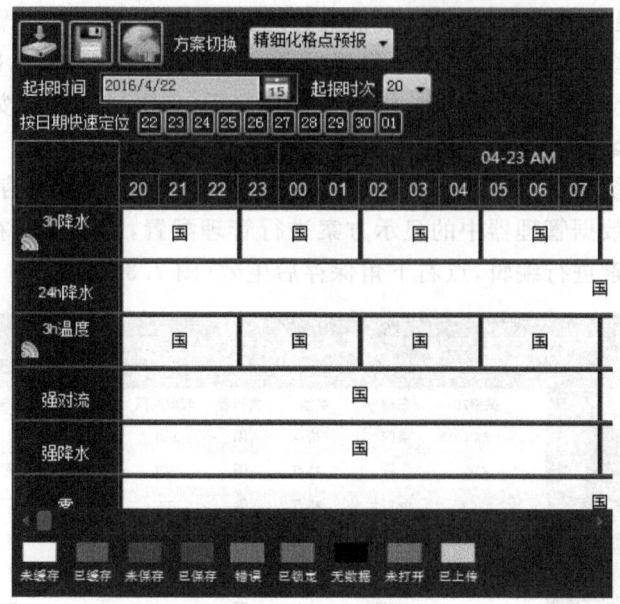

图 7.3-4　数据管理器

图 7.3-5　数据管理器图例

再次打开时,如果本地有当前时次的数据,就会读取本地数据,不再次下载。

修改完数据后需要对当前数据进行保存,单击"保存"按钮,将数据持久化,同时当前单元格颜色变为图例相应颜色。保存后,关闭程序,当前时次不变的情况下,下次启动程序,读取到的就是保存后的数据。

预报员每天做好的预报产品后选择要上传的要素,然后点击上传按钮即可将预报产品上传到 LWFD 中(图 7.3-6)。发布时需要对当前时次的文件进行扫描,表格中对应的除预警以外的预报必须存在才可发布。

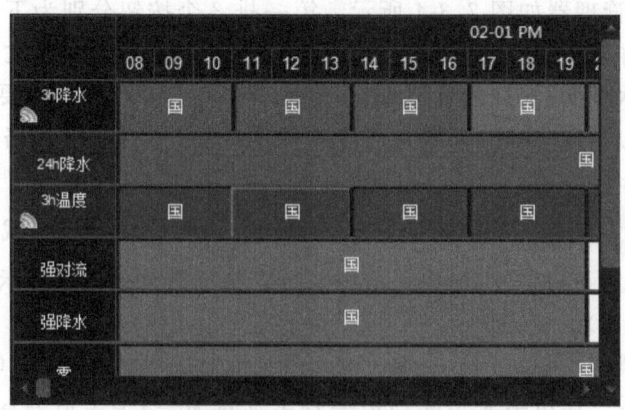

图 7.3-6　上传选中数据

7.4 编辑格点产品

7.4.1 格点编辑工具介绍

1)撤销:对格点图层进行修改后,如果对修改不满意,可以进行撤销操作,撤销后,地图上会随之变动,撤销到修改之前,按钮变灰,不能继续撤销。

2)重做:对格点图层进行撤销操作后,如果对结果不满意,可以点击重做按钮,按照原步骤重做,直到回撤销前状态。

3)预报线增改:选择该工具后,数据管理器下方会出现如下属性选项,选中相应的数值,在地图上即可绘制相应的预报线(左键开始绘制,右键结束)。点击该工具右侧的小三角,可以选择中心点工具 ,在属性选项中选择相应数值后,在地图上左键设置中心点(图 7.4-1)。

图 7.4-1 格点编辑工具栏

快捷键说明:鼠标选中一条预报线,Ctrl+滚轮改变该预报线的值;选中一条预报线,Alt+右键删除该预报线;选择属性中的数值,Ctrl+左键增加中心点(图 7.4-2)。

图 7.4-2 工具属性

4)预报线删除:选择该工具,左键点击预报线即可删除。
5)预报线清空:清空图层中的全部预报线。
6)预报线网格化:将图层中的 14 类预报线数据网格化到格点场。
7)导入 14 类:导入 14 类预报线数据显示在图层中。
8)多边形:选择该工具,配合数据管理器下方的工具属性在地图上点击和拖动即可绘制相应的区域。点击该工具右侧的三角,会弹出圆、任意区域、缓冲器 3 个子工具选项。其中,缓冲区工具的圆的半径可通过 Ctrl+滚轮调整大小。

图 7.4-3 为 4 种工具绘制的不同效果。

多边形工具属性(图 7.4-4)说明如下。

第一行为 4 种编辑方式:

①常规:直接在地图上绘制多边形,以左键开始,右键结束绘制,绘制完成后,按住鼠标左键并移动,可对绘制区域根据算法(见变化方式)进行相应改变;

②即变:区域绘制完成后,所绘制区域的值立即改变;

③复制:区域绘制完成后,可用鼠标选择此区域,将该区域内的值复制到其他区域;

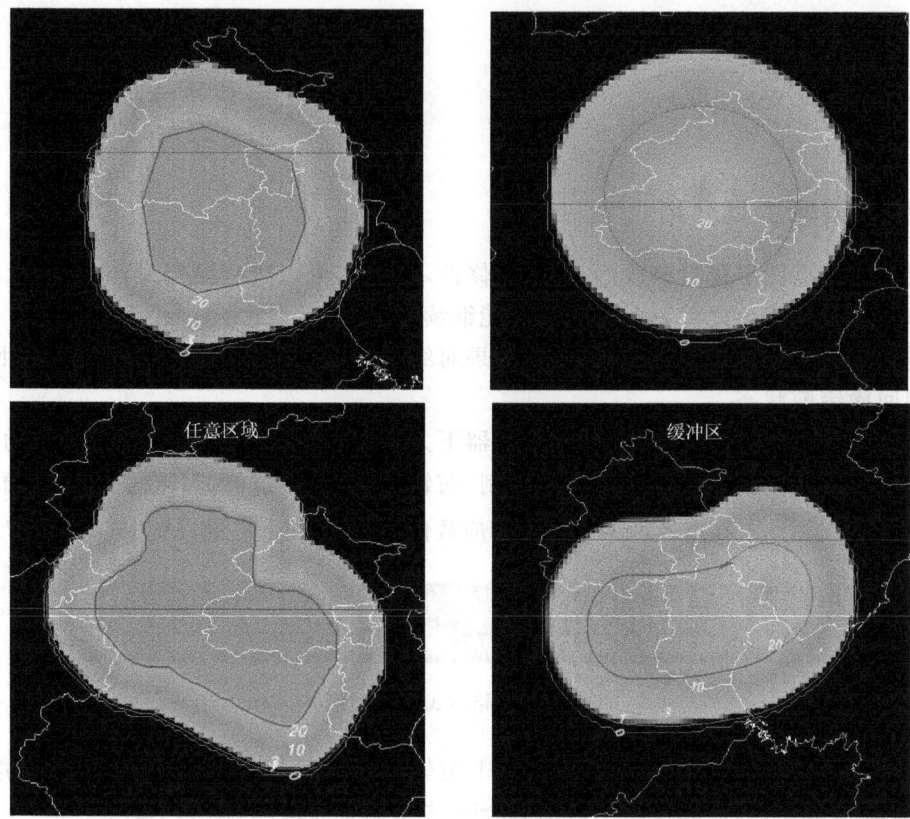

图 7.4-3　多边形工具的效果图

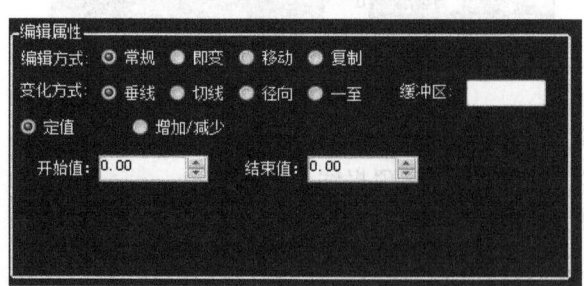

图 7.4-4　多边形工具属性

④移动：区域绘制完成后，可用鼠标选择此区域，将该区域内的值移动到其他区域。
第二行为 4 种变化方式：
①垂线：区域内的值按照垂线算法改变；
②切线：区域内的值按照切线算法改变；
③径向：区域内的值按照径向算法改变；
④一致：区域内的值按照所选中或填写的值改变。
第三行为 2 种值改变的方式：
①定值：选择区域内的值等于设置的值；

②增加/减少:选择区域内的值加/减设置的值。

9)画刷:选择该工具时,数据管理器下面出现画刷的可选数值,用户选择一个数值后,在地图上按住鼠标左键并拖动,抬起鼠标操作结束,划过区域都被刷成选取的指定数值。同时可以通过 Ctrl+鼠标滑轮来放大、缩小画刷。

7.4.2 打开格点数据

单击一个格点数据的单元格,将会打开该单元格对应的数据,并将数据展示在地图中(图7.4-5)。

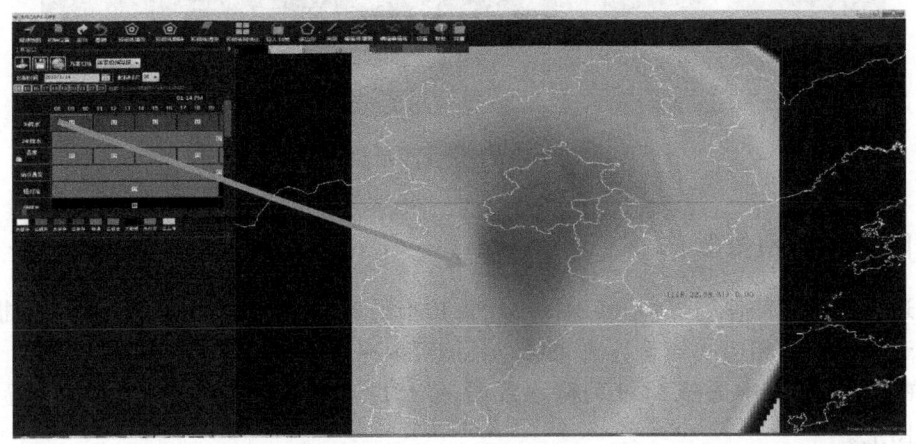

图 7.4-5 打开格点数据

右键降水的单元格,出现显示/隐藏等值线菜单,单击可在地图中显示等值线。只有非预警数据的当前图层可以显示等值线(图 7.4-6)。

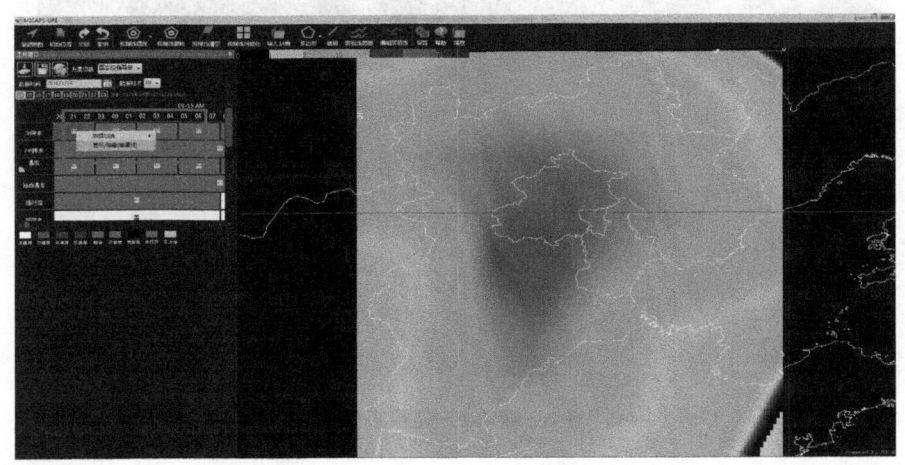

图 7.4-6 显示等值线

当单元格无对应指导报时,单击单元格,会创建一个新的图层,该图层中数据都默认为9999,预报员可自行在新图层中绘制预报产品(图 7.4-7)。

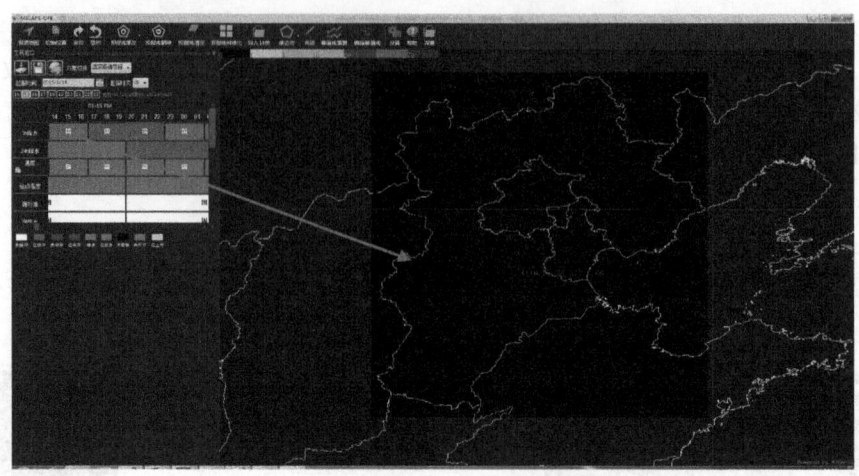

图 7.4-7　建立空图层

7.4.3　降水格点预报制作

为了遵循预报员的使用习惯,并确保不增加预报员的工作量,3 小时格点降水预报制作采用主要基于落区结合相应的处理算法完成。具体可以采用以下方式制作。

(1)在数据管理器中选择 24 小时降水数据,平台自动从 LWFD 获取 24 小时指导预报,并显示在地图上。

(2)选择导入 14 类工具 ,选择现有的 14 类数据打开显示在地图上(图 7.4-8)。

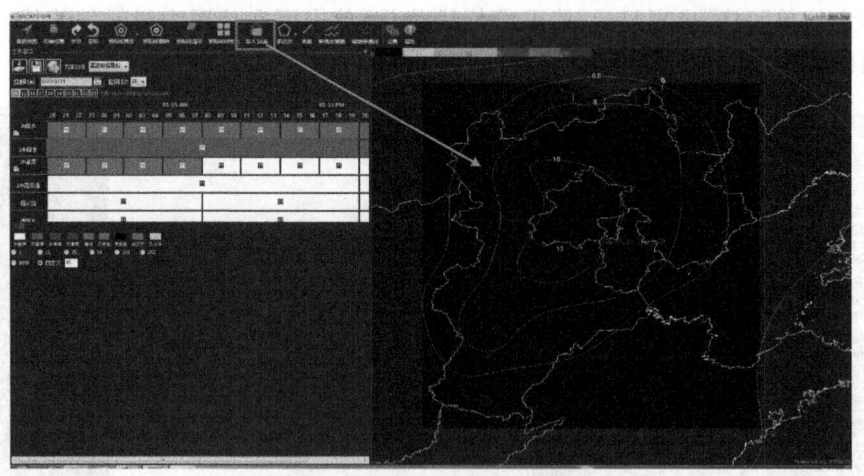

图 7.4-8　导入 14 类预报线数据

(3)可以选择预报线编辑工具 对落区进行编辑,编辑完成之后点击预报线网格化工具 ,即可得到 24 小时格点降水预报(图 7.4-9)。

(4)预报员也可以使用 7.5.1 节中介绍的其他编辑工具在此基础上调整。

(5)点击数据管理器上面的保存按钮 将数据保存到本地磁盘。

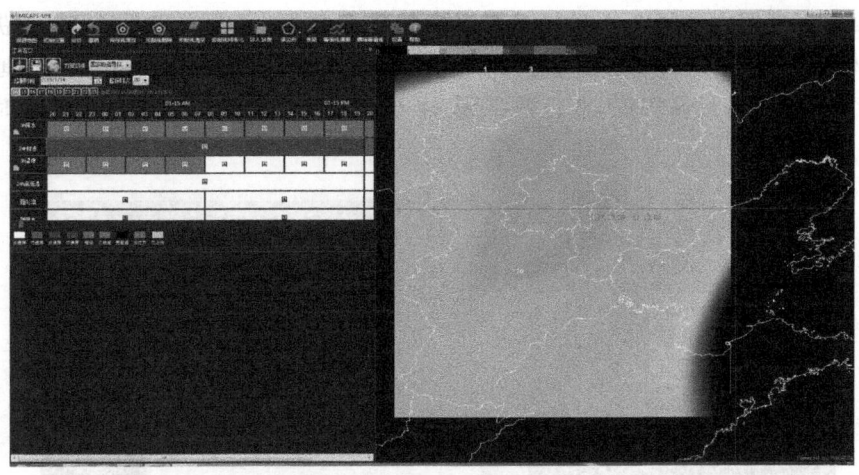

图 7.4-9　预报线网格化

(6)点击数据管理器上面的上传按钮 ![btn] 将数据上传到 LWFD,这时数据管理器中的单元格颜色会发生变化,蓝色显示 24 小时降水数据上传成功后,对应日期的 3 小时降水单元格会依次调阅 LWFD 根据背景场处理之后的 3 小时格点降水结果(图 7.4-10,图 7.4-11)。

图 7.4-10　数据管理器单元格颜色状态变化

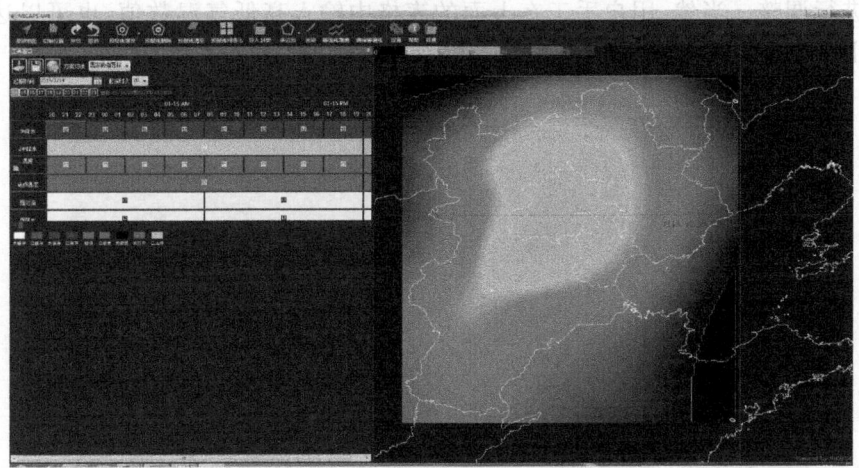

图 7.4-11　订阅的 3 小时格点降水数据

(7)至此,降水的 3 小时预报制作完毕。

7.4.4　温度 3 小时格点预报制作

考虑到大部分地市级的实际需要,3 小时格点温度的预报主要基于站点 24 小时高低温来做。具体可参照以下步骤:

(1) 在数据管理器中选择 3 小时气温要素中的一个数据,平台自动从 LWFD 获取当前时次的 3 小时格点气温和站点 3 小时气温及 24 小时最高/最低气温数据,并显示在地图上。其中,红色数字为 24 小时最高气温,蓝色数字为 24 小时最低气温,橙色数字为 3 小时站点温度(图 7.4-12)。

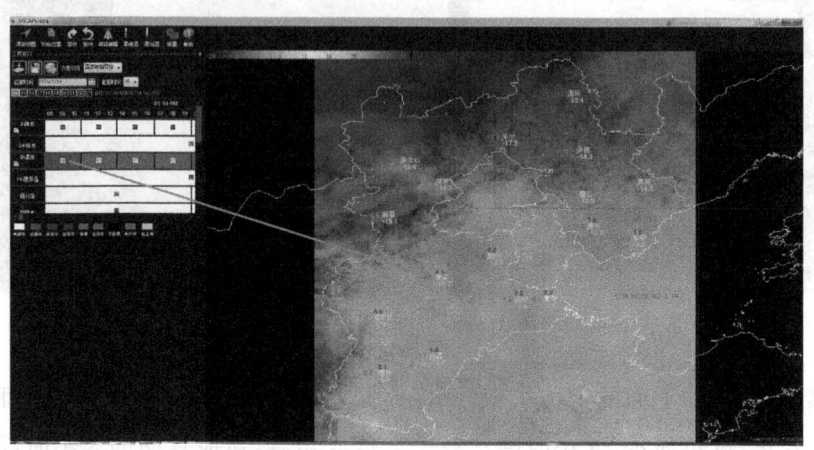

图 7.4-12　3 小时格点温度叠加 24 小时站点最高/最低气温数据

(2) 可以选择单点编辑工具 ,然后在地图上左键单击要编辑的站点,弹出如图 7.4-13 编辑窗口。其中红线代表该站的 24 小时最高气温,蓝线代表该站 24 小时最低气温,粉色折线代表该站 3 小时的气温。鼠标拖动红线和蓝线修改 24 小时最高/最低气温,程序算法自动对 3 小时气温进行调整。当然,用户手工在上面的表格中输入高低气温数值,也可以达到同样的效果。完成该站编辑后,单击"确定",将数据保存在缓存中(图 7.4-13)。

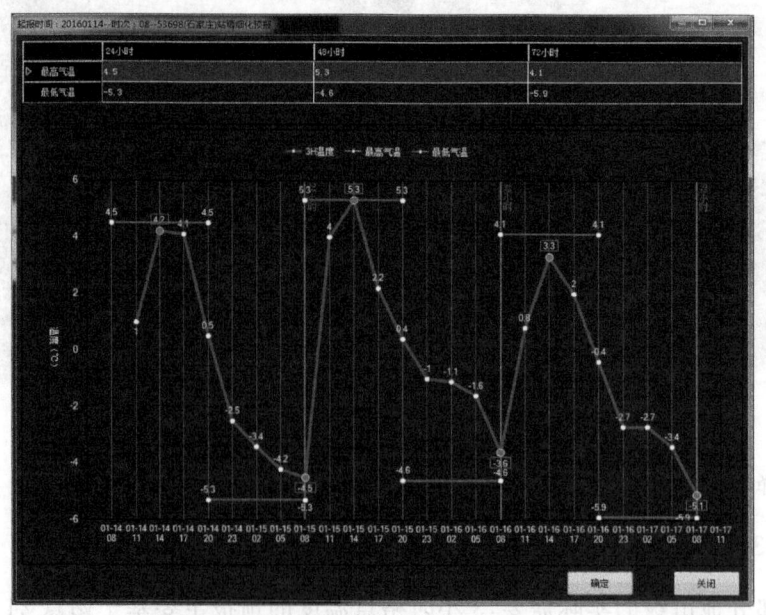

图 7.4-13　单站气温订正

（3）也可以选择多站编辑工具最高气温 ![] 和最低气温 ![]，对所选区域内的站点进行编辑，方法同精细化城镇预报报多站编辑（图 7.4-14）。

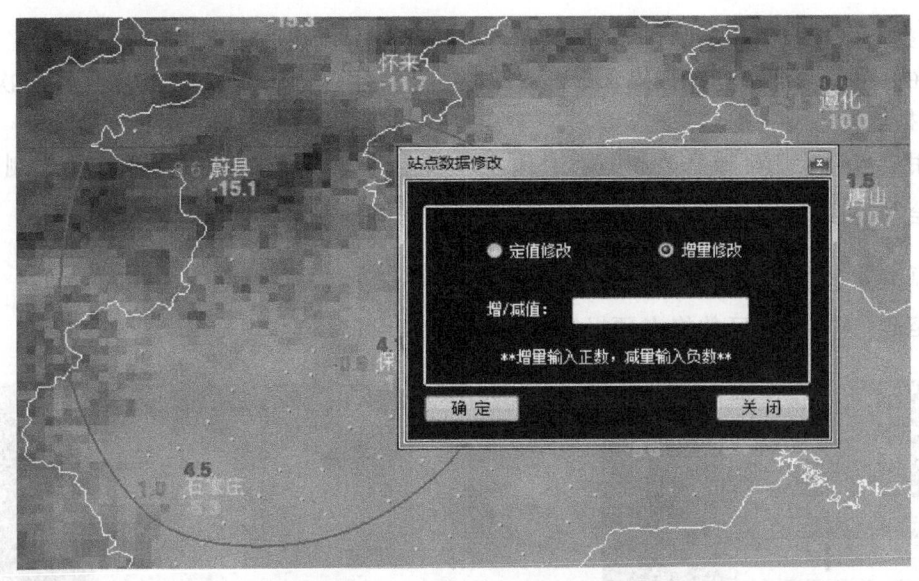

图 7.4-14　多站温度订正

（4）点击数据管理器上面的保存按钮 ![] 将数据保存到本地磁盘。

（5）点击数据管理器上面的上传按钮 ![] 将数据上传到 LWFD，这时数据管理器中 3 小时气温单元格会依次调阅 LWFD 处理之后的 3 小时格点气温结果（图 7.4-15）。

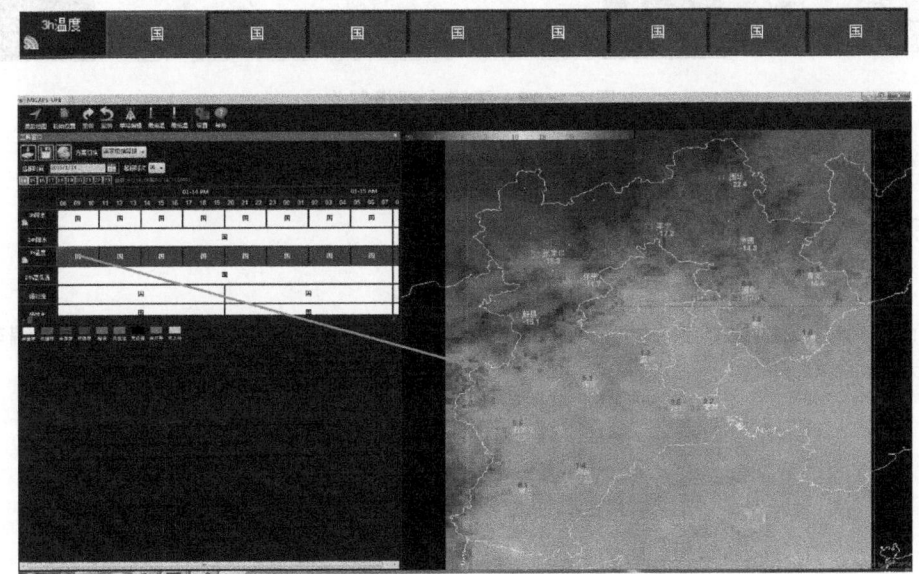

图 7.4-15　气温 3 小时订正结果

(6)至此,3小时格点气温的预报制作完成。

7.4.5 灾害性落区格点预报制作

预警类格点预报数据的制作大致相同,现以强降水为例说明制作过程:

(1)在数据管理器中选择强降水中的一个数据,平台自动从 LWFD 获取当前时次的强降水格点数据。

(2)用户可以使用区域修改和画刷工具,选择数据管理器下方的值,在地图上绘制落区。

(3)绘制完成后,点击数据管理器上面的保存 将数据保存到本地磁盘。

(4)点击数据管理器上面的上传按钮 将数据上传到 LWFD。

(5)至此,灾害性落区的格点预报制作完成(图 7.4-16)。

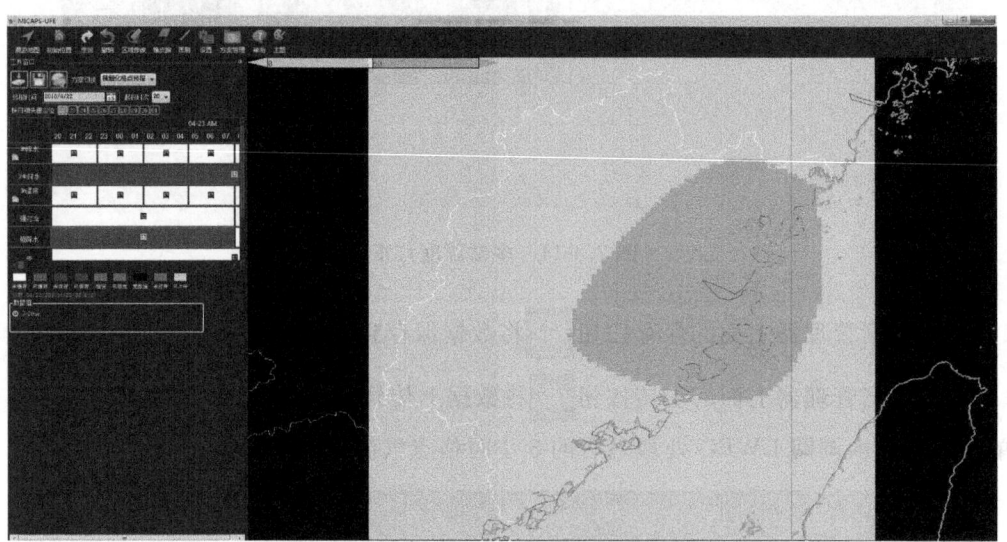

图 7.4-16 强降水预报制作

7.5 大城市 6 小时精细化预报

大城市 6 小时精细化预报编辑工具如图 7.5-1 所示,其中表格编辑包括:单站编辑,多站编辑和所有站点。

图 7.5-1 大城市 6 小时编辑工具

7.5.1 单站编辑

在工具栏选择单站编辑按钮,然后将鼠标移至地图上,在任意站点单击,即可打开单站修改窗口。打开数据表格,表格中显示当前站的所有时效及所有要素的数值(图7.5-2)。

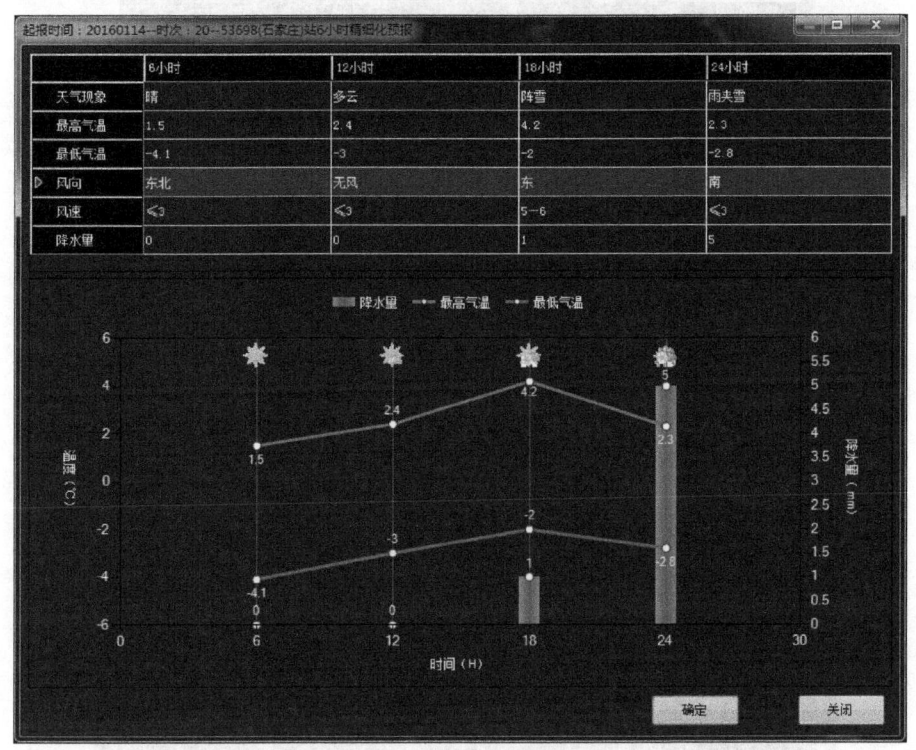

图 7.5-2 大城市 6 小时单站编辑

进行修改时,可通过表格直接修改数据,下方曲线会与之联动;也可直接通过鼠标拖动曲线或柱状图,上方表格中数据也会与之联动。

7.5.2 多站编辑

在工具栏选择多站编辑按钮,然后在地图上用鼠标绘制一个闭合区域,左键绘制,右键结束,结束后弹出多站编辑窗口。多站编辑窗口默认显示当前时效中各个气象站的各要素的数值,可直接在窗口内进行修改,也可切换标签页查看其他时效数据(图7.5-3)。

多站修改窗口中,提供3种修改方式,可以修改某一站点的某一要素值,可以在站点之间进行拷贝,也可以在单元格之间进行拷贝。

(1)单元格修改

最高气温、最低气温、风速、降水量可直接双击单元格对单元格内数据进行修改;天气现象、风向可右键单元格弹出选择窗口,进行选择(图7.5-4,图7.5-5)。

(2)站点复制

多站编辑中提供站点拷贝功能,在需要复制的站点中右键站号,选择复制,再到需要粘贴的站点中右键站号选择粘贴,即完成复制(图7.5-6)。

图 7.5-3 大城市 6 小时多站编辑

图 7.5-4 单元格修改气温

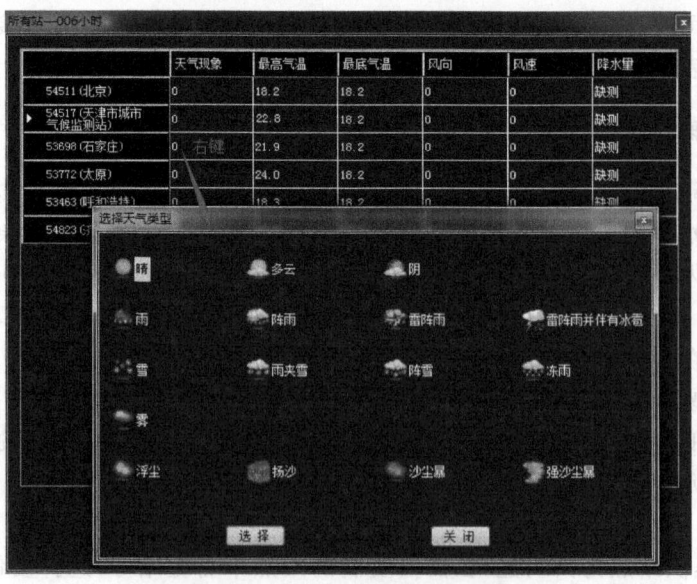

图 7.5-5 单元格修改天气现象

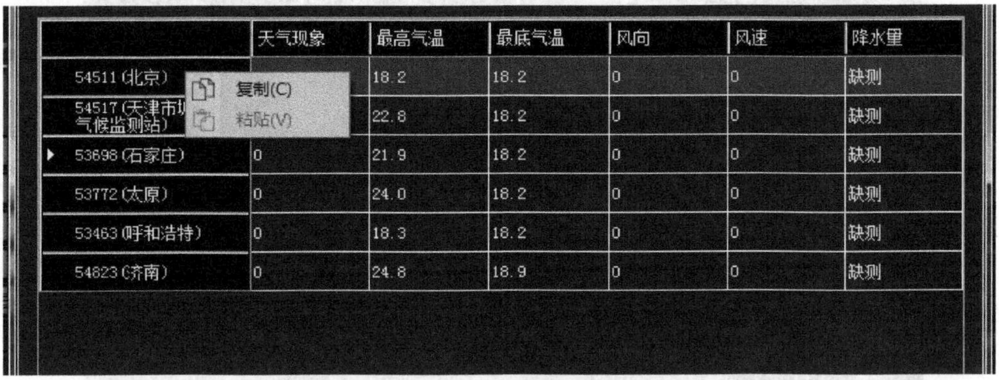

第 7 章 精细化预报订正平台

图 7.5-6 站点复制

(3) 单元格复制

多站编辑表格中提供两种单元格复制方式："复制单个，粘贴多个"和"复制多个，粘贴多个"，即选择一个单元格右键选择复制，用鼠标拖动选择要粘贴的区域，然后右键粘贴即可（图 7.5-7）。

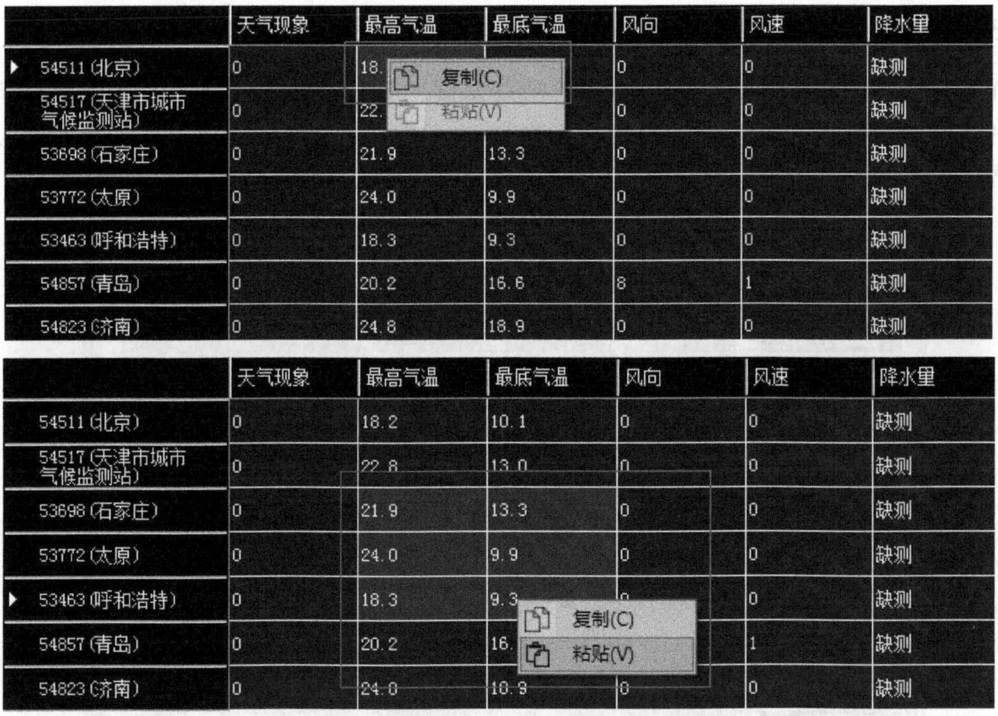

图 7.5-7 复制单个—粘贴多个单元格数据

注意：粘贴时不能对天气现象和风向进行粘贴。"复制多个，粘贴多个"可同时选择连续的多个单元格进行复制，拖动鼠标选择同样形状的区域，右键选择粘贴（图 7.5-8）。

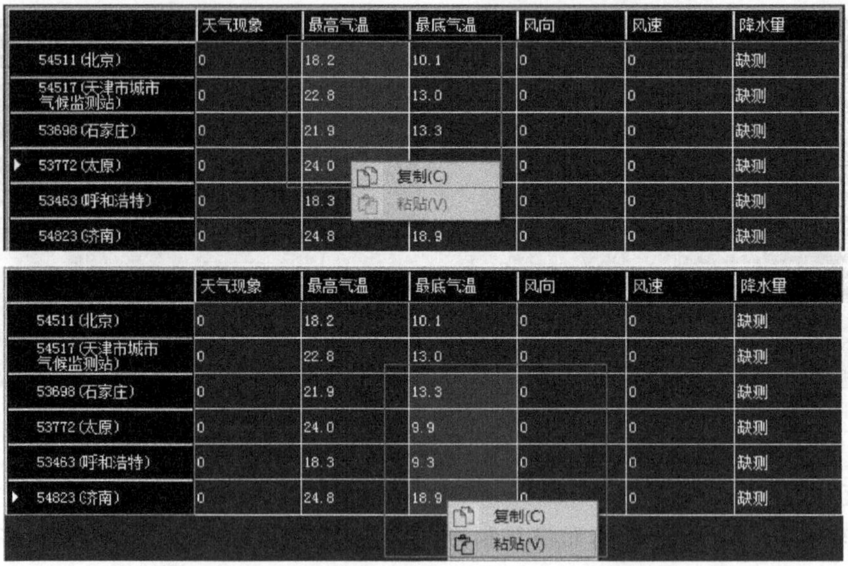

图 7.5-8　复制多个－粘贴多个单元格数据

7.5.3　所有站点

在工具栏选择所有站点按钮,打开所有站点窗口。所有站点窗口显示当前时效中所有气象站的各要素的数值,可直接在窗口内进行修改,也可翻页查看其他时效数据。所有站点中修改的操作同多站编辑(图 7.5-9)。

图 7.5-9　大城市所有站点

7.5.4 天气现象

可以通过菜单中天气现象按钮 ![], 快速统一修改区域内站点的天气现象。点击天气现象按钮,通过鼠标在地图上绘制一个闭合区域,左键绘制右键结束,结束后会弹出天气现象选框,选择一个天气现象图标,则该区域内所有站点的天气现象都被统一改为选择的天气现象(图 7.5-10)。

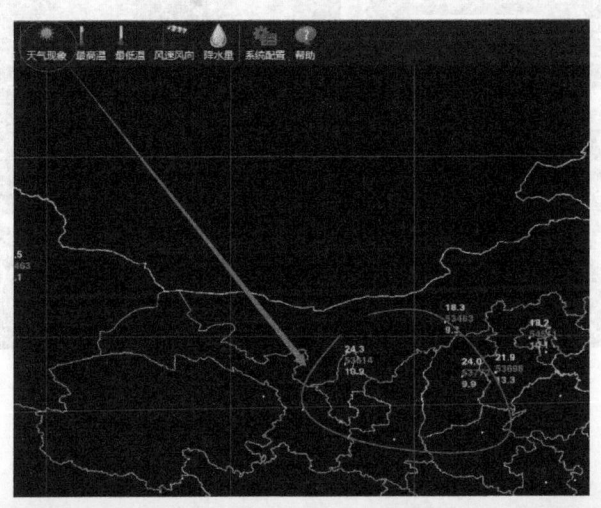

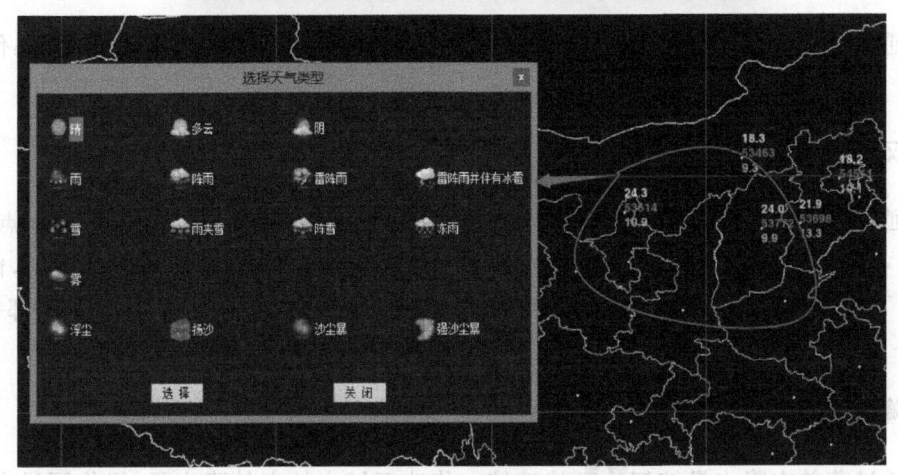

图 7.5-10 区域编辑天气现象

7.5.5 最高气温

可以通过菜单中最高气温按钮 ![], 快速统一修改区域内站点的最高气温。点击最高气温按钮后,可通过鼠标在地图上绘制一个闭合区域,左键绘制右键结束,结束时会弹出修改窗口,用户可通过定值修改或增量修改来统一调整区域内站点的最高气温(图 7.5-11)。

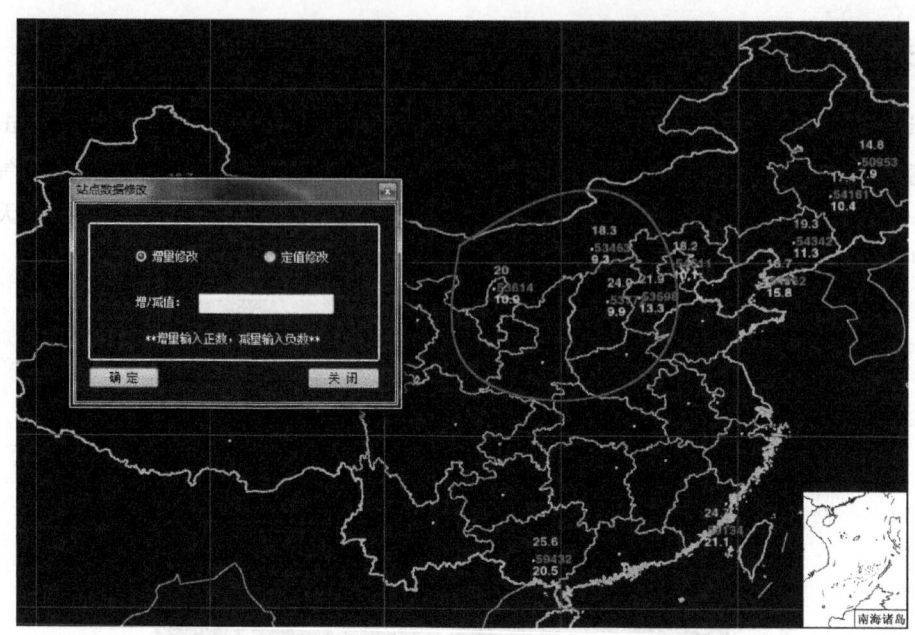

图 7.5-11 区域编辑最高气温

7.5.6 最低气温

可以通过菜单中最低气温按钮![],快速统一修改区域内站点的最底气温,操作同最高气温。

7.5.7 风

可以通过菜单中风向、风速按钮![],快速统一修改区域内站点的风向、风速。点击风速、风向按钮,在地图上绘制一个闭合区域,左键绘制,右键结束,结束时弹出选择窗口,窗口中上方为风向,下方为风速,选择一个风向并输入风速,则区域内所有站点的风向、风速都被统一修改(图 7.5-12)。

7.5.8 降水量

可以通过菜单中降水量按钮![],快速统一修改区域内站点的降水量,操作同最高气温。

7.6 精细化城镇预报制作

7.6.1 打开站点数据

单击有指导报的单元格,打开相应文件,地图上显示该指导报中的当前时效的站点数据(图 7.6-1)。

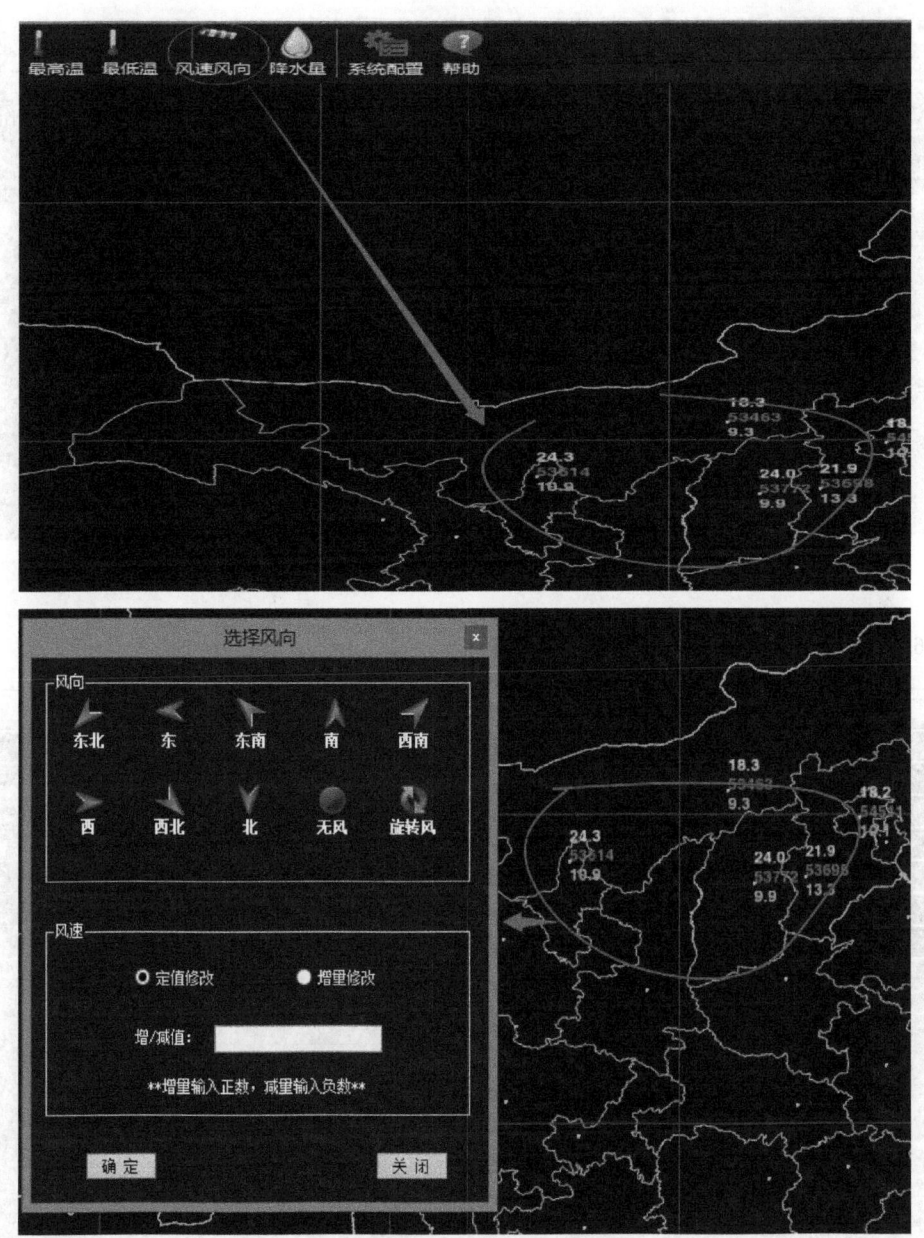

图 7.5-12　区域编辑风向风速

地图上显示站点的信息和要素数值,要素的显示可在样式文件中配置。

可以通过 townConfig.xml 文件来配置用户所需要的站点信息,当没有指导报的情况下,可以根据配置的站点来创建空白图层,所有要素的值都为 999.9,用户可自行修改。

7.6.2　单站编辑

城镇预报中,最高气温和最低气温分时效来编辑,上午的预报中 12 小时、36 小时、60 小时……每隔 12 h 都可编辑最高气温,而 24 小时、48 小时、72 小时可编辑最低气温;下午与之相

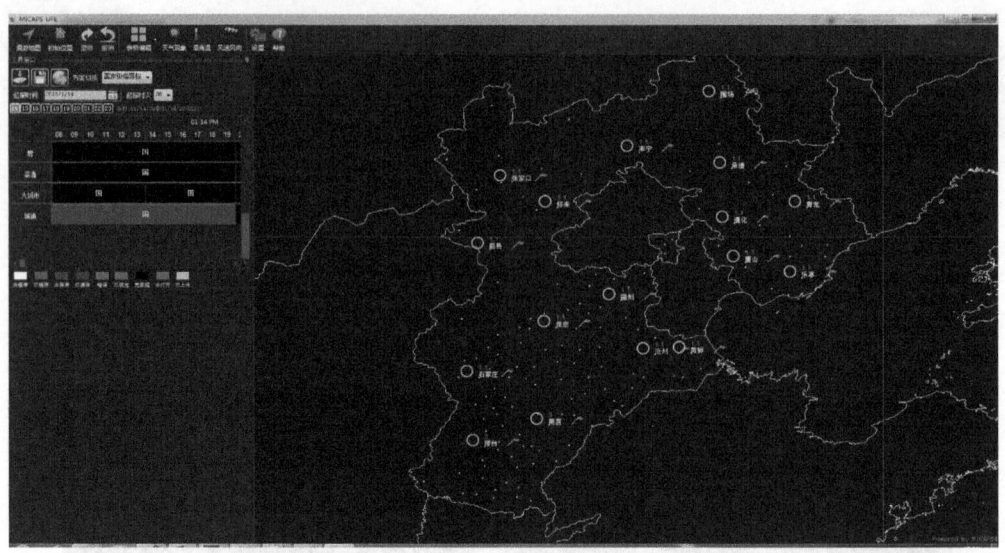

图 7.6-1 打开站点数据

反(图 7.6-2)。

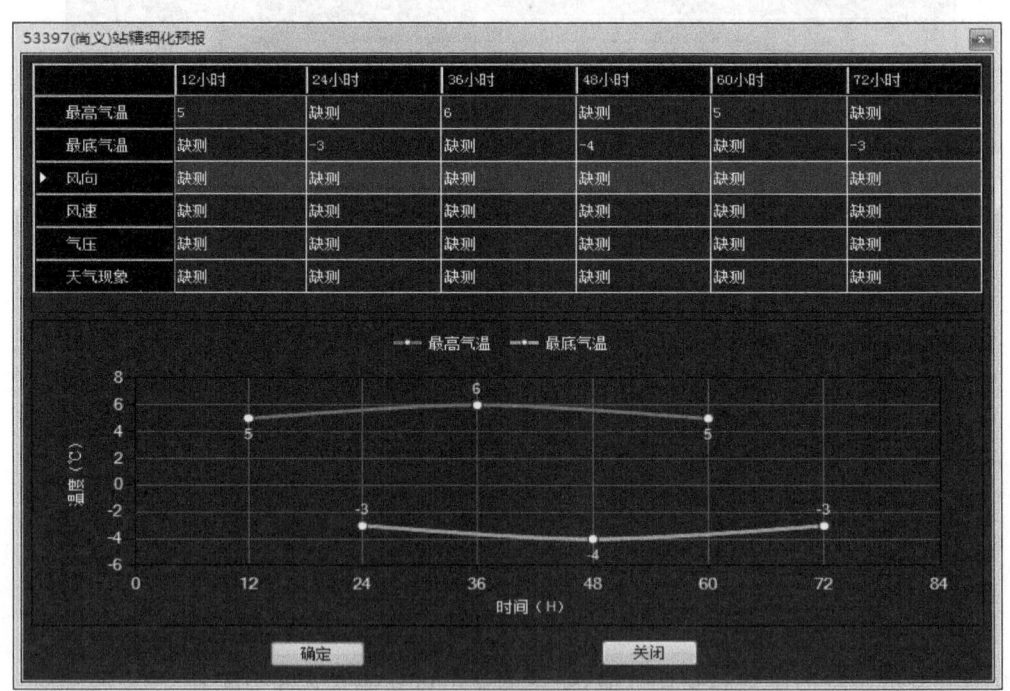

图 7.6-2 城镇报单站表格编辑

7.6.3 多站编辑

城镇预报中,多站编辑根据当前时效区分最高气温与最低气温,上午的预报 12 小时、36 小时、60 小时可编辑最高气温,最低气温不可编辑;下午与之相反(图 7.6-3)。

	最高气温	最底气温	风向	风速	气压	天气现象
53498 (宣化)	5	缺测	6	3	缺测	0
54304 (崇礼)	5	缺测	6	3	缺测	0
54404 (赤城)	6	缺测	6	3	缺测	0
54405 (怀来)	6	缺测	0	0	缺测	0
54408 (涿鹿)	5	缺测	0	0	缺测	0

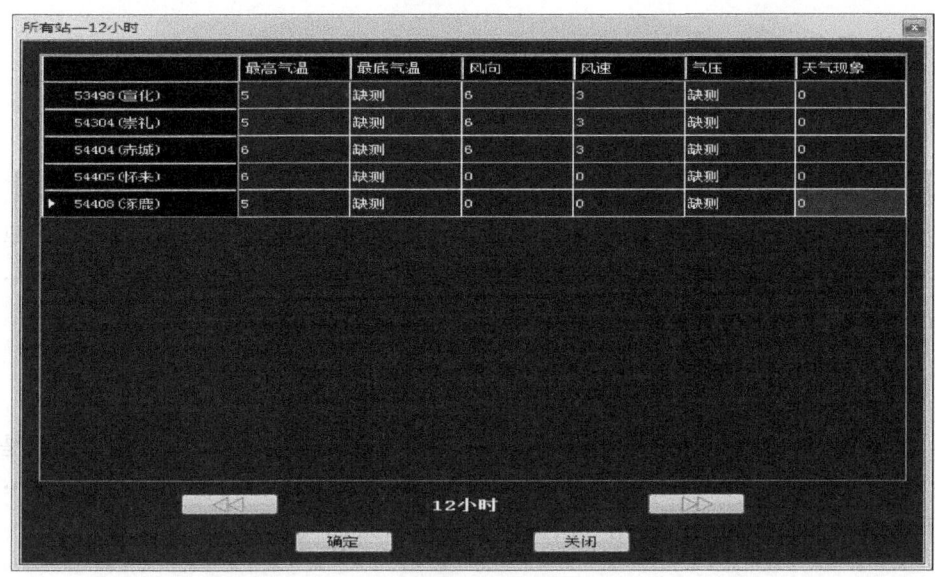

图 7.6-3 城镇报多站表格编辑

7.6.4 所有站点

城镇预报中，所有站点根据当前时效区分最高气温与最低气温，上午的预报 12 小时、36 小时、60 小时可编辑最高气温，最低温不可编辑；下午与之相反（图 7.6-4）。

	最高气温	最底气温	风向	风速	气压	天气现象
53392 (康保)	5	缺测	6	3	缺测	0
53397 (尚义)	5	缺测	6	3	缺测	0
53399 (张北)	5	缺测	5	3	缺测	0
53491 (怀安)	5	缺测	6	3	缺测	0
53492 (阳原)	5	缺测	6	3	缺测	0
53498 (宣化)	5	缺测	6	3	缺测	0
53499 (万全)	5	缺测	6	3	缺测	0
53593 (蔚县)	5	缺测	6	3	缺测	0
53596 (顺平)	5	缺测	6	3	缺测	0
53599 (涞源)	5	缺测	6	3	缺测	0
53680 (灵寿)	5	缺测	6	3	缺测	0
53682 (曲阳)	5	缺测	6	3	缺测	0
53688 (行唐)	5	缺测	6	3	缺测	0
53689 (晋州)	5	缺测	6	3	缺测	0
53690 (阜平)	5	缺测	6	3	缺测	0

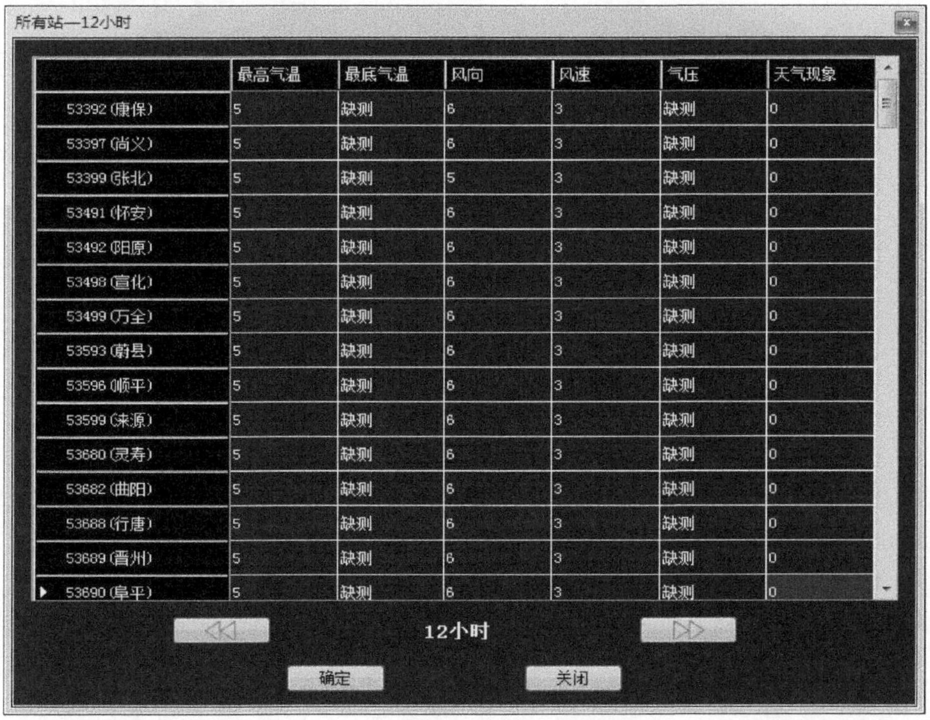

图 7.6-4 城镇报所有站点表格编辑

7.6.5 天气现象

使用方法同 7.5.4 节天气现象。

7.6.6 最高气温

城镇预报中可以通过菜单中最高气温按钮，快速统一修改区域内站点的气温，但是最高气温按钮会根据当前时次来判断是否可用，上午的预报中 12 小时、36 小时、60 小时……可使用该功能，下午的预报与之相反。使用方法同同 7.5.5 节最高气温。

7.6.7 最低气温

城镇预报中可以通过菜单中最低气温按钮，快速统一修改区域内站点的气温，但是最低气温按钮会根据当前时次来判断是否可用，上午的预报中 24 小时、48 小时、72 小时……可使用该功能，下午的预报与之相反。使用方法同同 7.5.5 节最高气温。

7.6.8 风

使用方法同 7.5.7 节风。

第 8 章 常见问题

8.1 如何修改默认站点及站点列表

在三线图、探空 T-$\ln p$、模式曲线的时间序列图等功能模块中经常使用到"站点信息",如图 8.1-1 所示。

图 8.1-1 部分功能模块默认站点选择

该站点信息的默认配置文件位于 config/set.ini 文件中,如 `defaultstation=54511` 所示。

全部站点列表文件为 config/STATIONS.DAT,如果需要修改站点列表,则需要调整该文件内容。

有部分模块支持自定义的站点列表,如模式 TLOGP、模式时序图等模块。以模式 TLOGP 模块为例,在 config/tlnp/modeltlnp.ini 配置文件中,有如下选项:`[station] path=data/stations.dat` 表示当前正在使用的站点列表文件。

8.2 程序第一次启动,显示 T-$\ln p$(时序图、剖面)时,提示错误

MICAPS4.0 在部分弹出窗口的对话框(三线图、T-$\ln p$ 图、时序图、模式剖面、集合预报等),使用了较为高级的控件,对于部分机器来说,需要安装.netframe work 补丁程序 `NDP40-KB2468871-v2-x64.exe` `NDP40-KB2468871-v2-x86.exe`,如果遇到此问题,可自行搜索,或者在 QQ 反馈群(见附录1)上的共享目录上获取(见图 8.2-1)。

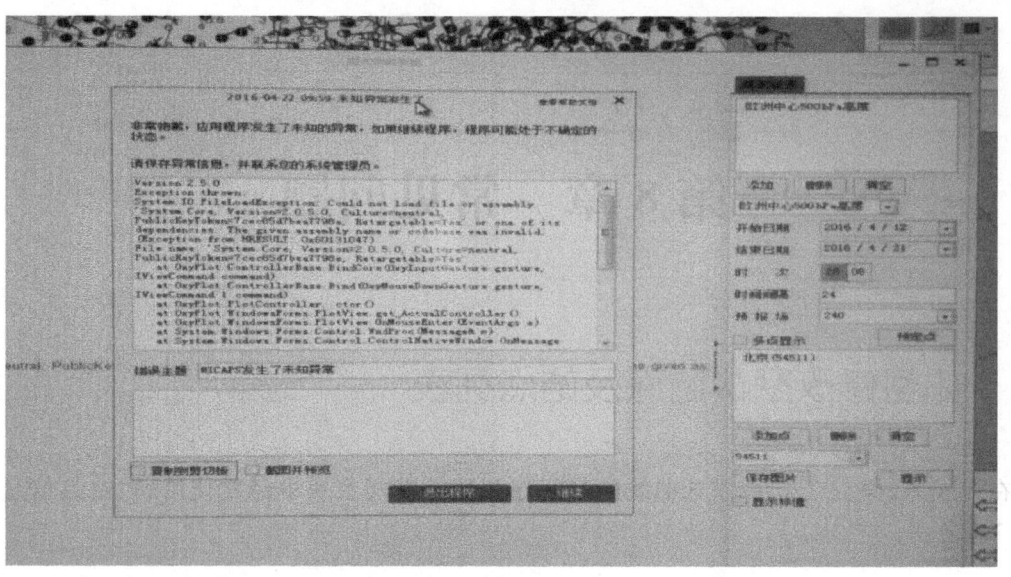

图 8.2-1　部分机器显示 T-$\ln p$ 图时显示的错误提示

8.3　远程登录机器时，启动 MICAPS4.0 报异常

　　MICAPS4.0 对渲染引擎进行了优化和提升，对于 OPENGL 的要求会更高，因此，当显卡对于 OPENGL 支持的版本低于 2.1 时（查看方式请参考附件 2），程序将无法启动。

　　Windows 自带的远程桌面连接程序（mstsc.exe）使用时不能对目标主机的显卡驱动进行有效加载，只能使用模拟的显卡驱动，该驱动只支持 OPENGL1.X 的性能，因此在远程登录时无法使用 MICAPS4.0。

　　如果登录目标主机时，已经有 MICAPS4.0 客户端启动，则可以继续使用。如果没有，则只能用"TeamViewer"工具或者"QQ 远程助手"访问目标主机，启动 MICAPS4.0 客户端。

附录1　MICAPS反馈群

MICAPS4.0 使用反馈群（QQ）:475069373

MICAPS 合作开发群（QQ）:364293039

MICAPS 使用反馈群（QQ）:76831211

附录2　本机支持OPENGL版本查看方法

由于MICAPS4.0客户端对于显卡要求较高：需要在支持OPENGL2.1版本（或以上）的显卡上使用，本机的显卡能否使用MICAPS4.0是在安装MICAPS4.0之前需要了解的一个问题。

OPENGL2.1版本发布的日期为2006年，在之后出厂的显卡硬件驱动理论上都应该支持这个版本，建议在安装MICAPS4.0客户端之前首先更新一下显卡的驱动程序，一般提示版本较低的问题都可以解决。

如果想要知道本机显卡所支持的OPENGL版本到底为多少，可以使用一些测试软件进行查询，MICAPS4.0使用反馈群共享文件中有一个名为"GPU_Caps_Viewer"的软件，可以查询当前显卡的全部信息，如下图所示：

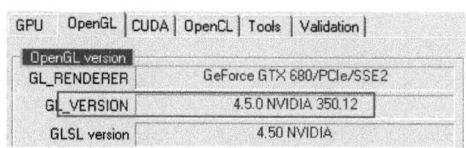

图A2-1　OPENGL信息查看

如图A2-1所示，当前机器显卡支持的OPENGL版本为4.5。

附录 3　MICAPS 文件说明

MICAPS 系统的数据结构是建立在文件系统基础上的。其特点是：

利用目录来区分不同的数据来源、要素和层次，即不同的数据来源、要素和层次的数据要放在不同的目录中。同一目录中的数据只能有时次或时效上的不同。

系统根据不同的数据格式来显示不同类型的图像。除第 6 类数据（传真图）外，每个数据文件都有一个文件头，描述该数据文件属于哪一类数据格式、数据的日期、时次、时效及其他有关参数。

除第 6 和 13 类数据（图像）外，数据文件均为文本文件。

MICAPS3.2 定义或其他常用气象数据格式有：

闪电定位数据（第 41 类数据）
GPS 水汽数据（第 42 类数据）
地图信息数据（第 9 类数据扩展格式）
自动站 Z 文件
风廓线 Z 文件
AWX 格式卫星云图及产品
HDF 格式卫星云图标称图产品
GPF 格式卫星云图数据
雷达基数据
雷达 PUP 产品
netCDF 数据

A3.1　第 1 类数据格式：地面全要素填图数据

文件头
diamond　1　数据说明（字符串）　年　月　日　时次　总站点数（均为整数）
注：此类数据用于规范的地面填图
数据：
区站号（长整数）　经度　纬度　海拔高度（均为浮点数）　站点级别（整数）　总云量　风向　风速　海平面气压（或本站气压）　3 小时变压　过去天气 1　过去天气 2　6 小时降水　低云状　低云量　低云高　露点　能见度　现在天气　温度　中云状　高云状　标志 1　标志 2（均为整数）24 小时变温　24 小时变压

注

缺值时用 9999 表示,以后相同。

站点级别表示站点的放大级别,即只有当图像放大到该级别时此站才被填图。以后相同。

当标志 1 为 1,标志 2 为 2 时,说明后面有 24 小时变温、变压。否则说明后面没有 24 小时变温、变压。

例子

diamond   1 2016 年 06 月 30 日 08 时地面观测(全站点)
16   06   30   08   4680
38149   58.93   43.08   60 1   0   90   2   054   8 9999 9999   9999 9999 9999 9999 12   20 9999   22.4 9999 9999 9999 9999
48920 111.92   8.65 3 1   7   200   1   121   14   1   1   9999   32   3   600   26 20   2   27.6 9999   18 9999 9999
65351   0.25   10.87   330 1   9   280   2 9999 9999   1   1   9999 9999   9 9999   22 10   2   25.0   24 9999 9999 9999

注意:地面自动站数据如果写为该类格式,可以在文件说明中加入可以识别的文字,默认使用"自动"作为识别文字,但自动站文件名定义可以使用 8.3 格式的"年月日时.000"或 10.3 的"年月日时分.000"格式,文件名定义规则主要用于时间变化曲线的显示。不支持"月日时分.000"的文件命名格式。

A3.2　第 2 类数据格式:高空全要素填图

文件头

diamond   2   数据说明(字符串)   年   月   日   时次   层次

总站点数(均为整数)

注:此类数据用于规范的高空填图

数据:

区站号(长整数)   经度   纬度   海拔高度(均为浮点数) 站点级别(整数)   高度   温度 温度露点差   风向   风速(均为浮点数)

例子

diamond 2   95 年 11 月 24 日 250 hPa 高空填图
95   11   24   20   250   345
03496   1.68   52.68   14   1   1031   −56   8   220   33
07145   2.02   48.77   168   1   1040   −56   9999   220   20
61052   2.17   13.48   227   1   1093   −43   9999   290   19
60680   5.52   22.78   1362   1   1070   −51   9999   255   37
07180   6.22   48.68   217   1   1043   −57   9999   215   5
06610   6.95   46.82   491   1   1043   −56   13   80   7

A3.3　第3类数据格式:通用填图和离散点等值线

（注意:数据中一定不能有经纬度相同的站点,否则生成三角网时将出错）

文件头
diamond　3　数据说明（字符串）　年　月　日　时次　层次
等值线条数（均为整数）　等值线值1　等值线值2　　平滑系数　加粗线值（均为浮点数）　剪切区域边缘线上的点数（整数）边缘线上各点的经度值1纬度值1经度值2纬度值2（均为浮点数）　单站填图要素的个数　总站点数（均为整数）

注
1. 此类数据主要用于非规范的站点填图。填图目前是单要素的。
2. 此类数据除用于填图外,还可根据站点数据用有限元法直接画等值线（只要等值线条数大于0）。各等值线的值由文件头中的等值线值1、等值线值2来决定。在这些等值线值中可选出一个为加粗线值。
3. 等值线可以被限制在一个剪切区域内。剪切区域由一个闭合折线定义,该折线构成剪切区域的边缘。这个折线由剪切区域边缘线上的点数及各点的经纬度决定。
4. 当填的是地面要素时,文件头中的"层次"变为控制填图格式的标志:
−1 表示填6小时降水量。当降水量为0.0 mm时填T,当降水量为0.1～0.9 mm时填一位小数,当降水量大于1 mm时只填整数。
−2 表示填24小时降水量。当降水量小于1 mm时不填,不小于1 mm时只填整数。
−3 表示填气温。只填整数。

数据:
区站号（长整数）经度　纬度　海拔高度（均为浮点数）站点值1站点值2（均为字符串）
注意按照MICAPS4.0扩展的数据格式定义,在6小时雨量中,0.0表示微量降水,而不是无降水,上述类别数据填图属性中设置小数位数不起作用。考虑到实际业务中使用的数据格式,修改为0.0时表示无降水,大于0并且小于0.1为微量降水。任意使用负值或9999表示降水为0,可能会导致数据分析中出现异常结果。

示例
diamond 3 98年08月21日08时地面温度
98　08　21　08　−3
0
1　　　　25　　　　0
1　　1930
52533　　98.48　　39.77　　1478　　16.6
52652　　100.43　　38.93　　1483　　16.9
52866　　101.77　　36.62　　2262　　10.1
52889　　103.88　　36.05　　1518　　17.4

53588	113.53	39.03	2898	12.2
53772	112.55	37.78	779	19.8
53915	106.67	35.55	1348	18.9

作为闪电定位资料的第 3 类数据：

格式与标准离散点格式基本一致，但需要在文件说明字符串中加入"闪电"或"light"字样，站号使用整数即可，站点高度值应为闪电能量值（需要有正、负号），原来站点值位置只写"+"或"-"，例如：

diamond 3 2006 年 7 月 1 日 23 时闪电监测资料
2006 7 1 23 1000
0 0 0 0 1
1198

1	117.3102	33.2339	-125.6	-
2	114.8029	34.6945	-23.1	-
3	112.6116	31.6004	-43.4	-
4	112.91	32.3969	-19.9	-
5	122.8116	32.536	-174	
6	122.0702	31.5246	-184	
7	112.5991	31.6001	-39.1	
8	112.9102	32.4142	-16.1	
9	112.913	32.4285	-15.7	
10	112.9032	32.3949	-24.4	
11	117.2494	38.2568	-126	
12	119.7265	32.2394	-163.4	
13	121.5922	32.9145	-119.3	
14	104.169	29.67	-37.6	
15	104.169	29.67	-37.6	
16	102.5816	32.3624	-29.6	

A3.4 第 4 类数据格式：格点数据

文件头

diamond 4　数据说明（字符串）　年　月　日　时次　时效　层次（均为整数）经度格距　纬度格距　起始经度　终止经度　起始纬度　终止纬度（均为浮点数）纬向格点数　经向格点数（均为整数）　等值线间隔　等值线起始值　终止值　平滑系数　加粗线值（均为浮点数）

注：此类数据用于画格点数据的等值线。网格可以为经纬度网格，也可以为直角坐标网格。

（1）当使用直角坐标网格数据时：1）将等值线终止值改为-1（直角坐标在兰勃托投影下）

或-2(直角坐标在麦开托投影下)或-3(直角坐标在北半球投影下)。2)把网格经度间隔和纬度间隔改为格点数据第一行最后一个点的经纬度。3)把起始经度和起始纬度改为格点数据第一行第一个点的经纬度。4)把终止经度和终止纬度改为格点数据最后一行最后一个点的经纬度。

(2)第4类数据文件可以直接用于填格点值。文件头中可以指定填图方式。指定方法为：1)把加粗线值改为-1,表示画等值线同时填图,2)改为-2表示只填图,不画等值线。

数据

数据按先纬向后经向放(直角坐标网格时为先 X 方向后 Y 方向),均为浮点数。

示例

diamond 4 95 年 11 月 27 日 T63_200 hPa 涡度 120 小时预报

```
        95    11    27    20    120    200    1.875    -1.875    0
   180   90    0    97    49    20    -300    300    1    0
         18    18    18    18    18    18    18    18    18
   18    18    18    18    18    18    18    18    18    18
   18    18    18    18    18
         18    18    18    18    18    18    18    18    18
   18    18    18    .18   18
   18    18    18    18    18
         18    18    18    18    18    18    18    18
   18    18    18    18    18
         18    18    18    18    18    18
   18    18    18    18    18    18    18    18    18    18
   18    18    18    18    18
   18
```

A3.5 第 5 类数据格式:TLOGP 和站点剖面图数据

文件头

diamond 5 数据说明(字符串) 年 月 日 时次 总站点数(均为整数)

注:此类数据包括各站的多层数据。用于画温度对数压力图和站点剖面图。

数据

区站号 经度 纬度 海拔高度 单站内容长度 第一层气压 高度 温度 露点 风向 风速 第二层气压

除风向、风速外,缺值时整个层次取消掉,风向、风速缺值用 9999 表示。

注:单站内容长度为层数×6

示例

diamond 5 98 年 08 月 21 日 08 时温度对数压力图

```
 98  08  21  08   348
 53068  112.00  43.65   966   96
    904   9999    17    14   115    3
    850    149    15    13   210    5
    835   9999    14    12  9999  9999
    700    312     6     3   240   12
    500    581    -8   -10   210   10
    413   9999   -16   -18  9999  9999
    400    751   -17   -20   235   14
    351   9999   -24   -27  9999  9999
    300    961   -33   -35   230   19
    255   9999   -42   -45  9999  9999
    250   1087   -42   -45   240   19
    235   9999   -41   -45  9999  9999
    200   1238   -45   -51   270   31
    150   1427   -55   -61   285   27
    142   9999   -56   -62  9999  9999
    100   1680   -65  9999   280   17
 53336  108.52  41.57  1290   60
    869   9999    18    15     0    0
    850    148    16    13   175    7
    700    312     8     2   235    9
    500    581    -9   -12   275    6
    400    751   -19   -28   250   13
    300    960   -28   -40   265   21
    250   1089   -36   -48   270   25
    200   1241   -45   -56   280   26
    150   1429   -57   -67   290   19
    100   1679   -67  9999   295   12
```

A3.6　第 6 类数据格式：传真图

1728×2400 的点阵文件

该文件名按国际电码的规定

A3.7　第7类数据格式：台风路径数据

文件头
diamond 7　数据说明 台风名称　台风编号 发报中心（均为字符串）总项数（整数）
数据
年　月　日　时次　时效（均为整数）　中心经度　中心纬度　最大风速　中心最低气压 七级风圈半径　十级风圈半径　移向　移速（均为浮点数）
示例
diamond 7 9714 号台风路径（主观预报）

```
999999 9714 bcsh       3
97   08   29   08   0    120.8   24.1   35   970   400   100   9999   9999
97   08   29   08   24   118.1   26.6   25   985   9999  9999  9999   9999
97   08   29   08   48   115.8   29.8   15   1000  9999  9999  9999   9999
```

数据格式的扩展：在 MICAPS 第 3 版中对该类数据格式进行了扩展，可以将多个台风路径数据写入到一个文件中。台风之间使用数字 0 作为一行，隔开不同台风路径数据（避免出现行数数字与实际数据不同）。该格式与原来数据格式兼容，使用 MICAPS 第 1、2 版可以显示第一个台风路径。

例子
diamond 7 2006 年第 15 台风路径（中国）

```
NAMELESS       0615      28                3
2006  09  24  08  00   111.3   15.9   995   18   100.0   0.0   292.5   15.0
2006  09  24  08  24   107.4   17.3   985   23   0.0     0.0   0.0     0.0
2006  09  24  08  48   102.9   17.9   998   15   0.0     0.0   0.0     0.0
0
XANGSANE       0616      53                5
2006  09  26  08  00   127.3   11.8   996   18   200.0   0.0   292.5   5.0
2006  09  26  08  24   126.4   13.0   990   23   0.0     0.0   0.0     0.0
2006  09  26  08  48   124.4   14.1   980   30   0.0     0.0   0.0     0.0
2006  09  26  08  72   122.3   15.8   996   18   0.0     0.0   0.0     0.0
2006  09  26  14  00   127.2   12.0   995   20   220.0   0.0   315.0   5.0
0
SHANSHAN       0613      80                3
2006  09  10  20  00   134.9   16.7   998   18   150.0   0.0   315.0   10.0
2006  09  10  20  24   133.0   18.3   990   23   0.0     0.0   0.0     0.0
2006  09  10  20  48   130.6   19.8   985   28   0.0     0.0   0.0     0.0
```

A3.8　第 8 类数据格式：城市站点预报数据

文件头
diamond 8　数据说明（字符串）　年　月　日　时次　时效　总站点数（均为整数）
数据
区站号　经度　纬度　海拔高度　天气现象1　风向1　风速1　最低温度　最高温度　天气现象2　风向2　风速2
注：天气现象、风向、风速均可以有两个值，分别为前后两个预报时段的值。
示例
diamond 8 95 年 12 月 24 日 20 时 48 小时城市预报
　95　　12　　24　　20　　48　　48
　50953　　126.77　　45.75　　143　　0　　－9999　　0　　－16　　－4
　54161　　125.22　　43.90　　238　　0　　－9999　　0　　－13　　－3
　54342　　123.43　　41.77　　43　　0　　－9999　　0　　－12　　－1
　54527　　117.17　　39.09　　5　　0　　－9999　　0　　－5　　4
　53463　　111.68　　40.82　　1065　　0　　270　　3　　－18　　－7

A3.9　第 9 类数据格式：地图线条数据

文件头
diamond 9
投影方式　标准经度　标准纬度　X 放大系数　Y 放大系数　X 偏移　Y 偏移　保留　保留　保留（均为整数）
上述地图中，4 种投影的缺省标准配置如下：

	投影方式	标准经度	标准纬度	X 放大系数	Y 放大系数	X 偏移	Y 偏移
兰伯特	1	79	29.999990	1.899990	1.899990	－581	－3411
麦卡托	2	无影响	0	0.558	0.573	478.0	1276.0
北半球	3	20	无影响	0.25	0.25	0	0
南半球	4	20	无影响	0.25	0.25	0	0

数据
投影方式为 0 时：
本线段上的点数（整数）本线段标识字符串（字符串）　颜色　线宽　线型（均为整数）本线段上各点的经度　纬度（均为浮点数）
注：此投影方式专为在原有底图上叠加地理信息线条而用，即调用此数据后原有底图仍保留，此数据图像将叠加在原有底图上。
投影方式大于 0 时：

本线段上的点数(整数)本线段标识字符串(字符串)本线段上各点的 X 坐标 Y 坐标(均为浮点数)

示例
diamond 9
0 20 0 1 1 100 1100 0 0 0 0
6 map 358 1 0
166.33 -77.58 168.16 -77.66 169.66 -77.41
168.16 -77.33 166.66 -77.08 166.33 -77.58
10 map
-164.00 -78.75 -163.00 -79.08 -163.66 -79.33
-163.66 -79.83 -161.66 -80.25 -160.00 -79.91
-160.00 -79.50
-160.66 -79.08 -161.66 -78.75 -164.00 -78.75

或者:
diamond 9
3 20 0 1 1 100 1100 0 0 0 0
6 map
11184.136   -6115.509   11448.041   -5792.840   11363.692
-5381.285   11147.518   -5640.771   10781.509   -5814.939
11184.136   -6115.509
10 map
14080.418   245.795   14502.004   506.440   14848.824
347.358   15582.991   364.533   16234.553   947.472
15651.704   1369.370
15037.301   1315.616   14469.233   1098.124   14058.641
820.483   14080.418   245.795

A3.10 扩展第 9 类数据格式(地理信息)

类型为 March 9,用于地理信息显示,基本数据格式如下:
March 9   中国国界
0 0 0 0 0 0 0 0 0 0
7   2   0   0000   0000   0000   0000   中华人民共和国
123.014   24.684
122.966   24.458
……

数据说明中第一个数字为线上的点数,第二个为数据类型(见下表),第三个数字表示该线条是否闭合,0 为不闭合,1 为闭合,绘制时,闭合线可以绘制闭合区域和线条,不闭合线条只能绘制为线条,最后字符串为线条说明,说明行后为数据区,为线上各点的经纬度。

表 A3-1 线条类型代码

代码	类型
0	海岸线
1	国际国界
2	中国国界
3	中国省界
4	中国地区
5	中国县界
6	中国公路
7	中国铁路
8	中国湖泊
9	一级河流
10	二级河流
11	三级河流
12	四级河流
13	五级河流
14	五级以下河流
15	国外行政边界
16	其他线条

A3.11 第 10 类数据格式:综合图定义(不可再次定义为综合图)

文件头
diamond 10 综合图中所含的数据文件数(整数)
数据
数据文件路径 后缀 数据类型代码(均为字符串)
示例
micaps 10 3
E:\test\test_Data\4 *.000 4 null 1
E:\test\test_Data\4 *.024 4
E:\test\test_Data\4 *.096 4
MICAPS4.0 的扩展
根据应用需求,MICAPS4.0 对综合图数据格式进行了扩展,即在每行后面可以增加一个本类数据的配置文件名,如:
diamond 10   1
C:\MICAPS4.0\T213\HEIGHT·00 *.000 4 isoline_dig.ini

最后的文件名 isoline_dig.ini 即打开该文件时使用的配置文件名,注意要使用相应类别的配置文件,如果使用错误的配置文件,可能导致系统退出。

文件类别和处理模块的对应关系见附录 4。

路径可以使用相对路径,系统根据处理模块的配置文件补充为全路径。

MICAPS 第 3 版支持多个图组,在打开综合图文件时可以指定打开文件显示的图组,此时需要增加第 5 个参数,如

diamond 10   1
C:\MICAPS4.0\T213\HEIGHT·00   *.000   4 isoline_dig.ini 1

则指定当前文件打开后显示在第 2 个窗口(0—3 表示 4 个窗口),如果不使用指定配置文件的方式,则在配置文件部分适应 null。

综合图中路径部分可以使用 IP 地址,如:
\10.10.3.33\data\t213\height·00\ *.024 4

A3.12　第 11 类数据格式:格点矢量数据

文件头

diamond 11　数据说明(字符串)　年　月　日　时次　时效　层次(均为整数)　经度格距　纬度格距　起始经度　终止经度　起始纬度　终止纬度(均为浮点数)　纬向格点数　经向格点数(均为整数)

注:此类数据主要用于画风场的流线。网格可以为经纬度网格,也可以为直角坐标网格。

当使用直角坐标网格时,文件头做如下改动:

1)把网格经度间隔和纬度间隔改为格点数据第一行最后一个点的经纬度。2)把起始经度和起始纬度改为格点数据第一行第一个点的经纬度。3)把终止经度和终止纬度改为格点数据最后一行最后一个点的经纬度。4)在第一行最后一点的经度上加一个数,指示在哪个底图投影下的直角坐标:兰伯特投影加 1000、麦卡托投影加 2000、北半球投影加 3000。

数据

先放 U 分量,数据按先纬向后经向放(若为直角坐标网格数据,则先 X 方向,后 Y 方向),均为浮点数。所有格点的 U 分量放完后再放 V 分量,也是按先纬向后经向放。

示例

```
diamond 11 96 年 2 月 6 日 20 时 T63_200 hPa 风场分析
96  2  6  20  0  200  1.875  -1.875  0358.125  90  0  192  49
  17 18 18 18 18 18 18 19 19 19 19 19 19 19 19 19 19 19
18 18 18 18 18
  18 17 17 17 16 16 16 15 15 14 14 14 13 13 12 12 11 11
10 10 9 9 8
  8 7 6 6 5 4 3 3 2 2 1 0 0 -1 -2 -2 -3 -3 -4 -5
-5  -6  -6
```

A3.13　第12类数据格式：单点雷达图像（PPI）

待定，目前该格式没有定义。

A3.14　第13类数据格式：图像数据（云图、雷达拼图、地形图）

（因地图放大比例与早期版本不同，部分图片显示比例需要调整）
文件头：（文件头为 TEXT 格式）
diamond（8个字符）13（3个字符）数据说明（40个字符）
年（5个字符）月（3个字符）日（3个字符）时次（3个字符）X方向图像大小（5个字符）Y方向图像大小（5个字符）图像左下角经度坐标（8个字符）图像左下角纬度坐标（8个字符）投影方式（2个字符，1—lambert　2—mecator　3—北半球　4—南半球）放缩系数（5个字符）图像类型（2个字符，1—红外云图　2—雷达拼图　3—地形图　4—可见光云图　5—水汽图）像素值与相应物理量对照表文件名（12个字符）中心经度（8个字符）、中心纬度（8个字符）
（文件头部分共128个字符）
注：目前9210（DVB－S）工程通讯系统传输的GMS5云图左下角经纬度（86.4，－1.3）
数据：（数据格式为二进制数据）
一个像素点占一个字节，先沿X方向，后Y方向。
例子：
diamond 13 97年2月10日08时红外云图 1997 02 10 08 1280 1024 86.4 －1.3 1 1.0 1 ir.dat cloud
下面是256级灰度表示值……

A3.15　扩展第13类数据格式：经纬度网格图像数据

（云图、雷达拼图、地形图等图像数据）
文件头：（文件头为 TEXT 格式，各字段之间以空格隔开，总长度149个字符，不足使用空格补齐）
MICAPS 13　数据说明　年　月　日　时分　类别　调色板序号　X方向图象大小　Y方向图象大小　开始经度　开始纬度坐标　结束经度　结束纬度　经向分辨率　纬向分辨率　保留　保留
其中类别使用整数表示数据类型，1表示红外云图，2表示可见光云图，3表示水汽云图，5表示雷达数据。
文件头示例

MICAPS 13   2006 年 08 月 04 日 06 时 00 分 FY-2C 红外云图气象中心制   2006   08   04   06   00   2   1   1600   1200   70.00000   60.00000   149.9500   0.000000   0.050000   −0.05000   0   0

A3.16 第 14 类数据格式：编辑图像的图元数据（交互操作结果数据）

该类数据格式有扩展。
文件头
diamond 14 数据说明（字符串）
年 月 日 时次 时效（均为整数）
注：此类数据在保存图像编辑结果时自动产生，可用于生成最终预报产品。
数据
LINES：线条数
线宽 点数 X Y Z ……
标号 个数 X Y Z ……（若无标号，则为 NoLabel 0）
…………
LINES_SYMBOL：条数
编码
线宽 点数
X Y Z ……   NoLabel 0
…………
SYMBOLS：个数
编码 X Y Z 风向角度或字符串
……
CLOSED_CONTOURS：个数
线宽 点数 X Y Z ……
标号 个数 X Y Z ……（若无标号，则为 NoLabel 0）
…………
STATION_SITUATION
站号 属性
……
WEATHER_REGION：天气区的个数
天气区的天气代码 外围线点数
X Y Z…………
………………
FILLAREA：填充区域个数
编码 线点数 X Y Z……

填充类型（线色）ＡＲＧＢ　（前景色）ＡＲＧＢ　（背景色）ＡＲＧＢ
渐变色角度　图案代码　是否画边框
……………………

NOTES_SYMBOL：标注个数
编码　ＸＹＺ字符个数　字符　角度　字体名长度　字体名称 字体大小　字型（字色）ＡＲＧＢ
……………………

WithProp_LINESYMBOLS：带属性线条数
编码 线宽（线色）ＡＲＧＢ　线型 是否需加阴影显示
线点数　Ｘ　Ｙ　Ｚ……
标号 个数 Ｘ Ｙ Ｚ ……（若无标号，则为 NoLabel 0）
……………………

其中：

LINES_SYMBOL 表示槽线、冷锋等天气系统线条，其编码为：0，1—槽线、2，6—冷锋、3，7—暖锋、4—静止锋、5—锢囚锋、8—过去 12h 冷锋、9—过去 12h 暖锋、38—霜冻线、39—高温线。

天气区的天气代码为：1—雨区、2—雪区、4—雷暴区、8—雾区、16—大风区、32—沙暴区。

风向杆符号代码：43—无风、39—2～3 级风、40—3～4 级风、36—4～5 级风、33—5～6 级风、41—6～7 级风、34—7～8 级风、35—8～9 级风、101—9～10 级风、102—10～11 级风、103—11～12 级风

1101—填充区域

带属性线条符号代码：1102—双实线　1110～1116 为箭头符号

1211～1230 为新增符号

示例
diamond 14 95 年 11 月 29 日 20 时 T63_500 hPa 高度
95 11 29 20 0
　　　LINES：90
1　155
　　　93.750　82.543　0.000　93.795　82.545
　　　0.000　95.556　82.569　0.000　95.625
　　　82.572　0.000
　　　95.698　82.573　0.000　97.402　82.598
　　　0.000　97.500　82.599　0.000　97.599
　　　82.599　0.000
LINES_SYMBOL：1
0
　3　41
　　　102.392　53.187　0.000　102.984　52.950
　　　0.000　103.567　52.708　0.000　104.140

```
    52.461      0.000
   104.703     52.208      0.000    105.254    51.948
     0.000    105.792     51.680      0.000   106.317
    51.403      0.000
   106.828     51.117      0.000    107.813    50.506
     0.000    108.385     50.106      0.000   108.921
    49.691      0.000
NoLabel 0
SYMBOLS: 4
    52       121.326     24.042      0.000      0.000
    23       124.198     52.236      0.000      0.000
    33       134.127     45.529      0.000      3.840
    31        63.550     40.322      0.000      0.000
CLOSED_CONTOURS: 1
 1   26
   85.758     42.527      0.000     85.711
   41.743      0.000     85.707     40.994
    0.000     85.786     40.309      0.000
   85.985     39.719      0.000     86.342
   39.249      0.000     87.347     38.793
    0.000     88.365     38.706      0.000
   89.491     38.820      0.000     90.617
   39.121      0.000     91.636     39.606
    0.000     92.564     40.433      0.000
10  1
   85.913     42.198      0.000
STATION_SITUATION
   51379    10
   51467    10
   51495    10
   51573    10
   51656    10
   51765    10
   51777    10
WEATHER_REGION: 2
 1        25
  102.96  48.97  0.0  103.29  46.37  0.0  103.43  43.88  0.0  102.98  41.61
0.0  101.33  39.38  0.0   99.09  37.42  0.0   96.41  35.72  0.0   92.55  34.10  0.0
    88.86  33.22  0.0   85.57  33.82  0.0
```

         83.15   35.86   0.0   81.42   38.76   0.0   80.69   41.99   0.0   80.93   44.19   0.0
 82.01   46.06   0.0   83.85   47.56   0.0   87.18   48.91   0.0   91.10   49.46   0.0
 95.35   49.04   0.0   96.36   48.91   0.0
         97.55   48.66   0.0   98.71   48.52   0.0   99.97   48.63   0.0   101.39   48.74   0.0
        102.96   48.97   0.0
            2   22
         83.99   58.36   0.0   82.61   56.43   0.0   81.34   54.48   0.0   79.70   52.39   0.0
 75.97   49.10   0.0   71.74   46.76   0.0   67.16   46.57   0.0   64.21   47.82   0.0
 61.83   49.61   0.0   60.61   51.63   0.0
         61.34   53.90   0.0   64.23   55.90   0.0   68.35   57.61   0.0   71.08   59.18   0.0
 74.77   60.24   0.0   80.66   59.80   0.0   83.01   59.21   0.0   84.85   58.64   0.0
 85.06   58.29   0.0   84.62   58.35   0.0
         84.17   58.40   0.0   83.99   58.36   0.0

A3.17　第15类数据格式:调色板数据

（前期版本定义的调色板数据,3.1 版不再使用该类数据）
文件头
diamond 15 数据说明（字符串）
数据
序号　红色分量　绿色分量　蓝色分量（均为整数）
注：各分量取值范围为 0－65535
不同序号的颜色用于不同的图像,其分配如下：
0—255 云图
256—272 等值线或流线等
273—289 底图
290—321 填图
322—338 各种符号
335 图像编辑时的临时线条
339 标识有 TLOGP 资料的站点
340 标识有第 3、16、17 类数据的站圈
在底图颜色中：274 为海陆廓线颜色、275 为经度纬度线颜色
填图颜色中：风 290、温度 291、现在天气 292、能见度 293、露点 294、总云量 295、高云状 296、中云状 297、低云状 298、低云高 299、气压 300、3 小时变压 301、过去天气一 302、过去天气二 303、低云量 304、6 小时雨量 305、站点 306、高度为 307、其他离散点填图值 308
各种符号颜色中：雨雪 322、冻雨或冰雹或沙暴 323、风雾 324 阴或晴或多云 325、注解 326、冷中心或高中心 327、暖中心或低中心 328、槽线 329、暖锋 330、冷锋 331、锢囚锋 332、高温区 333、霜冻 334、划线中间结果 335、划线确认后 336、霜冻点 337、雷暴 338

示例　diamond 15 colormap
0　0　0　0　1　65535　0　0　2　0　65535　0
3　65535　65535　0　4　0　0　65535　5　65535　0　65535
6　0　65535　65535　7　65535　65535　65535
8　21845　21845　21845　9　50886　29041　29041
10　29041　50886　29041　11　36494　36494　14392

A3.18　第16类数据格式：预报站点数据

文件头
diamond 16 数据说明（字符串）总站点数（整数）
数据
站点标识（长整数，一般为区站号）　纬度　经度　级别（均为整数）
注：纬度和经度均为60进制，并乘以100后化为整数。
示例
diamond 16 stations 400
50136　5328　12222　0
50246　5219　12443　0
50353　5143　12639　0
50434　5029　12141　0
50442　5024　12407　0
50468　5015　12727　0
50527　4913　11945　1
50548　4912　12343　0
……

A3.19　第17类数据格式：站点文字信息数据

文件头
diamond 17 数据说明（字符串）总站点数（整数）
数据
区站号　纬度　经度　高度　级别　文字信息组数（均为整数）第一组文字　第二组文字（均为字符串）
注：纬度和经度均为60进制，并乘以100后化为整数。
示例
diamond 17 站点信息 2513
54398　4007　11638　39.5　6　1　顺义

54399	3959	11617	46.3	6	1	海淀
54406	4027	11558	489.0	6	1	延庆
54409	4021	11600	633.2	6	1	八达岭
54410	4036	11608	1216.9	6	1	佛爷顶
54412	4044	11638	333.7	6	1	汤河口
54416	4023	11652	73.1	6	1	密云
54419	4019	11638	60.6	6	1	怀柔
54421	4039	11707	286.5	6	1	密云上甸子
54424	4009	11706	29.4	6	1	平谷
54431	3955	11638	26.9	6	1	通县
54433	3957	11629	36.5	6	1	朝阳
54499	4013	11613	79.7	6	1	昌平
54501	3958	11541	441.1	6	1	斋堂
54505	3955	11607	93.6	6	1	门头沟
54511	3948	11628	54.7	6	14	北京

1月最高气温：12.9(1975/1/12)
2月最高气温：18.5(1963/2/28)
3月最高气温：26.4(1989/3/31)
4月最高气温：33.0(1988/4/27)
5月最高气温：38.3(1968/5/14)
6月最高气温：40.6(1961/6/10)
7月最高气温：39.5(1972/7/16)
8月最高气温：36.1(1984/8/6)
9月最高气温：32.6(1990/9/1)
10月最高气温：29.8(1966/10/1)
11月最高气温：21.4(1984/11/4)
12月最高气温：19.5(1989/12/3)
全年最高气温：40.6(1961/6/10)
......

MICAPS3.2扩展第17类数据格式定义，增加了站点所属行政区，采用浮点数表示站点经纬度，具体格式如下：

文件头：Micaps 17 描述 站点数
0 0 0 0 0 0
6个保留数字，浮点数，前3个用于设置显示中心位置和放大率，第4个用语设置是否修改投影方式）
数据
区站号(字符串) 纬度 经度 高度 级别 站名 省份 地区 县 备注长度
备注信息
说明

经纬度使用浮点数表示。
需要严格按照格式说明组织数据。备注信息写在下一行。备注长度表示行数。
如果备注长度为 0,则下面无备注信息行。
示例
Micaps 17 例子 3
0 0 0 0 0 0
54511   39.888   119.899   50   1   北京   北京   北京   大兴   0
54527   39.888   119.899   50   1   天津   天津   天津   塘沽   2
天津年平均气温   10
天津年总降水量   1200

A3.20 第 18 类数据格式:格点数据剖面图

文件头
diamond   18   数据说明(字符串) 年   月   日   时次   时效
剖面上点数(均为整数)   等值线间隔   等值线起始值   终止值   平滑系数   加粗线值 (均为浮点数)
数据
显示层格点场文件名(字符串,即显示该数据图像时,可以画剖面图。该文件必须为第四类数据)
剖面垂直层数(整数)
第 1 层数据文件名(字符串,文件必须为第 4 类数据)
第 2 层数据文件名(字符串,文件必须为第 4 类数据)
示例
diamond 18 T106_200 hPa 涡度 120 小时预报
95   11   27   20   120
20   20   −300   300   1   0
~/t106/vor/500/112320.000
7
~/t106/vor/850/96112320.000
~/t106/vor/700/96112320.000
~/t106/vor/500/96112320.000
~/t106/vor/400/96112320.000
~/t106/vor/300/96112320.000
~/t106/vor/200/96112320.000
~/t106/vor/100/96112320.000
MICAPS 第 3 版针对该格式进行了扩展,包括以下部分:
1)文件路径:文件路径可以使用绝对路径,也可以使用 MICAPS 第 2 版定义格式中的写法,注意原写法中路径中分隔使用斜杠(/)。

2)文件名:文件名除使用上述直接定义的方式外,还可以使用时间替换方式,使用 YY 代替两位年份、YYYY 代替四位年份、MM 代替月份、DD 代替日期、HH 代替小时,mm 代替分钟,后面增加一个表示日期修改的整数,系统自动替换为指定日期,注意除月份必需使用大写 MM 替换、分钟使用小写 mm 替换外,其他字母替换为指定时间时不区分大小写,如:

~/t106/vor/850/yyMMdd20.000-1 在使用中会替换昨天日期相应文件,如果在 2008 年 4 月 6 日打开文件,则本行中文件会使用 08040520.000。

A3.21 第 19 类数据格式:MICAPS 系统命令行参数

文件头
diamond 19
数据
显示中心位置的经度　显示中心位置的纬度　放大倍数
地图数据文件名　　　要素设置缺省值
注:此类数据文件只作为进入旧版本 MICAPS 系统时的命令行参数,包含了部分初始化信息,MICAPS3.2 仅支持第一行的设置内容,即显示中心位置的经度、纬度和放大倍数,可以通过打开该类数据设置地图显示位置和放大系数。

A3.22 第 31 类资料(AMDAR 资料)

文件头
diamond　31　数据说明
数据个数
要素名称
数据
发报中心　年　月　日　时　航班　观测时间年　月　日　时和分钟(如果有分钟,可以使用如 0245 这样的两位小时和两位分钟表示)　数据纬度　数据经度　飞行类型　导航状态　飞行高度(m)　温度　风向　风速 垂直速度　湍流度　温度可信度 风可信度 垂直速度可信度　湍流度可信度　位置可信度　高度可信度
文件名命名规则,可以使用 MICAPS 定义的 8.3 格式文件名(YYMMDDHH.000),文件名使用北京时(与高空资料命名方式相同)
示例
diamond 31 AMDAR 资料
7068
　　C_CCCC　C_LY　C_LM　C_LD　C_LH　C01006　V04001　V04002　V04003　V_OHM　V05001　V06001　V08004　V02061　V07002　V12001　V11001　V11002

V11041   V11031   F07002   F12001   F11001   F11002   F11041   F11031
    AMMC   2006   10   30   0   AU0071   2006   10   30   0   −37.6333   144.8167   4
31   91.94   13   184   0.5   7.3   2   0   0   0   0   0   0
    AMMC   2006   10   30   0   AU0071   2006   10   30   0   −37.6167   144.8167   4
31   183.38   11.9   155   2.54   3.4   1   0   0   0   0   0   0
    AMMC   2006   10   30   0   AU0029   2006   10   30   0   −33.8333   151.0333   3
31   975.86   7.7   29   5.09   5.6   2   0   0   0   0   0   0
    FAPR   2006   10   30   0   AFZA//   2006   10   30   0   −26.1   28.25   3   11
1646.42   18.4   281   2.54   2   0   0   0   0   0   0
    FAPR   2006   10   30   0   AFZA//   2006   10   30   0   −26.0833   28.25   3   11
1707.38   18   296   3.56   2   0   0   0   0   0   0
    FAPR   2006   10   30   0   AFZA//   2006   10   30   0   −26.0667   28.25   3   11
1859.78   17.2   295   4.58   2   0   0   0   0   0   0
    ……
    463
    AAH467
    AAH468
    AAH481
    AAH484
    AAH486

A3.23 第 32 类数据（一维图数据格式）

系统增加了两种一维图数据格式，类型分别为 diamond 32 和 33，分别用来显示一维图和特殊的一维图（可以在两条线条之间填充）。第 32 类数据格式如下：
Diamond 32 一维图数据格式：
        diamond 32   一维图
    2   6   ;列数,行数
    1 Y 轴 1 Y 轴 2
    1 X 轴
    0   0   ;每列使用的 Y 轴,0——使用第一个 Y 轴,1——使用第 2 个 Y 轴
    1   1   ;每列的属性 0——直方图,1——线图,因为直方图会掩盖后面的图像,最好先绘制直方图
        序列 1   序列 2   ;序列名称
    0   1   ;颜色
    1   2   ;线宽
        dd   1   32   34
        fff 2   −9999   66

```
tttt    3      12         -9999
aaww    4      123         38
wwbb    5      432         78
wwww    6      422         28
```
要求第二列为 x 的位置,第一列作为 x 的标注

A3.24　第 33 类数据(一维图数据格式)

显示两根线条,可以在两根线条之间填充颜色。
Diamond 33　类数据格式
diamond 33　双线填充一维图
```
2   6         ;列数,行数
1 Y 轴 1 Y 轴 2
1 X 轴
0   0         ;每列使用的 Y 轴,0——使用第一个 Y 轴,1——使用第 2 个 Y 轴
1   1         ;每列的属性 0——直方图,1——线图,因为直方图会掩盖后面的图像,最好先绘制直方图
序列 1   序列 2   ;序列名称
0   1         ;颜色
1   2         ;线宽
dd     1      32         34
fff    2      321         66
tttt   3      12         32
aaww   4      123         38
wwbb   5      432         78
wwww   6      422         28
```
要求第二列为 x 的位置,第一列作为 x 的标注

A3.25　第 34 类数据(多要素填图)

类型为 diamond 34,用于离散点多要素填图,可以使用字符串。数据格式类似第 3 类数据,但变量值可以使用字符串,显示模块增加属性设置。

文件头
diamond 34   1994－5－2 逐旬最高气温极值
1994   5   2   0   1000(年月日时和层次)
34(站点数)

3(每站数据格数)

序列1 序列2 序列3

数字 字符 数字

数据

站号 经度 纬度 高度 数据1 数据2 数据3

示例

diamond 34 1994－5－2 逐旬最高气温极值

1994 5 2 0 1000

34

3

序列1 序列2 序列3

数字 字符 数字

57333	108.40	31.57	80	31.3	18.9
57338	108.25	31.11	21.44	33.5	25.9
57339	108.41	30.57	29.64	33.5	24.9
57345	109.37	31.24	33.98	33.5	23.4
57348	109.32	31.01	30.03	30	22.1
57349	109.52	31.04	27.59	33.8	24
57409	105.48	30.11	29.58	34.4	27.9
57425	107.20	30.20	43.05	33.3	22.6
57426	107.48	30.41	45.94	32.3	24.3
57432	108.24	30.46	18.88	33.4	24.9

A3.26 第41类数据格式:闪电定位数据

类型为41,每小时一个文件,文件名:
LIGHT_MICAPS3.0_2008010808_COLLECT.TXT
文件头:diamond 41 说明(2008年01月08日08时闪电监测资料)
年 月 日 时(开始时间) 记录数目
数据:每行一条记录(缺测为9999)
每一个闪电数据包括

序号	特征参数名称	内容描述
1	闪电个数的序号	闪电个数的序号(整型数)
2	日期时间	以年、月、日、时、分、秒、百分秒的形式,共7个数据(字符串型数)
3	单位代码	表示数据提供厂家(整型数)
4	闪电的种类	云、地闪电标志:1为地闪、0为云闪(整型数)

续表

序号	特征参数名称	内容描述
5	闪电位置的经度	单位:度(双精度浮点型数)
6	闪电位置的纬度	单位:度(双精度浮点型数)
7	闪电位置的高度	单位:km,仅对云闪有效(浮点型数)
8	闪电回击数	仅对云地闪电(整型数)
9	上升时间	单位:ms,仅对云地闪电(浮点型数)
10	衰减时间	单位:ms,仅对云地闪电(浮点型数)
11	闪电归一化电流强度值	单位:KA,正值为正闪,负值为负闪,仅对云地闪电(浮点型数)
12	闪电能量	单位:J,仅对云地闪电(浮点型数)
13	误差	单位:米(整型数)
14	算法代码	表示得出此一数据所用的算法(整型)
15	陡度	单位:KA/us,仅对云地闪电(浮点型)

例子:
diamond 41　2008 年 06 月 24 日 17 时闪电监测资料
　　2008　06　24　17　2280
　　1　200806241711032294853　9999　9999　114.8664　26.57132　9999　9999　9999
9999　－29.16124　9999　74.63686　6　－7.178152
　　2　200806241711036436922　9999　9999　106.4083　23.33219　9999　9999　9999
9999　－51.30987　9999　75.52758　6　－9.658328
　　3　200806241711045918992　9999　9999　121.0393　28.38015　9999　9999　9999
9999　－28.92107　9999　74.09919　6　－6.855365
　　4　200806241711049273112　9999　9999　102.8865　25.18426　9999　9999　9999
9999　－205.6933　9999　0　5　－33.32752
　　5　200806241711054566599　9999　9999　110.0666　24.17627　9999　9999　9999
9999　－46.67589　9999　0　2　－13.2767
　　6　200806241711053232880　9999　9999　109.5917　24.25497　9999　9999　9999
9999　－31.43308　9999　0　2　－10.58799

A3.27　第 42 类数据格式:GPS 数据

类型为 42,每小时一个文件
文件名
GPSG_为前缀,后面为四位年、两位月、两位日、两位小时、两位分钟、扩展名为 000,
如:GPSG_200809162300.000
文件头
diamond 42　数据说明(字符串)　年　月　日　时分

单站填图要素的个数　总站点数(均为整数)
注:999999 代表数据缺失
数据
站点代码(4 位字符串)　区站号(长整数或字母数字组合)　经度　纬度　海拔高度　天顶总延迟(m)本站气压　温度　湿度　水汽总量(mm)　电子浓度(均为浮点数)
数据格式:用 C 语言表示的格式为"%4c　%5c　%7.3f　%7.3f　%7.1f　%6.4f　%6.1f　%6.1f　%6.1f　%6.1f　%6.1f\n"
示例
diamond 42　08 年 07 月 29 日 20 时 GPS/MET 数据
08　07　29　20　00
8　　3
ahhs 58531　29.714　118.284　142.3　2.6846　978.8　23.6　97.0　72.7　999999
ahma 58336　31.701　118.516　22.8　2.6943　993.6　26.3　92.0　69.4　999999
bais 59211　23.903　106.606　159.3　999999　980.6　25.1　84.0　999999　999999
注意:这类数据的文件名只能按照说明中的指定命名方式,否则无法显示。

A3.28　第 82 类数据格式:自动生成多幅图片

类型为 82,用于自动生成图片文件列表,格式为文件头(包括识别字符串、类别代码和文件说明)和文件内容,文件内容为打开文件数、每个文件的文件名,打开的文件数,相应的每个文件名,直至文件结束(0 为结束符号)。
示例
diamond 82 图片列表文件—可以是综合图或数据文件
2
C:\MICAPS3.2\zht\zht2.zht
d:\MICAPSData\ecmwf\h500\00 天气图 500
1
C:\MICAPS3.2\zht\zht2.zht
……
0
C:\micaps3.0\savegif.gif
需要打开的文件若为具体的以时间命名的数据文件,可用通配符 YYMMDD 表示文件名,后面可加参数 0 表示当日的数据文件,-1 表示前一天的数据文件,以此类推(例子见下面第 111 类数据说明)。
最后可以增加一行,表示要输出动画 Gif 文件,这里给定的是保存动画 Gif 的路径和文件名。

A3.29 第111类数据（邮票图）

MICAPS第3版扩展了MICAPS第2版定义的该类数据格式，原来定义的文件格式为文件头和数据（数据文件名）两部分。

文件头
diamond 111 数据说明
文件个数
数据
文件名（全路径）

MICAPS3.2版扩展了文件名的说明，可以使用yyMMdd等表示日期，再增加一个整数表示在当前日期上增/减的天数，大于0为向后计算日期，小于0位向前计算日期。

示例
diamond 111 邮票图测试数据
4
Z:\data\t213\height\1000\yymmdd08.000－1
Z:\data\t213\height\700\yymmdd08.000－1
Z:\data\t213\height\500\yymmdd08.000－1
Z:\data\t213\height\200\yymmdd08.000－1

A3.30 第779类数据（饼图）

文件头
diamond 779 数据说明
年 月 日 时
类型 扇区个数

注：其中类型可以取0到7，分别对应填充花纹为实心、上斜线、斜交、直交、下斜线、横线、竖线的饼图及立体饼图。

数据
第一扇区的说明字符　　第二扇区的说明字符　……………
第一扇区的数值　　　　第二扇区的数值　　……………………

示例
diamond　779　饼图测试数据
01 08 19 08
7 5
　北京　　　天津　　　上海　　　广州　　　武汉
　10　　　　30　　　　15　　　　60　　　　45

A3.31　第780类数据(风玫瑰图)

文件头
diamond 780 数据说明
年　月　日　时
数据个数
数据
第一数据的角度　第二数据的角度 ………………
第一数据的数值　第二数据的数值 ……………………
示例
diamond 780　玫瑰图测试数据
01　08　19　08
16
22.5　45.0　67.5　90.0　112.5　135.0　157.5　180.0　202.5　225.0　247.5　270.0　292.5　315.0　337.5　360.0
10　30　15　60　45　80　60　20　65　70　50　35　55　90　120　100
注意：数据需要写在一行中，不能换行。

A3.32　第781类数据(散点图)

文件由文件头和数据区组成，文件头为：
diamond 781　图标题
年　月　日　时　分
数据区为各点的坐标和标注符号，最后为绘制距离圆的信息，cycle以下为距离圆信息，下面第一行为圆的个数，下面为各个圆的半径(每行一个数字)。
示例
diamond 781　xyplot
2008　8　8　20　12
12　23＋
13　−12＋
14　−13＋
−13　−13＋
−12　−20−
−13　12−
−16　18−
18　12−

```
10    3+
10   -9-
15   -9.
-15  -9.
cycle
1
15
```

A3.33 雷达拼图数据(中国气象局武汉暴雨研究所)

(1) 可显示的产品分类

MICAPS3.2 显示的拼图产品一共有 4 类(表 A3.33-1),文件通过区域拼图软件生成。

表 A3.33-1 拼图产品分类表

数据类	产品号	产品名称
QREF	19/20	基本反射率(质量控制)
CREF	37/38	组合反射率
VIL	57	液态水含量
OHP	78	一小时降水

(2) 文件命名方式

所有产品数据文件按照统一方式命名。规定为:

MOSAIC.<VARNAME>CCC.YYYYMMDD.hhnnss.<EXT>

其中,<VARNAME>表示产品的数据类型,详见表 A3.33-1 的数据分类;CCC 表示产品特征,一般为'000';YYYYMMDD 和 hhnnss 分别表示观测时间(世界时)的年月日和时分秒;<EXT>为后缀名,经纬网格数据文件为 latlon。例如:

MOSAIC.QREF000.20080415.051000.latlon

表示经质量控制后的基本反射率拼图数据,数据观测时间为北京时 2008 年 4 月 15 日上午 8 时 10 分钟,数据按照等经纬网格排列。

(3) 经纬网格数据文件格式

产品拼图文件保存的等经纬度网格点数据由文件头和数据区组成。

文件头结构定义

文件头结构长度固定为 256 字节。结构成员定义及说明见表 A3.33-2。

表 A3.33-2 拼图产品文件头结构描述表

字节序号	数据类型	成员名称	注释
0—127	char	DataName[128]	产品名称描述
128—159	char	VarName[32]	数据类名,见表一
160—175	char	UnitName[16]	数据单位名称

续表

字节序号	数据类型	成员名称	注释
176—177	unsigned short	DataLabel	经纬网格数据标识,固定值 19532
178—179	short	UnitLen	数据单元字节数,固定值 2
180—183	float	Slat	数据区的南纬(度)
184—187	float	Wlon	数据区的西经(度)
188—191	float	Nlat	数据区的北纬(度)
192—195	float	Elon	数据区的东经(度)
196—199	float	Clat	数据区中心纬度(度)
200—203	float	Clon	数据区中心经度(度)
204—207	int	Rows	数据区的行数
208—211	int	Cols	每行数据的列数
212—215	float	dlat	纬向分辨率(度)
216—219	float	dlon	经向分辨率(度)
220—223	float	nodata	无数据区的编码值
224—227	int	levelbytes	单层数据字节数
228—229	short	levelnum	数据层个数
230—231	short	amp	数值放大系数
232—233	short	compmode	数据压缩存储时为1,否则为0
234—235	unsigned short	dates	数据观测时间,为1970年1月1日以来的天数。
236—239	int	seconds	数据观测时间的秒数
240—241	short	min_value	放大后的数据最小取值
242—243	short	max_value	放大后的数据最大取值
244—256	short	Reserved[6]	保留字节

数据排列及存储方式

等经纬网格的拼图数据放大取短整后压缩保存。数据从北到南逐行排列;每行数据又是从西到东排列。根据文件头的数据区描述参数可以计算出每个格点的经纬度坐标值。

拼图数据压缩存储时,仅保留不小于最小取值的格点数据。数据区按照稀疏矩阵方式进行压缩,为变长度结构排列。结构组成如表 A3.33-3。

表 A3.33-3 拼图数据压缩结构描述表

序号	数据类型	成员名称	注释
1	short	Y	数据开始的行
2	Short	X	数据开始的列
3	short	N	连续数据的个数
4…N	short	data[N]	本段数据数组

在数据区结束的结构中,行、列和数据个数均为 −1。

A3.34 风廓线数据

命名

产品数据文件包括实时的采样高度上的产品数据文件、半小时平均的采样高度上的产品数据文件,一小时平均的采样高度上的产品数据文件,文件名具体命名方法如下:

Z_RADR_I_IIiii_yyyyMMddhhmmss_P_WPRD_雷达型号_产品标识.TXT

其中:

Z:	国内交换文件;
RADR:	表示雷达资料;
I:	表示后面的 IIiii 为风廓线雷达站的区站号;
IIiii:	区站号(按地面气象站的区站号);
yyyy:	观测时间(年)(20**—);
MM:	观测时间(月)(01—12);
dd:	观测时间(日)(01—31);
hh:	观测时间(时)(00—23);
mm:	观测时间(分)(00—59);
ss:	观测时间(秒)(00—59);
P:	表示产品数据;
WPRD:	表示风廓线雷达资料;
TXT:	表示文件格式为 ASCII。

数据格式请参考中国气象局相关文件。

A3.35 历史资料追加使用的文本数据格式

txt 文件追加是设定的标准追加文本格式。在设定的文件下有两个子文件夹:降水和温度。降水文件夹下是站点的降水数据。文件名的命名规则是:r+站名+"—"+年份,如 r53898—2008 代表站号名称为 53898 的 2008 年的降水数据,文件内每行有两个数据—日期和当天降水量(降水量数据为当天的降水量数值的 10 倍),中间以空格隔开,如 r53898—2008 内的第一行数据为 20080101 32,代表 2008 年 1 月 1 日的降水量为 3.2 mm;温度文件夹下是站点的气温数据。文件名的命名规则是:t+站名+"—"+年份,如 t53898—2008 代表站号名称为 53898 的 2008 年的气温数据,文件内每行有四个数据—日期、当天最高气温、最低气温和平均气温(气温数值为当天的实际数值的 10 倍),中间以空格隔开,如 t53898—2008 内的第一行数据为 20080101 1—3—1,代表 2008 年 1 月 1 日的最高气温为 0.1 ℃,最低气温为—0.3 ℃,平均气温为—0.1 ℃。

A3.36 用于调入特殊功能模块设置的数据类型

除上述数据类型用于实际的地理信息或气象数据外,还定义了一些数据用于特殊模块的调入。由于 MICAPS 3.2 使用的是核心框架与外围功能模块结合的系统结构,因此,系统核心不直接调用功能模块,一些系统需要实现的功能模块通过定义特殊数据类型的方式启动,具体方法是,打开一个特殊定义的数据类型,通过数据检测类型模块确认后调入相应的功能模块。目前系统使用的用于调入特殊功能模块的文件一般是定义为类似 MICAPS 标准数据格式的方式,如使用文件识别标志"diamond"后再加一个数字的格式,下面列出的一些识别代码不能再用做数据类型定义。

定义的上述功能的数据类型有:
diamond 81:用于 WS 报模块启动判别。
diamond 100:文件名为 LoadReliefMap.txt,用于地形模块,该文件名和内容均不可修改。LoadTuLi.txt,用于调入地形图图例,该文件名和内容均不可修改。
diamond 101:用于球面距离及面积计算模块启动判别。
diamond 112:用于单站雷达显示模块的调入。
diamond 121:用于预警信号图层生成。
diamond 200:用于台风历史数据检索模块启动判别(专业版本)。

A3.37 特别说明

请严格按照数据格式说明,准备本地数据,否则可能会导致系统运行不稳定,除格式说明中定义外,不要使用任何没有明确说明的数字表示无法定义的内容,如最好不要使用 9999 和 999999 作为未定义格点值等(目前数据文件中没有指定为定义值,避免在可能的取值范围内定义未定义值,在多数数据中,9999 和 999999 作为为定义值处理,部分数据处理模块中对不合理值进行了过滤处理)。

避免使用可能导致系统运行不稳定的数据,如分析线条定义不可过多,如数据中数据范围为 0—9999,定义分析间隔为 5,则分析线条数过多,可能导致内存不足,影响系统运行。

附录4 集合预报数据环境处理配置

MIAPS4.0中所用的集合预报数据为NUMBERS输出产品,配置说明如下。

输入数据

业务人员需要在每天07和19时之前将集合预报模式输出的原始数据文件准备好,即将数据文件放到某一固定的目录下面。如果存放集合预报原始数据文件的计算机与运行NUMBERS系统的计算机不是同一台机器,那么需要维护人员将数据文件在内部网络上共享。例如,如果集合预报原始数据文件放在Windows服务器上,NUMBERS运行在Linux服务器上,那么需要把Windows服务器上的磁盘挂载到Linux服务器上。反之,可以通过SAMBA或者NFC将Linux服务器上的磁盘映射为一个Windows驱动器。

数据处理程序使用配置文件来定义程序运行时的功能。配置文件名是micapsd.conf,位置在NUMBERS安装目录中。以下是配置文件的一个例子。

\# The micapsd log file. You may over ride the log file. The default is below.
\# 日志文件,存放了数据处理程序运行时的调试信息
log_file=/var/log/micapsd.log
\# uncomment the line below to enable the task
\# 是否执行集合预报数据处理操作,1表示执行数据处理操作,0表示不执行数据处理操作
do_ensemble=1
\# If your machine has a 64bit CPU and more than 8GB RAM, set this variable to 1 to enjoy better performance
\# 对于位64CPU、8GB内存的系统,将此变量设为1以获得更高的性能
cpu64bit_ram8gb=1
\# The time (in hours) it takes to transfer the ensemble data set
\# 数据传输时间,单位为小时.例如12表示处理12小时之前的数据
ensemble_data_transfer_time=12
\# Directory of NCEP FNL data files.
\# 按照国家气象信息中心标准目录组织的集合预报原始数据存放目录,该目录下面应该有CMA,CEMWF,NCEP等目录
ensemble_input_dir=Z:\data\nwp\NAFP
\# Output directory of calculated physics derived from NCEP FNL data.
\# 转换为MICAPS格式后的集合预报输出数据存放目录
ensemble_output_dir=D:\Projects\disk2\diamond\ensemble\micaps
\# Whether the data files is organized in NMIC's directory hierarchy

# 是否使用国家气象信息中心建议的标准目录组织,1 表示使用,0 表示使用自定义的目录
ensemble_standard_dir=1
# Use original or clipped data
# 是否使用全球数据,1 表示使用全球数据(ORIG 目录中的文件),0 表示使用中国区域的裁剪数据(ACHN 目录中的文件)
ensemble_original_data=1
# Customized directory for each numerical center
# 如果不使用国家气象信息中心建议的标准目录结构,即 ensemble_standard_dir=0,请设置以下变量
# 希望在自定义的目录下面加上根据日期/时间确定的目录,请设置为 1,否则设置为 0.
# 例如用户自定义欧洲中心集合预报原始数据目录为 Z:\NAFP\ECMWF,若 ensemble_custom_dir_use_date=1,
# 那么数据文件实际放在 Z:\NAFP\ECMWF\yyyymmddh\hh 下面.
ensemble_custom_dir_use_date=1
# 存放欧洲中心集合预报原始数据的目录
ensemble_ecmwf_input_dir=Z:\data\nwp\NAFP\ECMWF\ENS\ACHN
# 存放中国 T213 集合预报原始数据的目录
ensemble_cma_input_dir=Z:\data\nwp\NAFP\CMA\GEPS\ORIG
# 存放美国 NCEP 集合预报原始数据的目录
ensemble_ncep_input_dir=Z:\data\nwp\NAFP\NCEP\GEFS\NEHE
# 存放加拿大 CMC 集合预报原始数据的目录
ensemble_cmc_input_dir=Z:\data\nwp\NAFP\CMC\GEPS\NEHE
# 存放中国 T639 集合预报原始数据的目录
ensemble_t639_input_dir=Z:\data\nwp\NAFP\CMA\GEPS
# 存放中国 GRAPES-MESO 集合预报原始数据的目录
ensemble_grapes_input_dir=Y:\nwp\REPS_GRAPES\grib2
# Station information is needed to calculate box whisker data
# MICAPS 第 17 类格式的站点数据文件,省台可以根据自身需要添加/删除站点
station_data_file=C:\Program Files\NMC\NUMBERS\stationList.txt
# 裁剪区域设置,1 表示使用自定义区域,0 表示使用数据中的区域
# 西半球-180~0,东半球 0~180,南半球-90~0,北半球 0~90.
# 请确保 clip_longitude_start<clip_longitude_end,clip_latitude_start<clip_latitude_end
# 如果使用中国区域的裁剪数据(ACHN 目录中的文件),还有确保裁剪区域与数据区域 0~180,-20~90 相交.
do_ensemble_clip=0
clip_longitude_start=70
clip_longitude_end=140

clip_latitude_start＝15
clip_latitude_end＝55
＃ 输出要素列表，程序只处理列表中的要素
＃ 气压 p,位势高度 h,温度 t,露点温度 td,相对湿度 rh,比湿 q,垂直速度 vv,水平风场 wind,
＃ 降雨量 rain,云量 cloud,对流有效位能 cape,降雪量 sf,积雪深度 sd
＃ 各个要素之间用英文逗号分隔
ensemble_elementlist＝p,h,t,td,rh,q,vv,wind,rain,cloud,cape,sf,sd
＃ 预报时效,单位为小时.例如 72 表示处理预报时效从 0 到 72 小时的数据
ensemble_timerange＝240
＃ 中间数据文件保存的天数.例如 3 表示保存 3 天,数据处理程序每次运行时会删除 3 天前的数据
micaps_file_keep_time＝3

其中所有变量的说明都是中英文对照解释。注意到指定文件名时需要使用绝对路径。

输出数据

目前输出数据的文件存储结构是按照 MICAPS 数据服务器上的组织方式做的,即用路径表示"模式/要素/层次",用文件名表示产品、起报日期时间和预报时效。下面的表格总结了目前所有要素的文件存放路径：

要素	文件存放路径	层次
海平面气压	pressure	地面
位势高度	height	850,700,500,400,200,100 hPa
温度	temper	925,850,700,500,400 hPa,地面
日平均气温	tmean	850,地面
24 小时变温	dt	850,地面
日最高温	tmax	地面
日最低温	tmin	地面
露点温度	td	地面
相对湿度	rh	1000,925,800,700,400 hPa,地面
比湿	spec－humid	1000,925,800,700,400 hPa,地面
风场	wind	1000,925,850,700,500,400,200,100 hPa
垂直速度	omega	925,800,700,400 hPa
降雨量	rain	地面
天空总云量	tcc	地面
对流有效位能	cape	地面
降雪	sf	地面
积雪深度	sd	地面
整层可降水量	tcwat	地面

用户只需要通过变量 ensemble_output_dir 来指定集合预报产品输出文件的根目录即可,

集合预报数据处理程序micapsd会自动创建根目录下的所有目录,因此,用户不必自己创建。

在Linux系统下将数据处理程序配置为后台定时作业

Linux系统的cron进程以每天定时运行用户指定的后台程序。其方法是使用crontab命令配置后台程序及其运行参数和时间。

♯ cd /usr/local/bin

♯ ln－s /usr/local/numbers/micapsd micapsd

♯ crontab－e

接下来新增如下一行

0 7,19 * * * export LD_LIBRARY_PATH＝/usr/local/numbers/bin && export GRIB_DEFINITION_PATH＝/usr/local/numbers/bin/share/grib_api/definitions && /usr/local/bin/micapsd－c /usr/local/numbers/bin/micapsd.conf

此行的意义是在每天07和19时运行程序/usr/local/bin/micapsd。

如果NUMBERS的安装目录不是/usr/local/numbers,那么用户需要用实际的安装目录替换示例中的"/usr/local/numbers"字符串。

在Windows系统下将数据处理程序配置为后台定时作业

Windows系统下的计划任务为我们提供了设置定时作业的一种方法。设置过程如下：

在控制面板中找到"性能与维护"下面的"计划任务"。双击"添加计划任务"以打开如图A4-1所示的对话框①。

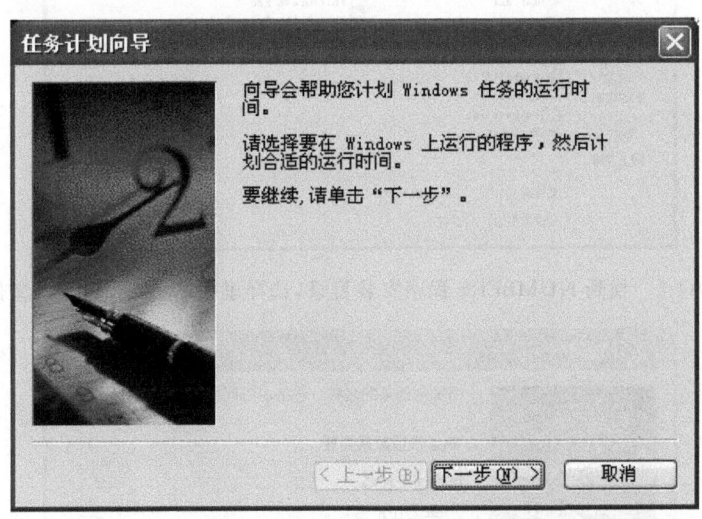

图A4-1　在Windows系统下使用计划任务将数据处理程序设置为定时作业

选择"下一步"来到附录图A4-2所示的画面。

点击"浏览"按钮,打开如附录图A4-3所示的对话框。

找到NUMBERS程序安装目录,选择里面的micapsd.exe文件,然后点击"打开"按钮。

接下来输入任务名称,例如可以输入"集合预报数据处理"(图A4-4)。

---

① 在Windows Server 2008 R2中,请选择"创建基本任务",而不是"创建任务"。

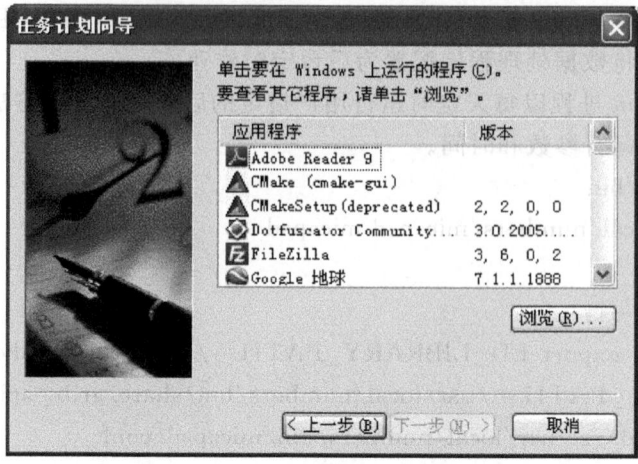

图 A4-2　点击"浏览"按钮以指定数据处理程序

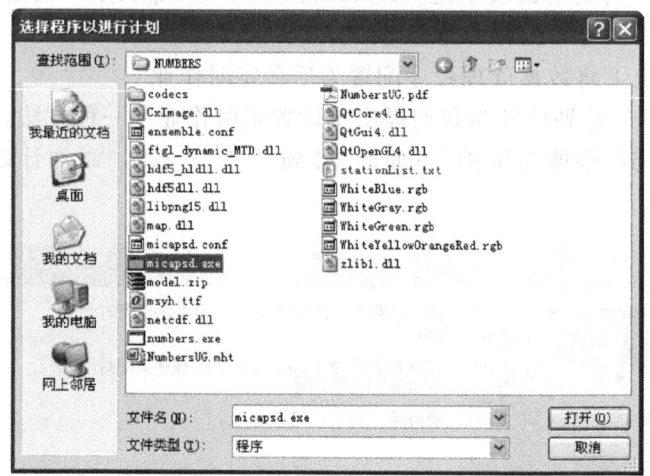

图 A4-3　找到 NUMBERS 程序安装目录，选择里面的 micapsd.exe 文件

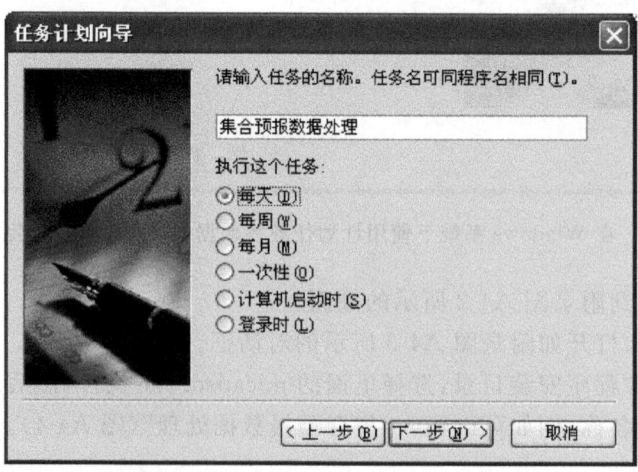

图 A4-4　为作业任务起一个有意义的名称

点击"下一步"按钮后指定任务运行的起始日期和时间,这里一般设置为 09 时和"每天"(图 A4-5)。起始时间可以根据每个台站数据文件到达时间而定。

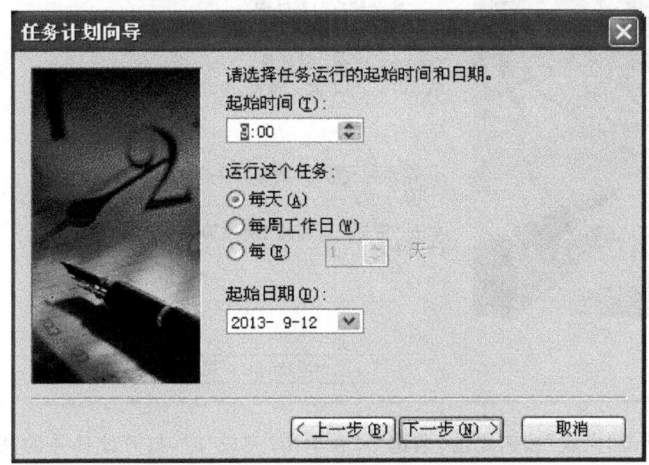

图 A4-5 将任务运行的起始日期和时间设置为 09 时和"每天"

接下来是输入当前登录用户的密码(图 A4-6)。

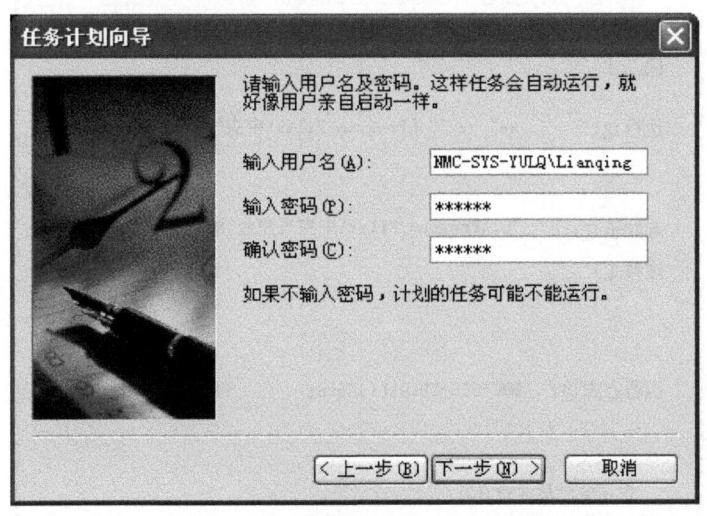

图 A4-6 输入当前登录用户的密码

现在来到了任务计划向导的最后一步,在点击"完成"按钮之前,请选中"在单击'完成'时,打开此任务的高级属性(A)"(图 A4-7)。

在关闭任务计划向导后,将打开任务属性设置对话框,在"任务"页中,我们需要为指定程序运行参数。如图 A4-8 所示,将"运行"编辑控件中的内容设置为"C:\Program Files\NMC\NUMBERS\micapsd.exe"－c "C:\Program Files\中央气象台\NUMBERS\micapsd.conf"。将"起始于"编辑控件中的内容设置为"C:\Program Files\NMC\NUMBERS"。

请切换到"计划"页中,这里我们需要每天再增加一次作业运行。方法是选中底部的"显示多项计划"(图 A4-9)。

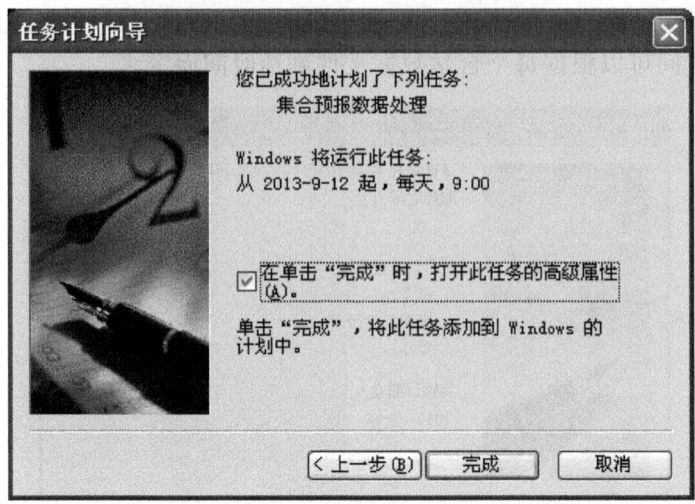

图 A4-7　在点击"完成"按钮之前，请选中"在单击'完成'时，打开此任务的高级属性(A)"

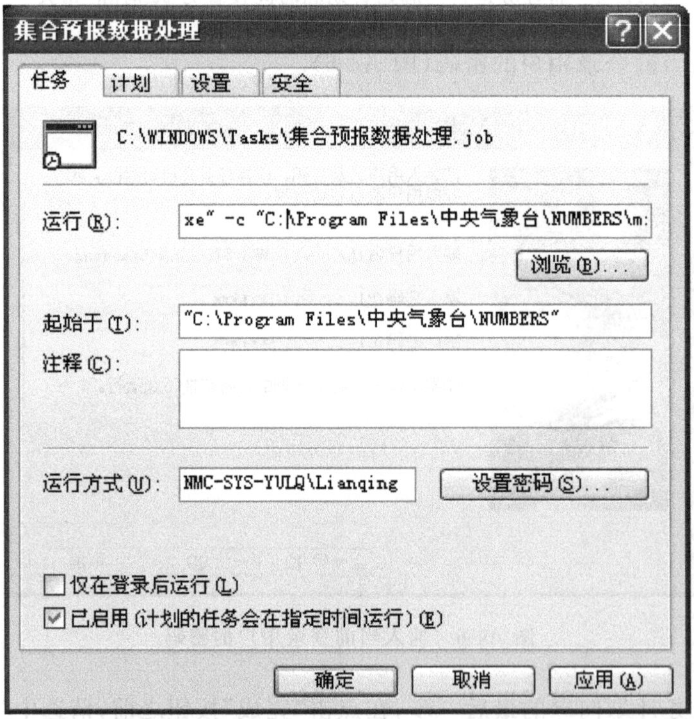

图 A4-8　在任务属性设置对话框中的"任务"页中，需要为指定程序运行参数

　　将计划任务的开始时间设置为"每天"和"21:00"。即每天在 09 和 21 时运行任务。最后点击"确定"按钮完成设置（图 A4-10）。

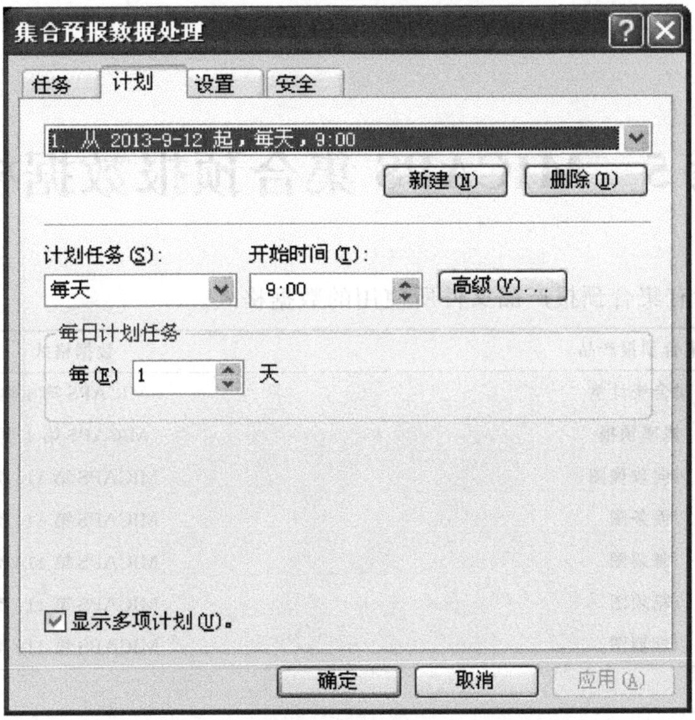

图 A4-9 我们需要每天再增加一次作业运行

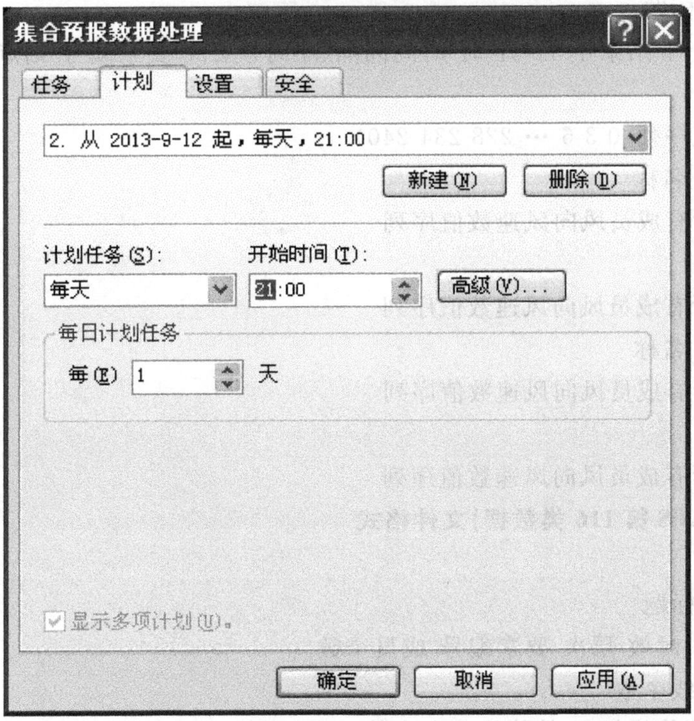

图 A4-10 将计划任务的开始时间设置为"每天"和"21:00"。即每天在 09 和 21 时运行任务

附录5　MICAPS 集合预报数据格式

下表给出了所有集合预报产品文件所使用的数据格式。

集合预报产品	数据格式
集合统计量	MICAPS 第 4 类
概率预报	MICAPS 第 4 类
风向玫瑰图	MICAPS 第 115 类
面条图	MICAPS 第 116 类
邮票图	MICAPS 第 118 类
箱须图	MICAPS 第 117 类
烟羽图	MICAPS 第 119 类

风向玫瑰图(MICAPS 第 115 类数据)文件格式
格式：
diamond 115 标题
开始年 月 日 时 结束年 月 日 时 时间间隔(小时) 层次 要素编号 站点个数 时次个数 成员个数
所有时效数值序列(0 3 6 … 228 234 240)
(站点 1)编号 名称
第 1 个时效所有成员风向风速数值序列
……
第 n 个时效所有成员风向风速数值序列
(站点 2)编号 名称
第 1 个时效所有成员风向风速数值序列
……
第 n 个时效所有成员风向风速数值序列

面条图(MICAPS 第 116 类数据)文件格式
格式：
diamond 116 标题
年 月 日 小时 时效 层次 要素编号 成员个数
LINES：等值线个数
等值线宽度 等值线颜色 等值线上点个数
点坐标值…

等值线标值 等值线标值个数
等值线标值坐标值…

说明：

等值线标值内容为 NoLabel 时表示没有该等值线标值。

箱须图（MICAPS 第 117 类数据）文件

格式：

diamond 117 标题

开始年 月 日 时 结束年 月 日 时 时间间隔（小时） 层次 要素编号 站点个数 箱须（时次）个数 统计数个数

统计数百分比数值（均值 方差 最小值 最大值 10％ 25％ 50％ 75％ 90％）

所有时效数值序列（0 3 6 … 228 234 240）

（站点 1）编号 名称 时次 1 物理量数值 时次 2 物理量数值 …… 时次 n 物理量数值

（站点 2）编号 名称 时次 1 物理量数值 时次 2 物理量数值 …… 时次 n 物理量数值

说明：

一个时次的物理量数值又包括平均值，方差，最小值，百分数值（10％、25％、50％、75％、90％）和最大值共 7 个。

时间间隔以小时为单位，0 表示非等距时间间隔，例如欧洲中心前 72 小时间隔为 3 小时，后面间隔 6 小时。

邮票图（MICAPS 第 118 类数据）文件格式

格式：

diamond 118 标题

年 月 日 小时 时效 层次 成员（邮票）个数

LINES：等值线个数

等值线宽度 等值线上点个数

点坐标值…

等值线标值 等值线标值个数

等值线标值坐标值…

CLOSED_CONTOURS：闭合等值线个数

闭合等值线颜色编号 闭合等值线分析值 闭合等值线上点个数

点坐标值…

说明：

等值线标值内容为 NoLabel 时表示没有该等值线标值。

烟羽图（MICAPS 第 119 类数据）文件

格式：

diamond 119 标题

开始年 月 日 时 结束年 月 日 时 时间间隔（小时） 层次 要素编号 站点个数 成员个数 时次个数

所有时效数值序列（0 3 6 … 228 234 240）

（站点 1）编号 名称

成员平均物理量数值序列
成员 1 物理量数值序列
……
成员 n 物理量数值序列
（站点 2）编号 名称
成员平均物理量数值序列
成员 1 物理量数值序列
……
成员 n 物理量数值序列
说明：
物理量数值序列个数与所有时效数值序列个数一致。
时间间隔以小时为单位，0 表示非等距时间间隔，例如欧洲中心前 72 小时间隔为 3 小时，后面间隔 6 小时。